1965年诺贝尔物理学奖获得者

朝永振一郎 著作选译

スピンはめぐる［新版］

江沢洋 注

自旋的故事
——成熟期的量子力学

朝永振一郎 著 姬扬 孙刚 译

中国教育出版传媒集团

高等教育出版社·北京

图字：01-2020-6143 号

Supin ha meguru by Tomonaga Shin'ichiro, annotated by Ezawa Hiroshi

Copyright © 2008 by Tomonaga Atsushi/Ezawa Hiroshi

Original Japanese edition published by Misuzu Shobo, Ltd.

Chinese edition was published by arrangement with Misuzu Shobo, Ltd.

图书在版编目（CIP）数据

自旋的故事：成熟期的量子力学／（日）朝永振一郎著；姬扬，孙刚译 . -- 北京：高等教育出版社，2024. 8

ISBN 978-7-04-061793-1

Ⅰ . ①自… Ⅱ . ①朝… ②姬… ③孙… Ⅲ . ①量子力学 Ⅳ . ①O413. 1

中国国家版本馆 CIP 数据核字（2024）第 044297 号

ZIXUAN DE GUSHI——CHENGSHUQI DE LIANGZI LIXUE

策划编辑　王　超	责任编辑　王　超	封面设计　王　洋	版式设计　杨　树
责任绘图　黄云燕	责任校对　高　歌	责任印制　耿　轩	

出版发行　高等教育出版社	网　　址	http://www.hep.edu.cn
社　　址　北京市西城区德外大街 4 号		http://www.hep.com.cn
邮政编码　100120	网上订购	http://www.hepmall.com.cn
印　　刷　鸿博昊天科技有限公司		http://www.hepmall.com
开　　本　787mm×1092mm　1/16		http://www.hepmall.cn
印　　张　21.25		
字　　数　310 千字	版　　次	2024 年 8 月第 1 版
购书热线　010-58581118	印　　次	2024 年 8 月第 1 次印刷
咨询电话　400-810-0598	定　　价	109.00 元

本书如有缺页、倒页、脱页等质量问题，请到所购图书销售部门联系调换

版权所有　侵权必究

物料号　61793-00

本书新版由江泽洋先生增补注释并续写附录

译者的话

《自旋的故事》这本书非常有趣，作者是著名的日本物理学家、诺贝尔物理学奖获得者朝永振一郎教授。朝永教授详细地描述了自旋这个物理概念的来源和发展，深入浅出地讲解了其中的物理规律以及相关的实验结果。

这本书的中译本是两位译者 (姬扬和孙刚) 共同合作的结果。

姬扬对这本书感兴趣是因为他长期从事半导体自旋物理学的研究工作。2011 年，他读到了这本书的英文版 *The Story of Spin*, Takeshi Oka, The University of Chicago Press, 1997 (自旋的故事，冈武史译，芝加哥大学出版社 1997 年出版)，并决定翻译这本书。2014 年初，他把英译版翻译为中文。大约在那时，他了解到，这本书的日文原著《スピンはめぐる —— 成熟期の量子力学》在 2008 年出了新版，并由江泽洋做了注释。

2014 年 1 月中旬，姬扬请吴南健老师从日本买了一本日文新版书。日文新版的主要改动有：增加了一个前言和后记，说明出版新版的缘由；公式全部由 CGS 单位制变为 SI 单位制；增加了许多注释，包括采用朝永的《量子力学》讲义 (两卷本) 来补充说明正文的物理内容。此外，还增加了三个附录：1) 补充说明，其中包括亚伯拉罕的电子模型、崛健夫的日记等；2) 第二次世界大战后的发展，包括电子自旋 g 因子的测量、π 介子、新粒子以及分数统计等；3) CGS 单位制的公式 (即第一版采用的单位制)。

此后的几年里，姬扬试图找一位既懂日文又懂物理的译者，把这本书从日文翻译为中文，但是几次努力都徒劳无功。2019 年，在刘寄星老师的推荐下，孙刚开始翻译日文新版的增补内容，并对照日文旧版修改了姬扬的译稿。两位译者经过进一步的交流和讨论，最终确定了译稿。

把一部优秀的著作翻译为中文并不是特别容易的事情，译者不仅要搞清楚其中的物理内容，还要有足够的中文组织能力。现在这个译本应该已经把必要的物理学内容转述过来了。为了让译文读起来像是一位以汉语为母语的作者用流利的中文生动活泼地讲述新鲜有趣的物理，译者不得不发挥相当的主观能动性。由于译者的能力和精力所限，译文难免有些疏漏之处，请读者谅解。如果您发现有翻译不当之处，请多加指正。来信请寄 jiyang@semi.ac.cn 或者 jiyang2024@zju.edu.cn。

我们感谢冈武史教授，他的英译本以及那里的参考文献和朝永振一郎小传帮助我们更好地理解了原著。

姬扬感谢吴南健老师、刘寄星老师、曹则贤老师、王超编辑和高明芝老师的帮助，感谢史平同学 (她现在是一位优秀的中学物理老师) 在编辑排版过程中提供的许多帮助：插入图片、修改字体、校对公式编号、把修改的文字重新输入到电子文稿中。姬扬还感谢妻女长期以来的理解、付出和支持，感谢半导体超晶格国家重点实验室和中国科学院半导体研究所多年以来对我工作的支持。最后还要感谢浙江大学物理学院的支持。

孙刚感谢刘寄星老师推荐我参与这项工作，也感谢孙洪洲老师和韩其智老师向我提供的一些与基本粒子有关的知识。最后感谢纳米物理与器件实验室和中国科学院物理研究所对我工作的支持。

姬扬   *孙刚*

浙江大学物理学院   中国科学院物理研究所

2024 年 7 月

新版前言

正如作者后记所言，本书最初连载于日本中央公论社的《自然》杂志，1974 年该公司出版了增加新章节后的第一版。作者去世后，冈武史先生将其翻译成 *The Story of Spin*，由芝加哥大学出版社于 1997 年出版。之后，由于中央公论新社的原因，停止了原著的再版，在此期间，有人表示"对很多学习物理的学生来说，只能买到英译本是一种损失"。因此，有幸曾发行过朝永振一郎《量子力学 I，II》的鄰社向中央公论新社求得了发行许可，在他们善意的协助下，使发行成为可能。

实际上，本书可以被称为《量子力学》的副卷。在《量子力学》的序文中，作者将其第 I 卷称为量子力学的"幼年"时代的记述，本书则围绕自旋展开，采用与前两本书不同的轻松形式，追溯了《量子力学 I，II》之后的成熟期到 1940 年的发展历程。那正好是将量子力学和相对论结合在一起的时代，也是原子核物理学飞速发展的时期。

阅读本书可以近距离体验当时的量子力学发展历程，重新感受建立自旋的量子力学的思考过程，回顾向"经典物理不能描述"的概念的本质迫近的旅程。在这段旅程中，随处闪烁着只有读过原始论文并亲自留下历史性工作的作者才独有的洞察力之光。在《量子力学 I》，第 4 章"原子的壳层结构"中的 28—29 节全面解说了自旋概念的由来，本书的旅程由此开始，第 1 讲直接讲述复杂而拥挤的光谱多重项，这是有深刻理由的。如果觉得开头的部分难以理解，可以预习或复习一下《量子力学 I》的上述部分和第 3 章"前期量子力学"的 16 节中的 (i)，以及 17—18 节，也许会更顺利地读懂本书的内容。

　　为了使读者能够实际地追寻公式的推导过程，容易接触到相关的文献，这个新版补充了脚注以及书末的附录 A。全书改用 SI 单位制表述 (关于旧版的表达式，请参考书末的附录 C)。附录 B 是在旧版发行后 40 年里与自旋相关的研究进展，希望能成为了解这一领域的起点。

　　以上所有的补充和修订均请江泽洋先生费心，并得到了他的鼎力支持。另外，旧版的责任编辑石川昂先生从策划一直到编辑的细节都给予我们很大协助，英文版的译者冈武史先生为我们提供了很多照片和图片，在此深表谢意。

三铃书房编辑部

目　录

千呼万唤始出来:一个绝妙的事实解释了长期悬而未决的铁磁性问题——电子是具有自旋的费米子。

狄拉克否定克莱因–戈尔登方程,认为大自然只满足狄拉克方程。泡利在1934 年对此做出了回应。

在相对论问世后的 20 年里,竟然没有人注意到,在各向同性三维空间或闵可夫斯基世界中,居住着旋量这个神秘的种族。

自旋和统计的一般关系,实际上可以根据一些基本要求推导出来:是否具有洛伦兹变换协变性,是否满足德布罗意–爱因斯坦关系,等等。

以前有人认为,即使量子力学也不能进入原子核内的禁区,1932 年中子发现以后的历史就是逐步拆除禁区围墙的历史。

从海森伯到费米再到汤川,在突破原子核内禁区的过程中,诞生了"同位旋"的概念——同位旋是自旋的好兄弟。

附 录 A　补 充 说 明

附录 B 自旋研究的新进展

附录 C

第 1 讲　黎明前
——探索光谱多重项的起源

我想就自旋如何 "旋转" 做几次报告, 报告内容将以自旋为中心, 但我不仅要谈论自旋、还要谈论量子力学的建立, 从而揭示量子力学的发展以及成熟的历史. 今天我想谈谈电子自旋的概念是如何产生的, 是在什么情况下产生的. 电子绕着自己的轴转动 (即电子自旋) 是乌伦贝克和戈德施密特在 1925 年[1] 首次提出的. 然而, 在此概念提出之前, 有许许多多非常复杂的发展. 故事起源于光谱项的多重性和反常塞曼效应. 在电子自旋的概念诞生之前, 人们进行了长期的摸索.

*

你们知道, 玻尔 (图 1.1) 在 1913 年发表了关于氢原子光谱的理论. 根据他的理论, 氢原子的光谱项可以用主量子数 n、次量子数 k 和磁量子数 m 标记. n 和 k 都取整数值 $1, 2, 3, \cdots$, 而且, $n \geqslant k$. n 决定了电子轨道的大小, 而

图 1.1　玻尔 (Niels Bohr, 1885 — 1962). 江泽洋提供

---

[1]1925 年, 作者还是京都第三高中的三年级学生, 因此, 确切地说, 至少到第 2 讲的内容都是作者后来学到的.

k 决定其形状[2]; k 还描述了轨道角动量, 单位为 $\hbar$ (除非特意指出, 今后所有的角动量都采用这个单位). 对于给定的量子数 k, 磁量子数取正的和负的整数值

$$-k \leqslant m \leqslant k \tag{1.1}$$

它给出了角动量矢量 $\boldsymbol{k}$ 沿着磁场方向的分量. 不等式 (1.1) 把 m 的可能取值限制为 $2k+1$ 个, 因此, 矢量 $\boldsymbol{k}$ 只有 $2k+1$ 个允许方向. 也许你们知道, 这就是角动量的空间量子化[3]. 塞曼效应来源于这种空间量子化, 单个能级在外磁场中分裂为 $2k+1$ 个能级[4].

---

[2] 参考图 n-1. 朝永振一郎《量子力学 I》, 三铃书房 (1969, 第 2 版), 第 125 页的图 34. 轨道中添加的数字, 大数字是主量子数 n, 下标是次量子数 k.

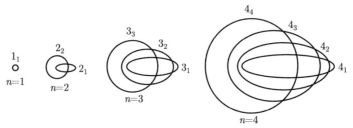

图 n-1　氢原子中的电子轨道

[3] 参考图 n-2. 朝永振一郎《量子力学 I》中的图 36.

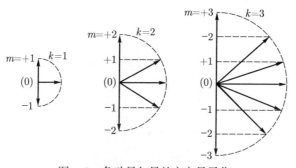

图 n-2　角动量矢量的方向量子化

[4] 项或光谱项: 由于原子发出的光的波数 (波长的倒数) 可以用两个能级的差除以 hc 来表示, 将能级的符号改为用 hc 除去后的量称作项. 本文的图 1.2 是 Na 原子和 Mg 原子的这种表述. 左侧数字的单位是 cm^{-1}. 参考朝永振一郎《量子力学 I》, 第 90 页和第 93 页. 现在常把这个波数的 2π 倍叫作波数.

译注: 根据上下文, 有时候会把 "项" 和 "光谱项" 译为 "能级". 日文的 "1 重项" "2 重项" "3 重项" 和 "多重项" 译为 "单重项" "双重项" "三重项" 和 "多重项", 根据上下文, 有时候译为 "单重态" "双重态" "三重态" 和 "多重态".

让我们复习 k 和 m 的选择定则. 这些选择定则是

$$k \begin{array}{c} \nearrow \ k+1 \\ \\ \searrow \ k-1 \end{array} \tag{1.2}$$

$$m \longrightarrow \begin{array}{c} \nearrow \ m+1 \\ m \\ \searrow \ m-1 \end{array} \tag{1.3}$$

意思是说, 在跃迁过程中, k 只能变动 ± 1, 而 m 只能变动 ± 1 或者 0.

也可以用 n、k 和 m 给不同于氢原子的其他原子谱线进行分类. 原因在于, 即使原子不是氢原子, 许多谱线也对应着原子最外层轨道上只有一个电子的激发态, 我们把这个电子叫作辐射电子. (当然, 还有其他一些态包含多个电子被激发, 但是我们不讨论这些态.) 可以近似地认为, 辐射电子在其他电子 (称为原子实电子) 和原子核产生的电场中运动; 因此, 可以暂时假定这个电场是球对称的. 如果这样做的话, 辐射电子的轨道也就可以用 n、k 和 m 确定, 和氢原子的具有整数值的 n、k 和 m 具有相同的物理意义. 差别在于, 辐射电子在原子实电子外面转来转去, n 的最小值通常大于 1. 你们知道, 在光谱学中是这样称呼光谱项的:

$$\begin{array}{ll} k=1 & \text{S 项} \\ k=2 & \text{P 项} \\ k=3 & \text{D 项} \end{array} \tag{1.4}$$

然而, 人们很快就发现, n 和 k 决定的光谱项并不是唯一不变的, 它们包含很多非常接近的谱线; 换句话说, 它们具有多重结构. 例如, 碱金属原子的光谱项 (除了 S 项以外) 都有两条非常靠近的谱线 (即双重项). S 项很特殊, 它是单重项, 但是后面我会解释, 即使这一项也具有潜在的双重项特性, 如果施加一个磁场, 它就会分裂为两条谱线. 因此我们认为, 碱金属原子的所有光谱项都是双重项. 图 1.2(a) 用 Na 原子的光谱项作为一个例子. 在这张图里, S、P、D 和 F 前面的上标 2 表示它们都是双重光谱项. 我们把这个数称为多重数.

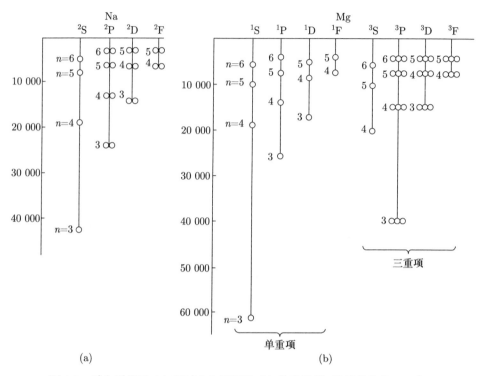

图 1.2　碱金属原子 (a) 和碱土金属原子 (b) 的光谱项. 能量单位为 cm^{-1}

　　再以碱土金属原子的光谱项为例. 图 1.2(b) 是 Mg 原子的光谱项. 看着这张图[5], 我们立刻发现, 光谱项分为两组. 一组里光谱项都是单重项; 另一组里都是三重项 (除了 S 项). 在这个例子中, 两个组里的 S 项都是单重项. 不可能用明显的分裂来区分这两者, 但是, 施加磁场会使得三重的 S 项分裂为三条谱线. 在这个意义上, 它具有三重项的潜力, 所以我们把它放在三重项的组里面. 与此相反的是, 另一个 S 项即使施加磁场也不会分裂, 我们认为它是真正的单重光谱项. S、P、D 和 F 前面的上标还是给出了光谱项的重数.

　　如果光谱项具有多重性, 量子数 n、k 和 m 显然不足以确定所有的谱线. 因此, 索末菲在 1920 年引入了第四个量子数 j, 使用四个量子数 n、k、j 和 m. 他把 j 叫作内量子数. 和以前一样, n 和 k 分别决定辐射电子轨道的大小和形状. 额外引入的量子数 j 用来区分多重光谱项的不同光谱线, 后面我

---

[5]本书书末文章资料第 1 讲中的 F. Hund: Linienspektren 中的 S.31 图.

们再考虑它的意义. 索末菲把它叫作内量子数, 因为它把多重光谱项内部的谱线分了类. 量子数 m 区分 n、k 和 j 标定的原子谱线在磁场中分裂的子谱线. 这种分裂也是一种塞曼效应, 但是, 它的分裂方式不同于引入 j 之前的分裂方式. 因此, 这个新体系中的新 m 并不一定满足不等式 (1.1), 而且这种塞曼效应中的子谱线的数目以及间距基本上不同于从前的发现 (以后我会说明, $-j \leqslant m \leqslant j$).

索末菲 (图 1.3) 发现, 如果恰当地选择 j, 那么 j 的选择定则就是

$$j \longrightarrow \begin{array}{c} \nearrow \quad j+1 \\ \quad j \\ \searrow \quad j-1 \end{array} \tag{1.5}$$

另外, 对于 k 来说, 选择定则 (1.2) 仍然成立. 至于量子数 m, 虽然它和以前的 m 不一样, 但是实验表明, 选择定则 (1.3) 仍然成立.

图 1.3　索末菲 (Arnold J W Sommerfeld, 1868 — 1951). AIP Emilio Segrè Visual Archives *Physics Today* Collection 惠赠

此外, 实验表明, 多重数还有另外一个选择定则: 跃迁只能发生在多重数相同的光谱项之间, 或者是多重数相差 2 的光谱项之间. 碱金属原子只有双重项, 而碱土金属原子只有单重项和三重项. 因此, 这个选择定则自动成立. 然而, 钛原子 (Ti) 除了单重项和三重项之外还有五重项, 而矾原子 (V) 除了二重项以外还有四重项和六重项. 在这些情况下, 跃迁不会发生在单重项和五重项之间, 也不会发生在双重项和六重项之间.

朗德 (图 1.4) 引入了一个辅助量子数,

$$R = \frac{多重数}{2} \tag{1.6}$$

因此,

$$\begin{array}{ll} \text{单重态} & R = \dfrac{1}{2} \\[2mm] \text{双重态} & R = 1 \\[2mm] \text{三重态} & R = \dfrac{3}{2} \end{array} \tag{1.7}$$

多重态的选择定则就是

$$R \longrightarrow \begin{array}{l} \nearrow\; R+1 \\ \;\;\; R \\ \searrow\; R-1 \end{array} \tag{1.8}$$

*

应该用哪个数作为内量子数呢? 必须保证选择定则 (1.5) 成立. 但是 (1.5) 并不能独自确定 j, 因为即使 j 满足 (1.5), 把它加上或减去任何一个数, 结果仍然满足 (1.5). 在 1922 年和 1923 年, 索末菲、朗德和泡利 (图 1.5) 进行着激烈的竞争, 试图对光谱多重项及其塞曼效应进行分类, 但是他们每个人都使用了不同的内量子数和辅助量子数.

图 1.4 朗德 (Alfred Landé, 1888 — 1975). AIP Meggars Gallery of Nobel Laureates 惠赠

图 1.5 泡利 (Wolfgang Pauli, 1900 — 1958). CERN 的收藏. AIP Emilio Segrè Visual Archives 惠赠

图 1.2 给出了 Na 原子和 Mg 原子的光谱项. 在这张图里, S 项看起来像是个单重态, 所以我用了一个圆圈 (○); 对于 P、D 和 F 项, ○ 表示单重态, ○○表示双重态, ○○○ 表示三重态. 现在的问题是, 对于每个圆圈, 我们必须给出确定的内量子数. 索末菲、朗德和泡利采用了三种不同的方式. (为了简明起见, 我把它们分别称为 S*、L* 和 P*.) 表 1.1 和 1.2 给出了表示内量子数的每种方法的例子. 每种表示法的数值是不一样的. 我将 S* 和 L* 中的内量子数表示为 j, 而 P* 中的内量子数用 j_P 表示. 对于和多重数有关的辅助量子数来说, 在 L* 中用 (1.6) 所定义的 R, 在 S* 中, $j_0 \equiv R - 1/2$, 而在 P* 中, $r \equiv R + 1/2$. 对于区分 S、P、D 和 F 项等的量子数来说, 我们像前面一样在 P* 用 k, 但是, 在 S* 中用 $j_\mathrm{a} = k - 1$, 而在 L* 中用 $K = k - 1/2$. 公式 $(1.9)_\mathrm{S}$、$(1.9)_\mathrm{L}$ 和 $(1.9)_\mathrm{P}$ 规定了如何在给定次量子数和多重数的时候确定内量子数.

$$j_\mathrm{a} = k - 1, \qquad |j_\mathrm{a} - j_0| \leqslant j \leqslant |j_\mathrm{a} + j_0|, \qquad -j \leqslant m \leqslant j \qquad (1.9)_\mathrm{S}$$

$$K = k - \frac{1}{2}, \quad |K - R| + \frac{1}{2} \leqslant J \leqslant |K + R| + \frac{1}{2}, \quad -J + \frac{1}{2} \leqslant m \leqslant J - \frac{1}{2} \qquad (1.9)_\mathrm{L}$$

$$k = k, \qquad |k - r| + 1 \leqslant J_\mathrm{P} \leqslant |k + r| - 1, \qquad -j_\mathrm{P} + 1 \leqslant m \leqslant j_\mathrm{P} - 1 \qquad (1.9)_\mathrm{P}$$

表 1.1　碱金属原子双重项的内量子数

		^{2}S	^{2}P	^{2}D	^{2}F	...
	$k=$	1	2	3	4	...
索末菲	$j_\mathrm{a}=$	0	1	2	3	...
$j_0 = \dfrac{多重数-1}{2}$	$j=$	(½)	(½)(³⁄₂)	(³⁄₂)(⁵⁄₂)	(⁵⁄₂)(⁷⁄₂)	
$= \dfrac{1}{2}$	$j_\mathrm{a} = k-1,$		$|j_\mathrm{a}-j_0| \leqslant j \leqslant |j_\mathrm{a}+j_0|,$		$-j \leqslant m \leqslant j$	$(1.9)_\mathrm{S}$
朗德	$K=$	$\dfrac{1}{2}$	$\dfrac{3}{2}$	$\dfrac{5}{2}$	$\dfrac{7}{2}$	...
$R = \dfrac{多重数}{2}$	$J=$	(1)	(1)(2)	(2)(3)	(3)(4)	
$= 1$	$K = k - \dfrac{1}{2},$	$|K-R| + \dfrac{1}{2} \leqslant J \leqslant |K+R| - \dfrac{1}{2},$		$-J + \dfrac{1}{2} \leqslant m \leqslant J - \dfrac{1}{2}$		$(1.9)_\mathrm{L}$
泡利	$k=$	1	2	3	4	...
$r = \dfrac{多重数+1}{2}$	$j_\mathrm{P}=$	(³⁄₂)	(³⁄₂)(⁵⁄₂)	(⁵⁄₂)(⁷⁄₂)	(⁷⁄₂)(⁹⁄₂)	
$= \dfrac{3}{2}$	$k = k,$	$|k-r|+1 \leqslant J_\mathrm{P} \leqslant |k+r|-1,$		$-j_\mathrm{P}+1 \leqslant m \leqslant j_\mathrm{P}-1$		$(1.9)_\mathrm{P}$

作为例子, 我描述一下 S*. 首先用公式 $j_0 = (多重数 - 1)/2$ 确定公式 (1.9)$_S$ 左边的 j_0. 接着用 $j_a = k - 1$ 确定 j_a. 然后用不等式 $|j_a - j_0| \leqslant j \leqslant |j_a + j_0|$ 确定 j 的可能取值, 再用最后一个不等式 $-j \leqslant m \leqslant j$ 对每一个 j 确定 m 的可能取值. m 值的总数 $2j + 1$ 给出了塞曼效应中分裂谱线的数目. 可以对 L* 和 P* 做同样的事情, 利用这种方法, 我们得到了盒子里的数. 读者应该自己试一试. S*、P* 和 L* 中的量子数之间的关系如下

$$j = J - \frac{1}{2} = j_P - 1$$
$$j_0 = R - \frac{1}{2} = r - 1 \tag{1.10}$$
$$j_a = K - \frac{1}{2} = k - 1$$

所有这些量子数都满足选择定则, 对于磁量子数来说, 无论哪种方式都给出完全相同的结果. 表 1.2(a) 和 1.2(b) 分别给出了单重项和三重项的量子数. 确定内量子数和磁量子数的方法与用 (1.9) 确定双重项的方法完全一样.

我已经讲了确定内量子数的三种方式. 每种方法都有优点和不足. 后来采用的是 S*, 但那时候它只有一种探索, 很难决定应该偏向哪一种方法. 所以我继续前进, 不偏袒任何一种方法. 也许这样可以让你们更好地理解那个时代的氛围.

表 1.2 (a) 碱土金属原子单重项的内量子数

		^{1}S	^{1}P	^{1}D	^{1}F	$\cdots$
	$k =$	1	2	3	4	$\cdots$
索末菲	$j_a =$	0	1	2	3	$\cdots$
$j_0 = 0$	$j =$	⓪	①	②	③	
朗德	$K =$	$\frac{1}{2}$	$\frac{3}{2}$	$\frac{5}{2}$	$\frac{7}{2}$	$\cdots$
$R = \frac{1}{2}$	$J =$	½	³⁄₂	⁵⁄₂	⁷⁄₂	
泡利	$k =$	1	2	3	4	$\cdots$
$r = 1$	$j_P =$	①	②	③	④	

表 1.2 (b)　碱土金属原子三重项的内量子数

		^{3}S	^{3}P	^{3}D	^{3}F	$\cdots$
	$k=$	1	2	3	4	$\cdots$
索末菲	$j_a=$	0	1	2	3	$\cdots$
$j_0=1$	$j=$	①	⓪①②	①②③	②③④	
朗德	$K=$	$\frac{1}{2}$	$\frac{3}{2}$	$\frac{5}{2}$	$\frac{7}{2}$	$\cdots$
$R=\frac{3}{2}$	$J=$	Ⓢ	Ⓢ	Ⓢ	Ⓢ	
泡利	$k=$	1	2	3	4	$\cdots$
$r=1$	$j_P=$	②	①②③	②③④	③④⑤	

（朗德行 J 的圈内值为：$\frac{3}{2}$；$\frac{1}{2}\,\frac{3}{2}\,\frac{5}{2}$；$\frac{3}{2}\,\frac{5}{2}\,\frac{7}{2}$；$\frac{5}{2}\,\frac{7}{2}\,\frac{9}{2}$）

我不再谈论这些方式, 而是深入讨论光谱多重项的原因以及人们是如何考虑这个问题的.

一开始我就告诉你们, 在考虑原子光谱的时候, 我们假定最外层的电子绕着原子实旋转. 只要认为这个原子实是球对称的, 电子的能量就不依赖于轨道平面的倾斜, 除非施加外部磁场. 然而, 如果原子实不是球对称的, 也就是说, 原子实具有角动量, 情况就不一样了. 这时, 原子实具有与其角动量有关的磁矩, 存在着相对于角动量轴是轴对称的磁场. 在此情况下, 由于这个内部的磁场, 就会产生内塞曼效应. 电子的角动量矢量通常相对于原子实的这个对称轴是空间量子化的, 对于每一种方向, 内部磁场和轨道运动之间的磁相互作用的数值是不同的. 这就把特定的 n 和 k 对应的光谱项分裂为多重谱线. 这必定是多重谱线产生的原因, 至少当时人们是这么认为的.

然而, 由此产生的内塞曼效应在非常重要的方面不同于由外磁场产生的塞曼效应. 在外塞曼效应中, 对于次量子数 k 的光谱项来说, 角动量具有 $2k+1$ 个量子化的值, 这个光谱线总是分裂为 $2k+1$ 项. 然而, 对于内塞曼效应来说, 分裂谱线的数目并不总是 $2k+1$, 原因如下.

假定原子实的角动量为 r, 辐射电子的轨道角动量为 k. 总角动量就是

$$j = r + k \tag{1.11}$$

而且

$$|r - k| \leqslant j \leqslant |r + k| \tag{1.12}$$

总角动量的大小 j 只能取这个范围内的整数值. 由此可知, j 的可能取值
就是[6)]

$$\begin{cases} 2r + 1 & \text{如果 } r \leqslant k \\ 2k + 1 & \text{如果 } r \geqslant k \end{cases} \tag{1.13}$$

因此, 内塞曼效应中的谱线数目 (也就是多重项的谱线数目) 就是 $2r + 1$ 或
$2k + 1$, 依赖于 $r \leqslant k$ 还是 $r \geqslant k$.

下面我们讨论把外磁场施加在一个有这种多重项的原子上, 会产生什么
样的塞曼效应. 后面我将会解释, 如果外磁场不是很强, 那么总的角动量 j 就
沿着磁场方向进一步发生空间量子化. 在这种情况下, j 沿着磁场方向的分量
m 取下述范围内的整数值

$$-j \leqslant m \leqslant j \tag{1.14}$$

每个多重项进一步分裂为 $2k + 1$ 个子谱线. 这个现象可以看作多重项的塞曼
效应.

为了确定是否能够用这个想法解释实验结果, 我们考虑最简单的 $r = 0$
的情况. 在这种情况下, 对于所有的 k 值, (1.13) 的前面是有效的, 谱线的数
目总是 1. 因此, 只有一个谱线出现. 看来我们可以用这种方法解释 Mg 的单
重项. 接下来考虑 $r = 1$. 在这种情况下, (1.13) 的前面对于所有的 k 值也是
有效的, 因此谱线的数目总是 $2r + 1 = 3$. 然而, 我们不能说这解释了 Mg 的
三重项, 因为根据实验结果, Mg 的 S 谱线的数目总是 1 而不是 3. 另外, 对于
单重项和多重项来说, 这种方法不能解释外塞曼效应分裂的子谱线的数目.

此外, 如果想用 (1.13) 解释碱金属原子的双重项, 我们不能够取 r 的整
数值, 所以, 让我们试一试 $r = 1/2$. 此时, (1.13) 的前面对于任意的 k 值也是

[6)]由于内塞曼效应带来的能级分裂数与 r 和 k 的相对方向 (取向) 的个数相等, 所以等于 j 的绝对值的
个数.

有效的, 谱线的数目是 $2r + 1 = 2$. 然而, 碱金属原子的 S 项的谱线数目也是 1, 所以, 我们不能完全解释双重项.

由于这些原因, 原子实的角动量似乎不太可能是多重项的起源. 但是, 制作表 1.1 和表 1.2 时使用的公式 $(1.9)_S$、$(1.9)_L$ 和 $(1.9)_P$ 中的不等式, 和现在不能解释实验结果的失败想法使用的不等式 (1.12) 和 (1.14) 的形式很相似. 朗德有了这样的想法: 建立模型, 然后再解释实验事实. 先建立一个原子模型, 然后再调查它在多大程度上忠实地再现了实际的原子. 用朗德的话来说, 这就是 "代用模型" (Ersatzmodell)[7] 再检验它在多大程度上代表了真实的原子.

*

现在我们解释朗德的想法. 在朗德的代用模型中, 他认为原子实具有角动量 $\boldsymbol{R}$, 其大小为

$$R = \frac{\text{多重数}}{2} \tag{1.15$_L$}$$

此外, 辐射电子的轨道角动量为 $\boldsymbol{K}$, 其大小为

$$K = k - \frac{1}{2} \tag{1.16$_L$}$$

不用说, k 是次量子数. [在索末菲理论中, k 同时也是轨道角动量, 但是朗德略微改变了它 (改成了 K)] 如果把两个角动量加起来得到系统的总角动量, 即

$$\boldsymbol{J} = \boldsymbol{R} + \boldsymbol{K} \tag{1.17$_L$}$$

而且, 假定 J 满足不等式

$$|R - K| + \frac{1}{2} \leqslant J \leqslant |R + K| + \frac{1}{2} \tag{1.18$_L$}$$

---

[7]第一次世界大战爆发后, 由于从海外的进口被断绝, 德国的日常生活中出现了许多甜味剂、咖啡、染料等的代用品. 这种状况在 1918 年第一次世界大战结束后仍在持续. 代替被流放的德皇的总统被称为 "应急代用品". 实际上, 看了克勒尼希使用了代用辐射体一词的论文后, 海森伯写信给他 (1925 年 5 月 20 日): "朗德论文中的代用辐射体有 '机理不明的胡乱应用' 的意思. 听了后, 我想起了战争时期的代用果酱. 请不要再用了." (J. Mehra and H. Rechenberg, The Historical Development of Quantum Theory, vol.2, p.235.) 参考: 臼井隆一郎《咖啡的世界史》(中公新书), 中央公论新社 (1992).

那么, 在这种情况下, J 的允许取值是半整数还是整数, 取决于 $|R - K|$ 的值是整数还是半整数. 角动量的这种相加方式与 (1.12) 的不同之处在于, 不等式的两端有 $\pm 1/2$. 此外, 朗德还假定, 对于沿着磁场的分量 m, 有不等式

$$-J + \frac{1}{2} \leqslant m \leqslant J + \frac{1}{2} \qquad (1.19)_L$$

注意, 这里又出现了 $\pm 1/2$. 他采用的不是带有 k 的失败模型, 而是采用 $K = k - 1/2[(1.16)_L]$ 以及差了 $\pm 1/2$ 的不等式 $[(1.18)_L]$ 修补这个问题. 在朗德的描述方法里, 表 1.1 里的 $(1.9)_L$ 给出内量子数和磁量子数, 他考虑的是这个代用模型.

在表 1.1 中, 除了朗德的描述方法之外, 我还给出了索末菲和泡利的描述方法, 可以将其视为索末菲和泡利的代用模型. 例如, 对于索末菲的代用模型, 我们可以如下考虑.

首先, 假定原子实的角动量为 j_0. 它的大小就是

$$j_0 = \frac{多重数 - 1}{2} \qquad (1.15)_S$$

如果把轨道角动量写为 j_a, 它的大小就是

$$j_a = k - 1 \qquad (1.16)_S$$

可以把这两个角动量相加得到总角动量

$$\boldsymbol{j} = \boldsymbol{j}_0 + \boldsymbol{j}_a \qquad (1.17)_S$$

那么 j 的不等式就是

$$|j_0 - j_a| \leqslant j \leqslant |j_0 + j_a| \qquad (1.18)_S$$

最后, 对应于 j 在外磁场中的空间量子化, 我们得到

$$-j \leqslant m \leqslant j \qquad (1.19)_S$$

在这个模型里, 索末菲把轨道角动量取为 $k - 1$ 而非 k, 以便处理前面讨论过的失败之处. 如果这样做, 就不用改变不等式 (1.12) 了. 索末菲是空间量子

化的发起者, 他可能不想改变最初的公式. 另一方面, 朗德在这里和那里放入 $\pm 1/2$, 以便可以正确地处理后面将要讨论的空间规则.

你可能会认为索末菲自己考虑这个模型, 但情况并不像我解释的那样. 这个模型实际上是我对索末菲模型的解释. 索末菲的想法和我刚刚给出的完全一样, 但是他并没有说 j_0 是原子实角动量或 j_a 是轨道角动量. 如果我必须告诉你他说的是什么, 他是这样说的: "我们假定内量子数 j 是激发态原子的总角动量. 那么这个总角动量就是未激发的原子角动量 j_0 和激发的角动量 j_a 的矢量和 (Impulsmonment j_a der Anregung). 至于说 j_a, 对于 S 项、P 项、D 项等, 有 $j_a = 0, 1, 2, \cdots$." ("未激发的" 指的不是具有最小主量子数 n 的态, 而是最小轨道角动量的态. 后来, 他用 S 态来代替这个词.) 他并没有用 $j_0 = \dfrac{多重数 - 1}{2}$, 而是说, 如果用他的假设来计算多重度, 就得到 $2j_0 + 1$. 但是这实际上等价于说, 为了符合实验结果, j_0 必须满足这种形式. 因此, 他做的和我对索末菲模型的解释完全一样.

你们是在新量子力学中成长起来的. 因此, 听到我对索末菲模型的解释, 你们一定立刻就认识到, 在新量子力学中, 轨道角动量的大小不是 k 而是 $l = k - 1$. 因此, 索末菲的 j_a 不是别的什么东西, 正是轨道角动量 l 自己! 这样一来, 总角动量显然就不是 $j = j_0 + k$, 而是 $j = j_0 + j_a$. 因此, 这个模型正是新量子力学修改后的模型, 它处理了前面讨论过的失败. 然而, 索末菲当时并没有把 j_a 称为轨道角动量, 而是称之为激发的角动量. 他选择了这么不自然的一个词, 可能是因为当时人们普遍认为不可能实现角动量为 0 的轨道, 因为电子会撞上原子核. 索末菲在 1928 年为他的名著《原子结构和谱线》写了波动力学补充材料, 其中他根据新量子力学推导出轨道角动量的大小是 $j_a = k - 1$, 并给出了如下脚注, "在本书的上一版中, 我引入了 $j_a = k - 1$, 而且我说, 在处理朗德形式 (后文将会讨论) 的时候, 我们应该用 $j_a = k - 1$ 而不是 k. 从现在起, 我们将用 l 这个量而不用不恰当的 j_a."

然而, 你们知道, 考虑到总角动量是有最小轨道角动量和激发轨道角动量的矢量和, 这个模型显然是不自然的. 由于这个原因, 朗德拒绝了索末菲模型.

至于泡利的代用模型, 它并没有改变轨道角动量 k, 而是在不等式 (1.12)

和 (1.14) 上增加了 ±1, 以便修补这个失败. 然而, 就像后面将会告诉你们的那样, 泡利从来不真正相信模型, 而且他总是试图避免模型的想法. 因此, 我们就不再讨论泡利的模型了.

*

代用模型给出了什么样的结果呢? 朗德首先成功地得到多重项分裂的规则: 相邻多重态谱线的间距是简单整数比. 现在就来深入研究这个问题.

你们肯定知道, 如果电子在轨道上转动, 就会产生磁矩. 正如我们选择用单位 $\hbar$ 来测量角动量一样, 用玻尔磁子作单位测量磁矩是方便的. 如你们所知, 玻尔磁子是

$$玻尔磁子 = \frac{e\hbar}{2mc} \tag{1.20}$$

(我提醒你们, e 是基本电荷, 电子的电荷是 $-e$.) 这样一来, 与轨道角动量相联系的磁矩就是[8]

$$\mu_K = -\boldsymbol{K} \tag{1.21}$$

此处的 $\boldsymbol{K}$ 当然是朗德模型中的轨道角动量. 原子实的角动量是 $\boldsymbol{R}$, 它也会有一个磁矩, 我把它写为

$$\mu_R = -g_0 \boldsymbol{R} \tag{1.22}$$

此处的 g_0 是不确定的, 我们将简单地用实验结果拟合它的数值. 一般来说, 角动量和磁矩是伴随在一起的, 磁矩和角动量的比值称为 g 因子. 即

$$g = \frac{|\,磁矩\,|}{|\,角动量\,|} \tag{1.23}$$

对于轨道运动来说, $g = 1$, 对于原子实, $g = g_0$.

---

[8] 与角动量的关系是由如下的方法得到的. 假定电子沿半径为 a 的圆轨道以速率 v 运动. 电子单位时间内通过圆周上的某一点 $v/(2\pi a)$ 次, 以电流计算就是 $I = -ev/(2\pi a)$. 这时带有磁矩 (电流 × 电流围绕的面积) $\pi a^2 I = -eva/2 = -emva/(2m)$. 如果把角动量写为 $mva = K\hbar$, 磁矩变为 $-Ke\hbar/(2m)$. 以玻尔磁矩 $e\hbar/(2m)$ 为单位, μ_K 可写成 (1.21) 的形式.

当一个原子里有两个磁矩 μ_K 和 μ_R 的时候, 它们就会有磁相互作用, 因此, 通常的轨道运动能量 (由 n 和 k 确定) 就要加上磁能量. 这个额外的能量轻微地改变了原子能级, 我们把这个变化 W_{mag} 写为一个常数乘以 $\boldsymbol{K}$ 和 $\boldsymbol{R}$ 的内积的形式

$$W_{\text{mag}} = 常数 \cdot (\boldsymbol{R} \cdot \boldsymbol{K}) \tag{1.24}$$

就好像原子实的磁矩集中在一点上 (下一讲将讨论这个常数). 现在的问题是计算 $\boldsymbol{R} \cdot \boldsymbol{K}$, 即, 把 $\boldsymbol{R} \cdot \boldsymbol{K}$ 表达为 R、K 和 J 的形式.

利用 $\boldsymbol{J}$ 的定义 $(1.17)_{\text{L}}$, 就可以做这个计算. 对 $(1.17)_{\text{L}}$ 的两侧求平方, 得到

$$\boldsymbol{R} \cdot \boldsymbol{K} = \frac{1}{2}(J^2 - K^2 - R^2) \tag{1.25}$$

因此,

$$W_{\text{mag}} = 常数 \cdot \frac{1}{2}(J^2 - K^2 - R^2) \tag{1.26}$$

根据这个公式, 可以计算多重项谱线的间距. 也就是说, 固定 K 和 R 不变, 求 J 和它的近邻即 $J-1$ 的差别

$$\Delta W_{\text{mag}} = 常数 \cdot \frac{1}{2}[J^2 - (J-1)^2] = 常数 \cdot \left(J - \frac{1}{2}\right) \tag{1.27}$$

表 1.3 给出了由这个公式得到的碱土金属原子的三重项的间距的比值. 朗德研究了大量的实验数据, 证实了这个公式很好地解释了实验结果, 除了非常轻的原子如 He 和 Li 原子之外.

表 1.3　三重项的间距比值

^{3}S	^{3}P	^{3}D	^{3}F
③⁄₂	①⁄₂②⁄₂③⁄₂	③⁄₂⑤⁄₂⑦⁄₂	⑤⁄₂⑦⁄₂⑨⁄₂
	| ↔ | ↔ |	| ↔ | ↔ |	| ↔ | ↔ |
	$1:2$	$2:3$	$3:4$

这就结束了对多重项谱线的间距的讨论. 但是, 正如下一讲所述, 不仅可以计算能级间距 W_{mag} 的比值, 还能够计算分裂 W_{mag} 本身. 实际上, 通过研究多重项的间距, 朗德最终放弃了他本人的想法, 即多重项的原因是磁相互作用 (1.24). 当朗德研究间距的时候, 他并没有真的考虑实际的强度, 他不是上帝. 他对自己的模型充满希望, 因为 (1.21) 非常好地解释了实验结果. 我将在下一讲讨论这个问题.

*

朗德用他的代用模型计算的另一件事与多重项的塞曼效应有关. 我告诉过你们, 根据 (1.21) 和 (1.22), 角动量 $\boldsymbol{K}$ 和 $\boldsymbol{R}$ 产生了磁矩 $\boldsymbol{\mu}_K$ 和 $\boldsymbol{\mu}_R$. 这样一来, 原子作为整体具有总角动量

$$\boldsymbol{\mu} = -(\boldsymbol{K} + g_0 \boldsymbol{R}) \tag{1.28}$$

这样一来, 磁场中的原子能量就必然是没有磁场 $\boldsymbol{B}$ 时的能量加上

$$E_B = -\frac{e\hbar}{2mc}(\boldsymbol{B} \cdot \boldsymbol{\mu}) \tag{1.29}$$

因此, 原子能级也随着磁场而变化. 在外磁场远小于或者远大于内磁场的极限情况下, 可以用简单的近似来计算这个能量.

先讨论弱磁场. 首先必须认识到, 如果没有磁场的话, 总角动量 $\boldsymbol{J} = \boldsymbol{K} + \boldsymbol{R}$ 是守恒量. 然而, 如果原子处于磁场中, $\boldsymbol{J}$ 的大小不一定守恒. (相反的是, 沿着磁场的分量 m 是守恒的, 不依赖于磁场的强度.) 然而, 如果磁场足够弱的话, J 也是近似守恒的, 我们将在这个假设下进行讨论.

首先, 令 $g_0 = 1$. 在这种情况下,

$$\boldsymbol{\mu} = -(\boldsymbol{K} + \boldsymbol{R}) = -\boldsymbol{J} \tag{1.28'}$$

因此, 如果使用磁量子数, 那么, $\boldsymbol{B} \cdot \boldsymbol{\mu} = -(\boldsymbol{B} \cdot \boldsymbol{J}) = -B \cdot m$. 由 (1.29) 可以得到能量变化为

$$W_B = E_B = \frac{e\hbar}{2m}Bm, \quad -J + \frac{1}{2} \leqslant m \leqslant J - \frac{1}{2} \tag{1.30}$$

$\left(\dfrac{e\hbar}{2m}\right.$ 中的 m 是电子质量, 不应该把它误认为是磁量子数 m. 这有些让人困

惑, 但是请忍耐些.$\left.\right)$ 在这种情况的塞曼效应里, 一个能级分裂为间距为 $\dfrac{e\hbar}{2m}B$

的 $2J$ 个子能级 (注意, 如果使用索末菲的量子数 j, 子能级的数目就是 $2j+1$.)

一般来说, 如果子能级的间隔可以表示为这种形式, 我们就称之为正常塞曼

效应[9]. 这是洛伦兹和拉莫尔的经典理论中唯一的塞曼效应. 然而, 如果考虑

$g_0 \neq 1$ 的情况, 就会出现一种不同的塞曼效应. 这种奇怪的图案被称为反常塞

曼效应. 根据实验结果, 单重态的塞曼效应都是正常的, 而对于多重态, 除了

几种情况以外, 几乎都是奇异的. 现在我们考虑 $g_0 \neq 1$ 的情况.

当 $g_0 \neq 1$ 的时候, (1.28′) 不再成立. 换句话说, $\boldsymbol{\mu} \neq -\boldsymbol{J}$, 因此, (1.29) 中

的 $\boldsymbol{B} \cdot \boldsymbol{\mu}$ 不是守恒量. 因此, 当 $g_0 \neq 1$ 的时候, 不能用 (1.29) 作为能量 W_B

的变化. 当磁场很小的时候, 它大约是

$$W_B = -\frac{e\hbar}{2m}(\boldsymbol{B} \cdot \langle\boldsymbol{\mu}\rangle) \tag{1.29′}$$

其中, $\langle\boldsymbol{\mu}\rangle$ 是 $\boldsymbol{\mu}$ 在 $\boldsymbol{B} = 0$ 情况下对时间的平均. ($\boldsymbol{\mu}$ 和 $\boldsymbol{J}$ 不同, 它会随着时间

变化.[10]) 如果我们把 $\boldsymbol{\mu}$ 沿着 $\boldsymbol{J}$ 方向上的分量写作 $\boldsymbol{\mu}_{\parallel}$, 那么, $\langle\boldsymbol{\mu}\rangle = \langle\boldsymbol{\mu}_{\parallel}\rangle$, 如

果把 $\boldsymbol{\mu}_{\parallel}$ 明显地写出来, 有

$$\boldsymbol{\mu}_{\parallel} = \frac{\boldsymbol{J} \cdot \boldsymbol{\mu}}{\boldsymbol{J}^2}\boldsymbol{J}$$

我们就可以把 (1.28) 写为如下形式

$$(\boldsymbol{\mu}) = -[\boldsymbol{J} + (g_0 - 1)\boldsymbol{R}]$$

---

[9]参考朝永振一郎《量子力学 I》, 三铃书房 (1996), 第 73–76 页, 第 191–193 页.

[10]不加磁场时, 总角动量 (1.17)$_L$ 为固定值, 可以看作 $\boldsymbol{R}$ 和 $\boldsymbol{K}$ 像图 n-3 那样以 $\boldsymbol{J}$

为轴的进动, 这个运动是非常快的. 即使加有磁场后, 如果磁场比较弱, 如果 0 级近似仍

然成立, 可得 (1.29′). 另外, 从进动可知对时间的平均

$$\langle g_0\boldsymbol{R} + \boldsymbol{K}\rangle = g_0\langle\boldsymbol{R}\rangle + \langle\boldsymbol{K}\rangle = g_0\boldsymbol{R}_{\parallel} + \boldsymbol{K}_{\parallel} = 常数$$

成立. 可以说 $\langle\boldsymbol{\mu}\rangle = \langle\boldsymbol{\mu}_{\parallel}\rangle$.

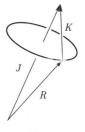

图 n-3

把这个等式代入 $\boldsymbol{\mu}_{\parallel}$ 的公式, 就得到

$$(\boldsymbol{B} \cdot \langle \boldsymbol{\mu} \rangle) = - \left[1 + (g_0 - 1) \frac{\boldsymbol{J} \cdot \boldsymbol{R}}{J^2} \right] (\boldsymbol{B} \cdot \boldsymbol{J})$$

利用讨论多重项时得到 (1.25) 所采用的完全相同的论证, 我们得到 $\boldsymbol{J} \cdot \boldsymbol{R} = (J^2 + R^2 - K^2)/2$. 因此, 我们有

$$(\boldsymbol{B} \cdot \langle \boldsymbol{\mu} \rangle) = -g(\boldsymbol{B} \cdot \boldsymbol{J}) \tag{1.31}$$

$$g = \left[1 + (g_0 - 1) \frac{J^2 + R^2 - K^2}{2J^2} \right] \tag{1.31'}$$

因此, 当 $g_0 \neq 1$ 的时候, 可以得到

$$W_B = \frac{e\hbar}{2m} Bgm, \quad -J + \frac{1}{2} \leqslant m \leqslant J - \frac{1}{2} \tag{1.32}$$

对 m 的限制与 (1.30) 的限制完全相同. 这就是朗德代用模型推导出来的反常塞曼效应的公式. 可以认为 (1.31) 意味着 $|\boldsymbol{\mu}|$ 和 $|\boldsymbol{J}|$ 成正比, 比例系数为 g. 因此, 可以认为, g 是整个原子的 g 因子.

另一方面, 朗德研究了当时能够得到的大批关于 g 因子的实验数据, 确定了实验公式

$$g_{\mathrm{exp}} = \left[1 + \frac{J^2 - \frac{1}{4} + R^2 - K^2}{2\left(J^2 - \frac{1}{4}\right)} \right] \tag{1.31$_{\mathrm{exp}}$}$$

如果把这个公式和 (1.31′) 进行比较, 它预示着

$$g_0 = 2 \tag{1.33}$$

然而, 即使我们假设 g_0 取这个值, 实验和理论的数值也不完全吻合. 这是因为 (1.31)$_{\mathrm{exp}}$ 包含着奇怪的数字 1/4, 而它并不存在于 (1.31′) 中. 朗德的代用模型并没有为 g 因子提供一个像多重态项间距的比值那样的好规则. 然而, 因为 (1.31′) 和 (1.31)$_{\mathrm{exp}}$ 看起来非常像, 他对这个代用模型寄托了厚望, 以至于泡利曾警告他不要太相信这个模型. 也许我可以补充一句, 在这三种模型中, 只有朗德的表示方法给出了这种好的符合关系. 在推导 (1.26) 和 (1.31′) 的时

候, 朗德并没有使用他的特性公式 (1.6) 或 (1.9)$_L$. 因此, 类似的公式也可以用其他的表示法得到. 例如, 在索末菲的表示法中, 得到的不是 (1.26) 而是

$$W_{\mathrm{mag}} = 常数 \cdot \frac{1}{2}(j^2 - j_a^2 - j_0^2) \tag{1.26$_S$}$$

得到的不是 (1.31') 而是

$$g = 1 + (g_0 - 1)\frac{j^2 + j_0^2 - j_a^2}{2j^2} \tag{1.31$_S$}$$

结果的差别来自于这里使用的量子数的数值差别. 图 1.6 给出了 ^{2}P 项的塞曼效应的示意图.

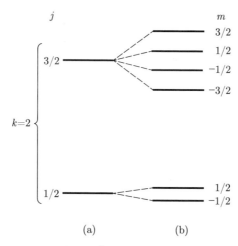

图 1.6 ^{2}P 项的塞曼效应

(a) 没有磁场时的双重项能级; (b) 磁场使得这些能级分裂. 能级和子能级旁边的数字是量子数 j 和 m

接下来考虑强磁场的情况. 帕邢 (F. Paschen) 和巴克 (E. Back) 已经做了许多强磁场下塞曼效应的实验, 这种效应通常称为帕邢 – 巴克效应[11]. 他们的实验表明, 分裂能级的间隔都是 $(e\hbar/2m)B$ 的整数倍. 对于一些多重态, 这个整数是 1, 分裂类似于正常塞曼效应. 但是, 在理论上, 这种观测只是肤浅的.

为强磁场下的原子建立模型比弱磁场容易得多 —— 如果外磁场远大于内磁场, 那么原子实和辐射电子都受到外磁场的强烈影响, 就可以忽略内磁场

---

[11]关于帕邢 – 巴克效应, 参考菊池正士《原子物理学概论》上册, 岩波书店 (1952), 第 223 页, 第 230 页. 关于量子力学, 参考小谷正雄《量子力学》, 岩波书店 (1951), 第 202 页.

的效应. 在这种情况下, 轨道角动量 K 和原子实角动量 R 就会独立地相对于外磁场 B 发生空间量子化. (这里采用朗德表示法.) 换句话说, 如果把 K 沿着 B 的分量记为 m_K, 把 R 沿着 B 的分量记为 m_R, 那么, m_K 和 m_R 就取整数值或半整数值, 它们满足

$$-K + \frac{1}{2} \leqslant m_K \leqslant K - \frac{1}{2}, \quad -R + \frac{1}{2} \leqslant m_K \leqslant R - \frac{1}{2} \tag{1.34}$$

显然, 磁量子数 m 由下式给出

$$m = m_K + m_R \tag{1.35}$$

(我告诉过你们, 如果磁场很大, 那么, J 的大小 J 是不守恒的, 而沿着磁场的分量 m 是守恒的.) 因此, 使用 (1.28), 沿着 B 的磁矩分量 μ 变为 $-(m_K + g_0 m_R)$, 把它代入 (1.29), 就得到

$$W_{\mathrm{B}} = \frac{e\hbar}{2m} B(m_K + g_0 m_R) \tag{1.36}$$

可以拿这个公式与实验进行比较并确定 g_0, 因为分裂能级的间距是 $(e\hbar/2m)B$ 的整数倍, g_0 必须是整数, 根据观测到的分裂, 我们发现

$$g_0 = 2 \tag{1.37}$$

在这种情况下, 与弱磁场的情况不同, 公式 (1.36) 不仅来自于朗德表示法, 也来自于索末菲和泡利的表示法. (我告诉过你们, 对于角动量沿着磁场方向的分量, 无论哪种表示法都得到相同的结果.) 当 $g_0 = 2$ 的时候, 与实验符合得很完美. 所以, 与弱磁场情况 (那里仅仅暗示了符合) 相反的是, 在强磁场下, 可以认为 g_0 确实就是 2. 此外, 在强磁场下的实验[12] (例如, 爱因斯坦–德哈斯实验) 也证实了 (1.37). (后面会讨论这个实验.) 图 1.7 给出了 ^{2}P 项的帕邢–巴克效应. 图中给出了子能级随着磁场从弱到强变化时的移动. 如图所示, 对应于 $j = 3/2$ 和 $j = 1/2$ 的子能级在强磁场下全都重新排列了. 这就清楚地表明, j 在强磁场下是不守恒的.

---

[12] 将磁性材料置于可沿某一个轴自由转动的环境中, 沿轴的方向将其磁化, 磁性材料将发生旋转. 这称为磁旋转效应, 参考第 97 页.

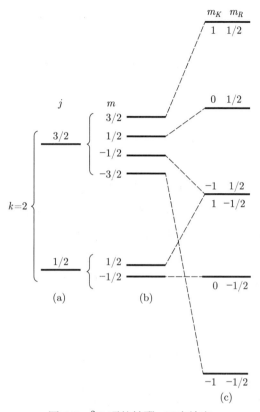

图 1.7 ^{2}P 项的帕邢–巴克效应

(a) 没有磁场时的双重项能级; (b) 磁场使得这些能级分裂; (c) 帕邢–巴克效应的子能级. 子能级旁边的数字是量子数 m_k 和 m_r

*

我们已经看到, 代用模型给出了许多有效的结果. 然而, 多重项来自于原子实角动量这个想法也带来了许多奇怪的结果. 很多人指出了这一点, 包括朗德. 我用一个例子说明这个情况. Na 原子的基态是 ^{2}S, 如图 1.2 所示, 但是在朗德表示法中, 它具有角动量 $J = 1$ (见表 1.1). 另一方面, 实验上知道, Mg$^+$ 离子和 Na 原子具有相同的电子数, 因此, 它的光谱项非常类似于 Na 的光谱项. (Mg$^+$ 离子表示 Mg 单次电离的正离子. 通常, 我们把原子 A 的单次、两次、三次电离的阳离子写为 A$^+$、A^{2+}、A^{3+}, 等等.) 实际上, Mg$^+$ 离子的基态是 ^{2}S 项, 因此它应该具有角动量 $J = 1$. 现在我们看到, 如果给 Mg$^+$ 离子加上一个电子, 就得到 Mg 原子. 这意味着 Mg 原子的原子实是 Mg^+ 离子. 根据这一点, 你们也许会认为, Mg 原子的原子实具有角动量 1, 但是, 如表 1.2 所示, 情况并非如此, 而是 $R = 1/2$ 或 $3/2$. 因此, 如果一个电子从外部靠近 Mg^+ 离子, 这个离子变为 Mg 的原子实, 突然之间, J 必须从 1 变为 $1/2$ 或 $3/2$. 朗德似乎并不担心这种情况, 但是, 泡利认为这很不自然. 因此, 泡利避免使用代用模型, 而且警告其他人不要太信任它.

那时候, 很多人注意到, 如果认为 He 原子的基态由两个都处于 $n = 1$ 和 $k = 1$ 轨道的电子构成, 计算得到的 He 原子电离能完全不符合实验结果. 根据这种差别, 朗德假设, "对于 He 原子的两个电子, 一个属于原子实, 另一个是辐射电子, 这两个电子在原子中扮演着完全不同的角色. (例如, 前者的 g 因子是 2, 而后者的是 1.) 因此, 两个电子不可能处于同一个 $n = 1$ 和 $k = 1$ 的轨道." 泡利反对这个想法, 他在 1923 年 10 月投稿的一篇文章中写道, 朗德关于 "两个电子扮演完全不同的角色" 的解释是过于相信模型的经典案例, 这明确地表现了模型本身的致命错误. 泡利进一步说, 必须用完全不同的观点解释 He 的这个问题. 因此, 泡利在他关于多重项的文章中一开始就说, "我很难相信现在正在考虑的模型. 我们为什么不只从实验结果来研究多重项的规则呢?"

实际上, 在接下来的文章中, 泡利始终避免使用轨道角动量、原子实角动量和总角动量这些暗示着模型的词, 而是只使用量子数 k、量子数 r 和量子数 j_P. 不得不使用索末菲表示法中的 j 的时候, 他不是将之称为总角动量, 而是称之为总角动量量子数, 并把它定义为 "磁量子数 m 的最大值". (你可能注意到, 这与索末菲不同, 后者说, "让我们假定 j 是总量子数".) 在观测塞曼效应的时候, 子能级出现了, 它们相对于原能级是对称的, 泡利认为, 这个能级的直接编号意味着 m 具有最基本的意义, 它与实验直接联系. 他认为, j 是更间接的东西, 它被定义为 m 的最大值. 这个逻辑与索末菲和朗德的逻辑相反, 它标志着泡利方法的特性, 他只依赖于实验结果而不是模型.

那么, 泡利得到的结果是什么呢? 他用了什么方法呢? 他的逻辑非常有特点并且很有趣, 不幸的是, 由于时间的缘故, 我们必须到此为止了. 在结束今天的讲座之前, 我只想再说一件事, 因为它是真正的有泡利特色的故事.

泡利是否真的从来不用模型思考呢? 情况并非如此. 在索末菲和朗德之前很久, 泡利似乎也使用模型. 在 1923 年 10 月投稿的那篇文章里, 在警告了朗德太相信模型以后, 他加了一个脚注: "代用模型由索末菲和朗德在 1923 年首先发表, 他们用它讨论了许多事情. 然而, 我很早以前就知道 (schon seit längerer Zeit), 把代用模型应用于原子行为会得到什么结果."也就是说, 泡利已经知道了代用模型的优点和不足. 这就是泡利的智慧. 他比其他人更早就搞清楚了每一件事, 完全地研究了它, 但是, 直到他彻底信服之前, 他从来不发表. 他具有这种完美主义的倾向. 因此, 我认为他真的 "很久以前" 就知道用原子实解释多重项的矛盾, 这使得他相信自己应该只从实验结果出发建立规则. 在此过程中, 他在 1924 年左右思考的时候, 似乎产生了一个新想法: 多重项的起源不在于原子实, 而在于电子本身. 你们可能记得, 在警告朗德的时候, 他说, "He 里面的两个电子必须扮演完全不同的角色 (一个是原子实电子, 另一个是辐射电子), 这个事实是这个模型的缺点". 似乎他已经觉察到, 多重项的起源在于每个电子本身. 泡利发表了这个想法, 从它出发, 乌伦贝克和戈德施密特在 1925 年产生了自转动电子的想法[13]. 现在, 故事讲完了, 下一讲再介绍我们的主角 —— 自旋.

---

[13]1924 年泡利提出原子核带有角动量, 并提出用它来解释磁场下光谱线的超精细结构 (Satellite) 的想法 [W. Pauli, Zur Frage der theoretischen Deutung der Satelliten einiger Spektrallinien und ihre Beinflussung durch magnetische Felder (关于光谱线的伴线和它们受磁场的影响的理论意义的问题), Naturwiss, 12(1924), 741–743]. 而且, 在诺贝尔奖的授奖典礼上提到这促进了戈德施密特和乌伦贝克提出电子自旋假说. (《不相容原理与量子力学》, 中村诚太郎, 译, 中村诚太郎, 小沼通二, 编《诺贝尔奖讲演·物理学 6》收录. 讲谈社 (1978), 第 76–96 页. 特别是第 84 页). 关于这一点, 戈德施密特写道: "我们看到泡利的论文是 5 年后的事情, 因此没有受到其影响."(S. A. Goudsmit, Puali and Nuclear Spin, Physics Today, June (1961), 18–21 引自第 19 页.)

然而, 泡利在上述 1924 年 Naturwiss 的论文中引用了长冈半太郎, 杉浦义胜, 三岛德七的论文 (The Fine Structure of Mercury Lines and the Isotopes, Japanese Jour. Phys., 2 (1923), 121–162, 167–278; Isotopes of Mercury and Bismuth revealed in the Satellites of their Spectral Lines, Nature, 113 (1924), 459–460), 提到 "作为一般意义上的尝试, 可以考虑长冈等所提出的核结构和由它导致的核场与库仑场的偏差是超精细结构的原因". 泡利还提到长冈和高岭俊夫的文章 (Anomalous Zeeman Effect in Satellites of the Violet Lines (4539) of Mercury, Phil. Mag., (6)29 (1915), 241–252) 的测量与理论很好地符合. 关于长冈等的这些研究参见板仓圣宣, 木村东作, 八木江里《长冈半太郎传》, 朝日新闻社 (1973), 第 351–355 页, 第 402–438 页.

第 2 讲　电子自旋和托马斯因子
—— 电子绕自己转动的假设
以及泡利的认可

　　上一讲里说了光谱项的多重性是一种内塞曼效应, 描述了 "代用模型" 如何从这个概念演化出来以解释多重项的各种数据. 但是, 泡利早就指出, 这个模型实际上有严重的问题. 此外, 尽管朗德对他的代用模型抱有很大希望, 但是, 在 1924 年左右, 他本人发现了一个事实, 动摇了这个模型的基础. 也就是说, 从多重项的能级间隔决定于两个角动量 (来自于原子实和电子) 的相互作用的假设出发, 朗德发现结论和实验有矛盾. 今天这一讲, 我从朗德的不幸发现开始讲起.

*

　　这里只讨论碱金属原子和类似的离子. 朗德深入研究了海量的实验数据, 发现了一条实验定律, 用于描述双重项能级的间隔. 在这样做的时候, 朗德采用了索末菲在 1916 年提出的精细结构公式作为出发点. 朗德为什么要用这么老的公式呢? 他有很好的理由, 但是我不想讲它, 因为这要花太多的时间. 这里仅仅说一说索末菲理论的要点.

　　大约在 1916 年, 索末菲发现, 如果把相对论引入玻尔的氢原子理论, 电子质量的相对论性变化对于 S 轨道、P 轨道和 D 轨道等是不一样的. 在非相对论性理论中, 具有相同数值 n 的各种项具有相同的能量, 但是我们发现, 一旦考虑了相对性, 能级 S、P 和 D 等就会分开. 因此, 以前认为氢原子的单重项只依赖于 n, 现在变成了一组几个能级, 具有非常小的间隔. 这就是索末菲的想法. 根据他的计算, 能级间距是[1]

---

[1] μ_0 和 ε_0 是真空中的磁导率和介电常量. $\mu_0 = 4\pi \times 10^{-7}$ kg $\cdot$ m/C^2, $\varepsilon_0 = 1/\left(\mu_0 c^2\right) = 8.854 \times 10^{-12}$ C^2/(N $\cdot$ m^2). c 是光速.

$$\Delta W_{\text{rel}} = +2\frac{\mu_0}{4\pi}\left(\frac{e\hbar}{2m}\right)^2\frac{1}{a_{\text{H}}^3}\frac{Z^4}{n^3 k(k-1)} \tag{2.1}$$

除了氢原子以外, 这种分裂也出现在 He^+、Li^{++} 和 Be^{+++} 离子中, 因此, 我把 Z 放到公式 (2.1) 里. 这个公式给出了次量子数为 k 和 $k-1$ 的能级之间的间隔, n 显然是主量子数. 玻尔半径 a_{H} 是

$$a_{\text{H}} = 4\pi\varepsilon_0\frac{\hbar^2}{me^2} \tag{2.2}$$

(2.1) 被称为精细结构公式, He^+、Li^{++} 和 Be^{+++} 中的谱项分裂值确实很好地符合这个形式.

由此可以看出, 这个理论允许 n 相同而 k 不同的能级发生分裂. 这完全不同于碱金属原子中双重项里的能级分裂. (碱金属原子双重项里的两个能级具有相同的 n 和 k, 需要引入新的量子数 j 区分它们俩.)

朗德发现, 虽然有这个差别, 碱金属原子双重项里的两个能级的间距可以用类似于 (2.1) 的公式相当好地表示. 即, 对于给定的次量子数 k, 下述公式可以很好地给出谱项里的能级分裂

$$\Delta W_{\text{alkali}} = +2\frac{\mu_0}{4\pi}\left(\frac{e\hbar}{2m}\right)^2\frac{1}{a_{\text{H}}^3}\frac{(Z-s)^4}{n^3 k(k-1)} \tag{2.3}$$

我们用了 $Z-s$ 而不是 Z, 原因在于, 在真实的碱金属原子中, 作用在辐射电子的电场不是 $\dfrac{1}{4\pi\varepsilon_0}\dfrac{eZ}{r}$ 而是 $\dfrac{1}{4\pi\varepsilon_0}\dfrac{e(Z-s)}{r}$, 因为内壳层电子屏蔽了原子核. 根据实验数据, 朗德用公式 (2.3) 计算了 s 的数值, 得到的数值都很合理. 例如, 根据 $n=2, k=2$ 双重项的间距的实验数值, 得到了 Li、Be^+、B^{++} 和 C^{+++} 以及 Na、Mg^+、Al^{++} 和 Si^{+++} 的 s 数值, 如表 2.1 所示. 由此表可以看出, 对于 Li 这一组, $s \approx 2$, 对于 Na 这一组, $s \approx 9$, 这是合理的, 因为 Li 这一组的内壳层电子数目是 2, 而 Na 这一组的内壳层电子数目是 10. 他进一步检验了 $n = 3, 4, 5$ 的双重项, 发现所有的情况都可以用公式 (2.3) 很好地解释. 因此, 我们说 (2.3) 是很好的实验公式.

表 2.1 [2)]

	Li	Be$^+$	B^{++}	C^{+++}		Na	Mg$^+$	Al^{++}	Si^{+++}
$\Delta W/(hc)$	0.34	6.9	30.9	68.5	$\Delta W/(hc)$	17.2	91.5	238	460
s	2.0	1.9	1.9	2.2	s	9.0	8.9	9.1	9.4

可以从 "代用模型" 中推导出 (2.3) 吗? 在朗德模型里, 磁矩 $\boldsymbol{\mu}_R$ (与 $\boldsymbol{R}$ 有关) 和磁矩 $\boldsymbol{\mu}_K$ (与 $\boldsymbol{K}$ 有关) 具有磁能量

$$W_{\text{mag}} = 常数 \cdot (\boldsymbol{R} \cdot \boldsymbol{K})$$

因此, 间距是一个常数乘以 $(J-1)$ [见 (1.24)、(1.26) 和 (1.27)]. 上一讲并没有提到这个常数的含义. 现在我们想讨论它.

*

上次我告诉你们说, 如果原子实有磁矩, 原子里就有个轴对称的内磁场. 处于该磁场中的辐射电子就表现出内塞曼效应, 它是多重项的起因. 如果采用这种论证, 并试图计算 W_{mag} 或 ΔW_{mag} 公式里的常数, 就需要复杂的计算, 所以, 更明智的方法是像下面这样论证. 不要考虑原子实导致的作用在辐射电子上的磁场, 而是考虑辐射电子作用在原子实上的磁场. 我们取原子的中心作为原点, 用 $\boldsymbol{r}$ 和 $\boldsymbol{v}$ 表示电子的位置和速度. 根据毕奥 – 萨伐尔定律, 原点处产生的磁场为

$$\mathring{\boldsymbol{B}} = -\frac{\mu_0 e}{4\pi} \frac{(\boldsymbol{r} \times \boldsymbol{v})}{r^3} \tag{2.4}$$

因此, 如果采用朗德的方法把电子的轨道角动量表示为 $\boldsymbol{K}$, 那么 $\mathring{\boldsymbol{B}}$ 就可以写为

$$\mathring{\boldsymbol{B}} = -\left(\frac{\mu_0 e \hbar}{4\pi m}\right) \frac{1}{r^3} \boldsymbol{K} \tag{2.4'}$$

因此, 如果原子实的磁矩 $\boldsymbol{\mu}_R$ 集中在原点上, 那么, $\mathring{\boldsymbol{B}}$ 和 $\boldsymbol{\mu}_R$ 之间的磁相互作

[2)]$\Delta W/(hc)$ 的单位是 cm^{-1}.

用就可以写为正常的塞曼效应 [见 (1.29)]

$$E_{\text{mag}} = -\frac{e\hbar}{2m}(\mathring{\boldsymbol{B}} \cdot \boldsymbol{\mu}_R) \tag{2.5}$$

现在, 利用 (2.4′) 中的 $\mathring{\boldsymbol{B}}$ 和 $\boldsymbol{\mu}_R = -g_0\boldsymbol{R}$ [见 (1.22)], 立刻就得到

$$E_{\text{mag}} = -2\frac{\mu_0 g_0}{4\pi}\left(\frac{e\hbar}{2m}\right)^2\left(\frac{1}{r^3}\right)(\boldsymbol{K} \cdot \boldsymbol{R}) \tag{2.6}$$

这里的 $1/r^3$ 随时间变化, 因此, 不能马上就用这个公式作为 (1.24) 中的 W_{mag}. 然而, 如果我们取 $1/r^3$ 的时间平均值为 $\langle 1/r^3 \rangle$, 那么, W_{mag} 可以近似表示为

$$W_{\text{mag}} = -2\frac{\mu_0 g_0}{4\pi}\left(\frac{e\hbar}{2m}\right)^2\left\langle\frac{1}{r^3}\right\rangle(\boldsymbol{K} \cdot \boldsymbol{R}) \tag{2.6′}$$

因此得到

$$\Delta W_{\text{mag}} = -2\frac{\mu_0 g_0}{4\pi}\left(\frac{e\hbar}{2m}\right)^2\left\langle\frac{1}{r^3}\right\rangle\left(J - \frac{1}{2}\right) \tag{2.6″}$$

所以, 现在就知道这个常数的含义了, 但是, 为了用 (2.6″) 计算间距, 我们需要计算 $\langle 1/r^3 \rangle$. 当电子在库仑场中运动的时候, 这个平均值可以精确地计算出来. 如果让势场等于

$$V(r) = -\frac{1}{4\pi\varepsilon_0}\frac{Ze}{r} \tag{2.7}$$

那么, 根据玻尔定律

$$\left\langle\frac{a_{\text{H}}^3}{r^3}\right\rangle = \frac{Z^3}{n^3 k^3} \tag{2.8}$$

其中, n 是主量子数, k 是次量子数 (轨道角动量), 而 a_{H} 是玻尔半径 (2.2). 如果用朗德 "代用模型" 取代玻尔理论, 因为轨道角动量是 K, 所以, 用下式替代 (2.8) 就更合适一些

$$\left\langle\frac{a_{\text{H}}^3}{r^3}\right\rangle = \frac{Z^3}{n^3 K^3} \tag{2.8′}$$

现在, 只考虑碱金属原子的情况. 此时, 可以用 K 替换 (2.6″) 中的 $(J - 1/2)$. 因此, 我们得到

$$\Delta W_{\text{mag}} = -2g_0\frac{\mu_0}{4\pi}\left(\frac{e\hbar}{2m}\right)^2\frac{1}{a_{\text{H}}^3}\frac{Z^3}{n^3 K^2} \tag{2.6}_{\text{L}}$$

此外, 在计算 g 因子 (我在上一讲里讨论过) 的时候, 必须用 $J^2 - 1/4$ 替换 (1.31′) 中的 J^2 [见 $(1.31)_{\text{exp}}$]. 因此, 用 $K^2 - 1/4$ 取代 K^2 可能更好. $K^2 - 1/4 = (K - 1/2)(K + 1/2)$, 而且, 因为朗德的 K 与 k 的关系是 $K = k - 1/2$, 我们应当用 $K^2 - 1/4 = k(k - 1)$. 这样就得到

$$\Delta W'_{\text{mag}} = -2g_0 \frac{\mu_0}{4\pi} \left(\frac{e\hbar}{2m} \right)^2 \frac{1}{a_{\text{H}}^3} \frac{Z^3}{n^3 k(k-1)} \tag{$2.6'$}_{\text{L}}$$

推导这个公式的假设是电子在库仑场中运动. 因此, 为了把这个公式推广到所有的原子, 就要考虑原子实的屏蔽, 用 $Z - s$ 替换 Z. 这样就得到结论

$$\Delta W''_{\text{mag}} = -2g_0 \frac{\mu_0}{4\pi} \left(\frac{e\hbar}{2m} \right)^2 \frac{1}{a_{\text{H}}^3} \frac{(Z-s)^3}{n^3 k(k-1)} \tag{$2.6''$}_{\text{L}}$$

这样一来, 根据朗德的想法, 我们就发现, $(2.6'')_{\text{L}}$ 给出了能级间距. 把这个结果与实验公式 (2.3) 进行比较, 可以看到它们很相像, 但是还有些重要的差别:

1. (2.3) 里是 $(Z - s)^4$, $(2.6'')_{\text{L}}$ 里是 $(Z - s)^3$;
2. (2.3) 里是 $+$, $(2.6'')_{\text{L}}$ 里是 $-$;
3. (2.3) 里的因子是 2, $(2.6'')_{\text{L}}$ 里是 $2g_0$, 也就是 4.

在这三个差别里, 第一个是致命的, 如果采用 (2.6″) 从实验结果中确定 s, 得到的数值就完全不同于表 2.1 中的数值. 因此, 朗德被迫承认, 他的想法 (磁相互作用导致了多重项) 失败了. 我还想加一句, 朗德似乎没有注意到后两个差别. 他总是关注于 “间距”, 对符号却不太操心. 还有, 他在计算过程中错误地丢掉了 $g_0 = 2$.

实际上, 在 1924 年左右, 在朗德用 “代用模型” 计算 $(2.6'')_{\text{L}}$ 之前, 海森伯已经用自己的方法计算了 Li 的双重项能级的间距. 他的模型类似于朗德的模型, 而且他报道说, 他的计算结果和实验值符合得很好. 一个名叫 D. Roschdestwenski 的人也做了类似的计算, 但是, 他和海森伯发现, 符合实验的数值的原因是 Z 的数值很小.

经过这些努力之后, 朗德在 1924 年 4 月写了他关于这个主题的最后一篇文章, 并用这样一句话作为总结: “绝对不可能用磁力解释 X 射线和光学双重项的能级间距, 尽管 Roschdestwenski 和海森伯在 Li 上成功了.” 听起来有些

若无其事的样子. 奋斗了这么久, 朗德可能已经精疲力竭, 只能达观知命了.

*

这时候, 泡利打算做什么呢? 我告诉过你们, 他在 1923 年 10 月投出了一篇文章, 此后一年里什么文章也没有写[3]. 很可能是在这段时间里, 他朝着与原子实有关的这个重要问题的正确解释缓慢而努力地前进, 到了 1924 年 12 月, 他才写完了另一篇文章. 在这篇文章里, 他批评了原子实处于 K 壳层的主流假设, 采取了果断行动, 首次主张多重项并非来自于原子实与辐射电子的相互作用, 而是来自于电子本身的特性.

尽管 "代用模型" 在 1923 年左右仍然很流行, 但是, 很多人相信原子实处于 K 壳层. 上次讨论原子实的时候, 我把除了最外面的辐射电子之外的所有电子都归入原子实. 但是, 人们当时认为, 在这些电子里, 只有 K 壳层的电子具有角动量 R, 而且 $g_0 = 2$. 所有其他闭壳层 (例如 L 壳层等) 里的电子对角动量和磁矩都没有贡献. 泡利首先批评了这个想法.

泡利论证说, 如果确实只有 K 壳层电子构成原子实, 那么, 对于大的 Z 值, 其他电子就会运动得很快, 就会受到相对论效应的强烈影响, 导致比值 (磁矩/角动量) 有很大的相对论性修正. 他引用了索末菲的文章, 计算了这个修正, 发现应当可以在实验中观察到大 Z 值原子的 g_0 数值偏离 2. 但是, 在实践中, $g_0 = 2$, 与 Z 没有关系. 因此, 原子实处于 K 壳层的想法值得怀疑. 这就是泡利的批评. 泡利还坚持说, 只有 K 壳层有角动量和磁矩, 而其他闭壳层都没有, 这个假设太不自然了. 他坚持认为, K 壳层应该和其他闭壳层一样也没有角动量和磁矩.

除了这些原因以外, 泡利认为朗德关于 He 原子基态的不自然的描述 (我说过, 泡利警告了朗德) 以及不能用原子实和辐射电子的相互作用解释多重项

---

[3]泡利在 1923 年 10 月至 1924 年 12 月间写了两篇论文: Bemerkungen zu den Arbeiten "Die Dimension der Einsteinschen Lichtquanten" 和 "Zur Dynamik des Stosses zwischen einem Lichtquant und einem Elektron" von L. S. Ornstein und H. C. Butger, Zeitschr. f. Physik, 22 (1924), 261–265 (1924 年 1 月接收); Zur Frage der theoretischen Deutung der Satelliten einiger Spektrallinien und ihrer Beeinflussung durch mabnetische Felder, Naturwissenschaften, 12 (1924), 741–743 (1924 年 8 月提交). 关于后者, 参考第 1 讲最后一个注. 作者在第 67 页还会提到这篇涉及原子核带有角动量的可能性的论文.

的能级间隔 (我前面讲过它) 也是致命的, 他是这样总结的:

> 闭合的电子构型不应该对原子的角动量和磁矩做贡献. 特别
> 是在碱金属原子里, 人们认为, 原子角动量的数值及其在外磁场中
> 的能量变化主要来自于辐射电子, 后者也是磁–力学奇异性的起
> 源. 由此观点来看, 碱金属光谱的双重线结构, 以及拉莫尔定理的
> 失效 (注: 出现反常塞曼效应), 都是因为辐射电子不能用经典方法
> 描述的量子性质里的奇异二值性.

这里, 泡利首次宣布了四个量子数 n、k、j 和 m, 以及 j 和 m 并非来自于
辐射电子和原子实的相互作用, 只是都属于电子本身. 然而, 即使在这里, 他
也试图避免谈论这些量子数背后的模型, 只是简单地说 "经典方法不能描述二
值性"[4].

为了让这个主张正当化, 泡利试着用它解释很多事情, 其中之一就是, 使
用他的想法, 完全消除了困扰原子实想法的 "古怪性". 我说过很多次, 如果你
采用原子实这个概念, 当你把电子添加到原子实的时候, 原子实的某些性质必
须突然改变. 泡利的新思考方法里并没有这种愚蠢的东西. 此外, 在他的新想
法里, 所有电子都具有 "经典方法不可描述的二值性", 因此, 原子实里的电子
和其他电子没有差别.

*

我解释一下这个 "古怪性", 尽可能地采用泡利的说法. 考虑一个碱金属原
子. 如果观测这个原子在弱磁场中的塞曼效应, 数一数子能级的数目, 双重项
的一个能级分裂为 $2(k-1)$ 个子能级, 另一个能级分裂为 $2k$ 个子能级 (除了 S
项以外). 因此, 如果把这两个能级加起来, 子能级的总数就是 $2(2k-1)$. 因为
S 项是单重的, 它成了例外, 但是, 因为它在磁场中分裂为两个能级, $2(2k-1)$
这个数值仍然有效. 因此, 对于碱金属原子的给定的 n 和 k, 属于 n 和 k 的态
的数目 $N_2(k)$ 是

$$N_2(k) = 2 \cdot (2k - 1) \qquad (2.9)_2$$

[4]参考: 泡利《不相容原理与量子力学》, 中村诚太郎, 译, 中村诚太郎, 小沼通二, 编《诺贝尔奖讲演·物理学 6》收录. 讲谈社 (1978), 第 76–96 页. 特别是第 79 页.

(下标 2 表示双重项). 我们可以进一步对强磁场或者中等强度磁场中的帕邢 – 巴克效应推导这个数值. 对于 $k = 1$ (即 S 项) 的特殊情况,

$$N_2(1) = 2 \qquad\qquad (2.9')_2$$

接下来考虑碱土金属原子. 这时候有单重和三重项, 根据塞曼效应和帕邢 – 巴克效应的观测结果, 我们得到

$$N_1(k) = 1 \cdot (2k - 1) \qquad\qquad (2.10)_1$$

$$N_3(k) = 3 \cdot (2k - 1) \qquad\qquad (2.10)_3$$

N 的下标 1 和 3 分别表示单重项和三重项. 因此, 如果我们不区分单重项和三重项, 只给出 n 和 k, 态的数目就是

$$N_1(k) + N_3(k) = 4 \cdot (2k - 1) \qquad\qquad (2.10)_{1+3}$$

这个结果以及到此为止的结论是通过筛选实验事实而直接得到的, 没有使用任何模型. 现在我们考虑, 如果使用 "代用模型" 解释这些结论, 会得到什么结果.

上次我说过, "代用模型" 可以直截了当地解释帕邢 – 巴克效应. 此时, 因为磁场很强, 原子实角动量 r 和轨道角动量 k 的磁分量都是空间量子化的. 因此, 在碱金属原子双重态里, r 的磁分量 m_r 有两个值, k 的磁分量 m_k 有 $(2k - 1)$ 个值 (因为我们使用了泡利表示法, $-r + 1 \leqslant m_r \leqslant r - 1$ 和 $-k + 1 \leqslant m_k \leqslant k + 1$). 因此, 对于给定的 k, 态的数目是 $2(2k - 1)$. 因此可以说, $(2.9)_2$ 的第一个因子 2 是原子实的态数目, 第二个因子是辐射电子的态数目.

碱土金属原子也是如此, 即, $(2.10)_1$ 的第一个因子 1 和 $(2.10)_3$ 的第一个因子 3 分别表示原子实单重项和三重项的态数目. 对于这两个多重光谱项来说, 辐射电子的态数目都是 $2k - 1$, 与碱金属原子一样.

"古怪性" 就出现在这里. 例如, 考虑 Mg^+. 我说过很多次, Mg^+ 必然有个类似于 Na 原子的项, 因此, 根据 $(2.9')_2$, 它的基态是双重项. 因此, 如果把量子数为 k 的一个辐射电子添加给这个离子, 构成 Mg 原子, 因为辐射电子总

是具有 $2k-1$ 个态, 态的总数就必须是 $2(2k-1)$. 然而, 情况并非如此, Mg 原子的态的实际数目是 $1(2k-1)$ 或 $3(2k-1)$. 因此, 当 Mg^+ 增加了这个电子的时候, 态的数目 (此前是 2) 必须突然变为 1 或者 3. 这确实很 "古怪". 经典力学和对应原理没有办法解释它. 所以玻尔说, 这是通过 "非力学限制" (nichtmechanisher Zwang) 发生的.

在这里, 泡利坚持认为, 如果采用他的新想法 (即电子本身具有二值性), 就不需要 "非力学限制" 这种没有必要的复杂性了. 特别的, 他认为这个 "古怪" 情况的原因在于因子 2 和 $2k-1$ 分别来自原子实的态数目和辐射电子的态数目. 但是, 如果把 $2(2k-1)$ 看作一个电子的态数目, 就不会发生这种尴尬的事情了. 简单地说, 当一个电子添加给 Mg^+ 的时候, Mg^+ 的态数目是 2, 而这个新添的电子的态数目是 $2(2k-1)$, 因此, 对于给定的 k, 态的数目是

$$2 \times 2 \cdot (2k-1) = 4 \cdot (2k-1) \tag{2.10$'$}$$

这样就得到了 $(2.10)_{1+3}$, 无需引入任何古怪的想法. 那么, 一个电子的态数目为什么必须是 $2(2k-1)$ 呢? 泡利把第一个因子 2 称为 "经典方法不可描述的二值性", 不想进一步讨论这个问题.

泡利认为, 这个新概念当然还是不完全的, 而且不能解释 $(2.10)_{1+3}$ 里的因子 4 为什么变成了 1 和 3——换句话说, 为什么有两套谱线 (单重项和三重项), 单重项和三重项的差别是怎么来的, 单重项和三重项的能级间距为什么出现. 然而, 如果采用这个想法, 就可以解释原子中的每个轨道具有特定容量这个实验上众所周知的惊人事实, 当这个容量被填满的时候, 该轨道就闭合了, 这个观测结果可以用一条非常清晰的规则解释: 一旦确定了量子数 n、k、j 和 m 的数值, 那么, 原子里最多只能有一个电子具有这些量子数. 这个规则可以这样解释, 一旦电子进入了由 n、k、j 和 m 标记的态, 这个电子将阻止其他电子进入这个态, 在此意义上, 人们称之为泡利不相容原理. 根据这个规则, 泡利证明了可以推导出这样的结果: K 壳层由 2 个电子闭合, L 壳层由 8 个电子闭合, M 壳层由 18 个电子闭合, 强烈地支持他的新理论. 只有当 n、k、j 和 m 只与一个电子有关的时候, 上述规则才是可能的.

那时候, 人们经常注意到, 预期应该存在的一些光谱线缺席了. 例如, 看看

图 1.2; Mg 的单重项开始于 $n = 3$, 但是, 三重项开始于 $n = 4$, 没有 $n = 3$. 泡利证明, 这个现象也可以用不相容原理解释. 此外, 如果考虑更大的原子或者不止一个激发电子的原子, 那么许多谱线就会消失, 原因也是不相容原理. 为了判断泡利想法的有效性, 应当考虑所有的情况, 证明没有不合拍的地方. 因此, 泡利跑到朗德的实验室去, 试图在朗德积累的众多数据中寻找任何违反这条规则的事例. 在朗德的实验室里, 他碰到了一位年轻人, 他想提议说电子绕着自己转动, 推广泡利的想法.

*

这个年轻人是克勒尼希 (图 2.1), 他比乌伦贝克和戈德施密特早半年想到了电子的自转动. 克勒尼希那时候刚刚二十岁, 但是, 他对多重项和塞曼效应感兴趣, 1925 年 1 月从美国来到朗德的实验室. 朗德给他看了泡利的一封信, 其中提到了 "经典方法不可描述的量子二值性". 读完了这封信, 克勒尼希立刻想到了自转动的电子, 即, 电子绕着自己的轴转动, 具有自转动的角动量 1/2 和 g 因子 $g_0 = 2$. 根据这个假设, 他可以解释碱金属原子的双重项、塞曼效应和帕邢 – 巴克效应, 他也可以用 "代用模型" 解释. 此外, 他还预期, 自转动和

图 2.1　左起: 仁科芳雄 (1890 — 1951), 丁尼生 (David M. Dennison, 1900 — 1976), Werner Kuhn(1899 — 1963), 克勒尼希 (Ralph de Laer Kronig, 1904 — 1995), Bidu Bushan (B. B.) Ray .1925 年摄于哥本哈根. 仁科纪念基金会收藏

轨道运动的磁矩之间的相互作用可以利用相对论得到, 由此他能够计算双重项的间距.

这里怎么利用相对论呢? 我解释一下. 原子里的电子处在电场里, 因此受到电场的影响, 但是, 电场不会直接影响电子自转动的磁矩. 然而, 如果电子在运动, 那么, 实验室参考系中不存在的磁场就会通过洛伦兹变换出现在电子的静止参考系里. 根据爱因斯坦理论, 这个场是

$$\mathring{\boldsymbol{B}} = \frac{1}{c^2} \frac{\boldsymbol{E} \times \boldsymbol{v}}{\sqrt{1 - v^2/c^2}} \tag{2.11}$$

在这种情况下, 如果把自转动的磁矩写为 $\boldsymbol{\mu}_{\mathrm{e}}$, 把自转角动量记为 $\boldsymbol{s}$, 它和 $\mathring{\boldsymbol{B}}$ 的相互作用就是 [记住 "代用模型" 的 (2.5)]

$$\begin{aligned} E_{\mathrm{rel}} &= -\frac{e\hbar}{2m} (\mathring{\boldsymbol{B}} \cdot \boldsymbol{\mu}_{\mathrm{e}}) \\ &= g_0 \frac{e\hbar}{2m} (\mathring{\boldsymbol{B}} \cdot \boldsymbol{s}) \end{aligned} \tag{2.12}$$

这是自转动的磁矩和轨道运动的磁矩之间的相互作用能. 然而, 因为 (2.12) 是电子在静止参考系中的能量, 必须对 (2.12) 进行洛伦兹变换, 才能得到电子在实验室参考系中的能量. 为了这个目的, 我们简单地乘以 $1/\sqrt{1 - v^2/c^2}$.

然而, 如果电场 $\boldsymbol{E}$ 是库仑场, 而且 $v^2/c^2 \ll 1$, 就可以用更简单的方法做计算. 这是因为, 我们能够利用毕奥–萨伐尔定律得到电子静止参考系中的磁场 $\mathring{\boldsymbol{B}}$. 坐在电子上随它一同运动的观察者会认为, 电子是静止的, 而原子核绕着电子转动. 他会说, 原子核的速度是 $-\boldsymbol{v}$, 半径是 $-\boldsymbol{r}$, 它的电荷是 $+Ze$. 因此, 根据毕奥–萨伐尔定律, 电子所处位置上的磁场就是

$$\mathring{\boldsymbol{B}} = +\frac{\mu_0 Ze}{4\pi} \frac{(\boldsymbol{r} \times \boldsymbol{v})}{r^3} \tag{2.11'}$$

(让我提醒你们, 在原子实模型里, 原子实处的磁场由 (2.4) 给出. 那里是转动的轨道电子, 电荷为 $-e$, 这里我们有个原子核, 电荷为 $+Ze$.) 如果把库仑场

$$\boldsymbol{E} = \frac{1}{4\pi\varepsilon_0} \frac{Ze}{r^3} \boldsymbol{r}$$

代入 (2.11) 并利用近似 $\sqrt{1 - v^2/c^2} \approx 1$, 就得到了 (2.11′) 给出的 $\mathring{\boldsymbol{B}}$. 如果把这样得到的 (2.11′) 与用于原子实模型的 (2.4) 进行比较, 我们用 Ze 替代了

e, 用 + 替代了 −. 因此, 如果用克勒尼希的自转动电子的想法进行计算, 那么, 能级间距就是 $(2.6')_L$ 给出的数值的 N 倍, 而且 − 变成了 +. 也就是说

$$\Delta W_{\text{mag}} = +2g_0 \frac{\mu_0}{4\pi} \left(\frac{e\hbar}{2m} \right)^2 \frac{1}{a_{\text{H}}^3} \frac{Z^4}{n^3 k(k-1)} \tag{2.13}$$

如果电场不是库仑场, 我们可以对屏蔽进行修正, 得到

$$\Delta W'_{\text{rel}} = +2g_0 \frac{\mu_0}{4\pi} \left(\frac{e\hbar}{2m} \right)^2 \frac{1}{a_{\text{H}}^3} \frac{(Z-s)^4}{n^3 k(k-1)} \tag{2.13'}$$

如果我们把这个公式和朗德的实验公式 (2.3) 进行比较, 它们的符合情况比原子实模型好得多. 我们前面总结了实验和原子实模型的差别 (1)(2) 和 (3), 虽然问题 (1) 和 (2) 已经解决了, 但是第三个差别仍然存在. 我们说过, 出现因子 4 是因为用了 $g_0 = 2$, 但是我们不能让 $g_0 = 1$, 否则就得不到反常塞曼效应和帕邢–巴克效应. 由于这个原因, 克勒尼希关于相对论能量 (2.12) 可以给出正确的能级间隔的这个预期并没有实现. 然而, 我们不是已经很好地消除了差别 (1) 和 (2) 了吗?

在进行详细的计算之前很久, 克勒尼希就知道, 如果使用 (2.11) 中的磁场, 能级间距将会正比于 Z^4 而不是 Z^3, 因此, 电子的自转动可以比索末菲模型更好地解释 H、He$^+$、Li^{++} 和 Be^{+++} 的精细结构. 实际上, 只有当 (2.13) 右侧的因子是 2 的时候, 克勒尼希的公式才具有与索末菲的精细结构公式 (2.1) 完全相同的形式. 因此, 他的新想法可以解释精细结构. 但是, 因为公式 (2.13) 中的因子 4, 这个前景并没有实现.

克勒尼希跟朗德说过他的结果. 朗德说, 既然泡利很快就要来了, 干吗不问问他的意见呢? 泡利和克勒尼希见了面, 听了克勒尼希的想法以后, 泡利表现得很冷漠, 没有任何兴趣, 让克勒尼希非常失望. 接着, 克勒尼希去了哥本哈根, 在那里讲了他的想法, 但是仍然没有得到什么赞同. 他本人也不够自信, 因为能级间隔与实验有因子 2 的差别, 而且, 在经典电子理论的框架下检查的时候, 自转动电子的想法有很多困难. (例如, 如果电子的尺寸是像洛伦兹考虑的那样 $\frac{1}{4\pi\varepsilon_0} \frac{e^2}{mc^2}$, 那么, 为了角动量达到 1/2, 转动就太快了, 电子表面的速度达到了光速的十倍.) 由于所有这些原因, 克勒尼希决定不发表自己的想法.

*

1925 年秋天, 乌伦贝克和戈德施密特 (图 2.2) 在 *Naturwissenshaften* 上发表了完全一样的想法. 实际上, 投稿之后, 他们征求洛伦兹的意见, 洛伦兹说, 这在经典电子理论中是不可能的. 接下来他们想赶紧撤稿, 但是太晚了[5]. 不管好坏吧, 他们的文章在这个杂志上发表了.

图 2.2　克莱因 (Oscar Klein, 1894—1977)、乌伦贝克 (George E. Ulenbeck, 1900—1988) 和戈德施密特 (Samuel Goudsmit, 1902—1978). 1926 年.H. Knauss 摄影.AIP Meggars Gallery of Nobel Laureates 惠赠

在发表文章的时候, 他们还没有计算双重项的能级间距. 然而, 在克勒尼希到哥本哈根传播了他的想法之后仅仅半年时间里, 那里的气氛显著改变了.

---

[5]乌伦贝克的回忆: "戈德施密特和我在读泡利的论文时, 得到了电子自旋的想法. 泡利让电子具有 4 个量子数, 提出了不相容原理. 他引入的第 4 个量子数没有给出任何的物理图像. 这对于我们来说是一个谜. 因为量子数应该对应于某个自由度相对应. 在埃伦费斯特的指导下读了亚伯拉罕 (M. Abraham) 的论文, 知道可以用自转动电子的模型经典地理解电子的 $g_0 = 2$, 加深了自信, 但当得知这会导致电子表面的速率是光速的好几倍后热情迅即降低 (参考附录 A1). 在与埃伦费斯特交谈后, 他提到 1921 年 A. H. 康普顿曾考虑过自转动电子, 这个想法要么是极其重要, 要么是胡说八道, 并说应该向 *Naturwissenschaften* 投一份简短的报告. 之后, 还加上一句 '请问一下洛伦兹'. 洛伦兹说 '考虑一下', 一周后他将自转动电子的电磁性质详细地写了出来. 虽然没能完全理解, 但明确了一点就是自转动电子有巨大的困难. 其中之一是磁能量变大, 为了将它限制在电子质量的程度, 电子必须比整个原子还要大. 戈德施密特和我对埃伦费斯特讲, 我们认为现在最好不要发出论文, 他说 '论文已经投出去了, 你们还年轻, 做点愚蠢的事也没关系'." [G. E. Unlenbeck, 莱顿大学就职演讲, B. L. van der Waerden, Exclusion Principle and Spin, in Theoretical Physics in the Twentieth Century, A Memorial Volume to Wolfgang Pauli, M. Fierz and V. F. Weisskopf ed., Interscience (1960). p.213–214] 朝永在本书的第 12 讲 "最后一课" 里也写了同样的事情.

玻尔开始对这两位年轻勇士的想法表现出很大兴趣[6], 爱因斯坦建议他们使用 (2.11) (克勒尼希已经用它计算了能级间距), 玻尔甚至给他们的文章添加了简短的推荐. 然而, 泡利在他的诺贝尔获奖演讲中说, 他仍然坚定地反对乌伦贝克和戈德施密特的想法. 至于克勒尼希, 他给 *Nature* 写了封信 (他们的第二篇文章发表在那里), 批评了他们的文章, 列举了自转动电子的许多困难. 在文章的最后, 他写道, "因此, 这个新假设的作用是把屋子里的鬼魂从地下室赶到了地下室的地下室, 而没有把它从屋子里彻底赶走." 死鸭子嘴硬, 不是吗?

　　然而, 乌伦贝克和戈德施密特很清楚自转动电子的各种困难. (正是由于这个原因, 他们才想从 *Naturwissenschaften* 撤稿.) 他们在第二篇文章中指出, 计算得到的双重项的能级间隔与实验相差了一个因子 2.

　　当自转动电子的提议处于混乱状态的时候, 托马斯的著名工作出现了. 在此工作中, 他证明了双重项的能级间隔在实验和理论上的差别是由于没有正确地定义电子的静止参考系. 搞清楚了这一点之后, 即使泡利也决定不再反对自转动电子的想法了. (我跟你们说过, 泡利的完美主义是非常极端的. 他不仅希望自己完美, 还因为以此标准要求别人而闻名, 有时候对他人工作的批评过于苛刻. 由于这个原因, 当人们向泡利征求关于自己工作的看法而得到首肯的时候, 他们就称之为泡利的认可.)

*

---

[6] 派斯是这样写的 [A. Pais, Niels Bohr's Times, Oxford (1991), p.242 – 244]:

　　1925 年 12 月, 为了出席庆祝洛伦兹获得博士学位 50 周年的典礼, 玻尔去了莱顿. 途中泡利和施特恩在汉堡车站等他, 为了听玻尔的有关自旋的想法. 玻尔说: "非常, 非常有意思." 这是他通常表示 "什么地方不对" 的意思. "精细结构的产生必须有磁场, 但是原子中只有电场."

　　玻尔到达莱顿后, 埃伦费斯特和爱因斯坦在与他见面后, 立即向他询问对自旋是怎么想的. 针对玻尔 "非常有意思, 但是磁场怎么办" 的问题, 埃伦费斯特回答说: "这个问题爱因斯坦给解决了, 在电子是静止的参考系中来看电场是旋转的, 按照相对论会产生磁场". 玻尔立即就明白了. 当询问到因子 2 (本书第 28 页, 第 35 页, 第 40 页) 时, 回答说 "这应该能自然地解决". 之后, 玻尔建议乌伦贝克和戈德施密特写出详细的研究笔记, 并称赞了这个工作.

　　回哥本哈根的路上, 玻尔在哥廷根与海森伯相见, 并说 "自旋的想法是伟大的进步". 泡利在柏林听到同样的话时, 用 "这是新的哥本哈根异端邪说" 来回答.

　　1926 年 2 月海森伯给泡利写信, 告诉他们因子 2 的问题解决了. "最近 6 个月在这里的一位年轻的英国人托马斯⋯⋯ 发现了现有计算中存在的错误."

　　托马斯的计算复杂得可怕, 确实太复杂了, 这里可介绍不了. 本质上他说的是, 不应该这么简单地处理 "电子静止而原子核转动的参考系". 如果电子是匀速运动, 那么很容易用洛伦兹变换从实验室参考系得到这样的参考系. 然而, 如果电子有加速度, 情况就复杂了. 我们确实可以考虑电子一动不动的参考系. 特别的, 在这个参考系里, 电子位于原点, 而且, 坐标系与电子一起运动. 然而, 仅仅宣称参考系的原点与电子一起运动, 并不能唯一确定这个参考系. x 轴、y 轴和 z 轴如何取向? 除了原点与电子一起运动这个条件以外, 还必须添加一个条件: x 轴、y 轴和 z 轴总是平动的, 没有发生转动. 当电子匀速运动的时候, 这种 "平动" 是显然的, 但是, 当电子具有加速度的时候, 就不那么明显了. 这就是托马斯认识到的关键.

　　因此, 托马斯首先讨论了参考系平行地移动的含义. 他的结论是, 坐标轴的平行移动意味着任意时刻的坐标轴平行于此前无穷小时间间隔上的坐标轴. 原点随着电子一起运动的坐标轴, 如果在此意义上是平行移动, 就可以称为电子的正则坐标系; 托马斯发现, 从实验室参考系来看, 如果电子具有加速度, 这个坐标系就不是平行移动, 而是伴随有转动. 经过复杂繁重的计算, 他发现正则坐标系的轴以角速度 $\boldsymbol{\Omega}$ 相对于实验室固定坐标系转动

$$\boldsymbol{\Omega} = \frac{1}{2c^2}(\boldsymbol{a} \times \boldsymbol{v}) \tag{2.14}$$

其中, $\boldsymbol{a}$ 是电子的加速度 (这里使用了近似 $1 - v^2/c^2 \approx 1$). 托马斯指出, 克勒尼希的计算以及乌伦贝克和戈德施密特的计算没有考虑正则坐标系的转动, 因此, 他们的答案当且仅当电子加速度等于零的时候才正确. 我以后再详细地讨论托马斯的理论 (第 11 讲), 但是现在做个概述.

　　首先, 在电子静止坐标系里, 我们有 (2.11) 给出的磁场 $\boldsymbol{\mathring{B}}$. 在这个方面, 克勒尼希以及乌伦贝克和戈德施密特都做对了 (爱因斯坦当然也对了). 因此, 自转动电子的磁矩 $\boldsymbol{\mu}_{\mathrm{e}}$ 在这个磁场中的能量由 (2.12) 给出, 而且出现了一种内塞曼效应. 现在, 托马斯的理论完全是经典的, 而且, 与拉莫尔 (J. Larmor) 的想法一样, 基于 $\boldsymbol{\mu}_{\mathrm{e}}$ 在磁场 $\boldsymbol{\mathring{B}}$ 中的进动来解释塞曼效应. 进动的角速度就是

$$\boldsymbol{\Omega}_{\mathring{B}} = g_0 \frac{e}{2m} \boldsymbol{\mathring{B}} \tag{2.15}$$

我要说些题外话, 因为你们可能会担心这个公式与 (2.12) 的关系. 首先, 进动的基本频率 $\omega_{\mathring{B}}$ 由 (2.15) 的平均值除以 2π 得到, 即

$$\omega_{\mathring{B}} = g_0 \frac{e}{2m} \langle \mathring{B} \rangle$$

接下来, 使用对应原理, 玻尔关系式 $\hbar\omega = |W_1 - W_2|$ 意味着

$$\hbar\omega_{\mathring{B}} = g_0 \frac{e\hbar}{2m} \langle \mathring{B} \rangle \tag{2.15$'$}$$

它应当符合由 (2.12) 计算得到的双重项的能级间距. 在 (2.12) 里, $\boldsymbol{\mu}_e = -g_0\boldsymbol{s}$, 而 $\boldsymbol{s}$ 沿着磁场的分量是 $+1/2$ 或者 $-1/2$. 因此, 从 (2.12) 得到的能级间距是

$$\Delta W_{\text{rel}} = g_0 \frac{e\hbar}{2m} \langle \mathring{B} \rangle \tag{2.15$''$}$$

确实与 (2.15$'$) 的结果一致.

现在, 你们肯定已经搞懂了. 用经典理论的术语来说, 克勒尼希以及乌伦贝克和戈德施密特做的事情是, 他们认为 (2.15) 里面的角速度本身就是实验室参考系中的进动角速度. 然而, 托马斯的论证如下. 这个角速度确实是电子正则坐标系中看到的角速度, 但是, 如果从实验室参考系来看, 正则坐标系本身也以 (2.14) 给出的角速度在转动. 因此, 如果用 $\boldsymbol{\Omega}_{\text{lab}}$ 表示实验室参考系中看到的 $\boldsymbol{\mu}_e$ 的进动, 那么

$$\boldsymbol{\Omega}_{\text{lab}} = \boldsymbol{\Omega}_{\mathring{B}} + \boldsymbol{\Omega} = g_0 \frac{e}{2m}\mathring{\boldsymbol{B}} + \frac{1}{2c^2}(\boldsymbol{a} \times \boldsymbol{v}) \tag{2.16}$$

此时, 电子加速度 $\boldsymbol{a}$ 与电场的关系是

$$\boldsymbol{a} = -\frac{e}{m}\boldsymbol{E} \tag{2.17}$$

因此, 把上式代入 (2.16) 右侧的第二项并利用 (2.11), 就得到

$$\boldsymbol{\Omega}_{\text{lab}} = \boldsymbol{\Omega}_{\mathring{B}} + \boldsymbol{\Omega} = (g_0 - 1)\frac{e}{2m}\mathring{\boldsymbol{B}} \tag{2.18}$$

[在 (2.11) 里用了 $1 - v^2/c^2 \approx 1$.] 代入 $g_0 = 2$, 就得到 (2.15) 里的结果 (推导的时候没有考虑 $\boldsymbol{\Omega}$) 的一半. 再使用对应原理, 得到

$$\Delta W_{\text{rel}} = (g_0 - 1)\frac{e\hbar}{2m} \langle \mathring{B} \rangle \tag{2.19}$$

不同于由 (2.12) 直接得到的 (2.15″) 里的能级间距. 这意味着, 在实验室参考系里, $\boldsymbol{\mu}_{\mathrm{e}}$ 和 $\overset{\circ}{\boldsymbol{B}}$ 的相互作用能不是 (2.12), 而是

$$E_{\mathrm{rel}} = (g_0 - 1) \frac{e\hbar}{2m} (\overset{\circ}{\boldsymbol{B}} \cdot \boldsymbol{s}) \qquad (2.19')$$

如果 $\boldsymbol{E}$ 是库仑场, 得到的就不是 (2.13), 而是

$$\Delta W_{\mathrm{rel}} = +2 (g_0 - 1) \frac{\mu_0}{4\pi} \left(\frac{e\hbar}{2m} \right)^2 \frac{1}{a_{\mathrm{H}}^3} \frac{Z^4}{n^3 k(k-1)} \qquad (2.20)$$

对于屏蔽的原子核, 得到的也不是 (2.13′), 而是

$$\Delta W_{\mathrm{rel}} = +2 (g_0 - 1) \frac{\mu_0}{4\pi} \left(\frac{e\hbar}{2m} \right)^2 \frac{1}{a_{\mathrm{H}}^3} \frac{(Z-s)^4}{n^3 k(k-1)} \qquad (2.20')$$

如果代入 $g_0 = 2$, 得到的能级间距确实是 (2.13) 或 (2.13′) 得到的结果的一半. 因此, 三个问题 (1)、(2) 和 (3) 里的最后一个麻烦 (3) 也解决了.

如果在 (2.19′) 中使用 $g_0 = 2$, 得到的结果是用 $1/2$ 乘以 (2.12), 所以这个因子 $1/2$ 被称为托马斯因子. 但是要注意, 只有当 $g_0 = 2$ 的时候才能导致这个因子 $1/2$. 如果 $g_0 \neq 2$, 就不能说 (2.19′) 是 (2.12) 的一半. 因此, 我不喜欢说 "托马斯因子是 $1/2$", 因为有可能产生误解: 为了得到托马斯的结果, 只需要把不用他的深刻洞察而得到的结果取一半就可以了.

最后, 我想再说一点. 到目前为止, 我们只考虑了没有施加外磁场的情况. 如果有了外磁场, 会怎么样呢? 答案非常简单. 不用 (2.15), 而是用

$$\boldsymbol{\Omega}_{\boldsymbol{B}+\overset{\circ}{\boldsymbol{B}}} = g_0 \frac{e}{2m} (\boldsymbol{B} + \overset{\circ}{\boldsymbol{B}}) \qquad (2.15''')$$

我们就发现, 实验室参考系中看到的进动角速度不是 (2.18), 而是

$$\boldsymbol{\Omega}_{\mathrm{lab}} = g_0 \frac{e}{2m} \boldsymbol{B} + (g_0 - 1) \frac{e}{2m} \overset{\circ}{\boldsymbol{B}} \qquad (2.18')$$

至于实验室参考系中看到的相互作用能, 我们得到的不是 (2.19′), 而是

$$E_{\boldsymbol{B}+\mathrm{rel}} = g_0 \frac{e\hbar}{2m} (\boldsymbol{B} \cdot \boldsymbol{s}) + (g_0 - 1) \frac{e\hbar}{2m} (\overset{\circ}{\boldsymbol{B}} \cdot \boldsymbol{s}) \qquad (2.19'')$$

也就是说, (2.19″) 表明, 对于外磁场来说, 电子表现得好像具有磁矩 $g_0 \dfrac{e\hbar}{2m} s$, 但是对内磁场来说, 电子磁矩为 $(g_0 - 1) \dfrac{e\hbar}{2m} s$. 因此, 与电子自旋有关的所有

矛盾最后都解决了.

*

1926 年 2 月, 托马斯的结论以快报的形式发表在 *Nature* 上; 1927 年 1 月, 他把一篇长文投给了 *Philosophical Magazine*. 托马斯的工作在欧洲的影响非常大. 他终于完全解决了双重项能级间距的理论和实验之间的差别. 还有, H、He^+、Li^{++} 和 Be^{+++} 的精细结构被证明是碱金属原子双重项的特殊情况, 与索末菲的解释相反. 特别的, 在索末菲理论中, 对于同一个 n, 只有 S、P、D 等项是分开的, 如果使用碱金属原子模型, 它们中的每一个又分裂为两个, 因此, H、He^+、Li^{++} 和 Be^{+++} 具有的能级数似乎是索末菲模型的两倍. 确实如此. 但是, 实验观测的结果并非如此.

解释一下这个原因. 为了简单起见, 以 $n = 2$ 为例. H 的 $n = 2$ 项是一个 S 项 ($k = 1$) 和一个 P 项 ($k = 2$), 碱金属原子中的 P 项是双重项, 因此, 进一步分裂为两个能级, 总共产生了三个能级. 然而, 如果 E 是库仑场, 双重项中较低的能级与 S 项重叠了[7]. 因此, 看起来似乎只有两个能级. 然而, 根据谱

---

[7]这些能级按照狄拉克的相对论波动方程处理仍然是重叠的, 只有按照量子电动力学的兰姆移位效应处理才分裂. 这是由本书作者、施温格和费曼推导出的. 这里是在避免讨论量子电动力学.

图 n-4 的 S 是薛定谔的非相对论能级, 左端为 S 项, 右端为 P 项, 内侧为精细结构. 1058 MHz 标记的是兰姆移位, 数值是频率 $\omega/(2\pi)$. 需要注意的是, 各种情况的尺度是不一样的. Ry 是氢原子从基态到离子态的能量 13.6 eV, 除以 $2\pi\hbar$ 后的频率为 3.3×10^9 MHz. α 是精细结构常数.

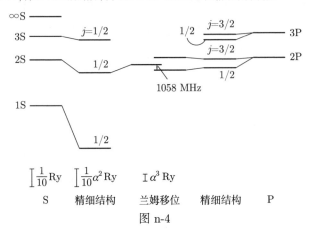

图 n-4

线的强度, 可以证实它们是重叠的这个事实. 此外, 因为 S 和 P 重叠了, 我们观察到 (如果能级是纯的) 选择定则禁戒的跃迁. (戈德施密特首先指出了这一点.)

由于这些原因, Li 和 Na 可以像 H 一样讨论, 而 Ne 和 Ar 就像 He 一样. (我说过, 人们以前认为, K 壳层与作为原子实的壳层 L 壳层和 M 壳层不同, 但是支持这条思路的想法是: H 和 He 完全不一样, 它们分别与 Li 和 Na 以及 Ne 和 Ar 类似.) 此外, 这是 1927 年. 海森伯已经发展了矩阵力学, 薛定谔已经写了很多关于薛定谔方程的文章. 根据这些新理论, 可以存在半整数的角动量, 原子中轨道角动量的大小不是 k 而是 $l = k - 1/2$, 角动量的平方值是 $l^2 = l(l+1)$ 而不是 l^2. 我们可以考虑一个修改了的 "代用模型", 把这些新的事实与多重项是来自于自转动电子而不是原子实的这个想法结合起来, 就得到了一个模型, 它与索末菲模型最接近, 只是要对 $(1.26)_S$ 和 $(1.31)_S$ 略作替换

$$j^2 \to j(j+1)$$
$$j_a^2 \to j_a(j_a+1)$$
$$j_0^2 \to j_0(j_0+1)$$

确实, 如果使用 (1.10) 并把它用朗德方式的量子数表示, 朗德 g 因子中古怪的 1/4 就自动出现了. 把泡利不相容原理添加到这个模型里, 就可以建立起很普适的原子光谱和元素周期表理论. 这样就完全驱散了 1923—1924 年的迷雾. 一个没有解决的问题是自转动电子和经典电子理论的巨大矛盾. 此外, 为什么自转动电子的角动量是 1/2, 为什么 g_0 必须是 2, 托马斯的经典理论怎么才能量子化, 都还是问题. 下次我要介绍, 狄拉克从出乎意料的方向解决了后面这三个问题.

利用经典相对论和陀螺的经典理论, 再加上对应原理, 托马斯描述了电子的自转动, 并且得到正确的能级间距. 经过所有这一切之后, 即使泡利也不得不放弃 "经典方法不可描述" 的立场并最终接受了克勒尼希、乌伦贝克和戈德施密特的假设. 皆大欢喜!

由于他们关于自转动电子的工作的关系, 这三个人还有很多更有趣的故

事, 但是, 我想以后再说, 因为现在没有时间了. 我只想说一件事: 后来人们开始把自转动称为自旋 (spin). 据说是玻尔首先使用了这个词. 你们很可能会同意我的看法, 现在, 当我们听到自旋这个词的时候, 我们不会想到自转动或者转动[8] (除了在滑冰的时候). 这就是我为什么在这一讲里避免说自旋而故意说自转动的原因.

---

[8] 泡利在 1945 年获得诺贝尔奖时的获奖讲演中是这样说的: "由于自旋概念的经典力学色彩, 起初我对它的正确性抱有很强的疑虑, 但在托马斯展示了他对双重分裂值的计算后, 我最终相信了这个说法."

泡利继续说道: "但是, 我最初的疑问或 '不能用经典理论描述二重性' 的表述在随后的发展中逐渐被确认了下来. 也就是说, 玻尔认为电子自旋按照经典理论能够被解释的实验 (例如在外加磁场下分子束的路径偏转等) 在波动力学中是无法测量的, 因此, 必须认为自旋在本质上是电子的一种量子力学性质." (泡利《不相容原理与量子力学》,《诺贝尔奖讲演·物理学 6》收录. 见本讲第 4 个注).

关于玻尔的电子自旋不可测定的论述, 见莫特和马塞《碰撞的理论 I》, 高柳和夫, 译, 吉冈书店 (1961), 第 68–79 页. 也参考附录 B1.

第 3 讲　泡利的自旋理论和狄拉克理论
——为什么大自然不满足于简单的点电荷

上次我告诉过你们, 1925—1926 年出现了很多想法, 例如不相容原理、电子自旋和托马斯理论. 也是在这个时期, 海森伯发现了矩阵力学, 薛定谔发展了波动力学, 触发了物理学的大变革. 利用这些新理论, 量子力学被完全重写了, 超越了旧的不完全的理论. 以前, 对应原理被用于经典计算以猜测分立能级的存在性以及它们之间跃迁的概率, 而这些事实根本不符合经典理论.

在发现之初, 这两个新理论看起来完全不同, 无论是数学形式还是物理解释. 然而, 薛定谔很快就认识到, 至少在数学上它们是完全等价的. (泡利可能也认识到了这种等价性, 但是薛定谔发表得更早[1].) 到了 1926 年底, 狄拉克用态矢量的概念统一这两种理论, 建立了他的伟大的量子力学变换理论 (图 3.1).

如果花大量篇幅解释变换理论, 就离题太远了, 所以, 我不打算那么做. 这个概念实质上是把很多概念结合到一个抽象的线性空间里, 例如矩阵及其本征值和本征矢量 (它们在矩阵力学中起重要作用), 还有线性算符及其本征值和本征矢量 (它们在波动力学中起重要作用). 你们都知道, 在矩阵力学中, 物理量用矩阵来表示, 而在波动力学中, 它用线性算符来表示. 另一方面, 在这个

---

[1] 薛定谔证明等价性的论文是 1926 年 3 月 18 日接收的, 泡利是在 1926 年 4 月 12 日给 P. 若尔当写信告知证明了等价性. 据说泡利在这封信的复写件上签了名, 装在信封里认真地保存着 (J. Mehra ed, The Physicist's Conception of Nature, D. Reidel (1973) 中的 B. L. van der Waerden 的文章, p.276–293). 泡利在自传 (C. Enz u. K. v. Meyenn, Hrsg., Wolfgang Pauli, Das Gewissen der Physik, Vieweg (1988), p.41–42) 中是这样写的: "从 1925 年末开始从事由海森伯和德布罗意开创的, 后来由薛定谔发展的新量子力学的研究."

C. Eckart 也独立地证明了 "等价性" [Phys. Rev. 28 (1926), 711–726]. 所有这些证明都是限定在分立能级的情况, 不能算完美的证明. 对连续本征值的情况进行处理的是狄拉克和冯诺依曼. 狄拉克是利用 δ 函数, 冯诺依曼是利用算符的谱分析.

图 3.1　薛定谔 (E. Schrodinger, 1887 — 1961, 左) 和狄拉克 (P. A. M. Dirac, 1902 — 1984, 右). 江泽洋提供

统一的理论里, 许多物理量用抽象的线性算符来表示 (狄拉克的 q 数). 发现一个物理量的量子力学允许值, 归结为寻找表示那个物理量的线性算符的本征值; 做计算的时候, 依赖于在这个抽象的线性空间里采用哪种正交坐标系, 就出现了矩阵力学的形式或者波动力学的形式. 换句话说, 通过线性空间的正交坐标系的变换, 能够从矩阵力学得到波动力学, 反之亦然. 因此, 这个包容一切的理论就称为变换理论. 此外, 在这个理论里, 力学系统的态用这个抽象空间里的抽象矢量表示; 因此, 这个线性空间通常称为态空间, 这个矢量称为态矢量.

　　此前很久的希尔伯特和后来的诺依曼成功地把矩阵和矢量的数学以及线性算符和函数的数学结合到抽象的线性空间的数学里, 但是他们采用的线性空间里的坐标轴的数目是有限的, 最多也是可数无限的. 因此, 在他们的理论里, 只能取 x_1 轴、x_2 轴、x_3 轴这样的由正整数标记的坐标轴. 与此不同, 狄拉克引入了他那著名的 δ 函数, 能够使用不可数的无限多的坐标轴. 换句话说, 在狄拉克理论中, 可以使用 x_q 这样的轴, 下标 q 是个参数, 具有连续的取值范围. (实际上, 数学家不喜欢这个想法, 但是, 物理学家觉得它很方便.) 因此,

如果轴是可数的, 一个态矢量的分量可以表示为

$$\psi_n, \quad n = 1, 2, 3, \cdots \tag{3.1}$$

但是, 如果轴是连续无限的, 这个矢量可以表示为

$$\psi(q), \quad q_1 < q < q_2 \tag{3.1$'$}$$

其中, 该函数带有自变量 q, 可以在区间 (q_1, q_2) 之间取所有值. 当然也可以把 (3.1) 重写为

$$\psi(n), \quad n = 1, 2, 3, \cdots \tag{3.1$''$}$$

把矢量的分量视为自变量 n 只能取分立值的函数, 或者更一般地, 可以考虑这样的情况, 自变量在区间 (q_1, q_2) 里取连续值, 接着在其他地方取分立值.

根据变换理论, 态矢量通过幺正变换从一个时刻到另一个时刻改变, 但是, 态矢量必须满足对时间的一阶微分方程. 此外, 根据狄拉克的说法, 如果采用某个特定物理量的主轴作为态空间的坐标轴 (更特殊地, 如果取表示那个物理量的线性算符的主轴), 那么这个态矢量就有确切的物理意义. 依赖于这个物理量具有分立的本征值还是连续的本征值, 主轴变为分立的或者连续的, 态矢量的分量也就相应地变为 $\psi(n)$ 或者 $\psi(q)$. 在每种情况下, 态矢量分量的平方值即 $|\psi(n)|^2$ (或者 $|\psi(q)|^2$) 给出了该物理量取第 n 个 (或第 q 个) 值的概率 (或概率密度). 这就是 $\psi(n)$ 或者 $\psi(q)$ 的物理意义. (对于连续谱, 使用物理量本身作为下标 q 是方便的. 第 q 个值就意味着 q 的值.) 因此, 在采用这种坐标系的时候, 态矢量的每个分量通常称为概率振幅. 通常的波函数就是概率振幅, 其中决定态空间中坐标轴的物理量是电子的坐标. 在这种情况下, 态矢量的分量可以写为

$$\psi(\boldsymbol{x}) = \psi(x, y, z) \tag{3.2}$$

接着, $|\psi(\boldsymbol{x})|^2$ 给出了电子在 $\boldsymbol{x}$ 附近的概率密度. 此外, 一旦知道了概率或者概率密度, 就可以计算物理量变化的期望值. 假设物理量 A 具有分立的本征值 $A_n(n = 1, 2, 3, \cdots)$ 或者在区间 (q_1, q_2) 里的连续本征值 $q(q_1 < q < q_2)$.

让我们采用 A 的主轴 X_n 或 X_q 作为态空间的坐标系, 态矢量相对于这些坐标的分量是 $\psi(n)$ 或者 $\psi(q)$. 那么, A 的期望值 $\langle A \rangle$ 就是

$$\langle A \rangle = \sum_n A_n |\psi(n)|^2 + \int_{q_1}^{q_2} q|\psi(q)|^2 \mathrm{d}q \tag{3.3}$$

随着这些概念的发展, 量子力学的框架实际上在 1926 年底就完成了. 如何把自旋和相对论结合到这个大理论框架里, 仍然是个问题.

*

关于一般变换理论的介绍就到此为止了, 我们继续讲自旋的故事. 海森伯是矩阵力学的发现者, 他和若尔当很快就在 1926 年把新力学应用于自旋模型. 他们检查了多重项和反常塞曼效应, 得到了 g 因子、能级间距和精细结构公式的正确结果. 此外, 一年以后, 泡利应用了狄拉克的变换理论 (我刚才讨论过了) 并试图把自旋结合到薛定谔理论里. 自然地, 关于多重项, 他得到了与海森伯和若尔当相同的结论. 虽然泡利这个工作的结论和海森伯的完全相同, 但是它在多电子问题和不相容原理方面非常重要, 因为他使用了薛定谔理论; 我们不能忽视它对于狄拉克接下来的电子理论的先驱作用. 因此, 我先讨论泡利的工作.

你们都知道, 薛定谔发现的方程在波动力学中扮演着非常重要的角色. 如果忽略自旋, 那么由一个电子构成的力学系统的薛定谔方程就是

$$\left[H_0 - \mathrm{i}\hbar \frac{\partial}{\partial t} \right] \psi(\boldsymbol{x}) = 0 \tag{3.4}$$

其中,

$$\begin{cases} H_0 = \dfrac{1}{2m} \boldsymbol{p}^2 + V(\boldsymbol{x}) \\ \boldsymbol{p} = (p_x, p_y, p_z) = \left(-\mathrm{i}\hbar \dfrac{\partial}{\partial x}, -\mathrm{i}\hbar \dfrac{\partial}{\partial y}, -\mathrm{i}\hbar \dfrac{\partial}{\partial z} \right) \\ \boldsymbol{x} = (x, y, z) \end{cases} \tag{3.4'}$$

而 $\psi(\boldsymbol{x})$ 是前面提到的概率振幅 (3.2). 这个 $\psi(\boldsymbol{x})$ 随时间的变化满足 (3.4). 为了把自旋包括进来, 应该用什么方程替代 (3.4) 呢? 这就是泡利的问题.

因为自旋是电子的自转动, 你很可能一开始就预期自转动的自由度可以用某个合适的角度 φ 表示. 在经典力学里, 如果自转动的角速度取一个确定的值, 那么唯一的自由变量就是转动轴的方向. 在这种情况下, 可以用自转动轴的方位角[2]描述自转动的自由度, 把它作为我们的角度 φ. 如果这样做了, 并用 S (大写字母表示的角动量应当具有通常的单位) 表示自转动的角动量, 那么它的 z 分量 S_z 就是与 φ 共轭的正则动量. 因此, 如果取 φ 这个角作为自旋自由度的坐标, 似乎就应当使用函数 $\psi(\boldsymbol{x}, \varphi)$ (已经把 φ 结合到波函数里了) 代替 $\psi(\boldsymbol{x})$, 而且, 就像与 $\boldsymbol{x}$ 共轭的动量 $\boldsymbol{p}$ 有另一个公式 (3.4′) 一样, 我们可以用 S_z (它与 φ 共轭[3])

$$S_z = -\mathrm{i}\hbar \frac{\partial}{\partial \varphi} \tag{3.4″}$$

然而, 这个想法带来了一个问题.

困难来自这个事实: 自旋角动量的大小是 $(1/2)\hbar$. 这意味着, 量子力学允许的 S_z 的值应当是 $\pm\hbar/2$, 这意味着 S_z 的本征值是 $\pm\hbar/2$, 因此, S_z 的本征函数必然是 $\mathrm{e}^{\pm\mathrm{i}\varphi/2}$. 然而, 如果 φ 从 0 变为 2π, 这个函数并不能回到它的初始值. 也就是说, 它是二值函数, 用它作为本征函数是不合逻辑的.

为了避免这个问题, 泡利是这么做的. 就像我开始谈论自旋之前所解释的那样, 在狄拉克的变换理论中, 态空间的坐标轴可以带有分立的下标 n, 也可以带有连续的下标 q. 因此, 使用角度 φ 并不是把自旋自由度结合到理论中的唯一方式. 如果把波函数写为 $\psi(\boldsymbol{x}, \varphi)$, 就意味着用电子坐标 $\boldsymbol{x}$ 的主轴和自旋坐标的主轴 φ 作为态空间的坐标轴. 为了把自旋自由度搞进来, 可以使用自旋角动量 S_z 的轴而不是角度 φ 的轴. 如果这样做了, 就是用 $\psi(\boldsymbol{x}, S_z)$ 作为波函数, 其中, S_z 是变量, 它只有两个取值 $\pm\hbar/2$. 毕竟, 能不能实际测量角度 φ 还是个问题. 相反, S_z 与实验直接有关, 因此, 这很符合泡利的品味.

[2]在直角坐标系 $O-xyz$ 中, P 点的方位角为 x 轴和 z 轴所组成的平面与 z 轴和位置矢量 $\boldsymbol{OP}$ 所组成的平面所形成的角.

[3]泡利在 1926 年的文章 (见本书的文章资料) 中写道, 如果 φ 是自旋轴的方位角, 这个想法看起来很奇怪. 可以证明, 本书 (3.11) 中的泡利自旋算符与 (3.4″) 合在一起会遵守角动量的对易关系, 但是, 泡利和作者都没有写. 只是在 $S = \sqrt{3}\hbar/2$ 时, 使用了不允许的近似, 后面的附录 A2 对此做了证明.

从现在起, 我们将使用 s (测量的单位为 $\hbar$) 而不是角动量 S (以常用的单位测量). 也就是说

$$S = \hbar s, \quad S_x = \hbar s_x, \quad S_y = \hbar s_y, \quad S_z = \hbar s_z \tag{3.5}$$

这样一来, 波函数就变为

$$\psi(\boldsymbol{x}, s_z), \quad s_z = +\frac{1}{2}, \quad -\frac{1}{2} \tag{3.6}$$

这个函数没有二值性的麻烦. [4] (3.6) 的物理意义是, 位于 $\boldsymbol{x}$ 处的自旋向上的电子的概率密度是

$$\left| \psi\left(\boldsymbol{x}, +\frac{1}{2}\right) \right|^2 \tag{3.7$_+$}$$

而自旋向下的电子是

$$\left| \psi\left(\boldsymbol{x}, -\frac{1}{2}\right) \right|^2 \tag{3.7$_-$}$$

还有, s_z 只取两个值 $\pm \hbar/2$ 这个事实意味着自旋自由度的态空间是二维矢量空间. 如果这样考虑, 就可以说 $\psi(\boldsymbol{x}, +1/2)$ 和 $\psi(\boldsymbol{x}, -1/2)$ 是态空间中态矢量的分量.

*

我们现在知道如何把自旋放到波函数 $\psi(\boldsymbol{x})$ 里, 接下来的问题是如何对薛定谔方程做同样的事情. (3.4) 中的 H_0 是忽略自旋的时候表示系统总能量的哈密顿量. 因此, 为了把自旋引入薛定谔方程, 应该把自旋的能量添加给 H_0. 为了处理塞曼效应, 应当把电子和磁场之间的相互作用能加到哈密顿量 H_0 上.

首先考虑涉及外磁场 $\boldsymbol{B}$ 的哈密顿量 H_1, 请记住 (1.28) 和 (1.29), 我们可以用那些表达式作为 H_1, 它们是外磁场和原子的相互作用能, 但是, 必须遵守新的量子力学, 使用 $\boldsymbol{l}$ 而不是 $\boldsymbol{K}$, 使用 $\boldsymbol{s}$ 而不是 $\boldsymbol{R}$,

$$H_1 = \frac{e\hbar}{2m}[\boldsymbol{B} \cdot (\boldsymbol{l} + g_0 \boldsymbol{s})] \tag{3.8}$$

---

[4]可是, 参见从第 131 页的 "经过这个过程……" 到第 134 页.

这里的 l 是轨道角动量, 单位是狄拉克的 $\hbar$,

$$\begin{cases} l_x = -\mathrm{i}\left(y\dfrac{\partial}{\partial z} - z\dfrac{\partial}{\partial y} \right) \\[2mm] l_y = -\mathrm{i}\left(z\dfrac{\partial}{\partial x} - x\dfrac{\partial}{\partial z} \right) \\[2mm] l_z = -\mathrm{i}\left(x\dfrac{\partial}{\partial y} - y\dfrac{\partial}{\partial x} \right) \end{cases} \tag{3.9}$$

而 s 是 (3.5) 给出的自旋角动量. 此外, 对于自旋, 我们必须加上内磁场 (2.11′) 和自旋磁矩之间的相互作用哈密顿量. 如果把它写为 H_2, 就可以由 (2.19′) 得到

$$H_2 = (g_0 - 1)\frac{e\hbar}{2m}(\mathring{\boldsymbol{B}} \cdot \boldsymbol{s}) \tag{3.10}$$

这里, 内磁场 (2.11′) 可以写为

$$\mathring{\boldsymbol{B}} = \frac{\mu_0}{4\pi}\frac{Ze\hbar}{m}\frac{1}{r^3}l \tag{3.10′}$$

因此,

$$H_2 = 2\frac{\mu_0}{4\pi}(g_0 - 1)Z\left(\frac{e\hbar}{2m}\right)^2\frac{1}{r^3}(\boldsymbol{l} \cdot \boldsymbol{s}) \tag{3.10″}$$

下一个问题是对矢量 s 使用哪种算符. 在考虑薛定谔方程 (3.4) 中的 H_0 的时候, 我们对 x, y, z 使用坐标作为算符从左边乘以波函数, 即 $x\times, y\times, z\times$, 对于 p_x, p_y, p_z, 我们使用算符 $-\mathrm{i}\hbar\dfrac{\partial}{\partial x}, -\mathrm{i}\hbar\dfrac{\partial}{\partial y}, -\mathrm{i}\hbar\dfrac{\partial}{\partial z}$ 作用在 $\psi(x, y, z)$ 上. 对于 H_1 里的 l_x, l_y, l_z, 使用角动量算符 (3.9). 现在, x, y, z 自由度完全不依赖于自旋自由度, 因此, 当我们只关心 $\boldsymbol{x}$、$\boldsymbol{p}$ 和 $\boldsymbol{l}$ 的时候, 可以考虑相同的算符作用在波函数 $\psi(x, y, z, s_z)$ 上.

现在考虑自旋自由度. 我告诉过你们, 根据一般变换理论, 波函数 $\psi(q)$ 中使用的独立变量 q 是某个物理量的本征值 (例如, $\psi(x, y, z)$ 中使用的变量 x, y, z 是粒子位置坐标这个物理量的本征值), 表示该物理量的算符就是算符 q, 它用 q 乘以波函数 $\psi(q)$. 对于物理量 p, 它与 q 共轭, 我们使用 $-\mathrm{i}\hbar\dfrac{\partial}{\partial q}$ (假设共轭物理量存在). 因此, 对于波函数 $\psi(x, y, z, s_z)$, 可以使用自旋角动量的

z 分量作为算符 $s_z\times$. 注意, 哈密顿量算符 H_1 和 H_2 除了物理量 s_z 以外还包含着 s_x 和 s_y. 它们作用在 ψ 上的算符应该是什么? 可以采用下述方法. (泡利采用的不是这种方法.)

用角度 φ 作为一个坐标描述自旋角动量. 在使用它作为波函数的一个变量时, 这个函数变成二值性的, 因此我们换到 s_z (它与 φ 共轭) 作为波函数的自变量. 如果用这个 φ, 就可以把 s_x 和 s_y 表示为

$$s_x = \sqrt{s^2 - s_z^2}\cos\varphi, \quad s_y = \sqrt{s^2 - s_z^2}\sin\varphi \tag{3.11}$$

其中, φ 和 s_z 是相互共轭的. 我们寻找的算符不就是在 (3.11) 中用 $\mathrm{i}\dfrac{\partial}{\partial s_z}$ 替换 φ 得到的算符吗? 接下来的问题就是如何定义 $\cos\left(\mathrm{i}\dfrac{\partial}{\partial s_z}\right)$ 和 $\sin\left(\mathrm{i}\dfrac{\partial}{\partial s_z}\right)$. 虽然可以定义它们, 但是因为太复杂了, 所以泡利没有采用这种方法[5]. 他是这样考虑的.

在矩阵力学里, 角动量矩阵 m_x, m_y, m_z 通常满足对易关系

$$\begin{cases} m_x m_y - m_y m_x = \mathrm{i}m_z \\ m_y m_z - m_z m_y = \mathrm{i}m_x \\ m_z m_x - m_x m_z = \mathrm{i}m_y \end{cases} \tag{3.12}$$

此外, $|\boldsymbol{m}|^2 = m_x^2 + m_y^2 + m_z^2$ 具有本征值

$$|\boldsymbol{m}|^2 = m(m+1), \quad m = 0, 1, 2, \cdots \quad \text{或} \quad m = \frac{1}{2}, \frac{3}{2}, \frac{5}{2}, \cdots \tag{3.13}$$

因此, 泡利对自旋角动量 (s_x, s_y, s_z) 也有类似于 (3.12) 的要求

$$\begin{cases} s_x s_y - s_y s_x = \mathrm{i}s_z \\ s_y s_z - s_z s_y = \mathrm{i}s_x \\ s_z s_x - s_x s_z = \mathrm{i}s_y \end{cases} \tag{3.12'}$$

---

[5]在泡利的文章中也出现了 (3.11), 而且是这样说的: "众所周知, 电子的角动量 (Elektronenmoment) 只能取两个方向, 因此, 电子的波函数 $\psi(q, \varphi)$ 中的 φ 在从 0 到 2π 连续增加时, 不会回到初始点的值, 而是要改变符号."

如果认为波函数是角度的单值函数, 那么角动量变为可取奇数个方向.

他还假定自旋的特性不是 (3.13), 而是

$$|s|^2 = \frac{1}{2}\left(\frac{1}{2} + 1\right) = \frac{3}{4} \tag{3.13$'$}$$

因此, 他引入了后来被称为 "泡利矩阵" 的 2×2 矩阵

$$\sigma_x = \begin{pmatrix} 0 & 1 \\ 1 & 0 \end{pmatrix}, \quad \sigma_y = \begin{pmatrix} 0 & i \\ -i & 0 \end{pmatrix}, \quad \sigma_z = \begin{pmatrix} 1 & 0 \\ 0 & -1 \end{pmatrix} \tag{3.14}$$

并且设定

$$s_x = \frac{1}{2}\sigma_x, \quad s_y = \frac{1}{2}\sigma_z, \quad s_z = \frac{1}{2}\sigma_z \tag{3.14$'$}$$

这样就很容易发现, 这些 s_x, s_y, s_z 满足 (3.12$'$) 和 (3.13$'$). 因此, 泡利建议用 (3.14$'$) 中的矩阵作为 (3.8) 和 (3.10) 中 s_x, s_y, s_z 的矩阵. 注意, 泡利矩阵具有下述性质

$$\begin{cases} \sigma_\mu^2 = 1, & \mu = x, y, z \\ \sigma_\mu\sigma_\nu + \sigma_\nu\sigma_\mu = 0, & \mu \neq \nu, \ \mu, \nu = x, y, z \end{cases} \tag{3.14$''$}$$

$$*$$

现在, 我要更具体地解释泡利的建议. 我告诉过你们, 波函数是 (3.6) 的形式, 我们注意到, 那里的变量 s_z 只有两个值, $+1/2$ 和 $-1/2$. 接着, 我们可以认为 $\psi(\boldsymbol{x}, +1/2)$ 和 $\psi(\boldsymbol{x}, -1/2)$ 是一个二分量物理量的分量, 或者可以认为波函数是有两个分量的函数. 这样就可以写出

$$\psi = \begin{pmatrix} \psi\left(\boldsymbol{x}, +\dfrac{1}{2}\right) \\ \psi\left(\boldsymbol{x}, -\dfrac{1}{2}\right) \end{pmatrix} \tag{3.15}$$

(3.15) 的这种写法意味着我们认为自旋态空间里的态矢量 (它是一个二维矢量) 是个列矢量. 把 s_x, s_y, s_z (或者 $\sigma_x, \sigma_y, \sigma_z$) 应用于波函数 ψ, 就是用矩阵 (3.14$'$) 和 (3.14) 乘以这个列矢量. 这就是泡利的提案. 根据这个想法,

$$\begin{cases} \sigma_x = \begin{pmatrix} 0 & 1 \\ 1 & 0 \end{pmatrix} \begin{pmatrix} \psi\left(\dfrac{1}{2}\right) \\ \psi\left(-\dfrac{1}{2}\right) \end{pmatrix} \\[2em] \sigma_y = \begin{pmatrix} 0 & -i \\ i & 0 \end{pmatrix} \begin{pmatrix} \psi\left(\dfrac{1}{2}\right) \\ \psi\left(-\dfrac{1}{2}\right) \end{pmatrix} \\[2em] \sigma_z = \begin{pmatrix} 1 & 0 \\ 0 & -1 \end{pmatrix} \begin{pmatrix} \psi\left(\dfrac{1}{2}\right) \\ \psi\left(-\dfrac{1}{2}\right) \end{pmatrix} \end{cases} \tag{3.16}$$

因此,

$$\begin{cases} s_x\psi = \begin{pmatrix} \dfrac{1}{2}\psi\left(-\dfrac{1}{2}\right) \\ \dfrac{1}{2}\psi\left(\dfrac{1}{2}\right) \end{pmatrix} \\[2em] s_y\psi = \begin{pmatrix} -\dfrac{i}{2}\psi\left(-\dfrac{1}{2}\right) \\ \dfrac{i}{2}\psi\left(\dfrac{1}{2}\right) \end{pmatrix} \\[2em] s_z\psi = \begin{pmatrix} \dfrac{1}{2}\psi\left(\dfrac{1}{2}\right) \\ -\dfrac{1}{2}\psi\left(-\dfrac{1}{2}\right) \end{pmatrix} \end{cases} \tag{3.16$'$}$$

这里, 作用在 ψ 上的 s_z 确实是用 s_z 乘以 $\psi(s_z)$. (对于这个讨论, 变量 $\boldsymbol{x}$ 是无关紧要的, 我不再显式地写它了.)

这是泡利的想法. 如果这样考虑, 薛定谔方程

$$\left\{ H_0 + H_1 + H_2 - i\hbar\frac{\partial}{\partial t} \right\} \psi(\boldsymbol{x}, s_x) = 0 \tag{3.17}$$

就是对两个函数 $\psi(\boldsymbol{x}, +1/2)$ 和 $\psi(\boldsymbol{x}, -1/2)$ 的一组微分方程, 所以被称为泡利方程. 对于定态, 我们用

$$\psi = \phi e^{-iEt/\hbar}$$

替代 ψ, 并且通过求解

$$\{H_0 + H_1 + H_2 - E\}\phi(\boldsymbol{x}, s_x) = 0 \tag{3.17'}$$

得到态的能量. 采用这种程序, 可以计算双重项和反常塞曼效应中的能级间隔. 我们已经用了非相对论性的哈密顿量 H_0, 因此, 不可能正确地推导出精细结构公式, 但是, 我们可以近似得更好一些. 泡利本人清楚地指出, 他的理论在本质上是非相对论性的, 因为自旋自由度表示为 s_x, s_y, s_z, 只是 x, y, z 空间里的矢量. 他指出, 为了让这个理论变成相对论性的, 他不得不引入六维闵可夫斯基空间里的反对称张量 (一种六分量矢量)[6], 但是, 根据托马斯理论判断, 电子在其静止参考系里只有磁矩, 因此, 当电子静止的时候, 这六个分量必然有一半等于零. 泡利放弃了建立相对论性理论的企图, 他说, 把这种条件应用于自旋自由度是极其困难的. 此外, 就像海森伯和若尔当的理论一样, 泡利的理论在 H_1 和 H_2 中任意地引入了电子自旋角动量 1/2 和 g_0 因子 2, 而 H_2 里也特意地引入了托马斯因子 1/2. 由于这些原因, 泡利知道他的理论只是权

---

[6] 将矢量 $\boldsymbol{A}, \boldsymbol{B}$ 按 x, y, z, ct 的顺序排列后

$$T = \begin{pmatrix} 0 & B_z & -B_y & A_x \\ -B_z & 0 & B_x & A_y \\ B_y & -B_x & 0 & A_z \\ -A_x & -A_y & -A_z & 0 \end{pmatrix}$$

得到的叫 6 元矢量. 这是一个张量, 做空间旋转的张量变换后 $\boldsymbol{A}, \boldsymbol{B}$ 会在空间转动. 例如: 沿 z 轴转 θ 角的转动

$$R = \begin{pmatrix} \cos\theta & \sin\theta & 0 & 0 \\ -\sin\theta & \cos\theta & 0 & 0 \\ 0 & 0 & 1 & 0 \\ 0 & 0 & 0 & 1 \end{pmatrix}$$

对它做 RTR^{T} 的计算 (T 表示转置), 有

$$\begin{pmatrix} 0 & B_z & -(B_x\sin\theta + B_y\cos\theta) & A_x\cos\theta + A_y\sin\theta \\ -B_z & 0 & B_x\cos\theta + B_y\sin\theta & -A_x\sin\theta + A_y\cos\theta \\ -B_x\sin\theta + B_y\cos\theta & -(B_x\cos\theta + B_y\sin\theta) & 0 & A_z \\ -(A_x\cos\theta + A_y\sin\theta) & -(-A_x\sin\theta + A_y\cos\theta) & -A_z & 0 \end{pmatrix}$$

T 的空间成分 $\boldsymbol{B}$ 是空间反演下符号不变的奇矢量.

电场和磁场按 $\boldsymbol{E}/c$ 和 $\boldsymbol{B}$ 可组成 6 元矢量. 这些与 (2.11) 等一起可想象成 6 元矢量的洛伦兹变换.

宜之计.

在他的文章里, 泡利基于方程 (3.17) 的不变性考察了绕着 x, y, z 轴的转动如何变换了 (3.15) 的两个分量, 他注意到这个变换与矢量变换非常不一样. 泡利的讨论终于导致了转动群和旋量 (spinor) 的二值表示, 我以后再讨论这些主题.

泡利还考虑了多电子系统, 但是, 这里我们只推导一个来自于泡利理论的著名定理, 它与下一讲有关. 这个定理是:

> 对于两个电子 (这个粒子可以是任何粒子, 只要它具有自旋 1/2) 来说, 当电子的自旋变量交换的时候, 两个自旋的和等于 1 的波函数不会改变符号 (即波函数是对称的). 当电子的自旋变量交换的时候, 两个自旋的和等于 0 的波函数改变符号 (即波函数是反对称的).

这个定理的逆定理也成立.

证明: 取两个电子的自旋矩阵为 $\boldsymbol{s}_1 = (s_{1x}, s_{1y}, s_{1z})$ 和 $\boldsymbol{s}_2 = (s_{2x}, s_{2y}, s_{2z})$. 那么, 总自旋 $\boldsymbol{s}_1 + \boldsymbol{s}_2$ 的大小的平方值等于

$$|\boldsymbol{s}_1 + \boldsymbol{s}_2|^2 = |\boldsymbol{s}_1|^2 + |\boldsymbol{s}_2|^2 + 2(\boldsymbol{s}_1 \cdot \boldsymbol{s}_2)$$

而且, 如果使用 (3.13′), 那么

$$|\boldsymbol{s}_1 + \boldsymbol{s}_2|^2 = \frac{1}{2}[3 + 4(\boldsymbol{s}_1 \cdot \boldsymbol{s}_2)] \tag{I}$$

现在, 把波函数 $\psi(s_{1z}, s_{2z})$ 写为列矢量的形式,

$$\psi = \begin{pmatrix} \psi\left(\dfrac{1}{2}, \dfrac{1}{2}\right) \\ \psi\left(\dfrac{1}{2}, -\dfrac{1}{2}\right) \\ \psi\left(-\dfrac{1}{2}, \dfrac{1}{2}\right) \\ \psi\left(-\dfrac{1}{2}, -\dfrac{1}{2}\right) \end{pmatrix} \tag{II}$$

(省略了变量 x_1 和 x_2, 因为它们与这个问题无关.) 再乘以矩阵 $s_1 \cdot s_2 = s_{1x}s_{2x} + s_{1y}s_{2y} + s_{1z}s_{2z}$). 利用 (3.16′), 我们得到

$$(s_1 \cdot s_2)\psi = \begin{pmatrix} \dfrac{1}{4}\psi\left(\dfrac{1}{2}, \dfrac{1}{2}\right) \\ \dfrac{1}{2}\psi\left(-\dfrac{1}{2}, \dfrac{1}{2}\right) - \dfrac{1}{4}\psi\left(\dfrac{1}{2}, -\dfrac{1}{2}\right) \\ \dfrac{1}{2}\psi\left(\dfrac{1}{2}, -\dfrac{1}{2}\right) - \dfrac{1}{4}\psi\left(-\dfrac{1}{2}, \dfrac{1}{2}\right) \\ \dfrac{1}{4}\psi\left(-\dfrac{1}{2}, -\dfrac{1}{2}\right) \end{pmatrix}$$

如果在这里利用公式 (I), 我们得到

$$|s_1 + s_2|^2\psi = \begin{pmatrix} 2\psi\left(\dfrac{1}{2}, \dfrac{1}{2}\right) \\ \psi\left(\dfrac{1}{2}, -\dfrac{1}{2}\right) + \psi\left(-\dfrac{1}{2}, \dfrac{1}{2}\right) \\ \psi\left(-\dfrac{1}{2}, \dfrac{1}{2}\right) + \psi\left(\dfrac{1}{2}, -\dfrac{1}{2}\right) \\ 2\psi\left(-\dfrac{1}{2}, -\dfrac{1}{2}\right) \end{pmatrix} \tag{III}$$

现在, 总自旋等于 1 意味着从 (3.13′) 得到 $|s_1 + s_2|^2\psi = 1(1+1)\psi = 2\psi$, 而总自旋等于 0 意味着 $|s_1 + s_2|^2\psi = 0$. 在前一种情况, 比较 (II) 和 (III) 就会发现, 它是必要而且充分的, 如果

$$\psi\left(\frac{1}{2}, -\frac{1}{2}\right) + \psi\left(-\frac{1}{2}, \frac{1}{2}\right) = 2\psi\left(\frac{1}{2}, -\frac{1}{2}\right)$$

这意味着

$$\psi\left(\frac{1}{2}, -\frac{1}{2}\right) = \psi\left(-\frac{1}{2}, \frac{1}{2}\right)$$

因此,

$$\psi(s_{1z}, s_{2z}) = \psi(s_{2z}, s_{1z}) \tag{IV$_+$}$$

这个方程是总自旋等于 1 的充分必要条件. 在后一种情况, 必要和充分的条件是

$$\psi\left(\frac{1}{2}, \frac{1}{2}\right) = \psi\left(-\frac{1}{2}, -\frac{1}{2}\right) = 0$$

$$\psi\left(\frac{1}{2}, -\frac{1}{2}\right) + \psi\left(-\frac{1}{2}, \frac{1}{2}\right) = 0$$

因此, 我们需要的条件是

$$\psi(s_{1z}, s_{2z}) = -\psi(s_{2z}, s_{1z}) \tag{IV}_-$$

证明结束.

∗

　　说了很久的泡利理论, 我们还是继续前进吧. 我告诉过你们, 泡利本人对这个理论从来都不满意. 他绞尽脑汁地试图得到相对论性的理论, 但是这很可能对他来说太难了. 由于这些原因, 这位完美主义者别无选择, 只能把文章发表了, 其中的电子自旋是特意引入的. 然而, 狄拉克一举两得地解决了这两个问题, 引入了自旋, 得到了相对论性的方程[7].

　　薛定谔已经在 1926 年触及了让量子力学相对论化的问题, 那时候他发表了著名的系列文章 *Quantization as Eigenvalue Problem* I, II, III, IV 里的第四篇文章. 几乎同时, 克莱因 (K. Klein) 和戈尔登 (W. Gordon) 也讨论了同样类型的问题. 这些想法就是, 在薛定谔的第四篇文章里提出所谓的克莱因–戈尔登方程替代第一篇文章里的非相对论性的方程.

　　他们的提议是, 因为这个方程是对于自由粒子 (该粒子没有任何外场) 最简单的方程, 这个粒子满足德布罗意–爱因斯坦关系

$$\omega^2 - (c/\lambda)^2 = \left(\frac{mc^2}{\hbar}\right)^2, \quad E = \hbar\omega, \quad p = \hbar/\lambda \tag{3.18}$$

---

[7]至此所说的泡利的文章是 1927 年发表的, 下面所说的狄拉克的文章是 1928 年发表的. 1928 年, 本书作者是京都大学的三年级学生, 与汤川一起在理学部物理学科的玉城嘉十郎的研究室写以 "量子力学" 为题目的毕业论文. 1929 年毕业后至 1932 年 8 月一直做无薪的全职助理.

其中, ω 是德布罗意波的频率, λ 是波长除以 2π. 当他试图使用这个方程来确定氢原子能级的时候, 薛定谔得不到符合索末菲精细结构公式的结果, 与他的期望相反. 第四篇文章里提到这一点, 他说, 如果把自旋考虑进来就可以去掉这个差别, 但是他没有继续下去. 说句离题的话, 德布罗意沿着相对论的路线讨论了相位波的想法, 结果他发现了关系式 (3.18). 因此, 他们说薛定谔起初想从克莱因–戈尔登方程出发创建量子力学, 这个方程出现在他的第四篇文章里. 然而, 因为得不到符合实验的氢原子能级, 他推迟了关于相对论的讨论, 在第一篇文章里首先处理了非相对论性的氢原子.

*

现在讨论狄拉克的贡献. 你们知道, 克莱因–戈尔登方程是

$$\left\{\left(\mathrm{i}\hbar\frac{\partial}{c\partial t}+eA_0\right)^2-\sum_{r=1}^{3}\left(-\mathrm{i}\hbar\frac{\partial}{\partial x_r}+eA_r\right)^2-m^2c^2\right\}\psi(x,y,z,t)=0$$

$$(3.19)$$

这里的 A_0 和 A_r 是外加电磁场的四矢量势的分量. 如果我们取 $A_0 = A_r = 0$ 作为特例, 那么就得到没有外场的公式, 这个方程具有平面波的解

$$\psi(x,y,z,t)=\mathrm{e}^{\mathrm{i}(\frac{z}{\lambda}-\omega t)}$$

把它代入 (3.19), 我们发现关系式

$$\left(\frac{\hbar\omega}{c}\right)^2-\left(\frac{\hbar}{\lambda}\right)^2=m^2c^2\quad\left(\omega=2\pi\nu,\lambda=\frac{\lambda}{2\pi}\right)$$

必然成立. 这正是德布罗意–爱因斯坦方程 (3.18). 因此, 人们认为 (3.19) 是相对论性量子力学的基本方程.

然而, 狄拉克质疑了这个想法. 首先, 这个方程是相对于时间的二阶微分方程. 波动力学里的波函数应该有概率振幅的含义, 根据他的变换理论, 它必须满足相对于时间的一阶微分方程. (薛定谔方程 (3.4) 和泡利方程 (3.17) 确实都是相对于时间的一阶微分方程.)

因此, 狄拉克要求波动方程即使在相对论的情况下也是相对于时间的一阶微分方程. 在相对论里, 时间变量 t 和空间变量 x, y, z 必须一视同仁, 因此,

寻找的方程相对于空间坐标应当也是一阶的. 如果确实如此, 那么公式就应当不包含像 (3.19) 中的 $\left(\mathrm{i}\hbar\dfrac{\partial}{\partial t} + eA_0\right)$ 和 $\left(-\mathrm{i}\hbar\dfrac{\partial}{\partial x_r} + eA_r\right)$, 因此, 它必须具有如下形式

$$\left\{\left(\mathrm{i}\hbar\frac{\partial}{c\partial t} + eA_0\right) - \sum_{r=1}^{3}\alpha_r\left(-\mathrm{i}\hbar\frac{\partial}{\partial x_r} + eA_r\right) - \alpha_0 mc\right\}\psi = 0 \qquad (3.20)$$

现在, 这个公式里有这些 α_r 和 α_0. 应当怎样确定它们呢? 狄拉克发挥了他那超乎寻常的天赋.

他想, 没有外场 A_0 和 A_r 的自由粒子必然满足德布罗意–爱因斯坦关系 (3.18), 因此, ψ 必须是克莱因–戈尔登方程的解. 首先, 为了从自由粒子的 (3.20) 即

$$\left[\mathrm{i}\hbar\frac{\partial}{c\partial t} - \sum_{r=1}^{3}\alpha_r\left(-\mathrm{i}\hbar\frac{\partial}{\partial x_r}\right) - \alpha_0 mc\right] \times \psi(x, y, z, t) = 0 \qquad (3.21)$$

得到二阶方程, 我们把算符

$$\left[\mathrm{i}\hbar\frac{\partial}{c\partial t} + \sum_{r=1}^{3}\alpha_r\left(-\mathrm{i}\hbar\frac{\partial}{\partial x_r}\right) + \alpha_0 mc\right] \times$$

作用于它, 从而得到

$$\begin{aligned}
&\left[\mathrm{i}\hbar\frac{\partial}{c\partial t} + \sum_{r=1}^{3}\alpha_r\left(-\mathrm{i}\hbar\frac{\partial}{\partial x_r}\right) + \alpha_0 mc\right] \times \\
&\left[\mathrm{i}\hbar\frac{\partial}{c\partial t} - \sum_{r=1}^{3}\alpha_r\left(-\mathrm{i}\hbar\frac{\partial}{\partial x_r}\right) - \alpha_0 mc\right] \times \psi(x, y, z, t) = 0
\end{aligned} \qquad (3.21')$$

狄拉克要求这个方程是克莱因–戈尔登方程. 如果 $\alpha_0, \alpha_1, \alpha_2, \alpha_3$ 是普通的数, 这样的要求就不能得到满足. 然而, 狄拉克发现, 如果它们是矩阵, 就有可能满足这个方程. 在这种情况下, (3.21') 变为

$$\begin{aligned}
&\left[\left(\mathrm{i}\hbar\frac{\partial}{c\partial t}\right)^2 - \sum_{r=1}^{3}\alpha_r^2\left(-\mathrm{i}\hbar\frac{\partial}{\partial x_r}\right)^2 - \alpha_0^2 m^2 c^2 - \sum_{r<s}(\alpha_r\alpha_s + \alpha_s\alpha_r)(-\mathrm{i}\hbar)^2\frac{\partial^2}{\partial x_r\partial x_s}\right. \\
&\left. - \sum_{r=1}^{3}(\alpha_0\alpha_r + \alpha_r\alpha_0)mc\left(-\mathrm{i}\hbar\frac{\partial}{\partial x_r}\right)\right] \times \psi = 0
\end{aligned}$$

$$(3.21'')$$

因此, 如果矩阵 $\alpha_0, \alpha_1, \alpha_2, \alpha_3$ 具有下述性质

$$\begin{cases} \alpha_\mu^2 = 1, & (\mu = 0, 1, 2, 3) \\ \alpha_\mu \alpha_\nu + \alpha_\nu \alpha_\mu = 0, & (\mu \neq \nu, \ \mu, \nu = 0, 1, 2, 3) \end{cases} \tag{3.22}$$

就可以满足这个要求. 接着他引入了

$$\alpha_0 = \begin{pmatrix} 1 & 0 & 0 & 0 \\ 0 & 1 & 0 & 0 \\ 0 & 0 & -1 & 0 \\ 0 & 0 & 0 & -1 \end{pmatrix}, \quad \alpha_1 = \begin{pmatrix} 0 & 0 & 0 & 1 \\ 0 & 0 & 1 & 0 \\ 0 & 1 & 0 & 0 \\ 1 & 0 & 0 & 0 \end{pmatrix}$$

$$\alpha_2 = \begin{pmatrix} 0 & 0 & 0 & -i \\ 0 & 0 & i & 0 \\ 0 & -i & 0 & 0 \\ i & 0 & 0 & 0 \end{pmatrix} \quad \alpha_3 = \begin{pmatrix} 0 & 0 & 1 & 0 \\ 0 & 0 & 0 & -1 \\ 1 & 0 & 0 & 0 \\ 0 & -1 & 0 & 0 \end{pmatrix} \tag{3.23}$$

作为满足 (3.22) 的最简单的矩阵, 并把它们用在 (3.20) 里.

把这些 4×4 矩阵引入 (3.20) 的时候, ψ 相应地变为带有四个分量的列矢量

$$\psi = \begin{pmatrix} \psi_1 \\ \psi_2 \\ \psi_3 \\ \psi_4 \end{pmatrix} \tag{3.24}$$

因此, (3.20) 变成了一组同时作用于四个函数 $\psi_1, \psi_2, \psi_3, \psi_4$ 的微分方程. 把矩阵 (3.23) 和泡利矩阵 (3.14) 进行比较是有趣的; 我们立刻注意到, 狄拉克 4×4 矩阵可以用泡利 2×2 矩阵以及 2×2 单位矩阵和零矩阵

$$1 = \begin{pmatrix} 1 & 0 \\ 0 & 1 \end{pmatrix}, \quad 0 = \begin{pmatrix} 0 & 0 \\ 0 & 0 \end{pmatrix} \tag{3.25}$$

写出, 即

$$\alpha_0 = \begin{pmatrix} 1 & 0 \\ 0 & -1 \end{pmatrix}, \quad \alpha_1 = \begin{pmatrix} 0 & \sigma_1 \\ \sigma_1 & 0 \end{pmatrix}$$

$$\alpha_2 = \begin{pmatrix} 0 & \sigma_2 \\ \sigma_2 & 0 \end{pmatrix}, \quad \alpha_3 = \begin{pmatrix} 0 & \sigma_3 \\ \sigma_3 & 0 \end{pmatrix} \tag{3.23'}$$

(这里使用了下标 $1, 2, 3$ 而不是 x, y, z.) 相应地, 可以方便地把四分量列矢量 (3.24) 写为

$$\psi = \begin{pmatrix} \psi^+ \\ \psi^- \end{pmatrix} \tag{3.24'}$$

其中使用了二分量的列矢量

$$\psi^+ = \begin{pmatrix} \psi_1 \\ \psi_2 \end{pmatrix}, \quad \psi^- = \begin{pmatrix} \psi_3 \\ \psi_4 \end{pmatrix} \tag{3.26}$$

狄拉克把他的方程应用到中心力场的情况, 证明了可以在一阶近似下得到正确的能级间距 (具有正确的托马斯因子). 此外, 他还证明, 轨道角动量 $\boldsymbol{l}$ 不是守恒量, 只有把 $\dfrac{1}{2} \begin{pmatrix} \sigma & 0 \\ 0 & \sigma \end{pmatrix}$ 加给它才能得到一个守恒量. 这样一来, 单独的轨道角动量并不是守恒量, 只有加上 $\dfrac{1}{2} \begin{pmatrix} \sigma & 0 \\ 0 & \sigma \end{pmatrix}$ 才能得到守恒量, 这意味着电子具有自旋角动量, 而且,

$$\text{自旋角动量} = \frac{1}{2} \begin{pmatrix} \sigma & 0 \\ 0 & \sigma \end{pmatrix} \quad \text{(单位为 } \hbar \text{)} \tag{3.27}$$

此外, 狄拉克发现, 如果存在外场, 那么, 与自由粒子的情况不同, 用于从 (3.21) 得到 (3.21') 的方法并不能得到克莱因－戈尔登方程. 狄拉克发现, 这个差的形式类似于外场和自旋磁矩之间的相互作用. 在这个论证里, 表达式 $- \begin{pmatrix} \sigma & 0 \\ 0 & \sigma \end{pmatrix}$

出现在公式里自旋磁矩预期的部分, 因此

$$自旋磁矩 = - \begin{pmatrix} \sigma & 0 \\ 0 & \sigma \end{pmatrix} \quad (单位为\ e\hbar/2mc) \qquad (3.27')$$

这意味着 $g_0 = 2$. 狄拉克还进一步讨论了四分量的物理量 (3.24) 应当怎样变换, 才能使得狄拉克方程具有洛伦兹不变性. 这是泡利关于二分量的物理量的想法的推广[8]. 狄拉克只是从相对论和变换理论的要求出发, 没有使用任何特定假设, 就正确地推导出来了电子的自旋角动量、磁矩和托马斯因子.

*

狄拉克的天才想法让我们这些凡人头晕目眩. 他的第一个要求是这个方程对时间是线性的. 薛定谔、克莱因、戈尔登甚至泡利都没有想到这个想法. 即使有了这个想法, 我们也不会料到这个要求会导致电子自旋并决定了它的磁矩. 据说, 泡利经常说狄拉克的思考过程就像杂技, 狄拉克方程的开发过程最清楚地说明了这个特点. 他对这个工作似乎非常满意, 可以从其文章的导论部分的下述句子里感受到.

在文章一开始, 他说泡利和达尔文 (C. W. Darwin) 已经讨论了电子自旋. 他说, "大自然为什么给电子选择了 (像自旋电子这样的) 这个特殊模型, 而不是满足于点电荷? 这个问题仍然存在." 他接着说, "看来, 同时满足相对论和变换理论的要求的点电荷电子的最简单的哈密顿量, 解释了所有双重性 (duplexity) 现象而无须更多的假设."

---

[8]狄拉克引用了索末菲在《原子构造与光谱线》(*Atombau und Spektrallinien*) 中所写的 "泡利方程的发现是电子的真正性质, 即向狄拉克方程的发现迈出的重要一步", 否定了这个说法: "就与我相关的部分而言, 这些说法不是事实. 我对把电子自旋放到波动方程中没有兴趣, 也从没有考虑过这样的问题, 没有印象利用过泡利的工作. 因为我想的是找出我的 '量子力学的' 普遍解释和与变换理论符合的相对论理论. 对于这个课题, 我认为应该首先从最简单的情况 (恐怕是没有自旋的粒子) 开始解起, 成功后再导入自旋. 因此, 当我发现在最简单的情况下出现了自旋时, 感到很吃惊."

狄拉克继续说: "我的方程出来几年后, 从克拉默斯那里听到, 他独立得到了与我的一阶方程相当的二阶方程. 克拉默斯可能是源于泡利方程. 因为我的论文先出来了, 他就没有发表这项工作." [P. A. M. Dirac, "Recollections of an Exciting Era", in C. Weiner ed. History of Twentieth Century Physics, Academic Press (1977), p.109 – 146. 引用在第 139 页.]

　　然而, 在另外一个场合, 狄拉克还提到了下面这些话 (这是他在 1969 年的演讲, 当他获得奥本海默纪念奖的时候)[9]. 他这篇文章只在一阶近似下计算了碱金属原子的问题. 他没有试图精确地计算氢原子并得到当时已经知道与实验符合得完美的精细结构公式. 他没有做那些, 因为他害怕, 如果计算了那么多而得到的结果却不符合这个公式, 就会发现他的理论是不正确的. 因为他太相信自己理论的正确性了, 非常害怕希望落空 (即使有百分之一的可能性). 这种情绪就像讳疾忌医的病人 (害怕知道自己得了癌症) 一样不合逻辑. 然而, 即使理论物理学家也常常不能避免这种非理性的别扭情绪. 顺便说一下, 达尔文和戈尔登推导出了精细结构公式.

　　狄拉克的这个工作肯定是无与伦比的; 然而, 泡利此前的工作也起到很大的推动作用[10]. 使用满足 (3.22) 的矩阵以便把一阶方程 (3.20) 与克莱因 – 戈尔登方程联系起来, 狄拉克的这个想法有可能得到了泡利矩阵满足 (3.14″) 这个事实的启发. 还有, 使用同时作用于四分量物理量 (3.24) 的微分方程, 这个想法也可能是得到了泡利创建使用同时作用于二分量的物理量 (3.15) 的微分方程的启发. 实际上, 狄拉克在文章里明确地指出, 泡利矩阵 $\sigma_r(r = 1, 2, 3)$ 满足 (3.22). 他进一步指出, 如果利用泡利 2×2 矩阵, 只能找到三个矩阵满足 (3.22), 因此他考虑 4×4 矩阵. 此外, 狄拉克证明 (3.22) 的洛伦兹不变性的方式正是泡利方法的推广, 泡利方程相对于绕着 x, y, z 轴的转动是不变的. 由于这些原因, 我前面说了泡利的工作是狄拉克工作的先驱. 狄拉克的工作完成于 1928 年 1 月, 在泡利的工作之后不到一年.

　　如果狄拉克的这个工作解释了大自然为什么不满足于单个点电荷而是要求带有自旋的电荷的原因, 一个自然的结论就是质子也会有自旋 $\hbar/2$ 和磁矩 $e\hbar/(2m_\mathrm{p})$ (m_p 是质子的质量). 然而, 在实际的历史上, 在狄拉克的工作发表之前大约半年, 人们就已经发现了质子有自旋 $\hbar/2$ 这个事实. 现在, 在初学者看来, 质子自旋的建立出自一个完全没有预料到的问题. 这就是低温下质子比热的问题. 关于如何从比热中推断出质子自旋, 有个非常有趣的插曲, 但是, 下

---

[9]P. A. M. Dirac, The Development of Quantum Theory, J. Robert Oppenheimer Memorial Prize Acceptance Speech, Gordon and Breach (1971). 引用在第 41–45 页.

[10]参考本讲注 8.

一讲再说它吧.

*

最后我要做些评论, 也许你们会觉得有点画蛇添足. 就像泡利矩阵 σ_x, σ_y, σ_z 与自旋角动量的 x, y, z 分量有关一样, 我们可以把构成狄拉克 α 矩阵的六个矩阵

$$\frac{1}{i}\alpha_0\alpha_2\alpha_3, \quad \frac{1}{i}\alpha_0\alpha_3\alpha_1, \quad \frac{1}{i}\alpha_0\alpha_1\alpha_2,$$
$$i\alpha_0\alpha_1, \quad i\alpha_0\alpha_2, \quad i\alpha_0\alpha_3 \tag{3.28}$$

视为一个六分量矢量的分量[11], 可以把它们当作电子自旋的相对论性推广. 实际上, 如果我们使用 (3.23), 那么, 前三个矩阵是

$$\frac{1}{i}\alpha_0\alpha_2\alpha_3 = \begin{pmatrix} \sigma_1 & 0 \\ 0 & -\sigma_1 \end{pmatrix},$$
$$\frac{1}{i}\alpha_0\alpha_3\alpha_1 = \begin{pmatrix} \sigma_2 & 0 \\ 0 & -\sigma_2 \end{pmatrix}, \tag{3.28'}$$
$$\frac{1}{i}\alpha_0\alpha_1\alpha_2 = \begin{pmatrix} \sigma_3 & 0 \\ 0 & -\sigma_3 \end{pmatrix}$$

它们明显不同于自旋角动量 (3.27), 但是, 它们对于静止电子的期望值与 (3.27) 一致. 此外可以证明, 三个物理量

$$i\alpha_0\alpha_1 = \begin{pmatrix} 0 & i\sigma_1 \\ -i\sigma_1 & 0 \end{pmatrix},$$
$$i\alpha_0\alpha_2 = \begin{pmatrix} 0 & i\sigma_2 \\ -i\sigma_2 & 0 \end{pmatrix}, \tag{3.28''}$$
$$i\alpha_0\alpha_3 = \begin{pmatrix} 0 & i\sigma_3 \\ -i\sigma_3 & 0 \end{pmatrix}$$

---

[11] 参考本讲注 6.

对于静止电子的期望值是 0. 我告诉过你们, 泡利认识到有必要把他的自旋矩阵相对论性地推广到六维, 但是很难引入其中有一半在静止参考系中必须是 0 的条件. 利用 4×4 矩阵, 狄拉克很简单地做到了这一点. 这样一来, 通过洛伦兹不变性以及波函数方程必须是一阶的, 狄拉克没有使用任何模型就得到了关于电子自旋的一切事情. 可能是从狄拉克的这个工作开始, 电子自旋这个词不再让我们想到自转动或转动. (对于核自旋来说, 情况并非如此.) 但是不管怎样, 如果电子的真实性质确实如此的话, 它就真的是 "经典方法不可描述的", 难道不是吗?[12]

---

[12] 参考第 30 页及第 43 页和本讲注 8 的后半部分.

第 4 讲　质子的自旋
——三学者巧断氢分子

氢分子比热和质子自旋是怎么联系起来的呢?

可以说, 量子力学从一开始就和比热有着不可分割的关系[1]. 例如, 与黑体辐射有关的问题可以说就是如何消除 "真空比热" 的无限大数值. 还有, 双原子分子的低温比热是 (3/2)R 而不是经典理论预言的 (5/2)R, 正是使用量子力学才首次解释了这个事实. 这是因为分子的转动能是量子化的, 因此, 如果 $kT/2$ (根据能量均分定律应该分配的能量) 变得小于转动的量子, 转动就不能发生了.

双原子分子是一个力学系统, 其中的电子在哑铃状放置的两个原子核附近运动. 因此, 它的能量由四种能量之和给出: 电子能量 E_{el}, 振动能量 E_{vib} 对应于原子核间距的扩张或收缩, 总的分子转动能 E_{rot}, 以及质心的平动能 E_{tr},

$$E = E_{el} + E_{vib} + E_{rot} + E_{tr} \tag{4.1}$$

这里忽略了不同运动之间的相互作用, 但是并不影响下面的讨论.

在这四种能量里, 只有 E_{tr} 和 E_{rot} 对低温比热有贡献. (因为 E_{el} 和 E_{vib} 的量子都很大, 我们考虑足够低的温度, 使得 $kT/2$ 远小于这些量子.) 因为 E_{tr} 不是量子化的, 它对比热的贡献直到 0K 都是 (3/2)R. 换句话说, 如果考虑一个分子而不是 1 mol 分子, 那么, 平动的贡献就是 (3/2)k, 只有 E_{rot} 起作用.

请记住转动能的基本量子力学. 根据它, 得到转动能是

$$E_{rot} = \frac{\hbar^2}{2I}J(J+1), \quad J = 0, 1, 2, \cdots \tag{4.2}$$

---

[1]参考: 朝永振一郎《量子力学 I》, 三铃书房 (1969), 第一章.

其中, I 是哑铃的转动惯量. 这里的 J 是转动量子数, 它给出了测量单位为 $\hbar$ 的角动量. 这个态是简并的, 多重数

$$g(J) = 2J + 1 \tag{4.3}$$

对应于角动量的 $2J + 1$ 个量子化方向.

除了氢原子核, 构成哑铃的原子核是带有结构的粒子. 这样一来, 就像泡利曾经考虑的那样, 原子核可能带有自旋, 或者说, 它可能不是球形的. (在 1924 年左右, 泡利假设原子核有自旋, 用来解释光谱线的超精细结构.) 如果确实如此, 当这两个原子核以哑铃形状连在一起的时候, 就必须考虑原子核相对于哑铃轴的取向. 我们必须考虑, 除了哑铃自身相对于空间的方向, 还有一个自由度对应于每个原子核相对于哑铃轴的取向. 即, 就像我们要赋予电子以自旋自由度, 我们还要给原子核一个与其取向有关的自由度. 我们还不知道, 这是自旋的方向还是椭球的方向 (如果原子核是非球形的话). 这样就有与第四个自由度有关的能量 (记为 E_4), 必须用下式取代 (4.1)

$$E = E_{\mathrm{el}} + E_{\mathrm{vib}} + E_{\mathrm{rot}} + E_{\mathrm{tr}} + E_4 \tag{4.1'}$$

E_4 的贡献自然会出现在比热里, 因此, 通过考察比热, 就可以得到这个新自由度的信息.

这个主张听起来很好, 但是实际上只有前半部分是正确的; 后半部分并不像说的那么好. 原因在于, 即使存在这个自由度, 它的能量也非常小, 不会影响比热. 如果这个能量大得可以影响比热, 它的效应就会自然地出现在分子的带状光谱里, 但是实验上并没有观测到. (电子的第四个自由度显然以双谱线的形式出现了. 但是, 即使它也没有影响比热.) 比热和第四个自由度的联系来自于完全不同的物理效应.

*

这个效应是什么? 它是量子力学发展过程中的一个重要发现, 与电子自旋的发现同样重要; 那就是, 粒子的统计性质与其波函数对称性的关系. 你们都知道, 量子力学里有两种粒子: 服从玻色统计的粒子 (玻色子) 和服从费米

统计的粒子 (费米子). 在我讨论的 1927 年这个时期, 人们只是清楚地知道光
子和电子是这样的粒子; 前者是玻色子的代表, 后者是费米子. 当时有个假设:
α 粒子很像玻色子. 注意, 我们说费米子服从费米统计, 这等价于说该粒子服
从泡利不相容原理.

　　我在第 3 讲说过, 当狄拉克变换理论完成的时候, 还有两个问题没有解
决. 一个是自旋, 另一个是把理论推广为相对论性的, 但是, 现在我发现自己
忘了提另一个问题 —— 如何把这两种类型的统计结合到量子力学中.

　　再一次, 狄拉克和海森伯出来救场了, 他们在 1926 年回答了这个问题. 这
两种统计是如何发现的, 它们是如何结合到量子力学里的, 这本身就是个非常
有趣的主题, 但是我要长话短说, 只给出结论. 狄拉克和海森伯发现, 在全同
粒子 (例如电子和光子) 组成的力学系统里, 如果波函数相对于粒子交换是对
称的, 而且只能实现这样的态, 那么粒子的系综服从玻色统计; 如果波函数相
对于粒子交换是反对称的, 而且只能实现这样的态, 那么粒子的系综服从费米
统计. 在多个全同粒子构成的力学系统的问题 (即多体问题) 里, 这个发现扮
演了非常重要的角色. 这个故事也非常有趣, 但是下一讲再谈这样的例子. 现
在我们回来讨论分子.

*

　　我们正在考虑的双原子分子是由两个原子核和几个电子 (在氢原子的情
况里有两个电子) 构成的力学系统. 在总能量由 (4.1′) 表示的近似里, 它的波
函数可以表示为每个运动的波函数的乘积

$$\psi = \psi_{\text{el}} \cdot \psi_{\text{vib}} \cdot \psi_{\text{rot}} \cdot \psi_{\text{tr}} \cdot \psi_4 = \phi \psi_4 \tag{4.4}$$

这里的 ϕ 是波函数 ψ_{el}、ψ_{vib}、ψ_{rot} 和 ψ_{tr} 的乘积, 它们对应于已知的自由度.
波函数 ψ_4 对应于第四个自由度, 其身份在此阶段仍然是个谜. 它是描述两个
原子核的第四个自由度的两个坐标的函数.

　　在转动原子的基本理论里 (我给你们讲过), 分子的态只用 (4.4) 中的 ψ_{rot}
和 ψ_{tr} 表示. 有时候, 这个简单的理论就足以讨论低温比热的问题了. (如果有
第四个自由度, 就加上 ψ_4.) 然而, 为了讨论带状光谱, ψ_{el} 也扮演了重要角色,

需要更先进的理论. 许多人发展了双原子分子的这些先进的理论, 但是, 洪德为 ψ_{el} 的处理和实验结果的理论解释做出了特别重大的贡献. 洪德还触发了从氢分子比热中获取第四个自由度的信息的探索. 因为需要花费很多精力来讨论详细的分子理论, 我们简单地继续前面提到的基本理论.

看着洪德的研究工作, 我们发现, 如果电子态是 $^1\Sigma$ (这是他的记号, 你们可以认为这类似于原子的 ^1S 态), 那么, 忽略了 ψ_{el} 的基本理论可以应用于我们的问题. 例如, 在 $^1\Sigma$ 态里, E_{rot} 由 (4.2) 给出, 能级的简并度由 (4.3) 给出. (我们暂时忽略了第四个自由度.) 此外, 就像在基本理论里一样, ψ_{rot} 可以表示为

$$\psi_{\text{rot}} = P_J^M(\cos\Theta)\mathrm{e}^{\mathrm{i}M\Phi}, \quad M = J, J-1, J-2, \cdots, -J+1, -J \qquad (4.5)$$

其中, Θ 和 Φ 确定了哑铃轴的方向.

现在, 只考虑相同原子核构成的分子, 例如 H_2 和 D_2. 原因在于, 在这些情况里, 我前面提到过的原子核的统计问题 (它们是玻色子还是费米子) 扮演了重要的角色, 服从的是哪种统计, 通过第四个自由度的存在影响了分子的转动比热. 特别地, 如果这两个原子核是玻色子, ψ 相对于原子核的交换必须是对称的, 如果它们是费米子, ψ 必须是反对称的. 由于下述原因, 这反映在比热里.

我们考虑 (4.4) 中 ψ 里的因子 ϕ, 考察 ϕ 相对于两个原子核的交换是对称的还是反对称的. 因为 ϕ 里面只涉及了两个原子核的空间坐标, 没有包括神秘的第四个坐标, 我们可以根据已知的理论考察 ϕ 的对称性. 特别地, 当电子处于 $^1\Sigma$ 态的时候, 可以使用基本理论并简单地确定 ϕ 的对称性. 很幸运, H_2 里的电子基态是 $^1\Sigma$. (相比之下, O_2 里是 $^3\Sigma$.)

把这两个原子核的空间坐标取为 $\boldsymbol{x}_1$ 和 $\boldsymbol{x}_2$. 在基本理论里, 我们忽略 ψ_{el}, 留下

$$\phi = \psi_{\text{tr}} \cdot \psi_{\text{vib}} \cdot \psi_{\text{rot}} \qquad (4.6)$$

其中,

$$\psi_{\text{tr}} \text{ 是 } \frac{\boldsymbol{x}_1 + \boldsymbol{x}_2}{2} \text{ 的函数}$$

$$\psi_{\text{vib}} \text{ 是 } |\boldsymbol{x}_1 - \boldsymbol{x}_2| \text{ 的函数} \tag{4.7}$$

$$\psi_{\text{rot}} \text{ 是 } \frac{\boldsymbol{x}_1 - \boldsymbol{x}_2}{|\boldsymbol{x}_1 - \boldsymbol{x}_2|} \text{ 的函数}$$

容易看到, $(\boldsymbol{x}_1 + \boldsymbol{x}_2)/2$ 和 $|\boldsymbol{x}_1 - \boldsymbol{x}_2|$ 相对于 $\boldsymbol{x}_1$ 和 $\boldsymbol{x}_2$ 的交换是不变的. 因此, ψ_{tr} 和 ψ_{vib} 相对于 $\boldsymbol{x}_1$ 和 $\boldsymbol{x}_2$ 的交换总是对称的. 相比之下, 当 $\boldsymbol{x}_1$ 和 $\boldsymbol{x}_2$ 交换的时候, $(\boldsymbol{x}_1 - \boldsymbol{x}_2)/|\boldsymbol{x}_1 - \boldsymbol{x}_2|$ 改变了符号. 因此, ψ_{rot} 是对称的还是反对称的, 并非显而易见. 下面的论证表明, 如果 J 是偶数, 它就是对称的, 如果 J 是奇数, 它就是反对称的.

为了得到这一点, 我们引入角度 Θ 和 Φ 表示单位矢量 $(\boldsymbol{x}_1-\boldsymbol{x}_2)/|\boldsymbol{x}_1-\boldsymbol{x}_2|$ 的取向. 即, 让 $(\boldsymbol{x}_1-\boldsymbol{x}_2)/|\boldsymbol{x}_1-\boldsymbol{x}_2|$ 的极坐标取 $(1,\Theta,\Phi)$. 现在, 假设我们交换了 (4.5) 左边的 $\boldsymbol{x}_1$ 和 $\boldsymbol{x}_2$, 那么

$$\psi_{\text{rot}} \left(\frac{\boldsymbol{x}_1 - \boldsymbol{x}_2}{|\boldsymbol{x}_1 - \boldsymbol{x}_2|} \right) = P_J^M(\cos\Theta)\mathrm{e}^{\mathrm{i}M\Phi}$$

因为 $(\boldsymbol{x}_2-\boldsymbol{x}_1)/|\boldsymbol{x}_2-\boldsymbol{x}_1| = -(\boldsymbol{x}_1-\boldsymbol{x}_2)/|\boldsymbol{x}_1-\boldsymbol{x}_2|$, 如果 $(\boldsymbol{x}_1-\boldsymbol{x}_2)/|\boldsymbol{x}_1-\boldsymbol{x}_2|$ 的极坐标是 $(1,\Theta,\Phi)$, 那么 $-(\boldsymbol{x}_1-\boldsymbol{x}_2)/|\boldsymbol{x}_1-\boldsymbol{x}_2|$ 的坐标显然就是 $(1,\pi-\Theta,\pi+\Phi)$[2], 因此就有

$$\psi_{\text{rot}} \left(\frac{\boldsymbol{x}_2 - \boldsymbol{x}_1}{|\boldsymbol{x}_2 - \boldsymbol{x}_1|} \right) = P_J^M[\cos(\pi - \Theta)]\mathrm{e}^{\mathrm{i}M(\pi+\Phi)}$$

---

[2] 图 n-5 里的矢量 $\boldsymbol{x}_1 - \boldsymbol{x}_2$ 和 $\boldsymbol{x}_2 - \boldsymbol{x}_1$ 是用球坐标表示的. 按照下面的定义, 显然有 $P_J^M(-z) = (-1)^{J-M} P_J^M(z)$ [朝永振一郎《量子力学 II》, 三铃书房 (1952, 第 2 版, 1997), (42, 45) 式].

$$P_J(z) = \frac{1}{2^J J!} \frac{\mathrm{d}^J}{\mathrm{d}z^J} (z^2 - 1)^J$$

$$P_J^M(z) = (1 - z^2)^{|M|/2} \frac{\mathrm{d}^{|M|}}{\mathrm{d}z^{|M|}} P_J(z)$$

举几个 P_J^M 的例如下:

$P_0^0(\cos\theta) = 1$

$P_1^0(\cos\theta) = \cos\theta, \quad P_1^{\pm 1}(\cos\theta) = \sin\theta$

$P_2^0(\cos\theta) = \frac{1}{2}\left(3\cos^2\theta - 1\right), \quad P_2^{\pm 1}(\cos\theta) = 3\cos\theta\sin\theta$

$P_2^{\pm 2}(\cos\theta) = 3\sin^2\theta$

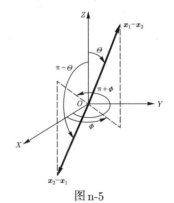

图 n-5

另一方面, 众所周知的是

$$P_J^M[\cos(\pi - \Theta)]\mathrm{e}^{\mathrm{i}M(\pi+\Phi)} = P_J^M(-\cos\Theta)(-1)^M\mathrm{e}^{\mathrm{i}M\Phi}$$
$$= (-1)^J P_J^M(\cos\Theta)\mathrm{e}^{\mathrm{i}M\Phi}$$

这样就有

$$\psi_{\mathrm{rot}}\left(\frac{\boldsymbol{x}_2 - \boldsymbol{x}_1}{|\boldsymbol{x}_2 - \boldsymbol{x}_1|}\right) = (-1)^J\psi_{\mathrm{rot}}\left(\frac{\boldsymbol{x}_1 - \boldsymbol{x}_2}{|\boldsymbol{x}_1 - \boldsymbol{x}_2|}\right)$$

这意味着, 对于 $\boldsymbol{x}_1$ 和 $\boldsymbol{x}_2$ 的交换, 当 J 为偶数的时候, ψ_{rot} 是对称的, 当 J 为奇数的时候, ψ_{rot} 是反对称的.

　　总之, 我们可以得到结论, 对于 ψ_{tr}、ψ_{vib} 和 ψ_{rot} 的乘积 ϕ 函数来说,

$$\phi = \begin{cases} \text{对称的, 相对于 } \boldsymbol{x}_1 \text{ 和 } \boldsymbol{x}_2 \text{ 的交换, 如果 } J \text{ 是偶数} \\ \text{反对称的, 相对于 } \boldsymbol{x}_1 \text{ 和 } \boldsymbol{x}_2 \text{ 的交换, 如果 } J \text{ 是奇数} \end{cases} \tag{4.8}$$

把它们画在图 4.1 里, 可能就容易理解这些结论. 图 4.1(a) 给出了 (4.2) 给出的转动能级. 实线给出了相对于原子核置换是对称的能级, 而虚线是反对称的能级. 后面再讨论图 4.1(b) 的含义.

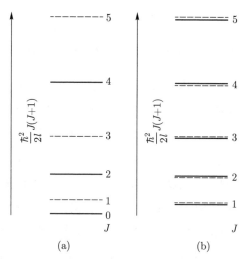

图 4.1　(a) $^1\sum$ 的转动能级; (b) $^1\prod$ 的转动能级

*

我们花了些时间做准备, 现在可以继续讨论原子核是玻色子还是费米子这个问题了. 首先假设, 原子核没有自旋而且是球形对称的. 对于这种情况, 我们不需要第四个自由度. 因此, $\psi = \phi$, 而且 ϕ 的对称性同时也是 ψ 的对称性. 根据 (4.8) 的结论, 如果原子核是玻色子, 只有 ψ 对称的能级才存在, 图 4.1(a) 中的虚线能级不存在. 如果原子核是费米子, 只有 ψ 反对称的能级才存在, 图 4.1(a) 中的实线能级不存在. 由于这些原因, 实现的能级是图 4.2 中的那些能级.

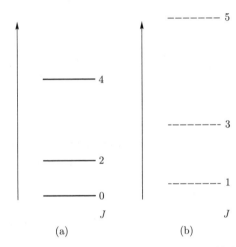

图 4.2   (a) 玻色子的转动能级; (b) 费米子的转动能级

如果确实如此, 转动比热自然会依赖于图 4.1(a) 中的能级全都出现、只有图 4.2(a) 的能级出现或者只有图 4.2(b) 的能级出现. 还有, 在带状光谱里, 如果能级如图 4.2(a) 或者图 4.2(b) 所示, 那么就有好几个能级丢掉了. 因此, 测量比热或者分析带状光谱, 就可以确定原子核是玻色子还是费米子.

然而, 如果有第四个自由度 (例如自旋) 加入, 情况就更复杂了. 在这种情况下, $\psi \neq \phi$, 不能用 (4.8) 直接讨论 ψ 的对称性. 在这种情况下, $\psi = \phi \cdot \psi_4$, 因为 (对称函数)×(对称函数)=(对称函数), (对称函数)×(反对称函数)=(反对称函数), 而且, (反对称函数)×(反对称函数)=(对称函数), 显然有

如果 ϕ 是对称的, 那么为了让 $\left\{ \begin{array}{l} \psi \text{ 是对称的}, \psi_4 \text{ 必须是对称的} \\ \psi \text{ 是反对称的}, \psi_4 \text{ 必须是反对称的} \end{array} \right.$

如果 ϕ 是反对称的, 那么为了让 $\begin{cases} \psi \text{ 是对称的}, \psi_4 \text{ 必须是反对称的} \\ \psi \text{ 是反对称的}, \psi_4 \text{ 必须是对称的} \end{cases}$

因此, 将其与 (4.8) 结合起来, 我们就得到结论

$$
\text{(4.9)}
$$

由于这些原因, 如果原子核有第四个自由度, 那么, 实线能级和虚线能级都不会消失, 而是每个能级的 ψ_4 具有不同的对称性. 依赖于 ψ_4 是对称的还是反对称的, 能级 E_4 略微有点不同, 但是这个差别非常小, 可以认为 (4.2) 保持不变. 因此, 能级的位置仍然如图 4.1(a) 所示.

　　然而, 能级 E_4 的简并度很有可能因为 ψ_4 是对称的还是反对称的而有所不同. 对于这种情况, E 的简并度作为整体在 $(4.1')$ 中是不同的, 这种差别也许可以用实验检测. 例如, 如果一个能级的简并度更大, 光谱线的强度就会更大. 还有, 如果用统计力学计算比热, 这个简并度就变为统计权重, 从而会影响结果. 洪德 (图 4.3) 发现的就是这种联系.

图 4.3　洪德 (Friedrich Hund, 1896 — 1997). AIP Emilio Segrè Visual Archives, Franck Collection 惠赠

*

自旋的情况就为能级 E_4 简并度依赖于 ψ_4 对称性的一个好例子. 例如, 假设两个原子核的自旋都是 1/2. 根据第 3 讲里的定理, 如果 ψ_4 相对于自旋坐标的交换是对称的, 总自旋是 1, 那么, 与自旋的方位角量子化的数目有关的三重简并度就会出现. 如果 ψ_4 相对于自旋坐标的交换是反对称的, 总自旋是 0, 就没有简并 (即简并度等于 1). 这就是确凿的事实.

通常把 E_4 的简并度写为

$$g_s, \text{ 如果 } \psi_4 \text{ 是对称的}$$

$$g_a, \text{ 如果 } \psi_4 \text{ 是反对称的}$$

那么, 从 (4.9) 可以得到结论,

如果原子核是玻色子, 能级 E_4 的简并度是 $\begin{cases} g_s \text{ 对于} \text{————} \text{能级} \\ g_a \text{ 对于} \text{--------} \text{能级} \end{cases}$

如果原子核是费米子, 能级 E_4 的简并度是 $\begin{cases} g_a \text{ 对于} \text{————} \text{能级} \\ g_s \text{ 对于} \text{--------} \text{能级} \end{cases}$ (4.10)

到目前为止, 我们假设电子态是 $^1\Sigma$ 并且用一个基本的理论推导出 (4.10). 然而, 我们从洪德理论看到, (4.10) 的结论对任意电子态都成立. 唯一的差别在于, 转动能级与图 4.1(a) 所示的不一样. 我只给你们一个例子, 如图 4.1(b) 所示. 在这个情况里, 电子态不是 $^1\Sigma$ 而是洪德表示法所谓的 $^1\Pi$ (类似于原子态里的 ^1P). 从这个图可以看出, 即使在 $^1\Pi$ 态的情况里, 能级的能量也是由 (4.2) 给出的, 但是 $J = 0$ 能级不存在, 而且, $J = 1, 2, 3, \cdots$. 还有, 即使在考虑第四个自由度之前, 每个转动能级已经是双重简并的了 (除了方位角量子化的简并度 $2J + 1$ 之外), 这些分量用实线和虚线描绘. 在图 4.1(b) 中, 我把这种简并表示为 ========, 使用了画得非常近的一条实线和一条虚线.

所以, 不管电子态是 $^1\Sigma$ 还是 $^1\Pi$, 如果实线和虚线能级的简并度不一样, 那么这种差别就会表现在带状谱线的强度上. 特别地, 如果原子核是玻色子, 对应于实线能级到实线能级跃迁的强度与对应于虚线能级到虚线能级跃迁的强度的比值就应当是 $g_s : g_a$, 如果原子核是费米子, 这个比值就应当是 $g_a : g_s$. 在我们的近似里, 实线能级到虚线能级的跃迁是禁戒的. (在高阶近似里, 跃迁可以发生, 但是概率非常小.) 我们再用 J 重复一遍这个结论, 假设终态能级是 $^1\Sigma$, 如果原子核是玻色子, 那么到 $J = 0, 1, 2, 3, 4, \cdots$ 的能级的跃迁就会有交替的强度 $g_\mathrm{s} : g_\mathrm{a} : g_\mathrm{s} : g_\mathrm{a} : \cdots$; 如果原子核是费米子, 交替的强度就是 $g_\mathrm{a} : g_\mathrm{s} : g_\mathrm{a} : g_\mathrm{s} : \cdots$. 例如, 如果原子核的第四个自由度是自旋, 而且它是 $1/2$, 那么, 根据上一讲

$$g_\mathrm{s} = 3, \quad g_\mathrm{a} = 1 \tag{4.11}$$

因此, 交替的强度就是

$$
\begin{aligned}
&\text{对于玻色子}, 3:1:3:1:\cdots \\
&\text{对于费米子}, 1:3:1:3:\cdots
\end{aligned}
\tag{4.11$'$}
$$

因此, 如果我们考察氢分子的带状光谱, 寻找这样的强度交替并确定强度比, 就可以确定质子的自旋, 以及质子是玻色子还是费米子. 当洪德在 1927 年早期产生了这个想法的时候, 关于 H_2 光谱还没有足够的数据. 因此, 他决定使用已经知道的氢分子转动比热的数据.

*

考虑温度为 T 的氢气. 根据统计力学, 一个分子的平均转动能是

$$
\left\{
\begin{aligned}
\langle E_\mathrm{rot} \rangle &= \frac{1}{Z} \left[\sum_{J=\mathrm{even}} \beta g(J) E(J) \mathrm{e}^{-\frac{E(J)}{kT}} + \sum_{J=\mathrm{odd}} g(J) E(J) \mathrm{e}^{-\frac{E(J)}{kT}} \right] \\
Z &= \sum_{J=\mathrm{even}} \beta g(J) \mathrm{e}^{-\frac{E(J)}{kT}} + \sum_{J=\mathrm{odd}} g(J) \mathrm{e}^{-\frac{E(J)}{kT}}
\end{aligned}
\right.
\tag{4.12}
$$

其中, $E(J)$ 和 $g(J)$ [分别由 (4.2) 和 (4.3) 给出] 是转动能量和方位角量子化的简并度,

$$\beta = \frac{J \text{ 为偶数时 } E_4 \text{ 的简并度}}{J \text{ 为奇数时 } E_4 \text{ 的简并度}} \tag{4.13}$$

如果我们记得 (4.10),

$$\text{如果质子是玻色子}, \beta = \frac{g_\mathrm{s}}{g_\mathrm{a}}$$

$$如果质子是费米子, \quad \beta = \frac{g_a}{g_s} \tag{4.13'}$$

如果质子的第四个自由度是自旋而且它的数值是 $1/2$, 那么就可以用 (4.11) 得到 g_s 和 g_a. 因此,

$$如果质子是玻色子, \quad \beta = 3$$
$$如果质子是费米子, \quad \beta = \frac{1}{3} \tag{4.13''}$$

但是当时并没有确定 β.

当洪德计算比热的时候, 氢分子的转动惯量 I 是未知的. 因此, 他给了 β 和 I 一些数值, 用 (4.12) 计算 $\langle E_{rot} \rangle$, 用公式

$$C_{rot} = \frac{d\langle E_{rot} \rangle}{dT} \tag{4.14}$$

确定比热. 由此他发现,

$$\beta \approx 2, \quad I \approx 1.54 \times 10^{-48} \text{ kg} \cdot \text{m}^2 \tag{4.15}$$

给出了低温下实验值 C_{rot} 的最佳拟合. 假设质子的自旋是 $1/2$, β 的这个值既不符合 3 (假设质子是玻色子) 也不符合 $1/3$ (假设质子是费米子). 他在文章里说, 如果 $I = 1.69 \times 10^{-48} \text{ kg} \cdot \text{m}^2$, 实验对于 $\beta = 3$ 就不那么坏, 但是, 他没有断定质子是自旋 $1/2$ 的玻色子. 洪德在哥本哈根的玻尔研究所完成了这个工作, 并在 1927 年 2 月发表了文章.

*

当洪德忙于此事的时候, 一位名叫崛健夫的物理学家来到了哥本哈根 (图 4.4). 崛健夫是一位实验光谱学家, 他毕业于京都大学, 是北海道大学的教授[3]. 他当时在旅顺工科大学, 到哥本哈根去获取他在光谱上的大多数专业

---

[3]他与作者有密切的关系. 堀从京都大学物理学专业毕业后, 研究生时期在作者家寄宿, 与作者的姐姐志津结婚. 当时堀在京都第三高中任临时教师, 作者和汤川一起学习了力学. 作者是这样写的: "这个老师是做实验的, 但教力学的方法相当新颖, 不用任何讲义, 完全靠学生的自习, 在教室里只是解练习题. 这个老师因为是光谱学专业的, 对新的量子力学也很关心, 可以从老师那里听到许多与此相关的事情." [朝永振一郎《为仁科老师的温情而哭泣》, 自然, 1962 年 10 月刊. 在《鸟兽戏画》(朝永振一郎著作集 1), 三铃书房 (1981) 中以《我的老师, 我的朋友》为名收录.]

知识[4]. 可以想象, 氢分子问题在那里是热门, 因为洪德当时也在那里. 所以, 玻尔建议堀健夫应当研究 H_2 的带状光谱. 因此, 堀健夫对氢分子的带状光谱做了精致的实验和细致的分析, 这个光谱刚刚被 S. Werner 在前一年 (1926 年) 发现. 结果他发现了氢分子转动光谱里的强度交替. 他发现谱线的强度是

$$J \text{ 为偶数的能级之间的跃迁弱,}$$
$$J \text{ 为奇数的能级之间的跃迁强.} \tag{4.16}$$

图 4.4　在玻尔研究所学习的日本人, 1926 年, 左起: 仁科芳雄 (1890—1951), 青山新一 (1882—1959), 堀健夫 (1899—1994), 以及木村健二郎 (1896—1988). 仁科纪念基金会收藏

他没有说强度比, 但是从他给出的图来判断, 看起来像是 1:3. 我以后会告诉你们, 当一位名叫丁尼生 (D. M. Dennison) 的学者问他这个强度比的时候, 堀健夫回答说, 它接近 1:3.

　　这个结果完全不符合洪德从比热得到的结论. 洪德从比热得到了 $\beta \approx 2$, 意味着 J 为偶数的谱线必然要比 J 为奇数的谱线大约强一个因子 2. 这显然与堀健夫的结果 (4.16) 相反. 此外, 堀健夫可以从带状光谱确定转动惯量并得到

$$I = 4.67 \times 10^{-48} \text{ kg} \cdot \text{m}^2 \tag{4.16'}$$

这也和洪德的结果 (4.15) 非常不同. 堀健夫指出了这些.

　　当堀健夫在哥本哈根总结其实验结果的时候, 密歇根大学的丁尼生注意

[4] 参考附录 A4 的 "堀健夫日记".

到了洪德的结果和堀健夫的结果不一致[5]. 因此, 他去了哥本哈根, 请求在堀健夫的文章发表之前就阅读他的稿件. 结果他产生了一个想法.

丁尼生注意到, 堀健夫没有发现任何谱线对应于实线能级到虚线能级的跃迁. 我告诉过你们, 这种跃迁在一阶近似下是禁戒的, 但是, 在高阶近似下, 它可以微弱地存在. 如果情况确实如此, 就会有一个弱谱线对应于这个跃迁, 但是实际上没有. 这意味着从实线能级到虚线能级的跃迁概率非常小. 此外, 丁尼生还认识到, 这个概率在理论上必然非常小. 他认为, 如果情况确实如此, 那么氢分子就需要很长时间才能从 J 为偶数的态跃迁到 J 为奇数的态, 反之亦然, 以至于比热的实验测量时间相对于实验过程中发生这种跃迁的时间来说太短了. 换句话说, 在实验过程中, 在偶数 J 的分子和奇数 J 的分子之间必然没有建立起热平衡. 如果情况确实如此, 洪德的结论当然就不会符合实验, 因为洪德使用的公式 (4.12) 基于的是热平衡的假设. 这就是丁尼生的想法.

因此, 他计算了比热, 认为 J 为偶数的气体和 J 为奇数的气体是彼此独立的, 不能相互转化. 根据这个想法, 我们可以把 J 为偶数的气体的能量和 J 为奇数的气体的能量分别表示为 $E_{\mathrm{rot}}^{\mathrm{even}}$ 和 $E_{\mathrm{rot}}^{\mathrm{odd}}$, 并且单独计算 $\langle E_{\mathrm{rot}}^{\mathrm{even}} \rangle$ 和 $\langle E_{\mathrm{rot}}^{\mathrm{odd}} \rangle$, 它们是

$$\begin{cases} \langle E_{\mathrm{rot}}^{\mathrm{even}} \rangle = \dfrac{1}{Z_{\mathrm{even}}} \sum_{J=\mathrm{even}} g(J) E(J) \mathrm{e}^{-\frac{E(J)}{kT}} \\[2mm] Z_{\mathrm{even}} = \sum_{J=\mathrm{even}} g(J) \mathrm{e}^{-\frac{E(J)}{kT}} \end{cases} \qquad (4.17)_{\mathrm{even}}$$

---

[5]堀在 1927 年 1 月 27 日的日记里写道, 这样氢分子的转动惯量就可以正确地计算出来 (参见附录 A4). 此时结果还没有得出来. 洪德处理氢分子比热的文章被杂志受理的时间是 2 月 7 日, 在 1 月 27 日该文章应该已经完成了. 按照堀 2 月 4 日的日记, 这天洪德对氢分子转动光谱的堀的分析结果与自己的由比热得到的结果有相当大的差异而感到失望. 可能是因为从堀那里听到氢分子的转动惯量为 $I = 4.67 \times 10^{-48}\mathrm{kg} \cdot \mathrm{m}^2$, 与自己的文章中 $I = 1.54 \times 10^{-48}\mathrm{kg} \cdot \mathrm{m}^2$ 相比较的缘故. 从堀 2 月 3 日的日记看, 估计在这天, 光谱线的强度为 1:3 的结果还没有得出来 (堀也没有将其写在文章中). 洪德也没有理由知道他得到的强度比 2:1 是与实验有出入的.

丁尼生既知道堀实测的转动惯量比洪德的理论值大, 也知道光谱线的强度比为 1:3. 他因此在寻找这个解释, 这一点与洪德是很不同的. 参照书末 "新版后记" 的注释.

按照他的回忆录 (D. M. Dennison, Recollections of physics and of physicists during the 1920's, Am. J. Phys., 42 (1974), 1051), 他得到解释比热的关键想法 (本书第 76-80 页) 是后来的 1927 年春天, 在剑桥滞留的 6 周那段时间, R. H. 福勒请他做 3 次演讲, 为了第 3 次的演讲他创造了这个比热的理论.

和

$$
\begin{cases}
\langle E_{\text{rot}}^{\text{odd}} \rangle = \dfrac{1}{Z_{\text{odd}}} \sum_{J=\text{odd}} g(J) E(J) \text{e}^{-\frac{E(J)}{kT}} \\[2mm]
Z_{\text{odd}} = \sum_{J=\text{odd}} g(J) \text{e}^{-\frac{E(J)}{kT}}
\end{cases}
\tag{4.17}_{\text{odd}}
$$

假设两种气体的混合比是 $\rho:1$, 这种气体混合物的能量显然就是

$$
\langle E_{\text{rot}} \rangle = \frac{\rho}{\rho+1} \langle E_{\text{rot}}^{\text{even}} \rangle + \frac{1}{\rho+1} \langle E_{\text{rot}}^{\text{odd}} \rangle
\tag{4.18}
$$

因此, 我们用这个 $\langle E_{\text{rot}} \rangle$ 计算比热 $C_{\text{rot}} = \text{d}\langle E_{\text{rot}} \rangle / \text{d}T$.

基于这个想法, 丁尼生计算了不同 ρ 和 I 值的 C_{rot}, 试图发现给出最佳计算结果 C_{rot} 的数值. 这样他发现

$$
\rho = \frac{1}{3}, \quad I = 4.64 \times 10^{-48} \text{ kg} \cdot \text{m}^2
\tag{4.19}
$$

$\rho = 1/3$ 这个值符合他从堀健夫那里了解到的谱线强度比, 而且 I 的数值 4.64 与堀健夫得到的 4.67 符合得非常好.

丁尼生在其文章中做结论说, 洪德的计算和堀健夫的实验之间的差别完全解决了, 然后就结束了.

然而, 在文章寄出 (那是 1927 年 6 月 3 日) 后两个星期, 他寄出了文章的补充材料, 标注的日期是 1927 年 6 月 16 日. 在这个补遗里, 他首次指出, 混合比 $\frac{1}{3}:1$ 意味着质子的自旋是 $\frac{1}{2}$. 他首次指出, 这个比值 $\frac{1}{3}:1$ 是偶数 J 的气体和奇数 J 的气体在室温下的混合比[6], 并做结论说, 这精确地意味着质子是自旋为 $\frac{1}{2}$ 的费米子.

*

---

[6]海森伯在 1927 年假定质子的自旋为 1/2, 将氢分子区分为仲氢和正氢 (Z. Phys., 41 (1927), 239). 丁尼生在把质子的自旋加到文章中时引用了这篇文章. 这些文章暗示, 通过热导率的测量可证实氢原子冷却后会从 J 为奇数的状态转变为偶数的状态, 将仲氢和正氢作为名字使用的是 Bonhoeffer 和 Harteck (K. F. Bonhoeffer und P. Harteck, Z. Phys. Chem., B4 (1929), 113). Eucken 证实了比热随时间变化 (A. Eucken und K. Hiller, Z. Phys. Chem., B4 (1929), 142), Giauque 发现了氢在三相点的微小的气压变化 (W. F. Giauque and H. L. Johnston, J. Am. Chen. Soc., 50 (1928), 3221).

　　我不是绝对肯定, 但是根据这些迹象我怀疑, 丁尼生起初没有认识到他的工作与质子自旋有关, 是非常重要的工作[7]. 实际上, 他选择《关于氢分子比热的一点注记》(*A note on the Specific Heat of the Hydrogen Molecule*) 作为文章的题目, 一个相当谦虚的题目, 好像他只是对洪德和堀健夫的工作做些评论似的. 我怀疑, 在投稿以后, 他认识到自己文章的重要性, 故而增加了 6 月 16 日的补遗……

　　所以, 在这里我也要做个补遗, 添加的…… 就是 $\rho : 1$ 里的 ρ 是否符合 (4.13′) 中的 β. 我担心这一点的原因是, 只有当它们符合的时候, 我们才能从丁尼生的 $\rho = 1/3$ 得到 $\beta = 1/3$, 才能用 (4.13″) 说质子是自旋为 1/2 的费米子. 这个论证如下.

　　众所周知, 根据统计力学, 如果氢气处于热平衡,

$$\rho(T) : 1 = \sum_{J=\text{even}} \beta g(J) \mathrm{e}^{-\frac{E(J)}{kT}} : \sum_{J=\text{odd}} g(J) \mathrm{e}^{-\frac{E(J)}{kT}}$$

为了让它符合 $\beta : 1$, 必须有

$$\sum_{J=\text{even}} g(J) \mathrm{e}^{-\frac{E(J)}{kT}} = \sum_{J=\text{odd}} g(J) \mathrm{e}^{-\frac{E(J)}{kT}}$$

通常这并不正确. 然而, 如果 T 大得足以让 $kT \gg \dfrac{\hbar^2}{2I}$, 这个关系成立, 近似得充分好. 由于这个原因

$$\rho(\text{室温}) = \beta$$

如丁尼生所言, 如果他的 ρ 是室温下的混合比, 那么就可以从 $\rho = 1/3$ 得到结论说, 质子是自旋为 1/2 的费米子. 那么, 丁尼生在什么基础上把 ρ 解释为 ρ (室温) 而不是 $\rho(T)$ 呢? 丁尼生与洪德的差别就在于此.

---

　　[7]丁尼生的回忆中对这件事情是这样写的: "H_2 分子的旋转对称 (J: 偶数) 与反对称 (J: 奇数) 状态的比是 1 : 3 这事本身, 可以从质子自旋与电子的相同, 而自然界里只允许反对称的状态推导出来. 这是很明显的事情, 我认为没有必要在文章中强调. 可是当文章的草稿送到玻尔那里后, 回信说这一点应该完整地写出来. 所以校稿时加入了这些内容."

　　丁尼生还说, H_2 分子的旋转对称·反对称状态在转变时会花费时间的想法, 是从海森伯关于 He 的正氦和仲氦间的跃迁比较弱的结果得到的提示. (本讲注 5 中引用的丁尼生回忆录, 第 1056 页.)

根据丁尼生的想法, 用于实验的氢分子在室温下保存了很长时间. 因此, 在实验开始以前, 混合比是 ρ (室温)∶1. 在实验过程中, 这个气体放在烧杯里, 通过把气体冷却到非常低的温度来测量其比热. 然而, 即使在冷却了烧杯之后, 混合比仍然是 ρ (室温)∶1 而不是 $\rho(T)$∶1, 因为从实线能级到虚线能级的跃迁需要的时间特别长. 这就是丁尼生的关键想法. 如果用 $\rho(T)$ 作为 ρ, 那么 (4.18) 的 $\langle E_{\text{rot}} \rangle$ 就变得与洪德使用的 (4.12) 完全相同, 这并没有错, 但是洪德忘了检查实验是否实际满足那个形式需要的条件, 所以得到了错误的结果. 即使洪德也犯了这样的错误! 在使用公式的时候, 你们要非常小心.

我已经讲了很久了, 所以在这里我以洪德、堀健夫和丁尼生巧断氢分子的一个插曲结束. 可能我说得太久了, 但是我想大多数听众不知道如何确定质子的自旋和统计. 接下来, 施特恩利用一种直接方法 (用磁场偏折分子束, 这是他的特长), 不仅确定了质子的自旋, 还确定了它的磁矩. 那是在 1933 年, 几年以后.

第 5 讲　自旋之间的相互作用
——从氦光谱到铁磁性

我在第 4 讲里讨论了氢分子. 与量子力学发展的主流 (我在第 1 讲到第 3 讲中讨论的) 相比, 关于分子的研究就像靠近河岸的一个小漩涡. 然而, 叶子在这个小漩涡里盘旋的场面也是很吸引人的. 就像我在上一讲中告诉你们的那样, 河岸深处经常流出像质子自旋等于 1/2 这样的水流, 加入了主流.

然而, 经常发生的还有, 靠近河岸的水流冲刷出新的沟道, 更多的水汇集到这个地区, 直到这个沟道成长为大的、独立的河流, 从主流里分出来. 你们都知道, 大约从 1927 年到 1928 年, 量子力学的框架建立起来以后, 固体物理学很快成长为这条大河的一个支流, 开辟出广阔的新天地.

今天我想回顾一下, 当力学系统中有许多电子的时候, 如何处理电子自旋之间的相互作用. 为此我又必须谈论固体物理学中的一个主要问题 —— 铁磁性问题, 它等待解答已经等了很长时间了.

*

电子的自旋是从原子光谱的问题里发现的. 在第 1 讲和第 2 讲里, 我以最简单的碱金属和碱土金属作为例子讨论了这件事. 在碱金属原子里, 闭壳层外只有一个电子, 因此, 研究它的光谱并不能帮助我们解决与两个或更多电子组成的系统特别相关的问题. 根据在这种多电子系统中观察到的一些现象, 人们认为电子之间的相互作用很强, 这在很长时间里都是一个谜. 因为电子有磁矩 (与它的自旋相联系), 两个电子自然会通过磁相互作用发生相互作用, 但是实验表明, 自旋相互作用显然要比预期的幅度大四到五个数量级.

最简单的例子可以在 He 和碱土金属原子的光谱里看到. 我在上一讲中说过, 碱土金属的光谱项可以分为单重项和三重项. 图 5.1 里给出了 Na 的能级作为碱金属的代表, Mg 的能级作为碱土金属的代表. 这一讲里说的就是这个图.

我在第 2 讲里说过, 碱金属原子的能级是双重态的 (S 项例外), 因为原子里闭壳层外面的电子的自旋可以沿着两个方向量子化. 换句话说, 如果我们处在电子的静止参考系里, 原子核绕着电子转动从而在电子的位置上产生磁场 (我在第 2 讲里把这个磁场称为 $\mathring{B}$), 因此电子自旋相对于这个内磁场而量子化为 $\pm 1/2$, 这些能级分裂为两个. 在第 1 讲里, 我们利用原子实的旧模型考虑了这种分裂, 在第 2 讲里, 我们放弃了原子实的想法, 提出了电子自旋的想法, 但是, 我没有讨论量子数 j 和自旋之间的实际关系. 随着新量子力学的发展, 量子数的使用有了一些变化, 所以我要继续说说它, 以补充这一点.

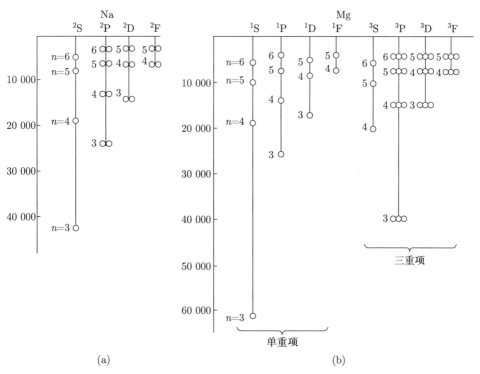

图 5.1　碱金属的光谱 (a) 和碱土金属的光谱 (b)

首先, 轨道的形状和大小由 n 和 l 确定, 相应的电子轨道能量是

$$E_l = E^{(1)}(n, l) \tag{5.1}$$

根据新量子力学, 轨道角动量的大小是 l, 单位是 $\hbar$. 因此, 我们把角动量本身写为 l. 接下来考虑电子自旋. 自旋角动量是 s, 它的大小 s 是 $1/2$. 矢量 s 是量子化的, 与内磁场的方向平行或者反平行. 因为内磁场的方向与 l 的方向相同, 就可以得到这样的结论: 自旋矢量 s 是量子化的, 与 l 的方向平行, 或者与 l 的方向反平行.

如果把原子的总角动量写为 j, 那么它就是 l 与 s 的和

$$j = l + s \tag{5.2}$$

而 j 可以取的数值就是

$$j = \begin{cases} l + \dfrac{1}{2}, & \text{如果 } s \text{ 沿着 } l \text{ 的方向 (平行)} \\[2mm] l - \dfrac{1}{2}, & \text{如果 } s \text{ 沿着 } l \text{ 的相反方向 (反平行)} \end{cases} \tag{5.3}$$

我们在这里假定

$$l \neq 0 \tag{5.3'}$$

如果 $l = 0$, 显然有

$$j = \frac{1}{2} \tag{5.3''}$$

对于 $l \neq 0$, 矢量 s 是量子化的, 与 l 平行或者反平行, 如图 5.2 所示.

图 5.2 $s + l$ 导致的双重项

原子的能量怎么样了呢? 除了轨道运动的能量 (5.1), 还有内磁场和磁矩之间的相互作用能. 我们把这个能量写为 $E_{s,l}$, 因为它是轨道运动和自旋之间

的相互作用导致的能量. 这依赖于轨道的形状和 s 相对于 l 的方向, 也就依赖于 j: 它是 n、l 和 j 的函数

$$E_{s,l} = E_{s,l}(n,l;j) \tag{5.4}$$

因此, 原子的总能量就是

$$E_{\text{total}}(n,l;j) = E^{(1)}(n,l) + E_{s,l}(n,l;j) \tag{5.5}$$

如果 $l \neq 0$, j 取 (5.3) 里的两个值, E_{total} 就是双重项; 如果 $l = 0$, j 只是 $1/2$, 所以 E_{total} 就是单重项. 这是对第 1 讲的补充. 从图 5.1 里的 Na 能级可以看到, 情况就是这样. $E_{s,l}$ 的真实形式由第 3 讲里 (3.10″) 的期望值 $\langle H_2 \rangle$ 给出, 但是这里就不写出来了, 因为定性的讨论就足够了.

*

在碱土金属原子里发生了什么呢? 从图 5.1 里的 Mg 能级可以看出 (第 1 讲里也说过), 这些能级可以分为两组; 一组里的所有能级都是单重的, 而另一组里的所有能级都是三重的 ($l = 0$ 例外). 在第 1 讲里, 我们把这两种能级命名为单重项和三重项.

可以像对待碱金属原子那样用 $l + s$ 解释这种现象吗? 关于这个问题, 直到 1926 年, 人们接受的理论如下所述.

在碱土金属原子里, 闭壳层外面有两个电子. 在图 5.1 所示的 Mg 能级里, 一个电子占据了该壳层以外能量最低的态, 而另一个电子可以占据许多能量更高的态. 由于这个原因, 能级只决定于能量更高的态里的电子的量子数 n 和 l. 在 Mg 的情况里, $n = 2$ 的壳层是闭合的, 因此, 能量较低的电子的量子数是 $n = 3, l = 0$, 而能量较高的电子的量子数可以是 $n = 3, 4, 5, \cdots$, $l = 0, 1, 2, 3, \cdots$. 相应地, 因为 $l = 0, 1, 2, 3$, 等等, 这些能级被命名为 S、P、D、F, 等等.

我以前解释过, 碱金属原子存在双重项是因为自旋 s 平行或者反平行于轨道角动量 l. 现在我们有了三重项的问题. 存在某个角动量, 它不是 $|s| =$

1/2 而是 $|\boldsymbol{s}| = 1$, 而且相对于角动量 $\boldsymbol{l}$ 是方位角量子化的, 这种情况不可能吗?

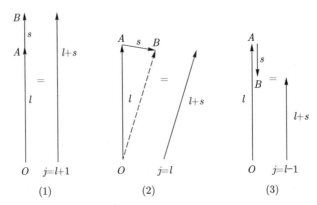

图 5.3 (1) $\boldsymbol{s}$ 平行于 $\boldsymbol{l}$, $|\boldsymbol{l}+\boldsymbol{s}| = l+1$; (2) $\boldsymbol{s}$ 的安置满足 $\overline{AO} = \overline{BO}$, $|\boldsymbol{l}+\boldsymbol{s}| = l$; (3) $\boldsymbol{s}$ 反平行于 $\boldsymbol{l}$, $|\boldsymbol{l}+\boldsymbol{s}| = l-1$

在第 1 讲的原子实模型里, 我们认为这个 $\boldsymbol{s}$ 是原子实的角动量. 先不考虑它的身份, $|\boldsymbol{s}| = 1$ 的方位角是量子化的, 如图 5.3 所示. 当角动量 $\boldsymbol{l}$ 不为零的时候, 除了平行和反平行之外, 还可能是倾斜 (skew) 的, 如图所示. 只说倾斜还不够明确, 但是从量子力学的一般性要求来看, 角动量的大小必须总是整数或者半整数, 它的方向是确定的. 在我们讨论的情况里, $|\boldsymbol{s}| = 1$, 而且, 从图 5.3 中的 (1), (2), (3) 可以看出, 如果让

$$\boldsymbol{l} + \boldsymbol{s} = \boldsymbol{j} \tag{5.6}$$

那么, $|\boldsymbol{s}|$ (即 j) 就是

$$j = \begin{cases} l+1 & \text{如果 } \boldsymbol{s} \text{ 和 } \boldsymbol{l} \text{ 是平行的} \\ l & \text{如果 } \boldsymbol{s} \text{ 和 } \boldsymbol{l} \text{ 是倾斜的} \\ l-1 & \text{如果 } \boldsymbol{s} \text{ 和 } \boldsymbol{l} \text{ 是反平行的} \end{cases} \tag{5.7}$$

这样一来, $\boldsymbol{s}$ 相对于 $\boldsymbol{l}$ 就有三种取向, 根据与碱金属原子的类比, 能级分裂为三个. 如果写出自旋与轨道运动的相互作用能, 就像 (5.4) 一样, 就有

$$E_{s,l} = E_{s,l}(n, l; j) \tag{5.8}$$

与 (5.4) 的唯一差别在于, j 的值不是由 (5.3) 给出, 而是由 (5.7) 给出. 当

$$j = 1 \tag{5.7'}$$

的时候, (5.7) 对于 $l = 0$ 的特殊情况不成立, 这对应于 (5.3'').

那么, $|s| = 1$ 的角动量 s 是什么? 在第 1 讲的原子实模型里, 它被认为是原子实的角动量, 但是随着自旋的出现, 提出了下述理论. 在碱土金属原子的情况, 闭壳层外有两个电子, 每个电子有它自己的自旋, 分别记为 s_1 和 s_2. 当然, $s_1 = |s_1| = 1/2$, $s_2 = |s_2| = 1/2$. 现在假设这两个自旋之间有相互作用, 它比 $E_{s,l}$ 更强. 我们把自旋之间的相互作用写为

$$E_{s,s} = E_{s,s}(n, l; s) \tag{5.9}$$

(很快就会看到, $E_{s,s}$ 是 s 的函数, 如右侧所示.) 因为这个能量比 $E_{s,l}$ 大, 这两个自旋彼此之间的影响比 l 对它们的影响更大. 因此, s_1 和 s_2 就不会相对于 l 量子化, 而是相对于彼此量子化. 这样, s_1 和 s_2 必然是相互平行或者反平行的. 因此, 矢量和

$$s = s_1 + s_2 \tag{5.10}$$

的大小 $s = |s_1 + s_2|$ 就是

$$s = \begin{cases} 1 & \text{如果 } s_1 \text{ 和 } s_2 \text{ 是平行的} \\ 0 & \text{如果 } s_1 \text{ 和 } s_2 \text{ 是反平行的} \end{cases} \tag{5.11}$$

(5.10) 给出了刚才考虑的 s. 我们认为这就是 s, 因为这个 s 的大小可以是 1.

从 (5.11) 可以看出, $s = 0$ 也是可能的. 在这种情况里, 矢量和 s 是零矢量, 原子表现得好像 s 不存在似的. 所以, 在这种情况里, $E_{s,l}$ 也不存在, 原子的能级就是轨道运动的能级. 这些能级自然就是单重的. 这个论证还解释了图 5.1 中 Mg 的单重项.

这样一来, 碱土金属原子的能级就是

$$E_{\text{total}}(n, l; s; j) = E^{(1)}(n, l) + E_{s,s}(n, l; s) + E_{s,l}(n, l; s; j) \tag{5.12}$$

其中, $E_{s,s}$ 里的 s 可以取值 1 或者 0. 如果 $s = 0$ 或者 $l = 0$, 那么 $E_{s,l} = 0$; 当 $s = 1$ 的时候, $E_{s,l}$ 里的 j 如 (5.7) 所示可以取三个值 $l-1$、l 或 $l+1$. 因此, $E_{s,l}$ 对于每个 j 都取不同的值.

根据这个想法, 当两个自旋反平行的时候, 碱土金属原子的单重项就出现了, 当它们平行的时候, 三重项就出现了, 这就干脆利落地解释了光谱.

*

自旋 – 自旋相互作用 $E_{s,s}$ 的量级是多少呢? 我们可以根据图 5.1 中的实验数据, 通过比较单重项和三重项的能级来回答这个问题. 根据刚刚得到的公式 (5.12), 具有某特定 n, l 的单重项和具有同样 n, l 的三重项的能量差是

$$E_{s,s}(n,l;0) - E_{s,s}(n,l;1)$$

因此, 如果通过实验得到这个间距, 就可以猜出 $E_{s,s}$ 的大小. 这样就发现, 自旋之间的相互作用相当大.

现在的问题是, 为什么 $E_{s,s}$ 这么大呢?

s_1 和 s_2 肯定有磁相互作用. 因为自旋带有磁矩 $-\dfrac{e\hbar}{2m}$ 沿着自旋的方向, 它们之间的相互作用能的量级是

$$E_{s,s} = \frac{\mu_0}{4\pi}\left(\frac{e\hbar}{2m}\right)^2\left\langle\frac{1}{|\boldsymbol{x}_1 - \boldsymbol{x}_2|^3}\right\rangle \tag{5.13}$$

然而, 磁起源的这种能量导致的 $E_{s,s}(n,l;0)$ 和 $E_{s,s}(n,l;1)$ 的能量差只有碱金属原子双重项中看到的分裂那么大[1]. 与此相反, 从图 5.1 可以看出, 这个差别和电起源的能量差一样大. 很多年里, 这都是个谜. 然而, 如果我们假设这个大的 $E_{s,s}$ 而不用理解它的原因, 就可以解释很多复杂的光谱.

直到发现了新量子力学, 特别是我在上一讲里告诉你们的粒子的统计性质和波函数的对称性之间的关系, 这个问题才有了答案. 我来解释一下.

*

---

[1] 参考第 2 讲公式 (2.12), (2.11′). $m(\boldsymbol{r} \times \boldsymbol{v})$ 是轨道角动量.

如何在新量子力学里考虑这个问题呢? 在回答这个问题之前, 请注意, 按照旧的观念, 图 5.1 所示的 Mg 的能级都是双重简并的. 在步骤 (1) 里, 我们解决两个电子的问题, 不用考虑自旋自由度. 这意味着, 求解电子空间运动的薛定谔方程并确定其本征值和本征函数. 在步骤 (2) 里, 我们求解与空间运动分离的自旋的薛定谔方程, 得到它的本征值和本征函数. 在步骤 (3) 里, 我们考虑空间运动和自旋的相互作用. 我们将要这样做. 在此过程中, 出现了一些新东西, 旧的量子力学完全没有预料到. 它在上一讲里扮演了重要的角色, 即, 波函数相对于粒子的交换是对称的还是反对称的.

首先考虑步骤 (1). 这里的问题是求解薛定谔方程

$$\left[\left\{-\frac{\hbar^2}{2m}\Delta_1 + V_{Z=2}\left(|\boldsymbol{x}_1|\right)\right\} + \left\{-\frac{\hbar^2}{2m}\Delta_2 + V_{Z=2}\left(|\boldsymbol{x}_2|\right)\right\} + \frac{1}{4\pi\varepsilon_0}\frac{e^2}{|\boldsymbol{x}_1 - \boldsymbol{x}_2|} - E^{(1)}\right]\phi\left(\boldsymbol{x}_1, \boldsymbol{x}_2\right) = 0 \tag{5.14}$$

假设已经解出了这个方程并得到了它的本征值 $E^{(1)}$ 和本征函数 $\psi(\boldsymbol{x}_1, \boldsymbol{x}_2)$. 如果交换 $\boldsymbol{x}_1$ 和 $\boldsymbol{x}_2$, 那么括号里的表达式没有变化, 但是 $\psi(\boldsymbol{x}_1, \boldsymbol{x}_2)$ 变成了 $\psi(\boldsymbol{x}_2, \boldsymbol{x}_1)$. 因此, 如果 $\psi(\boldsymbol{x}_1, \boldsymbol{x}_2)$ 是本征函数, 那么 $\psi(\boldsymbol{x}_2, \boldsymbol{x}_1)$ 肯定也是本征函数. 此外, 后者也对应于本征值 $E^{(1)}$. 因此, 如果本征值 $E^{(1)}$ 不是简并的 (后面将证明这一点), $\psi(\boldsymbol{x}_2, \boldsymbol{x}_1)$ 必须是某个常数乘以 $\psi(\boldsymbol{x}_1, \boldsymbol{x}_2)$, 即

$$\psi(\boldsymbol{x}_2, \boldsymbol{x}_1) = \alpha\psi(\boldsymbol{x}_1, \boldsymbol{x}_2) \tag{5.15}$$

再次交换 $\boldsymbol{x}_1$ 和 $\boldsymbol{x}_2$, 得到的结果与没有交换完全相同, 因此 α^2 必须是 1, 这意味着, 要么是

$$\psi(\boldsymbol{x}_2, \boldsymbol{x}_1) = \psi(\boldsymbol{x}_1, \boldsymbol{x}_2) \tag{5.16}_\mathrm{s}$$

要么就是

$$\psi(\boldsymbol{x}_2, \boldsymbol{x}_1) = -\psi(\boldsymbol{x}_1, \boldsymbol{x}_2) \tag{5.16}_\mathrm{a}$$

也就是说, 相对于 $\boldsymbol{x}_1$ 和 $\boldsymbol{x}_2$ 的交换, 本征函数 $\psi(\boldsymbol{x}_1, \boldsymbol{x}_2)$ 要么是对称的, 要么是反对称的.

*

怎么才能把量子数赋予 (5.14) 的本征值和本征函数呢?

这样做. 绝热地把相互作用 $\dfrac{1}{4\pi\varepsilon_0}\dfrac{e^2}{|\boldsymbol{x}_1-\boldsymbol{x}_2|}$ 设定为零, 而且用 $E^{(0)}$ 的量子数作为 $E^{(1)}$ 的量子数, 考察能级 $E^{(1)}$ 与 $E^{(0)}$ 的关系. 令 (5.14) 里这一项里 $e=0$, 得到

$$\left\{\left[-\frac{\hbar^2}{2m}\Delta_1+V_{Z=2}(|\boldsymbol{x}_1|)\right]+\left[-\frac{\hbar^2}{2m}\Delta_2+V_{Z=2}(|\boldsymbol{x}_2|)\right]-E^{(1)}\right\} \tag{5.14$'$}$$
$$\psi(\boldsymbol{x}_1,\boldsymbol{x}_2)=0$$

可以用分离变量法求解. 利用单电子薛定谔方程

$$\left[-\frac{\hbar^2}{2m}\Delta_1+V_{Z=2}(|\boldsymbol{x}_1|)-E_{Z=2}(n_1,l_1)\right]\psi_{n_1,l_1}(\boldsymbol{x}_1)=0 \tag{5.17$_1$}$$

$$\left[-\frac{\hbar^2}{2m}\Delta_2+V_{Z=2}(|\boldsymbol{x}_2|)-E_{Z=2}(n_2,l_2)\right]\psi_{n_2,l_2}(\boldsymbol{x}_2)=0 \tag{5.17$_2$}$$

的本征值 $E_{Z=2}(n_1,l_1)$ 和 $E_{Z=2}(n_2,l_2)$ 以及本征函数 $\psi_{n_1,l_1}(\boldsymbol{x}_1)$ 和 $\psi_{n_2,l_2}(\boldsymbol{x}_2)$, 可以得到, (5.14$'$) 的本征值和本征函数为

$$E^{(0)}(n_1,l_1;n_2,l_2)=E_{Z=2}(n_1,l_1)+E_{Z=2}(n_2,l_2) \tag{5.18}$$
$$\psi^{(0)}_{n_1,l_1;n_2,l_2}(\boldsymbol{x}_1,\boldsymbol{x}_2)=\psi_{n_1,l_1}(\boldsymbol{x}_1)\psi_{n_2,l_2}(\boldsymbol{x}_2) \tag{5.19}$$

把 (5.14) 绝热地变化为 (5.14$'$), 观察 (5.14) 的本征函数与 (5.18) 和 (5.19) 里的本征值和本征函数 (具有它们自己的 n 和 l) 之间的关系.

这里有个问题. 这个问题就是, 虽然 (5.14) 的本征函数相对于 $\boldsymbol{x}_1$ 和 $\boldsymbol{x}_2$ 的交换必须是对称的或者反对称的, 但是, (5.19) 既不是对称的, 也不是反对称的, 除非 $n_1=n_2$ 而且 $l_1=l_2$. 因此, 除非 $n_1=n_2$ 而且 $l_1=l_2$, (5.14) 里的本征函数 ψ 不可能与 (5.19) 有关.

存在既不是对称的也不是反对称的本征解, 这个事实指出, 我们在推导 (5.16)$_s$ 和 (5.16)$_a$ 时使用的假设 (即, 本征值不是简并的) 不成立. 确实, 如果交换电子 1 和 2, 我们得到的不是 (5.18) 而是

$$E^{(0)}(n_2,l_2;n_1,l_1)=E_{Z=2}(n_2,l_2)+E_{Z=2}(n_1,l_1) \tag{5.18$'$}$$

这个数值与 (5.18) 的数值完全一样. 另一方面, 对于本征函数, 可以得到

$$\psi^{(0)}_{n_2,l_2;n_1,l_1}(\boldsymbol{x}_1, \boldsymbol{x}_2) = \psi_{n_2,l_2}(\boldsymbol{x}_1)\psi_{n_1,l_1}(\boldsymbol{x}_2) \tag{5.19'}$$

而这与 (5.19) 不符.

然而, 如果做线性组合,

$$\psi^{(0)\mathrm{sym}}_{n_1,l_1;n_2,l_2}(\boldsymbol{x}_1, \boldsymbol{x}_2) = \psi_{n_1,l_1}(\boldsymbol{x}_1) \cdot \psi_{n_2,l_2}(\boldsymbol{x}_2) - \psi_{n_2,l_2}(\boldsymbol{x}_1) \cdot \psi_{n_1,l_1}(\boldsymbol{x}_2) \tag{5.20}_s$$

是对称的,

$$\psi^{(0)\mathrm{ant}}_{n_1,l_1;n_2,l_2}(\boldsymbol{x}_1, \boldsymbol{x}_2) = \psi_{n_1,l_1}(\boldsymbol{x}_1) \cdot \psi_{n_2,l_2}(\boldsymbol{x}_2) - \psi_{n_2,l_2}(\boldsymbol{x}_1) \cdot \psi_{n_1,l_1}(\boldsymbol{x}_2) \tag{5.20}_a$$

是反对称的, 所以, 如果 $\psi(\boldsymbol{x}_1, \boldsymbol{x}_2)$ 是对称的, 它与 $(5.20)_s$ 关联, 如果 $\psi(\boldsymbol{x}_1, \boldsymbol{x}_2)$ 是反对称的, 它与 $(5.20)_a$ 关联, 虽然 (5.14) 的本征函数既不是 (5.19) 也不是 (5.19'). 即使在旧量子力学里, 当两个电子有相互作用的时候, 通常也不能说电子 1 位于 n_1, l_1 态里而电子 2 位于 n_2, l_2 态里, 但是, 如果相互作用变为 0, 就可以那么说. 现在, 在新量子力学里, 即使相互作用非常小, 甚至是 0, 我们也不能这么说, 电子总是处于 $n_1, l_1; n_2, l_2$ 态和 $n_2, l_2; n_1, l_1$ 态的某种叠加态里. 叠加态这种概念只存在于新量子力学里, 旧量子力学绝对没有这个概念.

现在我们看到, 如果把相互作用设置为 0, 那么具有本征值

$$E^{(0)}(n_1, l_1; n_2, l_2) = E_{Z=2}(n_1, l_1) + E_{Z=2}(n_2, l_2) \tag{5.20}$$

的态就是双重简并的, 一个本征值具有本征函数 $(5.20)_s$, 而另一个具有本征函数 $(5.20)_a$. 现在考虑, 把相互作用绝热地引入这个系统里的时候, 这个 $E^{(0)}$ 值如何变化. 不用计算就可以理解, 当 $\boldsymbol{x}_1 = \boldsymbol{x}_2$ 的时候, $(5.20)_s$ 的 $\psi^{(0)\mathrm{sym}}$ 不为零, 当 $\boldsymbol{x}_1 = \boldsymbol{x}_2$ 的时候, $(5.20)_a$ 的 $\psi^{(0)\mathrm{ant}}$ 总是零. 由此可以得到结论, 粗略地说, $\psi^{(0)\mathrm{ant}}$ 态里面两个电子靠近的概率小于 $\psi^{(0)\mathrm{sym}}$ 态里面两个电子靠近的概率. 因为这两个电子之间有排斥力, 如果它们彼此不靠近的话, 能量就会更低一些. $\psi^{(0)\mathrm{ant}}$ 的能量就比 $\psi^{(0)\mathrm{sym}}$ 低. 在这种情况下, 两个能级的差别的来源就是电的库仑相互作用, 因此可以相当大. 因此, 如果我们把 $\dfrac{1}{4\pi\varepsilon_0}\dfrac{e^2}{|\boldsymbol{x}_1 - \boldsymbol{x}_2|}$ 的分子里的 e 逐渐从 0 变为 1.602×10^{-19} C, 那么排斥势就逐渐进来了, 所

有的能级都从 (5.20) 给出的值开始增大, 同时, 它们又分裂了, 分裂值逐渐变得更大了, $\psi^{(0)\mathrm{ant}}$ 的能级位于 $\psi^{(0)\mathrm{sym}}$ 的能级之下. 对于对称态, 我们可以把电子排斥导致的能级的变化写为

$$\frac{1}{4\pi\varepsilon_0}\left\langle\frac{e^2}{|\boldsymbol{x}_1-\boldsymbol{x}_2|}\right\rangle^{\mathrm{sym}}_{n_1,l_1;n_2,l_2} \tag{5.21}_{\mathrm{s}}$$

对于反对称态, 可以写为

$$\frac{1}{4\pi\varepsilon_0}\left\langle\frac{e^2}{|\boldsymbol{x}_1-\boldsymbol{x}_2|}\right\rangle^{\mathrm{ant}}_{n_1,l_1;n_2,l_2} \tag{5.21}_{\mathrm{a}}$$

一般来说, 可以证明, 前者大于后者, 而且 (5.14) 的本征值是非简并的.

*

　　根据上述讨论, 我们知道如何把量子数 $n_1,l_1;n_2,l_2$ 赋给 (5.14) 的本征值和本征函数. 当 $\dfrac{1}{4\pi\varepsilon_0}\dfrac{e^2}{|\boldsymbol{x}_1-\boldsymbol{x}_2|}$ 的分子里的 e 取为零的时候, 我们考察哪些 $n_1,l_1;n_2,l_2$ 关联并推导出 ψ 的对称性质. 这里我们必须认识到, n_1,l_1 和 n_2,l_2 的顺序是没有意义的, 因为它们在 $(5.20)_{\mathrm{s}}$ 和 $(5.20)_{\mathrm{a}}$ 里的顺序都没有意义. 因此, (5.14) 的本征值可以写为

$$E^{(1)\mathrm{sym}}_{n_1,l_1;n_2,l_2}, \qquad E^{(1)\mathrm{ant}}_{n_1,l_1;n_2,l_2} \tag{5.22}$$

它们的本征函数是

$$\psi^{(1)\mathrm{sym}}_{n_1,l_1;n_2,l_2}(\boldsymbol{x}_1,\boldsymbol{x}_2), \qquad \psi^{(1)\mathrm{ant}}_{n_1,l_1;n_2,l_2}(\boldsymbol{x}_1,\boldsymbol{x}_2) \tag{5.23}$$

　　现在开始和实验观测做比较; 以图 5.1 中 Mg 的 $^1\mathrm{P}$ 和 $^3\mathrm{P}$ 能级作为例子. 对于它们, 可以设定 $n_1=3,l_1=0$ 和 $n_2=n,l_2=1$. 这意味着, 一个电子位于闭壳层外面能量最低的态, 而另一个电子位于不同 n 值的 P 态里.

　　这个情况总结在图 5.4 里. 我刚刚告诉你们, 我只考虑 $n_1=3,l_1=0,n_2=n,l_2=1$ 的能级. 然而, 以前我告诉过你们, 这个问题里的态必然是 $n_1=3,l_1=0,n_2=n,l_2=1$ 和 $n_1=n,l_1=1,n_2=3,l_2=0$ 的叠加. 首先在最左列写出 (5.20) 的 $E^{(0)}$, 其中, $n_1=3,l_1=0,n_2=n,l_2=1$. 因为这

个能级可以只用 n 和 $l_2 = 1$ 指认, 我省略了 $n_1 = 3, l_1 = 0$. 即, 我写的不是 $E^{(0)}(3,0;n,1)$, 而是 $E^{(0)}(n,1)$. 接下来考虑 $\dfrac{1}{4\pi\varepsilon_0}\dfrac{e^2}{|\boldsymbol{x}_1 - \boldsymbol{x}_2|}$. 在前一小节的最后我们看到, 能级分裂为两个, 随着 e 的数值增大, 分裂值逐渐增大, 反对称的能级总是低于对称的能级. 为了表明能级相对于 $\boldsymbol{x}_1$ 和 $\boldsymbol{x}_2$ 的交换是对称的还是反对称的, 我把它们标记为 x-sym 和 x-ant. 就像在旧理论里一样, $E^{(0)}$ 能级是双重简并的, 所以, 我把它们画为粗线. 然而, 能级 $E^{(1)}(n,1)$ 分裂为两个 (x-sym 和 x-ant), 不再是简并的了. 因此, 我没有用粗线画 $E^{(1)}$ 能级.

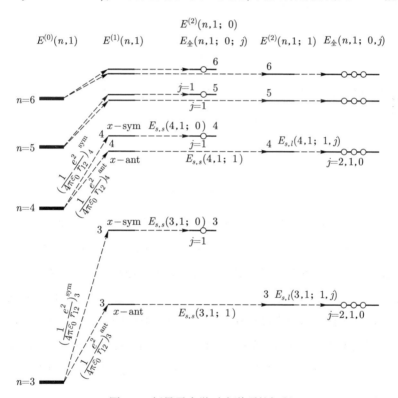

图 5.4　新量子力学对光谱项的解释

*

接下来进行步骤 (2), 把自旋自由度包括进来. 在与泡利自旋理论有关的第 3 讲里, 我告诉过你们, 在波函数里用 z 分量 s_z 作为自旋坐标很方便. 如

果把第一个电子的自旋坐标写为 s_{1z}, 第二个电子是 s_{2z}, 就可以把带有自旋自由度的波函数写为

$$\psi(s_{1z}, s_{2z}) \tag{5.24}$$

虽然总自旋 $\boldsymbol{s} = \boldsymbol{s}_1 + \boldsymbol{s}_2$ 的数值在新量子力学里是 0 或者 1, 与旧量子力学里一样, 但是, $\psi(s_{1z}, s_{2z})$ 相对于交换 s_{1z} 和 s_{2z} 的对称性是旧量子力学里没有的新概念. 请回忆第 3 讲里证明的定理. 这个定理是, 如果总自旋 $\boldsymbol{s}$ 的大小是 s, 而相应的波函数是 $\psi_s(s_{1z}, s_{2z})$, 那么

$$\psi(s_{1z}, s_{2z}) \text{ 是} \begin{cases} \text{对称的,} & \text{如果 } s = 1 \\ \text{反对称的,} & \text{如果 } s = 0 \end{cases} \tag{5.24'}$$

(这个定理的逆定理也成立.) 在旧量子力学里, 为了考虑 $\psi^{(1)}$ 和 $\psi^{(0)}$ 的能量, 只需要考虑电子磁矩之间的相互作用能. 如果情况确实如此, (5.13) 对能级的贡献仅仅是

$$E_{s,s} = \frac{\mu_0}{4\pi} \left(\frac{e\hbar}{2m}\right)^2 \left\langle \frac{1}{|\boldsymbol{x}_1 - \boldsymbol{x}_2|^3} \right\rangle_{n,l;s} \tag{5.25}$$

这对于 $s = 0$ 和 $s = 1$ 都是非常小的, 几乎可以忽略不计. 因此, 对于所有实际目的来说, $E^{(2)}(n, 1; s)$ 可以用 $E^{(1)}(n, 1)$ 做近似, 与 s 的数值无关.

我们引用定理 (5.24′) 的原因是, 这里必须考虑粒子的统计性质和波函数的对称性之间的特殊关系. 即, 总的波函数, 包括电子的空间坐标和自旋坐标, 由 (5.23) 那样的空间自由度的函数和 (5.24′) 那样的自旋自由度的函数的乘积构成; 因为电子是费米子, 总的波函数相对于 $\boldsymbol{x}_1, s_{1z}$ 和 $\boldsymbol{x}_2, s_{2z}$ 的交换是反对称的. 从这个要求可以得到下述结论. 使用与推导 (4.9) 时相同的论证, 总的波函数

$$\psi_{n_1,l_1;n_2,l_2}^{(1)\text{sym}}(\boldsymbol{x}_1, \boldsymbol{x}_2)\psi_0(s_{1z}, s_{2z}) \tag{5.26}$$

和

$$\psi_{n_1,l_1;n_2,l_2}^{(1)\text{ant}}(\boldsymbol{x}_1, \boldsymbol{x}_2)\psi_1(s_{1z}, s_{2z}) \tag{5.27}$$

相对于 $\boldsymbol{x}_1, s_{1z}$ 和 $\boldsymbol{x}_2, s_{2z}$ 的交换都是反对称的, 而且这些态是可以实际出现的, 但是

$$\psi_{n_1,l_1;n_2,l_2}^{(1)\mathrm{ant}}(\boldsymbol{x}_1,\boldsymbol{x}_2)\psi_0(s_{1z},s_{2z}) \tag{5.26$'$}$$

$$\psi_{n_1,l_1;n_2,l_2}^{(1)\mathrm{sym}}(\boldsymbol{x}_1,\boldsymbol{x}_2)\psi_1(s_{1z},s_{2z}) \tag{5.27$'$}$$

相对于 $\boldsymbol{x}_1, s_{1z}$ 和 $\boldsymbol{x}_2, s_{2z}$ 的交换都是对称的, 因此, 这些态不可能在现实中存在.

因此, 在考虑了自旋自由度的时候, 从图 5.4 的第二列里的能级, 只有 $s = 0$ 的能级来自于 $x - \mathrm{sym}$ 能级, 只有 $s = 1$ 的能级来自于 $x - \mathrm{ant}$ 能级. 因此, 如果我们把 $E^{(2)}(n, 1; 0)$ 写在第三列, 把 $E^{(2)}(n, 1; 1)$ 写在第四列, 那么, 因为 $E_{s,s}$ 非常小, $E^{(1)}(n, 1)$ 的 $x - \mathrm{sym}$ 移到了第三列, 而 $x - \mathrm{ant}$ 移到了第四列.

*

最后进行步骤 (3). 把自旋–轨道相互作用能 $E_{s,l}$ 结合进来以得到 $E_{\text{全}}$. 结果就像以前一样: $s = 0$ 的 $E^{(2)}$ 能级不分裂, 但是, $s = 1$ 的 $E^{(2)}$ 能级分裂为三个. 我们仍然把这些态标记为 —○— 和 ——○○○——. 这样我们就得到了图 5.4 中数字为 3 和 5 的列.

为了与图 5.4 比较, 图 5.5 中给出了旧量子力学里的方式. 我不想讨论细节, 但是在这个图里, 当引入 $E_{s,s}$ 的时候, 单重项和三重项之间出现了分裂. 还有, 在旧量子理论里, 所有的能级都是双重简并的, 因此, 它们在图里都是用粗线表示的. 如这两个图所示, 这两个能级构型背后的想法是很不一样的. 在旧理论里, 单重项和三重项之间的分裂首次出现于考虑了 $E_{s,s}$ 的时候, 而在新理论里, 由于 $\left\langle \dfrac{e^2}{|\boldsymbol{x}_1 - \boldsymbol{x}_2|} \right\rangle$ 的贡献, 从 $E^{(0)}$ 移动到 $E^{(1)}$ 的时候, 分裂就已经出现了. 在新理论里, 因为电子是费米子, 分裂的能级里有一个是单重项, 而另一个是三重项. 在旧理论里, 我们必须考虑很大的自旋–自旋相互作用 $E_{s,s}$, 而在新理论里, 考虑磁起源的小的 $E_{s,s}$ 就足够了. 我在前面也提到过, 旧理论里的所有能级都是双重简并的, 但是, 新理论就不是这样了. 这是因为考虑时需要去掉 (5.26$'$) 和 (5.27$'$) 给出的态.

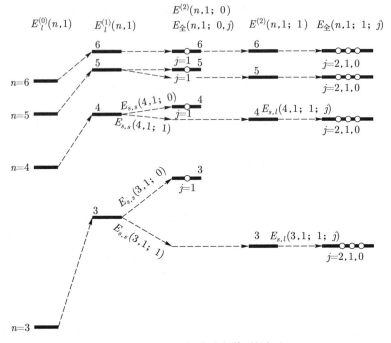

图 5.5　旧量子力学对光谱项的解释

　　这样就回答了原子光谱之谜: 为什么电子自旋的相互作用这么大, 对于磁相互作用来说, 这是不可想象的. 当泡利否定了原子实模型并提出电子的二值性的时候, 他没有回答碱土金属光谱为什么分裂为单重项和三重项以及这个能量差的原因; 这个问题现在得到了回答, 这是由于波函数的对称性质, 当时根本就没有考虑到.

　　这里考虑了 ^{1}P 项和 ^{3}P 项, 但是, 可以对 ^{1}S 项和 ^{3}S 项做同样的事情. 你们会得到这样的结论, 在 ^{3}S 项里, 必须扔掉 $n=3$ 的项. 泡利用不相容原理证实了最后这个结论, 但是, 我们又深入了一步, 通过这个练习发现了泡利不相容原理的原因是波函数的反对称性质.

*

　　电子自旋之间表现出来很大的相互作用, 它的影响并不限于光谱项的数值. 为了解释 Fe 的铁磁性, 你们可能知道, 很早以前, 外斯 (P. Weiss) 基于当时公认的分子磁体的概念提出, 分子磁体之间有很大的相互作用. 利用这个想法, 外斯能够解释与铁磁性有关的很多实验结果. 然而, 分子磁体之间这么强的相互作用的起源是完全未知的.

接着就出现了碱土金属光谱项的新理论. 海森伯 (图 5.6) 在 1926 年提出了这个新理论; 他不仅发现了多电子系统中波函数的对称性与粒子的统计性质有密切联系, 还发现它在很多问题里扮演了重要角色, 并且首次明确解释了双电子系统的光谱项. 在此工作之后, 他马上把同样的想法应用于铁磁性的问题.

图 5.6 海森伯 (Werner K. Heisenberg, 1901 — 1976). 摄于 1927 年. AIP Emilio Segrè Visual Archives 惠赠

我已经讲了很长时间了, 所以, 不想继续讨论铁磁性的问题了, 但是, 铁磁性的出现是因为, 在 Fe 的整个宏观晶体里, 所有的 Fe 原子实的外壳层电子都指向同一个方向. 刚刚讨论的看起来很强的自旋 – 自旋相互作用使得自旋指向了同一个方向. 因此, 电子自旋的微妙性质直接表现在磁石吸铁这个日常宏观现象里, 而这与完全不同寻常的事实有关 —— 波函数的对称性质和电子是费米子. 这是个很好的例子, 高深的理论直接表现在日常现象里. 如果铁磁性的原因是自旋在宏观尺度上对齐了, 那么不仅总的磁矩而且总的自旋角动量都应当具有宏观值. 如果确实如此的话, 当物体磁化的时候, 为了满足角动量守恒, 这个物体应当获得一个角动量, 与总自旋角动量相反, 还应当开始

转动, 而且这个转动应当可以观测到. 实际上, 爱因斯坦和德哈斯 (W. J. de Haas) 已经在 1915 年用实验证明了这一点, 并且从转动测量了 Fe 的 g 因子: 磁矩沿着磁场的分量与角动量沿着磁场的分量的比值. 在这个实验里, 他们得到的 g 数值接近 1, 但是, 后来很多人用更高的精度做了这个实验, 得到 $g = g_0 = 2$, 不仅对于 Fe, 而且对于 Ni 和 Co, 都是如此. 这个实验清楚地表明了, 铁磁性材料的磁化起源是电子自旋.

最后再补充一件事. 在海森伯关于碱土金属原子的文章之后, 狄拉克也发表了一篇关于表观的自旋 – 自旋相互作用的文章. 在这篇文章里, 通过考虑粒子的交换 (一般性地, 置换) 作为一个物理量, 他天才地推导了自旋 – 自旋相互作用 —— 凡人不会有的想法. 我不打算深入讨论这个理论, 因为狄拉克的教科书对此有详细的描述.

第 6 讲 泡利–韦斯科普夫理论和汤川粒子 —— 大自然没有理由拒绝自旋为零的粒子

在这一讲, 我将回到以前讨论的主流. 在第 3 讲里, 描述了 "为什么大自然不满足于简单的点电荷". 狄拉克回答了这个问题. 也许我有点太八卦了, 但是我怀疑, 当泡利看到狄拉克工作的时候, 他认为狄拉克已经抢在了他前面. 泡利自己正在尝试把自旋结合到量子力学里, 并且引入了泡利矩阵, 但是他没能得到完整的理论. 他还清楚地认识到, 需要把这个理论相对论化, 但是并没有实现它. 人们知道, 他是个完美主义者, 会严肃地批评其他人的工作, 但是他似乎别无选择, 只能发表他那不令人满意的特设理论. 另一方面, 狄拉克用完全超乎想象的杂技建立了他的理论, 解决了关于自旋的所有问题, 还让这个理论相对论化了. 我不相信泡利能够大度地毫无芥蒂地接受这一点.

然而, 泡利 (图 6.1) 在 1934 年反击了狄拉克. 泡利证明了, 狄拉克关于大自然只被狄拉克方程满足而不被克莱因–戈尔登方程满足的论证不正确. 根据他的说法, 克莱因–戈尔登方程与量子力学的框架工作没有矛盾, 大自然没有理由嫌弃自旋为零的粒子.

今天我想谈谈这是怎么来的, 但是需要很多预备知识. 第一个是波动场的量子化, 另一个是狄拉克的负能量问题.

*

很可能你们有过同样的经历, 但是, 当我们研究波动力学或者波函数 ψ 的时候, 有时候讨论 "波" 就好像它是我们所处的三维空间里的真实的波一样, 有时候又好像是坐标空间里的抽象的波. 你们曾经考虑过究竟是哪一种情况吗? 在量子力学发展初期, 这种令人感到困惑的概念频繁出现. 实际上, 看看

薛定谔的系列文章 *Quantization as Eigenvalue Problem*, 我们就会发现, 薛定谔本人就在这两种立场之间来回动摇. 然而, 他在总体上倾向于认为他的 ψ 是三维空间里的波. 例如, 他认为 $e\psi^*(\boldsymbol{x})\psi(\boldsymbol{x})$ 是实际存在于空间的电荷密度, 并试图把密度的实体作为一个电子处理. 然而, 这个想法不成功, 因为 $\psi^*\psi$ 会随着时间弥散, 密度会变得稀疏.

图 6.1　泡利 (Wolfgang Pauli), 拍摄于 1940 年. AIP Emilio Segrè Visual Archives Collection 惠赠

另一方面, 当量子力学的变换理论完成之后, 薛定谔的 ψ 被当作这个力学系统的态矢量的表示. 它还被称为概率振幅, 是描述这个系统的广义坐标的函数, 因此, 用 ψ 表示的波存在于抽象的坐标空间里, 而不存在于我们的三维空间里. 因此, 对于两个粒子, ψ 是第一个粒子的坐标 $\boldsymbol{x}_1$ 和第二个粒子的坐标 $\boldsymbol{x}_2$ 的函数 $\psi(\boldsymbol{x}_1, \boldsymbol{x}_2)$, 这是六维空间里的波. 此外, 更一般性地, ψ 的自变量并不限于空间坐标 $\boldsymbol{x}_1, \boldsymbol{x}_2, \cdots$, 还可以是拉格朗日力学的广义坐标, 甚至是更抽象的哈密顿力学的正则坐标.

这样看起来, 薛定谔的真实的物质波的想法似乎已经完全过时了. 光波确实存在于我们的三维空间里, 但是物质波并不存在, 这个想法将要成为正统了.

然而, 在引入了波场的量子化的概念以后, 这个情况突然改变了. 即, 物质波实际上存在于空间里, 就像光波存在于空间里一样有效, 这个概念被建立起来了.

　　量子力学的发展起初是为了研究物质粒子, 例如电子和原子核. 人们把原子发射、吸收和散射光的现象与经典力学进行类比, 假设了电子坐标的矩阵元对应于经典电子运动的傅里叶分量; 没有其他办法, 只能把整个问题类比于经典理论来处理. 然而, 当量子力学的变换理论形式完成了以后, 它就可以应用于辐射场 (光场). 人们试着考虑一个既包括原子又包括辐射场的力学系统, 并把量子力学也应用于整个场, 协调一致地处理光和物质的相互作用. 狄拉克在 1927 年开始了这种尝试.

　　用量子力学的方式处理辐射场, 这并不是个新想法. 在量子理论的初期, 德拜就有个想法: 如果把辐射场拆分为平面波并且把它的振幅分立化, 使之满足普朗克条件

$$E_\omega = N_\omega \hbar\omega, \quad N_\omega = 0, 1, 2, \cdots$$

那么就可以推导出普朗克公式. 因此, 不用简单地使用特定的普朗克条件, 我们可以把波的振幅作为一个矩阵 (或者狄拉克的 q 数) 并应用新的量子力学. 这样一来, $E_\omega = N_\omega \hbar\omega$ 的条件就会自然地推导出来, 就可以把 N_ω 解释为能量为 $\hbar\omega$ 的光子的数目. 如果这样做了, 光的粒子性质就会自动地出现. 实际上, 在海森伯发明了矩阵力学之后不久, 玻恩、若尔当和海森伯 (他们完成了矩阵力学) 他们就提议考虑电场和磁场 ($\boldsymbol{E}$ 和 $\boldsymbol{H}$) 也作为矩阵 (虽然那时候还没有概率振幅的概念, 他们也不能够把自己的想法应用于光的发射、吸收和散射).

　　不用说, 狄拉克自然是从德拜和玻恩等人的想法开始的. 我们每个凡人采用这种想法都会走初始的这一步 (无论能不能完成它), 但是狄拉克引入了另一个独具特色的想法. 这是个独特的想法, 后来被称为二次量子化. 恐怕我必须偏离自旋了, 但是这个想法真是非常具有狄拉克特色, 利用这个想法可以把物质波的概念结合到三维空间里, 所以我要花些时间解释它.

*

　　狄拉克首先考虑一个粒子的薛定谔方程. 你们知道, 它是

$$\left[H(\boldsymbol{x}, \boldsymbol{p}) - \mathrm{i}\hbar\frac{\partial}{\partial t} \right] \psi(\boldsymbol{x}, t) = 0$$

$$H(\boldsymbol{x}, \boldsymbol{p}) = \frac{1}{2m}\boldsymbol{p}^2 + V(\boldsymbol{x}), \quad \boldsymbol{p} = -\mathrm{i}\hbar\nabla \tag{6.1}$$

根据他的变换理论, $\psi(\boldsymbol{x}, t)$ 表示系统在 t 时刻的态矢量. 现在考虑一些力学量 (在狄拉克命名系统里的一个可观测量) $G(\boldsymbol{x}, \boldsymbol{p})$, 而且我们把它的本征值称为 g_n, 本征函数称为 $\phi_n(\boldsymbol{x})$. 其中, $n = 1, 2, 3, \cdots$. 因为 $\phi_n(\boldsymbol{x})$ 构成了一个完备正交系, 可以把 $\psi(\boldsymbol{x}, t)$ 展开为

$$\psi(\boldsymbol{x}, t) = \sum_n a_n(t)\phi_n(\boldsymbol{x}) \tag{6.2}$$

接着, 如果在时刻 t 测量可观测量 $G(\boldsymbol{x}, \boldsymbol{p})$, 得到数值 g_n 的概率是

$$P_n(t) = |a_n(t)|^2 \tag{6.3}$$

这是从变换理论得到的结论. 这里的 ψ 和 ϕ_n 归一化为 1. $H(\boldsymbol{x}, \boldsymbol{p})$ 表示系统的能量, 用 H 的矩阵元

$$H_{n,n'} = \int \phi_n^*(\boldsymbol{x})H(\boldsymbol{x}, \boldsymbol{p})\phi_{n'}(\boldsymbol{x})\mathrm{d}v \tag{6.4}$$

表示, H 的期望值由下式给出

$$\begin{aligned} \langle H \rangle &\equiv \int \psi^*(\boldsymbol{x}, t)H(\boldsymbol{x}, \boldsymbol{p})\psi(\boldsymbol{x}, t)\mathrm{d}v \\ &= \sum_{n,n'} a_n^* H_{n,n'} a_{n'} \end{aligned} \tag{6.5}$$

容易看出, $\langle H \rangle$ 不依赖于时间.

利用矩阵元 (6.4), 可以从 (6.1) 推导出依赖于时间的 $a_n(t)$

$$\frac{\mathrm{d}a_n(t)}{\mathrm{d}t} = \frac{1}{\mathrm{i}\hbar}\sum_{n'} H_{n,n'} a_{n'}(t) \tag{6.6}$$

它的复共轭变为

$$\frac{\mathrm{d}a_n^*(t)}{\mathrm{d}t} = -\frac{1}{\mathrm{i}\hbar}\sum_{n'} a_{n'}^*(t)H_{n,n'} \tag{6.6}^*$$

分析 (6.6) 和 (6.6)*, 我们看到, 可以用 (6.5) 的 $\langle H \rangle$ 把它们重写为

$$\frac{\mathrm{d}a_n(t)}{\mathrm{d}t} = \frac{1}{\mathrm{i}\hbar}\frac{\partial \langle H \rangle}{\partial a_n^*}, \qquad \frac{\mathrm{d}a_n^*(t)}{\mathrm{d}t} = -\frac{1}{\mathrm{i}\hbar}\frac{\partial \langle H \rangle}{\partial a_n} \tag{6.7}$$

由此出发, 如果我们把 a_n 当作坐标变量处理, 而且把

$$\pi_n = \mathrm{i}\hbar a_n^* \tag{6.8}$$

当作它的共轭动量, 并且用

$$\langle H \rangle = \frac{1}{\mathrm{i}\hbar}\sum_{n,n'} \pi_n H_{n,n'} a_n' \tag{6.9}$$

作为哈密顿量, 那么可以证明, a_n 和 π_n 满足正则运动方程

$$\frac{\mathrm{d}a_n(t)}{\mathrm{d}t} = \frac{\partial \langle H \rangle}{\partial \pi_n}, \qquad \frac{\mathrm{d}\pi_n(t)}{\mathrm{d}t} = -\frac{\partial \langle H \rangle}{\partial a_n} \tag{6.10}$$

目前为止考虑的是由一个粒子构成的力学系统, 但是, 这里采用狄拉克的方法, 考虑由 N 个力学系统构成的一个系综, 每个系统由一个粒子构成. 如果这样做了, 这个系综里的系统 (它的可观测量 G 在时刻 t 的数值是 g_n) 的数目的期望值就是 NP_n, 即

$$N_n \equiv NP_n = N|a_n|^2 \tag{6.3'}$$

因此, 如果令

$$A_n = N^{1/2}a_n, \qquad A_n^* = N^{1/2}a_n^* \tag{6.11}$$

就可以得到

$$N_n = A_n^* A_n \tag{6.3''}$$

而且, 对应于 (6.8), 令

$$\Pi_n = \mathrm{i}\hbar A_n^* \tag{6.8'}$$

对应于 (6.9), 令

$$\bar{H} = \frac{1}{\mathrm{i}\hbar}\sum_{n,n'} \Pi_n H_{n,n'} A_{n'} \tag{6.9'}$$

我们就得到, 对应于 (6.10), 有

$$\frac{\mathrm{d}A_n(t)}{\mathrm{d}t} = \frac{\partial \overline{H}}{\partial \Pi_n}, \qquad \frac{\mathrm{d}\Pi_n(t)}{\mathrm{d}t} = -\frac{\partial \overline{H}}{\partial A_n} \tag{6.10'}$$

分析 (6.10'), 这里也可以把 A_n 和 Π_n 视为正则变量, 它们满足以 $\overline{H}$ 为哈密顿量的正则方程. 我们有 a_n 的关系式

$$\sum |a_n|^2 = \int \psi^*(\boldsymbol{x}, t)\psi(\boldsymbol{x}, t)\mathrm{d}v = 1 \tag{6.12}$$

而对于 A_n, 我们有

$$\sum_n |A_n|^2 = N \tag{6.12'}$$

狄拉克说, 如果你们担心 A_n 和 Π_n 都是复数这个事实, 那么就用 N_n 和 Θ_n, 它们的定义是

$$A_n = N_n^{1/2}\mathrm{e}^{\mathrm{i}\Theta_n/\hbar}, \quad A_n^* = N_n^{1/2}\mathrm{e}^{-\mathrm{i}\Theta_n/\hbar} \tag{6.13}$$

狄拉克证明了, 这些 N_n 和 Θ_n 是共轭的正则变量. 如果采用这些变量, 哈密顿量就是

$$\overline{H} = \sum_{n,n'} N_n^{1/2}\mathrm{e}^{-\mathrm{i}\Theta_n/\hbar}H_{n,n'}N_{n'}^{1/2}\mathrm{e}^{\mathrm{i}\Theta_{n'}/\hbar} \tag{6.9''}$$

狄拉克在这里实施了他那独特的杂技. 他把这些 A_n 和 Π_n 重新定义为量子力学的 q 数, 而不是普通的数. 也就是说, 为了把这个问题量子化, 他引入了 A_n 和 Π_n 之间的正则对易关系

$$\left.\begin{array}{l} A_n\Pi_{n'} - \Pi_{n'}A_n = \mathrm{i}\hbar\delta_{nn'} \\ A_nA_{n'} - A_{n'}A_n = \Pi_n\Pi_{n'} - \Pi_{n'}\Pi_n = 0 \end{array}\right\} \tag{6.14}$$

为什么说这是杂技? 毕竟, 薛定谔方程 (6.1) 已经是量子化的结果了. 因此, 由它推导出来的所有的方程 (6.10) 和 (6.10') 已经量子化了. 为什么还要把它再次量子化 (就像二次量子化这个名字所暗示的) 呢? 我们凡人站在这里, 彻底晕了. 然而, 晕了也没有用, 还是试着发现自己为什么觉得晕了吧. 我们将发现下面这些东西.

在量子力学里, 用 q 数表示的量都是可观测量, 不管它们是坐标 q、动量 p、能量 H 还是刚刚讨论的 G. 狄拉克引入了可观测量的概念, 它们是可以用某些实验直接测量的量. 然而, 像 (6.3) 里定义的 Π_n 那样的量却不一样. 为了确定它们, 我们重复可观测量 G 的测量很多次, 积累很多数据, 然后考察哪部分测量给出 g_n. 因此, Π_n 不是用实验直接测量的量, 它不是可观测量. 在这种意义上, a_n、a_n^* 和 π_n 都不是可观测量.

N_n、A_n 和 A_n^* 也是如此. 首先, 当我说 "由 N 个单粒子系统构成的系综" 的时候, 这个系综指的是一个想象中的系综, 不需要有一个真实的由 N 个粒子构成的力学系统放在你面前. 我们可以考虑一个力学系统, 在相同条件下重复测量 G 很多次, 然后得到 G 的测量结果为 g_n 的次数 N_n. 我们也可以在第一天做第一个力学系统、测量 G 并在测量后毁掉这个系统, 第二天再做第二个力学系统、测量 G 的数值然后再毁掉它, 第三天再做第三个系统, 如此等等. 因此, 这里考虑的系综是统计学里的虚拟系综. 当我说测量次数 N_n 的时候, 它本身并不是通过测量某个可观测量得到的物理量, 但是, 这个数值与可观测量的多次重复测量得到的数据的累积有关.

狄拉克的二次量子化 (把 N_n、A_n 和 π_n 当作 q 数看待) 把我们搞晕了的原因是就在于此. 你们有些人也许毫无困难就接受了二次量子化. 这样的人要么是像狄拉克那样了不起的人物, 要么就是不求甚解的人 —— 虽然他不认真钻研任何问题, 但是觉得自己好像每件事都懂似的.

＊

那么, 狄拉克凭什么就敢不怕这些问题而把 N_n、A_n 和 Π_n 量子化呢? 我认为答案如下.

我们知道这个事实: 虚拟系综的统计性结论经常符合真实系综的结果. 因此我们可以预期, 现在这个问题里也会有这种符合. 如果是这样, 我们可以把 "由 N 个单粒子的力学系统构成的虚拟系综" 的结论应用于 "由彼此之间没有相互作用的 N 个粒子构成力学系统". 在这个真实的系综里, 我们可以把 N_n 当作可观测量考虑, 因为确定由 N 个粒子构成的力学系统的 N_n 意味着测量粒子 $1, 2, 3, \cdots, N$ 的 G, 即, $G(\boldsymbol{x}_1, \boldsymbol{p}_1), G(\boldsymbol{x}_2, \boldsymbol{p}_2), G(\boldsymbol{x}_3, \boldsymbol{p}_3), \cdots, G(\boldsymbol{x}_N, \boldsymbol{p}_N)$.

这里, N 个粒子的 G 都对易, 因此, 根据变换理论, 我们可以同时测量所有这 N 个 G 并把它们当作一组测量. 此外, 可观测量 G 不是解析函数, 而是 N 个可观测量 G 的函数 (因为测量了相互对易的 N 个 G 的数值, 就确定了 N_n 的数值, N_n 是所有 N 个 G 的函数), 因此, N_n 可以用一组测量确定. 由于这个原因, 我们可以考虑 N_n 作为真实系综里的一个 q 数, A_n 和 Π_n 也是如此.

由于这些原因, 狄拉克做了一种启发式的研究, 以便寻找这个问题的答案: 是否有可能用 q 数 N_n 及其共轭量 Θ_n (或者 q 数 A_n 和 Π_n) 描述一个多粒子系统, 使用方程 (6.10$'$) 作为始于 (6.9$'$) 的基本方程. 他使用二次量子化作为启发式的方法来看看这种方法是不是可能, 而且只是在这个背景下使用.

因为二次量子化是一种启发式的逻辑, 我们必须考察使用哈密顿量 (6.9$'$) 或 (6.9$''$) 的理论是否确实符合用普通方法处理多粒子系统得到的结论. [在量子化 (6.9$''$) 的过程里, 必须考虑 $N^{1/2}$ 和 $\mathrm{e}^{\pm\mathrm{i}\Theta_n/h}$ 的次序, 后面的 (6.17$'$) 给出了正确的次序.] 这里的普通方法指的是考虑在坐标空间里的 ψ 的方法, 它给出了这 N 个粒子的薛定谔方程

$$\left[H(\boldsymbol{x}_1, \boldsymbol{p}_1) + H(\boldsymbol{x}_2, \boldsymbol{p}_2) + \cdots + H(\boldsymbol{x}_1, \boldsymbol{p}_1) - \mathrm{i}\hbar\frac{\partial}{\partial t} \right] \psi(\boldsymbol{x}_1, \boldsymbol{x}_2, \cdots, \boldsymbol{x}_N) = 0$$

$$(6.15)$$

狄拉克实际上在文章中给出了一个证明: 如果只采用相对于粒子交换是对称的解 $\psi(\boldsymbol{x}_1, \boldsymbol{x}_2, \cdots, \boldsymbol{x}_N)$, 确实可以实现这种一致性. 这个过程已经证明了, 使用哈密顿量 (6.9$'$) 和对易关系 (6.14) 得到的问题的解等价于用哈密顿量

$$H = \sum_{\nu=1}^{N} H(\boldsymbol{x}_\nu, \boldsymbol{p}_\nu)$$

$$(6.16)$$

对 N 个玻色子的系统求解 (6.15). 这里, 在使用哈密顿量 (6.9$'$) 或 (6.9$''$) 的时候, 出现的概率振幅是那些坐标 (即 A_n 或 N_n) 的函数, 即

$$\psi(A_1, A_2, \cdots, A_N, \cdots) \quad \text{或} \quad \psi(N_1, N_2, \cdots, N_n, \cdots) \qquad (6.17)$$

特别是, 后者更为常用, 这种情况下的薛定谔方程是

$$\left[\sum_{n,n'} N_n^{1/2} \mathrm{e}^{-\mathrm{i}\Theta_n/\hbar} H_{n,n'} \mathrm{e}^{\mathrm{i}\Theta_{n'}/\hbar} N_{n'}^{1/2} - \mathrm{i}\hbar \frac{\partial}{\partial t}\right] \cdot \psi(N_1, N_2, \cdots, N_n, \cdots) = 0$$

$$(6.17')$$

狄拉克证明, 这个方程里的算符 $\mathrm{e}^{\pm\mathrm{i}\Theta/\hbar}$ 具有下述性质

$$\mathrm{e}^{\pm\mathrm{i}\Theta/\hbar} \psi(N) = \psi(N \pm 1)$$

实际上, 这个证明是不严格的, 但是, 作为启发式的理论, 它具有典型的狄拉克特色, 而且非常有趣, 所以我要在这里介绍它.

证明: 因为 Θ 是 N 的共轭量, 所以, 当它作用于 N 的函数的时候, 可以视之为 $-\mathrm{i}\hbar \dfrac{\partial}{\partial N}$. 这样就有

$$\mathrm{e}^{\pm\mathrm{i}\Theta_n/\hbar} = \mathrm{e}^{\pm\partial/\partial N} = 1 \pm \frac{\partial}{\partial N} + \frac{1}{2!}\frac{\partial^2}{\partial N^2} \pm \frac{1}{3!}\frac{\partial^3}{\partial N^3} + \cdots$$

根据泰勒定理

$$\psi(N) \pm \psi'(N) + \frac{1}{2!}\psi''(N) + \frac{1}{3!}\psi'''(N) + \cdots = \psi(N \pm 1)$$

因此就有

$$\mathrm{e}^{\pm\mathrm{i}\Theta_n/\hbar} \psi(N) = \psi(N \pm 1)$$

证明结束.

现在已经证明了这个新发现的理论对于玻色子来说是正确的, 虽然使用的是启发式的理论, 但是我们没有理由担心使用它. 可以放心地用它继续前进. 我们将变换哈密顿量 (6.9′)、运动方程 (6.10′) 和对易关系 (6.14), 再加上 A_n 和 N 之间的关系式 (6.12′), 这样就可以把它们用于进一步的讨论. 记住 (6.2), 我们定义 "波函数" $\Psi(\boldsymbol{x})$ 及其 "共轭量的函数" $\Pi(\boldsymbol{x})$ 如下

$$\Psi(\boldsymbol{x}) = \sum_n A_n \phi_n(\boldsymbol{x})$$

$$\Pi(\boldsymbol{x}) = \sum_n \Pi_n \phi_n^*(\boldsymbol{x})$$

$$(6.2')$$

它们是 q 数. 这样就从 (6.14) 得到了 $\Psi(\boldsymbol{x})$ 和 $\Pi(\boldsymbol{x})$ 的正则对易关系

$$\Psi(\boldsymbol{x})\Pi(\boldsymbol{x}') - \Pi(\boldsymbol{x}')\Psi(\boldsymbol{x}) = \mathrm{i}\hbar\delta(\boldsymbol{x} - \boldsymbol{x}')$$

$$\Psi(\boldsymbol{x})\Psi(\boldsymbol{x}') - \Psi(\boldsymbol{x}')\Psi(\boldsymbol{x}) = 0 \qquad (6.14')$$

$$\Pi(\boldsymbol{x})\Pi(\boldsymbol{x}') - \Pi(\boldsymbol{x}')\Pi(\boldsymbol{x}) = 0$$

我们还可以推导出 Ψ 的运动方程为

$$\left[H(\boldsymbol{x}, \boldsymbol{p}) - \mathrm{i}\hbar\frac{\partial}{\partial t}\right]\Psi(\boldsymbol{x}, t) = 0 \qquad (6.1')$$

此外, 因为

$$\Pi(\boldsymbol{x}) = \mathrm{i}\hbar\Psi^\dagger(\boldsymbol{x}) \qquad (6.8'')$$

$\Pi(\boldsymbol{x})$ 的运动方程就是 (6.1′) 的复共轭. (因为 Ψ 是 q 数, 我们使用 † 替代 ∗ 表示复共轭.) 此外, 哈密顿量 (6.9′) 变为

$$\overline{H} = \frac{1}{\mathrm{i}\hbar}\int \Pi(\boldsymbol{x})H(\boldsymbol{x}, \boldsymbol{p})\Psi(\boldsymbol{x})dv = \int \Psi^\dagger(\boldsymbol{x})H(\boldsymbol{x}, \boldsymbol{p})\Psi(\boldsymbol{x})dv \qquad (6.5')$$

而关系式 (6.12′) 变为

$$N = \int \Psi^\dagger(\boldsymbol{x}, t)\Psi(\boldsymbol{x}, t)\mathrm{d}v \qquad (6.12'')$$

这个 N 和 $\overline{H}$ 对易, 因此, 它不依赖于时间.

看看刚得到的 (6.1′), 我们发现它与单个粒子的概率振幅的形式类似, 看看哈密顿量 (6.5′), 我们发现它与单个粒子的能量期望值的公式 (6.5) 具有完全相同的形式. 但是不要忘记, 虽然形式类似, 但是, 它们的含义是完全不同的. (6.1′) 和 (6.5′) 与 "N 个玻色子构成的力学系统" 的可观测量有关, 而且它们都是 q 数之间的关系, 而 (6.1) 和 (6.5) 与单个粒子的概率振幅和能量期望值有关. 这里要注意, (6.1′)、(6.5′) 和对易关系 (6.14′) 都根本不包含玻色子的数目 N. 因此, 我们可以把这些关系作为 "由任意数目的玻色子构成的力学系统" 的基本公式. 因为这个原因, 波函数 $\Psi(\boldsymbol{x})$ 总是三维空间里 $\boldsymbol{x}$ 的函数, 它与粒子的数目无关, 不同于坐标空间里的波 ψ. 因此, 我们可以把波函数 Ψ (它是我们的 q 数) 当作实际存在于我们所处的三维空间里的波. 那么, 粒子的数目出现在哪里呢? 答案是在 (6.12″). 粒子的数目与 Ψ 的振幅有关.

我们现在知道了, 具有哈密顿量 (6.5′)、由对易关系 (6.14′) 量子化的波场等价于哈密顿量为 (6.16) 的玻色子系统. 实际上, 如果认为 Ψ 是 q 数并且用 (6.2′) 定义 A_n, 那么, 由

$$N_n = A_n^\dagger A_n \tag{6.18}$$

定义的 q 数 N_n 的本征值就是

$$N_n \text{ 的本征值} = 0, 1, 2, \cdots \tag{6.18′}$$

这样就清楚地看到了这个场的粒子性质. 此外, 如果采用薛定谔的想法 ($e\psi^*(\boldsymbol{x})\psi(\boldsymbol{x})$ 是实际存在于空间的电荷密度), 并定义可观测量

$$\rho(\boldsymbol{x}) = e\Psi(\boldsymbol{x})^\dagger \Psi(\boldsymbol{x}) \tag{6.19}$$

(到目前为止, 我们一直使用 $-e$ 作为电子电荷, 但是今天我将使用 e 作为一个粒子的电荷, 不管它的符号.) 接着我们看到, 它在任意体积 V 上的积分的本征值

$$\rho_V = \int_V \rho(\boldsymbol{x})\mathrm{d}\boldsymbol{x} \tag{6.19′}$$

是 $0, 1e, 2e, 3e, \cdots$. 这表明, 我们的理想系统有电荷为 e 的粒子系综的性质. 应当注意, 对应于薛定谔的 $e\Psi^*(\boldsymbol{x})\Psi(\boldsymbol{x})$ 在时间上的弥散, 期望值 $e\Psi(\boldsymbol{x})^\dagger \Psi(\boldsymbol{x})$ 也随着时间变得模糊, 因此, ρ_V 的期望值也可以不是整数并逐渐趋于 0. 然而, ρ_V 的本征值永远不会取 0 或正整数以外的数值. 因此, 虽然期望值可能变得模糊, 但是电荷的粒子性总是保持不变的.

*

薛定谔曾经希望, 把波函数 $\psi(\boldsymbol{x})$ 放在三维空间里, 而不是坐标空间里, 但他没有成功. 现在, 通过使用量子化的 $\Psi(\boldsymbol{x})$ 而不是 $\psi(\boldsymbol{x})$, 可以实现他的愿望. 这样, 在他的启发性方法的指导下, 狄拉克发现, $\Psi(\boldsymbol{x})$ 满足的场方程与 $\psi(\boldsymbol{x})$ 满足的方程具有完全相同的形式. 但是不要忘记, 虽然方程的形式完全相同, ψ 是单个粒子的概率振幅, 因此它是 c 数, 而 ψ 描述了波场, 它是 q 数,

它们的概念完全不同. 此外, 后面我要告诉你们, 方程形式的巧合只限于忽略粒子间相互作用的情况; 如果有相互作用, ψ 和 Ψ 不仅在概念上不同, 它们满足的方程也具有不同的数学性质. 人们经常说, "通过 ψ 的二次量子化, 我们得到了 Ψ", 但是, 由于这个原因, 这个说法是错误的. 在我看来, 就像存在麦克斯韦方程一样, 它是没有被量子化的, 最好是考虑从一开始就存在一些方程被非量子化的 Ψ 满足, 而且那些方程只有在没有相互作用的时候才与 ψ 的方程一致. [1]

无论如何, 这是个大发现, 发现了哈密顿量为 (6.5′) 的力学系统 [例如, 具有方程 (6.1′) 的波场的系统] 和哈密顿量为 (6.16) 的力学系统 (例如, 由 N 个粒子构成的粒子系统) 给出了完全相同的结果 —— 如果我们用 (6.14′) 把前者量子化, 而对后者只采用对称的波函数. 它们是完全等价的. 这很棒, 因为由此可以在量子力学里建立一个西田式的哲学命题 (波就是粒子, 粒子就是波), 没有任何矛盾, 而且得到了它的完全的数学表达式.

狄拉克的启发性研究, 以目前考虑的方式, 在粒子间具有相互作用的真实系综中并不成立. 这是因为在虚拟系综里 (他的研究出发点), 粒子相互作用没有扮演任何角色. 毕竟, 在他的虚拟系综里, 单个的力学系统是由一个粒子构成的系统. 因此, 系统里没有相互作用. 还有, 这个系综是虚拟的, 例如, 我们可以认为, 第一个系统只在第一天存在, 第二个系统只在第二天存在, 第三个系统只在第三天存在, 等等. 因此, 考虑两个不同系统里的粒子之间的相互作用是完全没有意义的. 但是无论如何, 若尔当和克莱因已经证明, 如果粒子是玻色子, 通过实际存在于三维空间里的波场 $\Psi(\boldsymbol{x})$, 有可能描述彼此有相互作用的粒子的真实系综. 到目前为止对于场方程 (6.1′) 的哈密顿量

$$H(\boldsymbol{x}, \boldsymbol{p}) = \frac{1}{2m}\boldsymbol{p}^2 + V(\boldsymbol{x}) \tag{6.20}$$

里的 $V(\boldsymbol{x})$, 我们只考虑由于外场导致的势能, 但是, 如果粒子间有相互作用, 例如, 库仑排斥, 那么, 根据他们的工作, 就必须在外场的势能 $V(\boldsymbol{x})$ 上添加一

---

[1]指出这点是朝永振一郎《量子力学 II》(三铃书房, 1952, 第 2 版, 1997) 的一个特点. 特别参见第 50 节, 但是没有论述到狄拉克对导致发现二次量子化的讨论. 本书是最先说明这一点的.

个势能

$$V_{波}(\boldsymbol{x}) = \frac{e}{4\pi\varepsilon_0} \int \frac{e\Psi^{\dagger}(x')\Psi(x')}{|x - x'|} \mathrm{d}v' \tag{6.21}$$

它是由波场本身的电荷密度 $e\Psi^{\dagger}(\boldsymbol{x})\Psi(\boldsymbol{x})$ 引起的, 并且使用

$$V'(\boldsymbol{x}) = V(\boldsymbol{x}) + V_{波}(\boldsymbol{x})$$

即, 我们用

$$H(\boldsymbol{x}, \boldsymbol{p}) = \frac{1}{2m}\boldsymbol{p}^2 + V(\boldsymbol{x}) + V_{波}(\boldsymbol{x}) \tag{6.20'}$$

作为 (6.1′) 里的哈密顿量, 并使用方程

$$\left\{\frac{1}{2m}\boldsymbol{p}^2 + V(\boldsymbol{x}) + \frac{e}{4\pi\varepsilon_0} \int \frac{e\Psi^{\dagger}(\boldsymbol{x}')\Psi(\boldsymbol{x}')}{|\boldsymbol{x} - \boldsymbol{x}'|} \mathrm{d}v' - \mathrm{i}\hbar\frac{\partial}{\partial t}\right\}\Psi(\boldsymbol{x}, t) = 0 \tag{6.22}$$

而不是 (6.1′). 若尔当和克莱因发现, 如果这样做, 这个理论与以哈密顿量为

$$H = \sum_{\nu=1}^{N}\left\{\frac{1}{2m}\boldsymbol{p}_{\nu}^2 + V(\boldsymbol{x})\right\} + \sum_{\nu>\nu'}^{N}\frac{1}{4\pi\varepsilon_0}\frac{e^2}{|\boldsymbol{x}_{\nu} - \boldsymbol{x}_{\nu'}|} \tag{6.23}$$

的玻色子系统的量子理论给出的结果在各个方面都一样[2]. 值得注意的是, (6.23) 的第二个求和里排除了 $\nu = \nu'$ 的项. 因此, 在单粒子的情况里, 即使我们使用 (6.22), 其中包含了 $V_{波}(\boldsymbol{x})$, 与 $e^2/|\boldsymbol{x}_{\nu} - \boldsymbol{x}_{\nu'}|$ 有关的项也不会出现在 (6.23) 里.

由于若尔当和克莱因的这个工作, Ψ 和 ψ 的差别变得更清楚了. Ψ 的场方程 (6.22) 有着与 (6.1) 完全不同的形式, 后者给出了单个粒子的概率振幅,

$$\left[\frac{1}{2m}\boldsymbol{p}^2 + V(\boldsymbol{x}) - \mathrm{i}\hbar\frac{\partial}{\partial t}\right]\Psi(\boldsymbol{x}, t) = 0 \tag{6.22'}$$

此外, 这个差别是根本性的. 原因在于, 根据变换理论, 概率振幅必须满足叠加原理, 因此, ψ 满足的方程应当总是线性的, 但是 (6.22) 相对于 Ψ 不是线性的. 由于这个原因, 即使我们不把 Ψ 当作 q 数, 场方程 (6.22) 也具有这样的

---

[2] "一天, 汤川先生到我这里来, 相当地兴奋说有这样一篇文章." 这就是若尔当和克莱因的文章 (1927). 见朝永振一郎《量子力学与我》,《量子力学与我》(朝永振一郎著作集 11), 三铃书房 (1983), 第 6–61 页, 特别是第 12–13 页; 又见《量子力学与我》, 岩波文库 (1997), 第 17–84 页, 特别是第 24–26 页.

性质, 不能认为它是 ψ 的方程. 我们现在清楚地看到, "Ψ 是通过 ψ 的二次量子化而得到的" 这种说法是完全不对的.

虽然方程 (6.22) 不能用启发性的推理单独推导出来, 但是这个方程正确地考虑了粒子的相互作用, 而且, 如果 Ψ 不是量子化的, 它应当对应于经典的麦克斯韦方程. 也许你们会问, 为什么 (6.22) 的左侧有 $\hbar$ 呢? 这是个好问题. 不求甚解的人不会问这种问题. 因为你注意到这一点, 试着去自己回答吧. (提示: 做变量代换, $m \to \hbar\hat{m}$、$V \to \hbar\hat{v}$, $e \to \hbar\hat{e}$ 和 $\Psi \to \hat{\Psi}/\sqrt{\hbar}$. 考虑这些代换的含义.)

*

关于狄拉克的杂技, 无意中我讲了很长时间, 他想证明的就是, 一个由许多玻色子构成的系统和三维空间里的波场在量子力学里是等价的. 他试图把这个结论应用于光子, 以便用量子力学的方式讨论原子对光子的发射、吸收和散射. 你也许会想, 为了把目前使用的论证直接应用到光子, 我们需要单个光子的概率振幅的方程. 然而, 光子是相对论性的粒子, 我们不能把 (6.1) 用于它. 那时候, 许多人试图发现单个光子的概率振幅, 但都没有成功. (后来证明了, 在相对论性的理论中, 不仅是光子, 而是普遍性的情况, x, y, z 空间里的概率振幅不存在.) 然而, 经过这个长长的讨论以后, 我们明白了, 必须要量子化的是场方程而不是概率振幅的方程. 因此, 即使不知道概率振幅的方程, 如果知道了场方程, 我们把它量子化就可以了. 狄拉克从一开始就知道这一点, 不用这么长的说明. 通过拓展德拜的想法, 他证明了, 原子对光子的发射、吸收和散射的正确答案是通过辐射场的量子化得到的.

追随狄拉克的工作, 通过同时考虑电子和量子化的麦克斯韦场, 费米以及海森伯和泡利更完全地构建了原子和电磁场之间的相互作用. 特别是, 在他们的大作 *On the Quantum Mechanics of Wave Field* (1929) 里, 通过考虑不仅是电磁场而且电子本身也作为量子化的场, 海森伯和泡利 (与狄拉克和费米不同) 处理了这个问题. [然而, 在这种情况下, 不能用 (6.14′) 来量子化, 否则电子就会是玻色子. 怎么把电子量子化呢? 我很快就要谈论这一点.] 换句话说, 在这篇文章里, 他们认为狄拉克方程不是电子概率振幅的方程, 而是电子的相对论性场方程.

如果我们接受这些前提, 那么, 采用克莱因－戈尔登方程作为另一种可能的相对论性的场方程很可能是完全没有问题的——狄拉克拒绝了这个方程, 认为它不是适合于概率振幅的方程. 这样就不奇怪了, 在一个晴朗的一天, 泡利想到要考虑克莱因－戈尔登方程, 并以海森伯－泡利理论相同的精神把它和麦克斯韦方程量子化.

因此, 在助手韦斯科普夫 (Victor Weisskopf, 图 6.2) 的帮助下, 他在 1934 年写了一篇文章. 这篇文章的主题是今天讲座的副标题, "大自然没有理由拒绝自旋为零的粒子". 现在就要奔向这件事的高潮了, 但是在此之前, 我要回答前面提到的问题, 即如何把电子场量子化.

图 6.2　韦斯科普夫 (Victor Weisskopf, 1908 — 2002). 江泽洋提供

到目前为止, 我已经告诉你们, 波场的量子化给出了玻色子, 但是, 我们还想知道, 是否能够通过场量子化的方法处理电子这样的费米子. 若尔当和维格纳 (E. Wigner) 在 1928 年发表的工作中回答了这个问题, 在海森伯和泡利的工作之前一年. 他们的答案是肯定的. 但是, 我们当然不能用对易关系 (6.14′), 而是必须使用这样的关系式: 用正号替换 (6.14′) 的左侧中的负号, 即

$$\Psi(\boldsymbol{x})\Pi(\boldsymbol{x}') + \Pi(\boldsymbol{x}')\Psi(\boldsymbol{x}) = \mathrm{i}\hbar\delta(\boldsymbol{x} - \boldsymbol{x}')$$

$$\Psi(\boldsymbol{x})\Psi(\boldsymbol{x}') + \Psi(\boldsymbol{x}')\Psi(\boldsymbol{x}) = 0 \qquad (6.14')_+$$

$$\Pi(\boldsymbol{x})\Pi(\boldsymbol{x}') + \Pi(\boldsymbol{x}')\Pi(\boldsymbol{x}) = 0$$

他们发现了这些关系 (被称为反对易关系). 当这些关系存在的时候, 由 (6.18) 定义的可观测量的本征值是

$$N_n \text{ 的本征值} = 0, 1 \tag{6.18'}_+$$

因此, 这种粒子在态 n 里只能有 0 个或 1 个, 显然满足了泡利不相容原理. 还可以证明, 这样量子化的波场在所有方面完全等价于这样的解: 哈密顿量为 (6.16) 或 (6.23) 的粒子系统只采用反对称的波函数, 例如, 费米子的系统. 因此, 我以前告诉你们的西田的哲学命题对玻色子和费米子都成立.

现在我们要讲泡利和韦斯科普夫的故事了, 这是本讲的主题. 我深入讨论了波就是粒子和粒子就是波这个大问题, 从而打好了基础, 但是我的时间也用完了. 然而, 因为这个长长的铺垫, 你们很可能已经理解了泡利和韦斯科普夫的故事的背景, 所以, 我只把结果告诉你们.

我告诉过你们, 泡利和韦斯科普夫试图用 (6.14') 把克莱因–戈尔登方程与麦克斯韦方程组量子化. 他们能够这样做而没有任何不自洽, 而且从克莱因–戈尔登场得到了质量为 m、自旋为 0 的玻色子, 非常有趣的是, 他们发现, 这个玻色子的电荷可以是 $+e$ 或者 $-e$, 既可以是正的也可以是负的. 不仅如此, 他们还通过计算发现, 当一个光子的 $\hbar\omega$ 大于 $2mc^2$ 的时候, 吸收它就可以产生一对 $+e$ 和 $-e$ 的粒子, 反过来, 如果有一个 $+e/-e$ 对, 那么, 它们可以通过发射 $\hbar\omega > 2mc^2$ 的光子而湮没.

此外, 泡利和韦斯科普夫反对把狄拉克方程看作电子的相对论性概率振幅方程, 虽然它是一阶的. 根据他们的理论, 狄拉克方程也是电子的相对论性场方程, 不能认为它是 x, y, z 空间的概率振幅方程. 他们强调, "粒子在空间 $\boldsymbol{x}$ 处的概率" 这样的概念对于相对论性的粒子是没有意义的 —— 不管它们是电子、光子还是克莱因–戈尔登粒子 —— 因此, 把 $\psi(\boldsymbol{x})$ 解释为概率振幅是没有意义的.

最后这个主张的基础是, 如果我们认为狄拉克方程是电子概率振幅的方程, 那么就会出现古怪的态, 其中的电子具有负能量, 因为与电磁场的相互作用, 正能量的电子就会通过发射能量而掉进负能量的态里. 如果这可以发生, 就会出现许多与现实矛盾的古怪现象. 为了处理这个困难, 大约在 1930 年, 狄

拉克引入了下述假设: 真空中所有负能量的能级都被电子占据了. 那么, 因为泡利原理, 正能量的电子就不能掉到负能量的能级上了. 在泡利看来, 如果所有的负能级都被电子填充了, 就会有无穷多个电子, 而且这也远远超出单体问题了.

因此泡利相信, 就像海森伯-泡利这篇文章一样, 我们应当把狄拉克方程视为场方程而不是概率振幅的方程. 狄拉克显然不在乎泡利把狄拉克方程当作场方程, 他在 1932 年发表的多电子问题的新理论构架里提出, 在坐标系里使用概率振幅 ψ [然而, 为了让 ψ 相对论化, 通过给每个电子赋予不同的时间, 我们拓展了波函数里坐标的概念, 就是 $\psi(x_1 t_1, x_2 t_2, x_3 t_3, \cdots, x_N t_N)$][3].

*

故事的另一个方面是, 根据他本人的填充负能级的假设, 狄拉克预期, 除了通常的电子以外 (即带有负电荷的电子), 还存在带有正电荷的电子, 就像量子化克莱因-戈尔登方程给出了 $+e$ 和 $-e$ 的玻色子一样. 他的想法是, 如果负能级填充得不完全, 一个电子离开了某个负能级, 那么, 那个 "空穴" 就带有正能量, 表现得好像带有正电荷一样. (狄拉克的想法是, 缺了负的, 就意味着正的.) 因此, 空穴看起来就像带有正电荷的电子. [起初狄拉克认为这个空穴是质子. 然而, 奥本海默批评说, 这个想法意味着该空穴立刻就会被附近的电子填充, 氢原子就不能稳定地存在了. 此外, 数学家外尔 (Hermann Weyl) 指出, 这个空穴的质量应当与电子完全一样.]

根据这个想法, 如果有个光子 $\hbar\omega > 2mc^2$, 那么, 一个负能级里的电子就激发到正能级, 吸收能量, 结果产生了一个带有正能量的电子和一个负能级上的空穴 —— 换句话说, 一个正能量、正电荷的电子. 顺便说一下, 安德森 (Carl Anderson) 在 1932 年实验发现了这个带有正电荷的电子, 称之为正电子.

我告诉过你们, 在把克莱因-戈尔登方程量子化的时候, 带正电荷的粒子和带负电荷的粒子都可以出现. 然而, 狄拉克已经在 1928 年的文章里指出 (我

---

[3]参考《量子电动力学的发展》(朝永振一郎著作集 10), 三铃书房 (1982), 第 6-8 页, 第 216-220 页, 第 232-236 页;《量子力学与我》(本讲注 2 的岩波文库), 第 55-61 页, 第 76-82 页. 作者以根据这个多时间理论发展出来的超多时间理论为基础, 建立了重正化理论, 因此获得了 1965 年的诺贝尔奖.

在第 3 讲里讲过), 即使没有量子化, 这个方程也有一个解表现为带负电荷的粒子, 还有一个解表现为带正电荷的粒子. (下一讲继续讨论这一点.) 他把这个作为一个原因, 坚持说这个方程不能描述电子. (那时候, 人们相信, 只存在带负电荷的电子.)

然而, 发现了正电子以后, 不仅这个原因没了根据, 而且明显的是, 与克莱因–戈尔登方程有关的玻色子和与狄拉克方程有关的费米子都有非常类似的性质: 它们都有正电荷和负电荷. 根据这些相似性, 人们自然可以相信, 克莱因–戈尔登方程和狄拉克方程同样都有很好的存在理由. 由于这些原因, 泡利才信心十足地重新建立了克莱因–戈尔登场. 此外, 如果你们用海森伯和泡利的方式把狄拉克方程量子化, 那么, 无须任何人为的假设 (例如填充负能级和空穴), 用一些技巧就可以把正电子以及正负电子对的产生结合到理论. 泡利认为更自然的是, 把狄拉克方程看作场方程, 而不是像狄拉克那样认为它是概率振幅的方程.

泡利和韦斯科普夫重新描述了被狄拉克拒绝了的克莱因–戈尔登方程. 泡利似乎非常欣赏这个工作, 文章的一部分使用了与狄拉克在另一篇文章里完全相同的说法, 听起来像是在调侃狄拉克. 大致翻译如下.

"我们的理论最有趣的部分是, 能量总是自动为正 (即, 无需使用肤浅的假设, 例如空穴理论). 看到了相对论性的标量理论 (克莱因–戈尔登场的理论) 可以建立起来而无须任何这样的假设, 有人可能会好奇, 大自然为什么没有使用这种理论提供的可能性: 存在着电荷为 $\pm e$ 的自旋为 0 的玻色子, 以及这样的可能性: 它们可以由 $\hbar\omega$ 产生, 也可以通过发射 $\hbar\omega$ 而湮没." 加点的部分直接取自于狄拉克的文章, 他在那里预言了某种粒子的存在 (磁单极子). 在我看来, 这句话的口气和狄拉克在其关于狄拉克方程的文章开始部分 (我在第 3 讲中引用了它) 的口气基本上完全相同.

这句话好像是说, 泡利想说存在着自旋为 0 的荷电粒子, 但是, 当我们继续读下去的时候, 却发现正好相反, 听起来他正在论证为什么不能够发现这样的粒子. 然而, 当泡利在 1934 年写这篇文章的时候, 介子的想法已经在汤川的脑海里成型了, 相对论性的标量理论 (更精确地说, 赝标量理论) 会在介子理论中扮演重要角色. 因此, 大自然确实使用了这种可能性, 它以 π 介子的形式出现[4].

　　同样, 泡利和韦斯科普夫的工作与汤川关于介子的想法出现的时间顺序让人难以置信. 物理学的历史有时候真的充满了戏剧性.

[4]在已经知道 π 介子或质子等有强相互作用的基本粒子是由夸克组成的今天, 这一点有更深层的意思, 将大自然允许的数学结构用尽 (以基本粒子为例, 它们是大自然采用的群的不可约表示), 在这个意义上, 似乎是真理.

第 7 讲　既不是矢量也不是张量
——旋量的发现和物理学家的惊讶

在上一讲里, 我们讲到了 1934 年, 但是, 我告诉你们, 我们是被 1927 年开始的一连串发现引到了泡利和韦斯科普夫的工作. 其中一件大事就是发现了可以把物质波看作三维空间里的波. 然而, 在 1927 年到 1930 年之间有一个更有趣的发展, 而且因为它与自旋有关, 我们必须深入讨论它. 因此, 我们再回到 1927—1928 年.

在第 3 讲里, 我讨论了把自旋结合到量子力学框架里的尝试, 以及如何从这种尝试里发现泡利方程 (1927 年) 和狄拉克方程 (1928 年). 这些方程里使用了二分量的量和四分量的量, 例如, 在泡利方程里, ψ 具有下述形式

$$\psi = \begin{pmatrix} \psi_1(x,y,z,t) \\ \psi_2(x,y,z,t) \end{pmatrix} \tag{7.1}$$

我们已经把分量 ψ_1 和 ψ_2 写为列矢量, 因为这种形式便于和 2×2 自旋矩阵做乘法. 这种形式的方法提出的问题是, 发现这种多分量的量的变换性质.

很久以前, 物理学就已经使用多分量的量了. 例如, 在力学或电动力学里使用了三分量的矢量和九分量的张量. 特别是在电动力学里, 电场和磁场是场量, 而且不像力学里一个质点的速度和加速度, 它们是点函数, 是 x, y, z (和 t) 的函数. 在那种意义上, 它们非常类似 (7.1). 除了这些多分量的量以外, 物理学中还用了单个分量的量, 例如质量、电荷和势, 它们称为标量.

我们正在讨论的矢量和张量是在三维世界里, 但是你们知道, 相对论出现以后, 四维闵可夫斯基世界成了物理学家的竞技场, 其中时间和空间分量都排在一起. 相应地, 很多物理量变为四维矢量和四维张量, 人们发现, 张量代数

在相对论性理论中非常有力. 然而, 因为时间的限制, 我们今天就不探索四维世界了.

*

泡利方程的发现带来的问题是, 二分量的量 (7.1) 是三维空间里的标量、矢量还是张量? 为了回答这个问题, 有必要回忆矢量和张量的定义以及物理学家们为什么需要它们.

有很多方法定义矢量和张量; 然而, 最适于今天讨论的方法是, 把它们定义为相对于坐标变换的协变量. 如果使用协变性的概念, 就可以很好地理解矢量和张量在物理学中的重要性以及像 (7.1) 中二分量的量的性质.

因此, 我们从矢量和张量的定义开始. 选取三维空间中的任意点 P. 考虑任意的正交坐标系 R, 让 P 在这个坐标系中的坐标是 $x_j(j = 1, 2, 3)$. 接下来考虑另一个坐标系 R', 它是通过绕着原点旋转坐标系 R 的坐标轴得到的. 令 P 在坐标系 R' 中的坐标是 $x'_k(k = 1, 2, 3)$. 我们知道, x_j 和 x'_k 之间有下述关系[1]

$$x'_k = \sum_{j=1}^{3} A_{kj} x_j, \quad k = 1, 2, 3 \tag{7.2}$$

其中, 九个系数 A_{kj} 是 R 坐标系的坐标轴和 R' 坐标系的坐标轴之间的方向余弦, 因此, 由 A_{kj} 组成的矩阵

$$A = \begin{pmatrix} A_{11} & A_{12} & A_{13} \\ A_{21} & A_{22} & A_{23} \\ A_{31} & A_{32} & A_{33} \end{pmatrix} \tag{7.3}$$

是正交矩阵. 因此, 通过求解 (7.2), 可以得到

$$x_j = \sum_{k=1}^{3} x'_k A_{kj}, \quad j = 1, 2, 3 \tag{7.2'}$$

---

[1]参考书末的附录 A6.

此外, 因为 R' 坐标系是由 R 坐标系转动得到的, 如果 R 坐标系是右手坐标系, 那么 R' 坐标系也是, 在这种情况下,

$$\det A = +1 \tag{7.4}$$

我告诉过你们, A_{kj} 是方向余弦, 因此, 如果考虑 $\det A = \pm1$ 的正交矩阵, 那么从 R 坐标系到 R' 坐标系的转动是唯一的, 反之亦然. 因此, 坐标系的转动和矩阵 A 有一一对应的关系, 可以把这个转动称为 "转动 A".

接着, 如果先通过转动 A 从 R 坐标系到 R' 坐标系, 再通过转动 B 从 R' 坐标系到 R'' 坐标系, 那么, P 在 R 坐标系中的坐标 (记为 x_j) 和 R'' 坐标系中的坐标 (记为 x_l'') 就有如下关系

$$x_l'' = \sum_{j=1}^{3} C_{lj}x_j, \quad l = 1,2,3 \tag{7.5}$$

而 C_{lj} 的矩阵

$$C = \begin{pmatrix} C_{11} & C_{12} & C_{13} \\ C_{21} & C_{22} & C_{23} \\ C_{31} & C_{32} & C_{33} \end{pmatrix} \tag{7.6}$$

是矩阵 A 和 B 的乘积

$$C = B \cdot A \tag{7.7}$$

我们把这个事实描述为 "先转动 A 再转动 B, 其结果等于转动 $B \cdot A$".

我已经做了很长的介绍, 现在来定义矢量吧. 考虑一个三分量的量

$$(a_1, a_2, a_3) \tag{7.8}$$

当坐标系 R 通过 A 转动到坐标系 R' 的时候, 如果分量 a_1, a_2, a_3 以 (7.2) 的相同方式变换, 即

$$a_k' = \sum_{j=1}^{3} A_{kj}a_j, \quad k = 1,2,3 \tag{7.9}$$

我们就把这个三分量的量 (7.8) 称为矢量. 这就是矢量的定义. 由此定义还可以得到

$$a_j = \sum_{k=1}^{3} a'_k A_{kj}, \quad j = 1, 2, 3 \tag{7.9'}$$

根据这个定义, 确定质点位置的三分量的量 (x_1, x_2, x_3) 显然是个矢量.

张量的定义如下. 假设存在一个九分量的量

$$\begin{pmatrix} a_{11} & a_{12} & a_{13} \\ a_{21} & a_{22} & a_{23} \\ a_{31} & a_{32} & a_{33} \end{pmatrix} \tag{7.10}$$

(虽然我把这些 a 排列为方阵的形式, 但是我要提醒你们, 这并不是矩阵.) 每次把整个方阵都写出来有些笨拙, 所以, 我们写为下述形式

$$(a_{jk}), \quad j = 1, 2, 3; \quad k = 1, 2, 3 \tag{7.11}$$

而不是 (7.10). 有时候甚至会省略掉 $j = 1, 2, 3; k = 1, 2, 3$.

如果有这样一个九分量的量, 当坐标系 R 通过 A 变换到 R' 的时候, 它的分量按照下述关系式

$$a'_{lm} = \sum_{j=1}^{3} \sum_{k=1}^{3} A_{lj} A_{mk} a_{jk} \tag{7.12}$$

变换, 那么我们就把这个 (a_{jk}) 称为二阶张量. 系数 $A_{lj} A_{mk}$ 写为

$$A_{lj} A_{mk} \equiv A_{lm,jk} \tag{7.13}$$

而且, 我们定义 9×9 矩阵

$$A^{(2)} \equiv (A_{lm,jk}), \quad l, m = 1, 2, 3; \quad j, k = 1, 2, 3 \tag{7.14}$$

(括号里的是对应于 $l, m = 1, 2, 3$ 的九行和对应于 $j, k = 1, 2, 3$ 的九列.) 使用这个矩阵, 可以把 (7.12) 写为下述形式

$$a'_{lm} = \sum_{\substack{j=1,2,3 \\ k=1,2,3}} A_{lm,jk} a_{jk} \tag{7.15}$$

还可以写出

$$a_{jk} = \sum_{\substack{l=1,2,3 \\ m=1,2,3}} a'_{lm} A_{lm,jk} \tag{7.15'}$$

这些关系式对应于矢量的关系式 (7.9) 和 (7.9′).

在数学上, 用两个矩阵 $A = (A_{lj})$ 和 $B = (B_{mk})$ 定义

$$A_{lj} B_{mk} = C_{lm,jk} \tag{7.16}$$

而且, 我们把由此构成的矩阵

$$C = (C_{lm,jk}) \tag{7.17}$$

称为 "A 和 B 的直积", 并写为

$$C = A \times B \tag{7.16'}$$

如果用这个术语, (7.14) 的 $A^{(2)}$ 就称为 A 和 A 的直积, 也就是平方

$$A^{(2)} = A \times A \tag{7.18}$$

因此可以说: "对应于坐标系的转动 A, 二阶张量的分量按照 $A^{(2)} = A \times A$ 变换."

用这种方式, 三阶张量、四阶张量等自动就清楚了. 即, 三阶张量具有 3^3 个分量, 它们按照

$$A^{(3)} = A \times A \times A$$

进行变换. 根据这个定义, 可以这样看待矢量, 对应于坐标系的转动 A, 矢量按照 $A^{(1)} = A$ 变换, 就是在这个意义上, 有时候把矢量称为一阶张量. 我们还可以说, 标量是按照 $A^{(0)} = 1$ 变换的量, 并称之为零阶张量. 根据这个定义, 仅仅说标量只有一个分量是不够的, 这个量必须在任何坐标系里都不改变它的数值.

根据这些定义, 立刻可以得到下面这些内容. 首先, 不管张量的阶是多少, 张量的分量的变换和坐标系的转动总有一一对应的关系. 因此, 如果有坐标系的转动 A、B 和 C, 那么对于它们中的每一个, 对应着张量分量的变换矩阵

$A^{(n)}$、$B^{(n)}$ 和 $C^{(n)}$. 而且可以证明, 如果 $C = B \cdot A$, 那么, $A^{(n)}$、$B^{(n)}$ 和 $C^{(n)}$ 就存在关系

$$C^{(n)} = B^{(n)} \times A^{(n)}$$

由于这些原因, 不仅坐标系的转动和任意阶张量的分量的变换矩阵之间有着一一对应的关系, "乘积到乘积" 也有对应关系. 这种对应关系是这样表述的: 张量分量的变换和坐标系的转动是协变的. 在此意义上, 我们说矢量和张量是协变量. 你们很可能知道群论, 我就简单提一下, $A^{(n)}$ 是转动群的 3^n 维的表示, 而 n 阶张量具有 3^n 个分量, 以 $A^{(n)}$ 的方式变换.

我们现在不讨论矢量和张量的理论里的各种运算. 这些运算包括矢量的加法、矢量的乘法和张量的缩并. 它们都是从矢量得到矢量或标量, 或者从张量和矢量得到矢量, 或者从张量得到标量, 等等, 而且它们都从协变量得到协变量. 把协变量变换为任何非协变量的操作都没有物理意义.

为什么只有协变量有物理意义呢? 让我举个例子来解释. 我告诉过你们, 表示质点位置的坐标 (x_1, x_2, x_3) 确实是矢量. 那么三分量的量 $(\dot{x}_1, \dot{x}_2, \dot{x}_3)$ (速度) 和三分量的量 $(\ddot{x}_1, \ddot{x}_2, \ddot{x}_3)$ (加速度) 都是矢量. 对 (7.2) 的两侧相对于时间进行微分, 就可以看到这一点. 现在我们知道, 三分量的量力和加速度是通过下述齐次方程联系起来的

$$m\ddot{x}_1 = f_1, \quad m\ddot{x}_2 = f_2, \quad m\ddot{x}_3 = f_3 \tag{7.19}$$

其中, m 是质量, 它是特定常数, 与现在考虑的这个质点有关. 由牛顿方程可知, 有个基本的假设, 物理空间是各向同性的, 不管使用的正交坐标系的方向如何, 物理学定理不应当改变. 因此, 齐次方程 (7.19) 应当在任何坐标系里都保持相同的形式. 我告诉过你们, (7.19) 左边的 $(\ddot{x}_1, \ddot{x}_2, \ddot{x}_3)$ 是矢量, 从 R 坐标系移动到 R' 坐标系的时候, 它按照 (7.9) 进行变换. 因为 m 是与质点有关的特定常数 (因此是标量), 右侧的 (f_1, f_2, f_3) 也就必须按照 (7.9) 进行变换. 否则的话, 齐次方程 (7.19) 就会在 R' 坐标系中采用不同的形式. 当物理量的各个分量之间的齐次方程在任何坐标系中都保持相同的形式, 就像在这个例子里一样, 我们说 "这些方程是协变的" (也可以说 "这些方程是不变的").

可能这个例子太简单了, 但是, 即使对于更复杂的物理学定律, 情况也是如此. 当复杂而又抽象的物理量出现在一个定律里, 为了实验证实这个物理学定律, 有些东西 (比如力作用在仪表的指针上) 必须出现在表示这个定律的方程里. 这样, 物理量的复杂关系就可以条分缕析, 最终只有协变量之间的关系出现在物理学定律里. 因此, 我们可以说, 物理学的所有方程都必须是协变的.

这里我要添两条 "蛇足", 因为它们与后面的讨论有关. 一个与势或电磁场这样的物理量有关, 它们分别是依赖于 (x_1, x_2, x_3) 的标量和矢量. 如果我们考虑简单的情况, 比如势, 这个问题就是, 如果它在 R 坐标系中是

$$\phi(x_1, x_2, x_3) \tag{7.20}$$

那么, 它在 R' 坐标系中是什么呢? 答案是, R' 坐标系中的势是

$$\bar{\phi}'(x_1', x_2', x_3') \equiv \phi\left(\sum_k x_k' A_{k1}, \sum_k x_k' A_{k2}, \sum_k x_k' A_{k3}\right) \tag{7.20'}$$

这是因为, 既然势是标量, 它在 P 点的数值必然在任何参考系中都是相同的. 确实, 如果我们在 (7.20′) 的左侧使用 (7.2′), 那么

$$\bar{\phi}'(x_1', x_2', x_3') = \phi(x_1, x_2, x_3) \tag{7.21}$$

必须注意, 虽然左侧的 $\bar{\phi}$ 的数值与右侧的 ϕ 的数值是相等的, 但是 $\bar{\phi}$ 和 ϕ 的函数形式是不同的.

以类似的方式, 把 R 坐标系中的矢量

$$(E_j(x_1, x_2, x_3)), \quad j = 1, 2, 3 \tag{7.22}$$

变换到 R' 坐标系中, 变为

$$\left(\sum_j A_{kj} \bar{E}_j(x_1', x_2', x_3')\right), \quad k = 1, 2, 3 \tag{7.22'}$$

其中, 函数 $\bar{E}_j$ 的定义是

$$\bar{E}_j(x_1', x_2', x_3') \equiv E_j\left(\sum_k x_k' A_{k1}, \sum_k x_k' A_{k2}, \sum_k x_k' A_{k3}\right) \tag{7.23}$$

可以把变换关系 (7.22′) 视为用 (7.20′) 对 $E_j(x_1, x_2, x_3)$ 的分量进行变换, 把它们看作相互独立的标量, 然后用 (7.9) 提醒自己, 它们是一个矢量的分量.

在上述讨论中, 没有上横线的函数的自变量总是 x_1, x_2, x_3, 带有上横线的函数的自变量总是 x_1', x_2', x_3'. 因此, 从现在开始, 在使用带上横线和不带上横线的函数的时候, 我们就不写这些变量了.

我还要指出, 当一个标量或矢量是 x_1, x_2, x_3 的函数的时候, 就可以把某些种类的微分方程看作标量或者张量. 例如, 可以把著名的 $\nabla \equiv (\partial/\partial x_1, \partial/\partial x_2, \partial/\partial x_3)$ 看作矢量. 它的含义是, 如果把分量乘以一个标量 ϕ, 即

$$\left(\frac{\partial \phi}{\partial x_1}, \frac{\partial \phi}{\partial x_2}, \frac{\partial \phi}{\partial x_3} \right) \tag{7.24}$$

下述关系式成立

$$\frac{\partial \bar{\phi}}{\partial x_k'} = \sum_j A_{kj} \frac{\partial \phi}{\partial x_j}, \quad k = 1, 2, 3 \tag{7.24′}$$

即, 如果把 ∇ 作用在一个标量上, 就得到一个矢量, 因此, 在这个意义上, 我们认为 ∇ 是一个矢量. 同样地, 可以把常见的 $\Delta \equiv (\nabla \cdot \nabla)$ 看作标量, 因为如果把它作用在 ϕ 上, 就得到

$$\left(\frac{\partial^2}{\partial x_1'^2} + \frac{\partial^2}{\partial x_2'^2} + \frac{\partial^2}{\partial x_3'^2} \right) \bar{\phi} = \left(\frac{\partial^2}{\partial x_1^2} + \frac{\partial^2}{\partial x_2^2} + \frac{\partial^2}{\partial x_3^2} \right) \phi \tag{7.25}$$

所有这些事情, 在 1910—1911 年都是已知的. 我们现在跳到 1927—1928 年, 讨论泡利方程.

*

首先回忆泡利理论, 我们在第 3 讲描述过它. 我告诉过你们, 泡利使用矩阵

$$\sigma_1 = \begin{pmatrix} 0 & 1 \\ 1 & 0 \end{pmatrix}, \quad \sigma_2 = \begin{pmatrix} 0 & -i \\ i & 0 \end{pmatrix}, \quad \sigma_3 = \begin{pmatrix} 1 & 0 \\ 0 & -1 \end{pmatrix} \tag{7.26}$$

来构造他的理论. 他假设, 测量单位为 $\hbar$ 的角动量的分量是 $\sigma_1/2, \sigma_2/2, \sigma_3/2$, 相应地, 电子自旋磁矩以玻尔磁子为测量单位的分量是

$$\mu_j = -\sigma_j, \quad j = 1, 2, 3 \tag{7.27}$$

他得到

$$\left\{ H_0 + H_{\mathrm{s}} - \mathrm{i}\hbar \frac{\partial}{\partial t} \right\} \psi = 0 \tag{7.28}$$

作为被 (7.1) 的二分量的量 $\psi = \begin{pmatrix} \psi_1 \\ \psi_2 \end{pmatrix}$ 满足的薛定谔方程. 这里的哈密顿量 H_0 和 H_{s} 是

$$H_0 = \frac{1}{2m} \sum_k p_k^2 - \frac{1}{4\pi\varepsilon_0} \frac{Ze^2}{r} + \frac{e\hbar}{2m} \sum_k B_k l_k \tag{7.29}_0$$

$$H_{\mathrm{s}} = \frac{e\hbar}{2m} \sum_k B_k \sigma_k + \frac{1}{2} \frac{e\hbar}{2m} \sum_k \mathring{B}_k \sigma_k \tag{7.29}_{\mathrm{s}}$$

H_0 是不依赖于自旋的部分, 而 H_{s} 是依赖于自旋的部分. $\boldsymbol{B} = (B_1, B_2, B_3)$ 是外磁场, $\boldsymbol{l} = (l_1, l_2, l_3)$ 是轨道角动量, $\boldsymbol{\sigma}/2 = (\sigma_1/2, \sigma_2/2, \sigma_3/2)$ 是自旋角动量. H_0 中的第三项是 $\boldsymbol{B}$ 和轨道磁矩的相互作用能, H_{s} 中的第一项是 $\boldsymbol{B}$ 和自旋磁矩的相互作用能. H_{s} 中的第二项 $\mathring{\boldsymbol{B}} = (\mathring{B}_1, \mathring{B}_2, \mathring{B}_3)$ 是第 3 讲讨论的 "内磁场" (根据毕奥–萨伐尔定律 $\mathring{\boldsymbol{B}} = \frac{\mu_0}{4\pi} \frac{1}{m} \frac{Ze}{r^3} \hbar \boldsymbol{l}$, 而且这一项表示 $\mathring{\boldsymbol{B}}$ 和自旋磁矩的相互作用能); 这一项里的 1/2 是第 3 讲里讨论的托马斯因子. [请回忆 (3.8)、(3.10) 和 (3.10′).]

现在探讨, 当坐标系改变的时候, 泡利方程 (7.28) 如何变化. 换句话说, 写出 (7.28) 的坐标系, 并试着把这个公式变换到 R' 坐标系. 首先看 H_0. 这个表达式里的三项都是标量. 因此, 哈密顿量的这一部分在 R' 坐标系里变换为

$$H_0' = \frac{1}{2m} \sum_k p_k'^2 - \frac{1}{4\pi\varepsilon_0} \frac{Ze^2}{r} + \frac{e\hbar}{2m} \sum_k B_k' l_k' \tag{7.29'}_0$$

这里的 H_0 不是数, 而是作用在函数 $\psi(x_1, x_2, x_3)$ 上的算符; 因此, 虽然它是标量, 我们并没有 $H_0' = H_0$, 而是

$$H_0' \bar{\psi} = H_0 \psi \tag{7.30}_0$$

类似于 (7.25). 如果这个关系式成立, 那么, 如果只考虑哈密顿量 H_0, 泡利矩阵在 R' 坐标系中的形式与 R 坐标系中完全一样.

现在看 H_s 发生了什么. 首先, 把 H_s 的两项组合起来并写出

$$H_s = \sum_k V_k \sigma_k \tag{7.29$_s$}$$

其中, $\boldsymbol{V} = (V_1, V_2, V_3)$ 是从 $\boldsymbol{B}$ 和 $\boldsymbol{l}$ 组合得到的矢量. 现在, 我们把坐标系从 R 变换到 R'. 因为 H_s 是 $\boldsymbol{V}$ 和 $\boldsymbol{\sigma}$ 的标量积, H_s 是个标量, 所以, H_s 必须具有和 (7.29)$_s$ "完全相同的形式"

$$H_s' = \sum_k V_k' \sigma_k' \tag{7.29$'$}$$

这里当然有

$$\sigma_k' = \sum_j A_{kj} \sigma_j, \quad k = 1, 2, 3 \tag{7.31}$$

因此, 我们还有

$$H_s' \bar{\psi} = H_s \psi \tag{7.30$_s$}$$

然而, 与 H_0 的情况不同, 这里并不能保证二分量的量因为 (7.30)$_s$ 而是协变的形式. 原因在于, 协变形式的定义表明, 在写出分量的齐次方程的时候, 任何坐标系里得到的公式都相同. 如果 H_s 里的 $\sigma_1, \sigma_2, \sigma_3$ 是普通的数, 那么就像在 H_0 里一样, 没有任何问题, 但是, 它们实际上是矩阵, 虽然 $\sigma_1, \sigma_2, \sigma_3$ 由 (7.26) 给出, 而 $\sigma_1', \sigma_2', \sigma_3'$ 显然由 (7.31) 得出,

$$\sigma_k' = \begin{pmatrix} A_{k3} & A_{k1} - \mathrm{i} A_{k2} \\ A_{k1} + \mathrm{i} A_{k2} & -A_{k3} \end{pmatrix}, \quad k = 1, 2, 3 \tag{7.26$'$}$$

因此, $H_s \psi$ 的两个分量和 $H_s' \bar{\psi}$ 的两个分量具有完全不同的形式. 为了让它们具有相同的形式, H_s' 必须是 $H_s' = \sum_k V_k' \sigma_k$ 而不是 $\sum_k V_k' \sigma_k'$ [见 (7.40) 和 (7.41), 下文将讨论它们].

怎么克服这个困难呢? 注意下面这一点. 到目前为止, 从 R 坐标系变换到 R' 坐标系的时候, 我们一直把 ψ 的两个分量 ψ_1 和 ψ_2 当作彼此独立的标量. 这就等价于, 在变换矢量 (7.22) 的时候, 只应用变换 (7.22$'$) 而不考虑接下来

的变换 (7.23), 不是吗? 如果确实如此的话, R' 中使用的二分量的量就不应当

是 $\begin{pmatrix} \bar{\psi}_1 \\ \bar{\psi}_2 \end{pmatrix}$ 而是类似于 $\begin{pmatrix} \bar{\psi}'_1 \\ \bar{\psi}'_2 \end{pmatrix}$, 它是通过下述形式的变换得到的

$$\bar{\psi}'_\beta = \sum_{\alpha=1}^{2} U_{\beta\alpha}\bar{\psi}_\alpha, \quad \beta = 1,2 \tag{7.32}$$

这不就是方程在 R 坐标系和 R' 坐标系里的形式不一致的原因吗?

泡利已经证明, 情况确实如此. 他首先注意到, (7.26) 里的 $\sigma_1, \sigma_2, \sigma_3$ 和 (7.26′) 里的 $\sigma'_1, \sigma'_2, \sigma'_3$ 通过一个幺正矩阵关联起来

$$\sigma'_1 = U^{-1}\sigma_1 U, \quad \sigma'_2 = U^{-1}\sigma_2 U, \quad \sigma'_3 = U^{-1}\sigma_3 U \tag{7.33}$$

可能你们已经知道了, 但是, 幺正矩阵的定义如下. 交换矩阵 $U = (U_{\beta\alpha})$ 的行和列并取其复共轭, 我们得到 $U^\dagger = (U^*_{\alpha\beta})$, 如果 U 和 $U^\dagger$ 之间有如下关系

$$U^\dagger U = U U^\dagger = 1 \tag{7.34}$$

这个矩阵就是幺正矩阵. 我不在这里给出 (7.33) 的证明, 但是, 它是变换理论中使用的一个基本定理的自然结论. 我仅仅给出下述结论[2], 即, U 是一个矩阵, 与从 R 坐标系到 R' 坐标系的转动 A 有关, 但是, 它不依赖于 x_1, x_2, x_3, t.

所以, 我们在 $(7.29')_s$ 的右边使用 (7.33). 这样就得到

$$H'_s = U^{-1}\left(\sum_k V'_k \sigma_k\right) U$$

由此得到

$$H'_s \bar{\psi} = U^{-1}\left(\sum_k V'_k \sigma_k\right) U\bar{\psi}$$

对上式左边使用 $(7.30)_s$ 并把 U 应用于两边, 得到

$$U H_s \psi = \left(\sum_k V'_k \sigma_k\right) U\bar{\psi} \tag{7.35}$$

---

[2] 参考书末的附录 A7.

因此, 如果通过

$$\bar{\psi}' \equiv U\bar{\psi} \tag{7.36}$$

引入二分量的量 $\bar{\psi}'$, 就可以得到如下关系式

$$\left(\sum_k V'_k \sigma_k \right) \bar{\psi}' = U H_{\mathrm{s}} \psi \tag{7.37}_{\mathrm{s}}$$

(注意, 左边不是 $\displaystyle\sum_k V'_k \sigma'_k$).

到目前为止, 我们只考虑了 H_{s}, 但是我们要证明

$$H'_0 \bar{\psi}' = U H_0 \psi \tag{7.37}_0$$

我告诉过你们, U 不依赖于 x_1, x_2, x_3, 因此, U 与 H_0 和 H'_0 都对易. 因此, 可以把关系式 $U H'_0 \bar{\psi} = U H_0 \psi$ [这是通过把 U 作用于 $(7.30)_0$ 得到的] 重写为 $H'_0 U \bar{\psi} = U H_0 \psi$. 这样就可以用 (7.36) 的左边代替 $U\bar{\psi}$, 从而得到 $(7.30)_0$. 因此, 除了 $(7.37)_{\mathrm{s}}$ 以外, $(7.30)_0$ 也是成立的, 把它们加起来, 我们得到

$$\left(H'_0 + \sum_k V'_k \sigma_k \right) \bar{\psi}' = U(H_0 + H_{\mathrm{s}}) \psi \tag{7.37}$$

现在我们为讨论薛定谔方程做好了准备. 首先, 显然有

$$\left(H'_0 + \sum_k V'_k \sigma_k - \mathrm{i}\hbar \frac{\partial}{\partial t} \right) \bar{\psi}' = \left(H'_0 + \sum_k V'_k \sigma_k \right) \bar{\psi}' - \mathrm{i}\hbar \frac{\partial}{\partial t} U\bar{\psi} \tag{7.37'}$$

根据 (7.37), 可以把上式右边的第一项写为 $U(H_0 + H_{\mathrm{s}})\psi$. 接着, 第二项可以写为 $-\mathrm{i}\hbar U(\partial \bar{\psi}/\partial t)$, 因为 U 不依赖于 t, 根据 (7.21), 它就变为了 $-\mathrm{i}\hbar U(\partial \psi/\partial t)$. 因此, 得到

$$(7.37') \text{ 的右边} = U \left(H_0 + \sum_k V_k \sigma_k - \mathrm{i}\hbar \frac{\partial}{\partial t} \right) \psi$$

现在, 因为对于 R 坐标系的薛定谔方程是

$$\left(H_0 + \sum_k V_k \sigma_k - \mathrm{i}\hbar \frac{\partial}{\partial t} \right) \psi = 0 \tag{7.38}$$

对于 R' 坐标系的 (7.37′) 的右边也是 0, 最后得到

$$\left(H_0' + \sum_k V_k' \sigma_k - i\hbar \frac{\partial}{\partial t} \right) \bar{\psi}' = 0 \tag{7.38′}$$

如果把分量都写下来

$$\psi = \begin{pmatrix} \psi_1 \\ \psi_2 \end{pmatrix}, \quad \bar{\psi}' = \begin{pmatrix} \bar{\psi}_1' \\ \bar{\psi}_2' \end{pmatrix} \tag{7.39}$$

并把 (7.39) 的第一式用于 (7.38), 把 (7.26) 中的 $\sigma_1, \sigma_2, \sigma_3$ 代入, 就得到齐次方程组

$$\begin{cases} H_0\psi_1 + V_3\psi_1 + (V_1 - iV_2)\psi_2 - i\hbar\dfrac{\partial\psi_1}{\partial t} = 0 \\[2mm] H_0\psi_2 + (V_1 + iV_2)\psi_1 - V_3\psi_2 - i\hbar\dfrac{\partial\psi_2}{\partial t} = 0 \end{cases} \tag{7.40}$$

作为 R 坐标系的薛定谔方程. 另一方面, 因为 (7.38) 的括号里的第二项是 $\sum_k V_k' \sigma_k$ 而不是 $\sum_k V_k' \sigma_k'$, 我们就从 (7.39) 的第二式得到完全相同的公式

$$\begin{cases} H_0'\bar{\psi}_1' + V_3'\bar{\psi}_1' + (V_1' - iV_2')\bar{\psi}_2' - i\hbar\dfrac{\partial\bar{\psi}_1'}{\partial t} = 0 \\[2mm] H_0'\bar{\psi}_2' + (V_1' + iV_2')\bar{\psi}_1' - V_3'\bar{\psi}_2' - i\hbar\dfrac{\partial\bar{\psi}_2'}{\partial t} = 0 \end{cases} \tag{7.40′}$$

因此, 与牛顿方程 (7.19) 的情况完全一样, 这些方程是不变的, 不依赖于坐标系.

由于这些原因, 如果把 (7.36) 的幺正矩阵写为

$$U = \begin{pmatrix} U_{11} & U_{12} \\ U_{21} & U_{22} \end{pmatrix} \tag{7.41}$$

并把这些 $U_{\beta\alpha}$ 作为 (7.32) 里的 $U_{\beta\alpha}$, 就可以得到我们想要的东西.

此外, 根据 (7.34), 有

$$U^\dagger = U^{-1} = \begin{pmatrix} U_{11}^* & U_{21}^* \\ U_{12}^* & U_{22}^* \end{pmatrix}$$

我们可以求解 (7.32) 并得到

$$\bar{\psi}_\alpha = \sum_{\beta=1}^{2} \bar{\psi}'_\beta U^*_{\beta\alpha}, \quad \alpha = 1, 2 \tag{7.32'}$$

还有, 根据 (7.21), 可以把 (7.32) 和 (7.32′) 重写为

$$\bar{\psi}'_\beta = \sum_{\alpha=1}^{2} U_{\beta\alpha}\psi_\alpha, \quad \beta = 1, 2 \tag{7.42}$$

$$\psi_\alpha = \sum_{\beta=1}^{2} \bar{\psi}'_\beta U^*_{\beta\alpha}, \quad \alpha = 1, 2 \tag{7.42'}$$

*

经过这个过程, 我们可以知道, 如果在变换坐标系的时候用 (7.42) 和 (7.42′) 变换 ψ 的分量, 我们就可以在任何坐标系里把物理学定律都写成相同的形式. 这个变换不同于矢量的变换 (7.9) 和 (7.9′): 不仅在于它有两个分量, 而且在于它是幺正变换而不是正交变换. U 和 A 之间有着更基本的差别. 在某种意义上, 这两个分量也随着转动 A 而协变, 但是, 它们协变的方式与矢量和张量协变的方式有着惊人的差别. 我们用接下来的一点时间探讨这一点.

我们的 U 是用 (7.33) 定义的, 因为 (7.26′) 里的 $\sigma'_1, \sigma'_2, \sigma'_3$ 包含着 A_{kj}, 所以 U 也和 A_{kj} 有关. 但是要注意, 即使 A 已经给定, U 也不能由 (7.33) 唯一确定. 即, 如果 U 是满足 (7.33) 的幺正矩阵, 那么 $e^{i\delta}U$ 也是满足 (7.33) 的幺正矩阵, 其中 U 被乘了一个任意的相位因子 $e^{i\delta}$. 因此, 为了消除 U 的多值性, 我们使用下述方法. 首先, 从 (7.34) 得到 $|\det U|^2 = 1$; 我们总是恰当地选择 $e^{i\delta}$ 使得

$$\det U = 1 \tag{7.43}$$

我们把这个条件施加在 U 上, 试着限制其多值性. 因为量子力学里的波函数 ψ 本身就有相位因子的不确定性, 我们不用担心由于施加了条件 (7.43) 而丧失了多值性. 然而, 即使施加了条件 (7.43), U 仍然有二值性. 如果 U 满足 (7.43), 那么 $-U$ 也满足 (7.43). 由于这些原因, 对于给定的 A_{kj}, 两个值 $\pm U$ 都可以用, 我们可以根据需要使用它们中的任何一个.

从表面来看, 你们可能会认为, 我们只是选取了两个 U 里的一个、舍弃了另一个. 例如, $A = 1$ 意味着坐标系没有转动, 此时显然有 $\sigma'_j = \sigma_j$, 因此, $U = \pm 1$. 接下来, 我们就假定它是 $+1$. 如果连续地改变 A 的值, 你们可能会以为,U 会从 $+1$ 连续地变化, 由任意的 A 唯一确定.

为了探讨这种情况, 可以研究坐标系只绕第三个轴的转动, 因为大家可能并不愿意使用复杂的数学.

考虑 R' 坐标系, 它是通过把 R 坐标系绕着第三个轴转动角度 α 得到的. 转动矩阵 A 就是

$$A(\alpha) = \begin{pmatrix} \cos\alpha & \sin\alpha & 0 \\ -\sin\alpha & \cos\alpha & 0 \\ 0 & 0 & 1 \end{pmatrix} \tag{7.44}$$

因此, (7.26′) 中的 $\sigma'_1, \sigma'_2, \sigma'_3$ 就是

$$\sigma'_1 = \begin{pmatrix} 0 & \mathrm{e}^{-\mathrm{i}\alpha} \\ \mathrm{e}^{\mathrm{i}\alpha} & 0 \end{pmatrix}, \quad \sigma'_2 = \begin{pmatrix} 0 & -\mathrm{i}\mathrm{e}^{-\mathrm{i}\alpha} \\ \mathrm{i}\mathrm{e}^{\mathrm{i}\alpha} & 0 \end{pmatrix}, \quad \sigma'_3 = \begin{pmatrix} 1 & 0 \\ 0 & -1 \end{pmatrix} \tag{7.45}$$

经过计算, 可以发现, 满足 (7.33) 和 (7.43)、当 $\alpha = 0$ 时是 $+1$ 的 U 由下式给出

$$U(\alpha) = \begin{pmatrix} \mathrm{e}^{\mathrm{i}\alpha/2} & 0 \\ 0 & \mathrm{e}^{-\mathrm{i}\alpha/2} \end{pmatrix} \tag{7.46}$$

通过这个 U, 可以得出下述两个结论:

(I) 施加转动 $A(2\pi)$ 的时候, 虽然 $A(2\pi) = A(0)$, 但是, $U(2\pi) \neq U(0)$, 而是 $U(2\pi) = -U(0)$.

(II) 如果把转动 $A(\alpha_1)$ 后的 U 记为 $U(\alpha_1)$, 把转动 $A(\alpha_2)$ 后的 U 记为 $U(\alpha_2)$, 那么, 施加 $A(\alpha_2) \cdot A(\alpha_1)$ 的时候, U 并不一定是 $U(\alpha_2) \cdot U(\alpha_1)$, 有些情况下, 当 $\alpha_1 + \alpha_2$ 取值在 2π 和 4π 之间的时候, 它是 $-U(\alpha_2) \cdot U(\alpha_1)$.

从这些事实可以看出, 舍弃 $\pm U$ 里的一个, 并不能让 A 和 U 变为一一对应. 此外, 相应的乘积到乘积的对应关系也并不总是成立. 由于这些原因, 我们不能把 ψ 的两个分量 ψ_1 和 ψ_2 视为协变量 (就像张量和矢量的关系那样),

也不能像以前那样把 U 视为转动群的表示. 然而, 从 (I) 和 (II) 显然可以看出, $U(0)$ 和 $U(2\pi)$ 只差一个符号, 如果略微拓展协变量和群表示的概念, 似乎就可能克服它.

确实, 数学上有可能把这个 U 结合到表示论里作为 "转动群的二值性表示", 正如外尔所做的. 在物理上, 这个二值性也没有带来任何困难. 这是因为, 在量子力学中, 只有 $|\psi|^2$ 形式的物理量才有物理意义, ψ 本身并没有物理意义. 因此, 即使 ψ 本身在转动 2π 以后变为 $-\psi$, 仍然有 $|\psi|^2$ 保持不变, ψ 的二值性不会出现在物理结论里[3]. 因此, 完全可以认为 ψ 是协变量.

对于特别简单的转动 (7.44), 我们得到了二值性, 但是, 对于一般性的 A, 我们可以得到同样的结论, 这个二值性是把 $\begin{pmatrix}\psi_1\\\psi_2\end{pmatrix}$ 与矢量和张量区分开的本质属性. 直到泡利理论出现之前, 物理学里从来没有出现过这种二值性的协变量. 我认为原因在于, 在量子力学出现以前, 物理学中所有的协变量本身都是原则上可以测量的. 如果确实如此, 我们就会遇到这样的问题: 一个量在坐标轴转动 2π 以后改变了符号.

现在我们知道, 二值性的协变量在理论中起作用, 但是到目前为止, 我们只考虑了三维空间里的普通转动. 人们发现, 这样构成的协变量也是闵可夫斯基空间里洛伦兹变换的二值性的协变量 (不用增加分量的数目). 在这种情况下, 虽然 $\det U = 1$, 但是, 对于跟时间坐标有关的变换, U 不是幺正变换. 由于这个原因, 在被 U 变换的二分量的量之外, 还必须考虑被 $(U^{-1})^\dagger$ 变换的二分量的量, 为了区分这两种量, 我们通常把前者写为 $\begin{pmatrix}\psi^1\\\psi^2\end{pmatrix}$, 把后者写为 $\begin{pmatrix}\psi_1\\\psi_2\end{pmatrix}$. 用这种方法, 我们可以把狄拉克方程写为 $\begin{pmatrix}\psi^1\\\psi^2\end{pmatrix}$ 和 $\begin{pmatrix}\psi_1\\\psi_2\end{pmatrix}$ 的齐次方程.

我们现在把这些新的量当作协变量的新成员, 埃伦费斯特 (图 7.1) 把它们命名为旋量 (spinor). 我们还可以定义二阶旋量, 三阶旋量, 等等. 在埃伦费斯

---

[3] 参考书末的附录 A8.

特的请求下, 数学家范德瓦尔登 (B. L. van der Waerden) 开发了旋量代数, 与张量代数对应. 值得注意的是, 偶数阶的旋量没有二值性, 因此, 可以用偶数阶的旋量构成矢量和张量. 在这个意义上, 有时候 $\begin{pmatrix} \psi^1 \\ \psi^2 \end{pmatrix}$ 和 $\begin{pmatrix} \psi_1 \\ \psi_2 \end{pmatrix}$ 被称为半矢量, 这些半矢量是最基本的协变量, 所有其他的协变量都可以由它们构成.

图 7.1 埃伦费斯特 (Paul Ehrenfest, 1880 — 1933), 摄于 1901 年左右. 列宁格勒物理技术研究所收藏. AIP Emilio Segrè Visual Archives 惠赠

在很长很长的时间里, 没有一个物理学家曾经想过会有这种协变量. 达尔文 (第 3 讲提到过他的名字) 在狄拉克之后马上写了一篇文章, 其中描述了他在试图把狄拉克方程转换成张量形式的时候遭遇的失败, 他写道: "我很沮丧地发现, 显然漏掉了什么东西, 竟然存在这样的物理量, 它们 (至少是) 很不自然而且不便于表示为张量."

埃伦费斯特在 1932 年的小文章里这样写道 (原文是德文, 我把它翻译过来): "在所有方面, 它真的很奇怪, 直到泡利和 …… 狄拉克的工作之前, 在狭义相对论出现之后二十年 …… 绝对没有任何人提出过这篇惊悚的报道, 在各向同性的 (三维) 空间里或爱因斯坦 – 闵可夫斯基 (四维) 世界里, 驻扎着旋量家族这个神秘的种族."

本讲有很多数学内容. 讲了这么多数学公式, 我表示抱歉. 毕竟, 我们的对象是 "在相对论诞生之后二十年" 还没有人了解的 "神秘的种族". 因此, 我别无选择, 只能采用这种 "惊悚的" 方式. 今天我真的累了.

第 8 讲　基本粒子的自旋与统计
——玻色子的自旋是整数, 费米子的自旋是半整数

泡利和韦斯科普夫的工作 (关于自旋为零的粒子的可能性), 狄拉克的空穴理论, 以及 1932 年正电子的发现, 在多种意义上是密切联系的. 1932 年是伟大的一年, 惊人的发现接二连三地出现. 例如, 查德威克 (J. Chadwick) 也是在这一年发现了中子. 中子的发现激发了海森伯的理论: 原子核是由质子和中子构成的. 他的提议, 即质子和中子通过交换一个电荷而从一个变成另一个, 激发了费米的 β 衰变理论, 从这两个想法里诞生了汤川的介子理论. 1936 年, 安德森 (C. Anderson) 和尼德迈耶 (S. H. Neddermeyer) 在实验中发现了一个类似于汤川粒子的粒子[1].

由于这些原因, 从 1932 年到 1936 年, 物理学家关于物质结构的看法发生了巨变. 即, 基本粒子的世界变得远比 1932 年以前设想的丰富多彩. 此前, 人们考虑的基本粒子只有质子、电子和光子, 但是现在又多了正电子、中子和介子. 另外, 虽然还没有在实验中得到证实, 像中微子[2] 和引力子这样的粒子

---

[1]在 1937 年 3 月 30 日 Phys. Rev. 受理的文章中, 尼德迈耶和安德森报道, 在宇宙射线中发现了新粒子, 但只是说了 "粒子的质量比电子大, 比质子小很多, 具有正、负电荷". 日本的仁科芳雄小组虽然比这要晚, 但在同年的 8 月 28 日 Phys. Rev. 受理的文章中报告了测量的新粒子的质量为质子质量的 1/10 到 1/7. 汤川预言的新粒子的质量大概是电子的 200 倍, 质子的 1/10, 因此仁科等的测量值与汤川的理论值符合得很好. 仁科等的文章投的是 Phys. Rev. 的快报, 但以太长为理由被作为一般论文处理, 刊登时间也大大被推迟, 刊登在 1937 年 12 月 1 日发行的那一期. 然而, 后来认为安德森等人发现的粒子和仁科等人的粒子都不是汤川所预言的粒子, 可能是湮没中的 μ 粒子. 关于仁科组的发现, 参考: 中根良平, 仁科雄一郎, 仁科浩二郎, 矢崎裕二, 江泽洋, 编, 仁科芳雄来往书信集 II, 三铃书房 (2006).

[2]中微子的存在是 1956 年由莱因斯 (F. Reines) 和科温 (C. Cowan) 证实的. 此后又发现中微子有 ν_e、ν_μ 和 ν_τ 共三种, 以及使它们之间相互转变的中微子振荡等. 小柴昌俊在 1987 年捕捉到了超新星爆炸时发出的中微子, 因此获得了 2002 年的诺贝尔物理学奖.

在理论上是可能存在的. 因此, 无法想象还可能发现其他什么基本粒子. 关于基本粒子的想法的这种变化发生在 1936 年左右.

如果基本粒子的世界确实这么丰富多彩, 就需要有个中心支柱或者轴把所有这些复杂的关系联系起来并搞清楚逻辑结构. 泡利关于基本粒子的自旋和统计性质之间的关系的理论, 就是在这种背景下出现的. 在这个理论里 (发表于 1940 年), 泡利认为, 就像副标题所说的那样, 只有自旋为整数的粒子才是玻色子, 而自旋为半整数的粒子是费米子. 这个想法的起点正是泡利 – 韦斯科普夫理论, 因此, 他们文章的重要性不仅在于对狄拉克的反击, 还在于对此后物理学发展的积极引导.

*

今天, 我想谈谈泡利的这个工作. 作为开始, 我们先把克莱因 – 戈尔登粒子作为带有整数自旋的粒子的代表, 把狄拉克粒子作为带有半整数自旋的粒子的代表. 如果你记得第 6 讲, 当我们量子化这个场的时候, 适合这个场的粒子就出现了. 这个场可以用两种方法来量子化. 其中一个是

$$\Psi(\boldsymbol{x})\Pi(\boldsymbol{x}') - \Pi(\boldsymbol{x}')\Psi(\boldsymbol{x}) = \mathrm{i}\hbar\delta(\boldsymbol{x}' - \boldsymbol{x}') \qquad (8.1)_-$$

另一个是

$$\Psi(\boldsymbol{x})\Pi(\boldsymbol{x}') + \Pi(\boldsymbol{x}')\Psi(\boldsymbol{x}) = \mathrm{i}\hbar\delta(\boldsymbol{x} - \boldsymbol{x}') \qquad (8.1)_+$$

你们肯定记得, 使用 $(8.1)_-$ 的时候, 出现了玻色子, 使用 $(8.1)_+$ 的时候, 出现了费米子. 因此, 泡利首次证明了, 不可能用 $(8.1)_+$ 把克莱因 – 戈尔登场量子化, 也不可能用 $(8.1)_-$ 把狄拉克场量子化.

我们从克莱因 – 戈尔登场开始, 它的场方程是

$$\left[\left(-\mathrm{i}\hbar\frac{1}{c}\frac{\partial}{\partial t}\right)^2 - \sum_{r=1}^{3}\left(-\mathrm{i}\hbar\frac{\partial}{\partial x_r}\right)^2 - m^2c^2\right]\Psi(\boldsymbol{x}, t) = 0 \qquad (8.2)$$

[我们今天不处理多于一个的场的情况[3)]. 因此, 电磁势 $A_0, \boldsymbol{A}$ 不出现在 (8.2) 里.]

[3)] 自旋和统计的关系, 在某种意义上, 可扩展至几个场共存并且有相互作用的情况. 参考: R. F. Streater and A. S. Wightman, PCT, Spin & Statistics, and All That, W. A. Benjamine (1964).

1926 — 1927 年, 在狄拉克方程出现之前, 还不确定 Ψ 是坐标空间里的波还是三维空间里的波的时候, 许多人已经认为 (8.2) 是电子波的相对论性的场方程 (因此倾向于三维空间的想法), 并讨论它的结构. 这些人 (不仅包括克莱因和戈尔登, 当然还包括薛定谔, 他们偏好于使用三维图像) 致力于把相对论性的理论建立的用于场论的一般方法应用到这个方程上. 也就是说, 他们从这个场的拉格朗日量出发, 得到场方程, 并且确定这个物质场的能量–动量张量. 如果把电磁场恰当地纳入这个过程里 (我们今天不打算做), 就确定了物质场和电磁场之间的相互作用, 也得到了与物质场相关的电流矢量. 此外, 有可能从拉格朗日量得到这个场的正则变量 (在哈密顿的意义下), 但是我们现在不打算这样做, 因为它不是很有必要.

根据这些研究, 克莱因–戈尔登场的能量密度 (它是能量–动量张量的时间–时间分量) 是

$$H = c^2\hbar^2 \left(\frac{1}{c^2} \left| \frac{\partial \Psi}{\partial t} \right|^2 + \sum_{r=1}^{3} \left| \frac{\partial \Psi}{\partial x_r} \right|^2 + \kappa^2 |\Psi|^2 \right) \tag{8.3}$$

而电荷密度是电流矢量的时间分量, 由下式给出

$$\rho = -\mathrm{i}\frac{e\hbar}{2} \left(\Psi^* \frac{\partial \Psi}{\partial t} - \frac{\partial \Psi^*}{\partial t} \Psi \right) \tag{8.4}$$

其中, (8.3) 里的 κ 是

$$\kappa = \frac{mc}{\hbar} \tag{8.3'}$$

人们还发现, 如果把 Ψ 和 Ψ^* 当作正则坐标, 那么, 与它们共轭的动量 Π 和 Π^* 就是

$$\Pi = \hbar^2 \frac{\partial \Psi^*}{\partial t}, \quad \Pi^* = \hbar^2 \frac{\partial \Psi}{\partial t} \tag{8.5}$$

(我要提醒你们, 此时的场不是量子化的.)

现在我们讨论, 这些结果意味着什么. 从 (8.3) 得到的第一个结论是, H 的右边是形式为 $|\cdots|^2$ 的项之和, 因此它总是正的, 即, 能量总是正的. 另一方面, 我们可以得到结论, 电荷密度可以是正的也可以是负的. 如果 Ψ 是 (8.2) 的一个解, 那么显然 Ψ^* 也满足 (8.2), 因此, 表达式 (8.4) 里用 Ψ^* 替代 Ψ[对

于 Ψ^*, 我们用 $(\Psi^*)^* = \Psi$] 得到的也是可能的电荷密度; 如果 ρ 是可能的密度, 那么 $-\rho$ 也是可能的密度. 这样就得到了结论, ρ 可以是正的也可以是负的. [我在第 6 讲里告诉过你们, 狄拉克不喜欢电荷可正可负的这个想法, 而且他就是用这个论证揭露 (8.2) 的这个 "错误".]

狄拉克方程发生了什么呢? 如第 3 讲所述, 狄拉克方程是

$$\left[\left(\mathrm{i}\frac{\hbar}{c}\frac{\partial}{\partial t}\right) - \sum_{r=1}^{3} \alpha_r \left(-\mathrm{i}\hbar\frac{\partial}{\partial x_r}\right) - \alpha_0 mc\right] \Psi(\boldsymbol{x}, t) = 0 \tag{8.6}$$

对于四个矩阵 α_0, α_r, 狄拉克使用了

$$
\alpha_1 = \begin{pmatrix} 0 & 0 & 0 & 1 \\ 0 & 0 & 1 & 0 \\ 0 & 1 & 0 & 0 \\ 1 & 0 & 0 & 0 \end{pmatrix}, \quad
\alpha_2 = \begin{pmatrix} 0 & 0 & 0 & -\mathrm{i} \\ 0 & 0 & \mathrm{i} & 0 \\ 0 & -\mathrm{i} & 0 & 0 \\ \mathrm{i} & 0 & 0 & 0 \end{pmatrix},
$$
$$
\alpha_3 = \begin{pmatrix} 0 & 0 & 1 & 0 \\ 0 & 0 & 0 & -1 \\ 1 & 0 & 0 & 0 \\ 0 & -1 & 0 & 0 \end{pmatrix}, \quad
\alpha_0 = \begin{pmatrix} 1 & 0 & 0 & 0 \\ 0 & 1 & 0 & 0 \\ 0 & 0 & -1 & 0 \\ 0 & 0 & 0 & -1 \end{pmatrix}
\tag{8.7}
$$

就像我以前告诉你们的那样.

对于狄拉克方程, 我们还可以应用相对论的标准方法 —— 使用拉格朗日量. 按照这个方法, 场的能量密度是

$$H = -\mathrm{i}\frac{\hbar}{2}\left(\Psi^* \frac{\partial \Psi}{\partial t} - \frac{\partial \Psi^*}{\partial t}\Psi\right) \tag{8.8}$$

而电荷密度是

$$\rho = -e\Psi^*\Psi \tag{8.9}$$

其中, 电子的电荷为 $-e$. 此外, 与 Ψ 共轭的正则动量 Π 是

$$\Pi = \mathrm{i}\hbar\Psi^* \tag{8.10}$$

[与 (8.5) 不同, 我们不能认为 Ψ^* 和 Ψ 是独立坐标, 因为 Ψ^* 已经是与 Ψ 共轭的动量, 如 (8.10) 所示.]

现在, H 和 ρ 的符号发生了什么呢? 我们先把 (8.6) 里的 i 变为 $-$i. 那么, 该公式就变为

$$\left[\left(-\mathrm{i}\hbar\frac{1}{c}\frac{\partial}{\partial t}\right) - \sum_{r=1}^{3}\alpha_r^*\left(\mathrm{i}\hbar\frac{\partial}{\partial x_r}\right) - \alpha_0^* mc\right]\Psi^*(\boldsymbol{x},t) = 0$$

这里的 α^* 是矩阵, 其中, α 的矩阵元里的 i 变成了 $-$i. 现在看看 (8.7), 只有 α_2 的矩阵元包含 i. 因此, 可以把这个公式重写为

$$-\left[\left(\mathrm{i}\frac{\hbar}{c}\frac{\partial}{\partial t}\right) - \sum_{r=1,3}\alpha_r\left(-\mathrm{i}\hbar\frac{\partial}{\partial x_r}\right) + \alpha_2\left(-\mathrm{i}\hbar\frac{\partial}{\partial x_2}\right) + \alpha_0 mc\right]\Psi^*(\boldsymbol{x},t) = 0$$

$$(8.6)^*$$

$(8.6)^*$ 的方括号里面的表达式不同于 (8.6) 的方括号里面的表达式. 因此, 与克莱因 – 戈尔登方程的情况不同, Ψ^* 不是狄拉克方程的一个解. 然而, 如果引入矩阵

$$C \equiv \begin{pmatrix} 0 & 0 & 0 & -1 \\ 0 & 0 & 1 & 0 \\ 0 & 1 & 0 & 0 \\ -1 & 0 & 0 & 0 \end{pmatrix} \tag{8.11}$$

就可以从 (8.7) 得到

$$C\alpha_1 = \alpha_1 C, \quad C\alpha_3 = \alpha_3 C, \quad C\alpha_2 = -\alpha_2 C, \quad C\alpha_0 = -\alpha_0 C \tag{8.11'}$$

因此, 如果用这个 C 左乘 $(8.6)^*$ 左边方括号里面的部分, 并且用 (8.11′) 把 C 移到方括号的右侧, 我们就得到

$$-\left[\left(\mathrm{i}\frac{\hbar}{c}\frac{\partial}{\partial t}\right) - \sum_{r=1}^{3}\alpha_r\left(-\mathrm{i}\hbar\frac{\partial}{\partial x_r}\right) - \alpha_0 mc\right]C\Psi^*(\boldsymbol{x},t) = 0 \tag{$(8.6)_C^*$}$$

由此得到结论: "如果 Ψ 是 (8.6) 的解, 那么 $C\Psi^*$ 也是 (8.6) 的解."

现在可以利用这个结论考察 H 和 ρ 的符号. 首先, 如果用分量 $\Psi_\alpha(\alpha = 1, 2, 3, 4)$ 表示 (8.8), 注意

$$H = -\mathrm{i}\frac{\hbar}{2} \sum_\alpha \left(\Psi_\alpha^* \frac{\partial \Psi_\alpha}{\partial t} - \frac{\partial \Psi_\alpha^*}{\partial t} \Psi_\alpha \right)$$

并且在这个表达式里用 $\sum_\beta C_{\alpha\beta} \Psi_\beta^*$ 代替 Ψ_α, 用 $\sum_\beta C_{\alpha\beta}^* \Psi_\beta$ 代替 Ψ_α^*, 那么, 因为 $\sum_\beta C_{\alpha\beta}^* C_{\alpha'\beta} = \delta_{\alpha\alpha'}$, 就得到

$$H_{\Psi \to C\Psi^*} = -H \tag{8.12}$$

因此, 我们得到结论, 如果 H 是可能的能量密度, 那么 $-H$ 也是可能的能量密度, 因此, 能量可以是正的, 也可以是负的. 至于 ρ, 因为 $\Psi^*\Psi = \sum_\alpha \Psi_\alpha^*\Psi_\alpha$ 对于任何 Ψ 都是正的, ρ 总是具有和 $-e$ 相同的符号. 正是后面这个性质让狄拉克相信这个方程适于描述电子, 因为那时候还没有发现正电子. 然而, 他面临着一个两难问题: H 既可以是正的, 也可以是负的. 顺便说一下, 当这个场是复数的时候, 从场方程的一个解 Ψ 得到另一个解即它的复共轭 (对于克莱因–戈尔登方程是 Ψ^*, 对于狄拉克方程是 $C\Psi^*$) 的变换被称为 "电荷共轭". 这个变换将会在基本粒子物理学中扮演非常重要的角色.

总结一下, 到目前为止, 我们已经得到了 "互补性的" 结论

$$\begin{cases} \text{对于克莱因–戈尔登场} \\ \quad \text{(i) 能量总是正的} \\ \quad \text{(ii) 电荷可以是正的也可以是负的} \\ \text{对于狄拉克场} \\ \quad \text{(i) 电荷总是 } -e \text{ 乘以一个正数} \\ \quad \text{(ii) 能量可以是正的也可以是负的} \end{cases} \tag{8.13}$$

目前, 还没有把这个场量子化. 首先, 我们必须仔细考虑究竟想怎么做. 我告诉过你们, 有两种量子化的方法, 一种用于玻色子, 另一种用于费米子. 我们必须考虑, 对克莱因–戈尔登场要用哪种量子化的方法, 对狄拉克场要用哪种方法. 我在第 6 讲告诉过你们, 狄拉克想用泡利不相容原理解决负能量的问

题. 因此, 如果对狄拉克场使用玻色子的量子化方法, 得到的只会是没有意义的结果. 另一方面, 泡利和韦斯科普夫指出, 用玻色子对易关系把克莱因 – 戈尔登方程量子化, 不会引入任何不自洽的东西, 但是, 使用费米子对易关系就会引入矛盾. 因此, 总结如下,

$$
\left\{
\begin{array}{l}
对于克莱因 – 戈尔登场 \\
\quad \text{(i) 玻色子对易关系是可以的} \\
\quad \text{(ii) 费米子对易关系是不行的} \\
对于狄拉克场 \\
\quad \text{(i) 费米子对易关系是可以的} \\
\quad \text{(ii) 玻色子对易关系是不行的}
\end{array}
\right.
\tag{8.14}
$$

而且这些关系也是 "互补性的".

这里省略了 (8.14) 的证明, 因为后面将要讨论泡利的工作, 他一般性地证明了,

$$
\left\{
\begin{array}{l}
对于张量场 \\
\quad \text{(i) 玻色子对易关系是可以的} \\
\quad \text{(ii) 费米子对易关系是不行的} \\
对于旋量场 \\
\quad \text{(i) 费米子对易关系是可以的} \\
\quad \text{(ii) 玻色子对易关系是不行的}
\end{array}
\right.
\tag{8.14$'$}
$$

还有, 作为 (8.13) 的推广,

$$
\left\{
\begin{array}{l}
对于张量场 \\
\quad \text{(i) 能量总是正的} \\
\quad \text{(ii) 电荷既可以是正的, 也可以是负的} \\
对于旋量场 \\
\quad \text{(i) 电荷总是 } -e \text{ 乘以一个正数} \\
\quad \text{(ii) 能量既可以是正的, 也可以是负的}
\end{array}
\right.
\tag{8.13$'$}
$$

泡利证明了 (ii) 总是成立的. 他的助手费尔兹 (M. Fierz) 讨论了陈述 (i), 而且, 根据这位助手的说法, 它们通常不是真的, 但是, 对 0、1/2 和 1 的自旋是成立的. 显然, 我们要推迟考虑量子化, 先讨论这些结论是如何得到的.

*

泡利从非常一般性的考虑出发得到了关系式 (8.13′), 实际上只有三个假设:

(a) 表示这个场的量要么是张量, 要么是旋量;

(b) 场方程是 (x, y, z, c, t) 的协变的、线性的、齐次的微分方程;

(c) 这个方程的通解可以表示为平面波 $e^{i(\boldsymbol{k}\cdot\boldsymbol{x}-ck_0t)}$ 的线性叠加, 其中, $k_0 = \pm\sqrt{\boldsymbol{k}^2+\kappa^2}$.

下面可以看到, 他的结论比 (8.13′) 更为普遍.

现在我来介绍, 当场量是张量的时候, 泡利的想法. 我们首先把张量 U 分类, 分为偶数阶的张量和奇数阶的张量, 把一般性的偶数阶张量记为 U^e, 一般性的奇数阶张量记为 U^o. 如果讨论单个的而不是一般性的偶数阶张量, 我们就写为 $U^e_1, U^e_2, \cdots$, 带有上标 "e". 同样, 单个的奇数阶张量写为 $U^o_1, U^o_2, \cdots$. 这些 U 可以是实数的, 也可以是复数的, 在后一种情况里, 通常用 U 和 U^* 一起描述这个场, 但是, 我们不用那样假设. 接下来, 把两个张量的乘积写为 $U \times U$ (乘以一个常数或者被缩并、对称化或反对称化任意次的直积都称为乘积). 这样一来, 两个偶数阶张量的乘积总是偶数阶, 两个奇数阶张量的乘积总是偶数阶, 一个奇数阶张量和一个偶数阶张量的乘积总是奇数阶. 所以, 我们有

$$U^e \times U^e = U^e, \quad U^o \times U^o = U^e, \quad U^e \times U^o = U^o \tag{8.15}$$

记住, 可以认为微分算符

$$\nabla^o \equiv \frac{1}{i}\left(\frac{\partial}{\partial x}, \frac{\partial}{\partial y}, \frac{\partial}{\partial z}, \frac{1}{c}\frac{\partial}{\partial t}\right) \tag{8.16}$$

是矢量. 我加了上标 "o" 是因为这个矢量是奇数阶张量. 我们就可以用 $\nabla^o \times \nabla^o, \nabla^o \times \nabla^o \times \nabla^o, \cdots$ 给出所有的类张量的微分算符, 把这些张量一般性地

记为 D. 这样就可以从 (8.15) 得到 $\nabla^{\mathrm{o}} = D^{\mathrm{o}}$, $\nabla^{\mathrm{o}} \times \nabla^{\mathrm{o}} = D^{\mathrm{e}}$, $\nabla^{\mathrm{o}} \times \nabla^{\mathrm{o}} \times \nabla^{\mathrm{o}} = D^{\mathrm{o}}$, $\cdots$. 还有, 对于作用在任意张量上的 D^{e} 和 D^{o}, 我们有

$$D^{\mathrm{e}}U^{\mathrm{e}} = U^{\mathrm{e}}, \quad D^{\mathrm{o}}U^{\mathrm{o}} = U^{\mathrm{e}}, \quad D^{\mathrm{e}}U^{\mathrm{o}} = U^{\mathrm{o}}, \quad D^{\mathrm{o}}U^{\mathrm{e}} = U^{\mathrm{o}} \tag{8.16$'$}$$

到目前为止, 我们没有考虑场方程, 因此, (8.15) 和 (8.16$'$) 对任意的 U 都成立. 如果考虑场方程, 会怎么样呢? 除了该方程满足假设 (b) 和 (c) 以外, 不需要进一步的假设. 例如, 不需要假设这个方程是一阶的. (当泡利小心地说它不一定是一阶方程的时候, 他可能心里想着狄拉克.) 所以, 我们假设, 这个场是由 M 个 U^{e} 量 $(U_1^{\mathrm{e}}, U_2^{\mathrm{e}}, \cdots, U_M^{\mathrm{e}})$ 和 N 个 U^{o} 量 $(U_1^{\mathrm{o}}, U_2^{\mathrm{o}}, \cdots, U_N^{\mathrm{o}})$ 描述的. 这样一来, 场方程就必须是 $M + N$ 个微分方程联立的系统, 但是, 因为它们必须满足假设 (b) 要求的协变性, 基于 (8.16$'$) 的每个方程必须具有下述形式

$$\sum_{m=1}^{M} D_m^{\mathrm{e}} U_m^{\mathrm{e}} = \sum_{n=1}^{N} D_n^{\mathrm{o}} U_n^{\mathrm{o}}, \quad \sum_{m=1}^{M} D_m^{\mathrm{o}} U_m^{\mathrm{e}} = \sum_{n=1}^{N} D_n^{\mathrm{e}} U_n^{\mathrm{o}} \tag{8.17}$$

此外, 因为假设 (c), 这些解具有下述形式

$$U_m^{\mathrm{e}} = \overline{U}_m^{\mathrm{e}}(K) \mathrm{e}^{\mathrm{i}(\boldsymbol{k}\cdot\boldsymbol{x} - ck_0 t)}, \quad U_n^{\mathrm{o}} = \overline{U}_n^{\mathrm{o}}(K) \mathrm{e}^{\mathrm{i}(\boldsymbol{k}\cdot\boldsymbol{x} - ck_0 t)} \tag{8.18}$$

把这些代入 (8.17), 我们得到

$$\sum_{m=1}^{M} K_m^{\mathrm{e}} \overline{U}_m^{\mathrm{e}}(K) = \sum_{n=1}^{N} K_n^{\mathrm{o}} \overline{U}_n^{\mathrm{o}}(K), \quad \sum_{m=1}^{M} K_m^{\mathrm{o}} \overline{U}_m^{\mathrm{e}}(K) = \sum_{n=1}^{N} K_n^{\mathrm{e}} \overline{U}_n^{\mathrm{o}}(K) \tag{8.17$'$}$$

我在 (8.18) 里写为 $\overline{U}_m^{\mathrm{e}}(K)$ 和 $\overline{U}_n^{\mathrm{o}}(K)$, 这是为了明确地表明它们是传播矢量为

$$K \equiv (k_x, k_y, k_z, k_0) \tag{8.19}$$

的平面波的振幅. 在 (8.17$'$) 里, K_m^{e} 和 K_n^{e} 都是偶数阶张量, 由矢量 (8.19) 通过 $K \times K$, $K \times K \times K \times K$, $\cdots$ 构成, 而 K_m^{o} 和 K_n^{o} 都是奇数阶张量, 由 K, $K \times K \times K$, $\cdots$ 构成. 一般来说, K^{e} 是 k_x, k_y, k_z, k_0 的偶函数 (即, 经过 $k_x \to -k_x$, $k_y \to -k_y$, $k_z \to -k_z$, $k_0 \to -k_0$ 后, 其函数值不改变), 而 K^{o} 是奇函数 (经过变换后, 其函数值的符号改变).

对于振幅 $\overline{U}_m^{\mathrm{e}}(K)$ $(m = 1, 2, \cdots, M)$ 和 $\overline{U}_n^{\mathrm{o}}(K)$ $(n = 1, 2, \cdots, N)$ 的集合或类, 我们有 $M + N$ 个形式为 (8.17$'$) 的联立代数方程. 求解方程, 可以得到

可能的振幅类, 但是, 通常会有不止一个解, 因此, 必然有不止一类平面波满足场方程 (在这种情况下, 对于某个类, $k_0 = +\sqrt{\boldsymbol{k}^2 + \kappa^2} > 0$, 对于另一个类, $k_0 = -\sqrt{\boldsymbol{k}^2 + \kappa^2} < 0$). 根据以前指出的事实, K^{e} 是 $\boldsymbol{k}$ 的偶函数, K^{o} 是 $\boldsymbol{k}$ 的奇函数, 我们得到下述重要结论.

假设我们已经得到了一类解 $\overline{U}_m^{\mathrm{e}}(K)$ ($m = 1, 2, \cdots, M$) 和 $\overline{U}_n^{\mathrm{o}}(K)$ ($n = 1, 2, \cdots, N$), 其中, K 是传播矢量的数值. 那么, $\overline{U}_m^{\mathrm{e}}(-K)$ 和 $\overline{U}_n^{\mathrm{o}}(-K)$ 的类就是

$$\overline{U}_m^{\mathrm{e}}(-K) = \overline{U}_m^{\mathrm{e}}(K), \quad \overline{U}_n^{\mathrm{o}}(-K) = -\overline{U}_n^{\mathrm{o}}(K) \tag{8.20}$$

它们也是传播矢量 $-K$ 的一类解. 如果用 $-K$ 替换 (8.17′) 中的 K, 并且使用 (8.20), 就很容易发现这一点. 如果初始的平面波 (8.18) 属于 $k_0 > 0$ (或 $k_0 < 0$) 的类, 那么平面波 (8.20), 即

$$\overline{U}_m^{\mathrm{e}}(K)\mathrm{e}^{\mathrm{i}[(-\boldsymbol{k})\cdot\boldsymbol{x} - c(-k_0)t]}, \quad -\overline{U}_n^{\mathrm{o}}(K)\mathrm{e}^{\mathrm{i}[(-\boldsymbol{k})\cdot\boldsymbol{x} - c(-k_0)t]} \tag{8.18′}$$

属于 $k_0 < 0$ (或 $k_0 > 0$) 的类. 在这个意义上, (8.20) 意味着从 $k_0 > 0$ 的类到 $k_0 < 0$ 的类的变换, 或者是从 $k_0 < 0$ 的类到 $k_0 > 0$ 的类的变换. 因为 (8.20) 相对于 K 和 $-K$ 是对称的, 这个变换类里的元素之间有一一对应关系 (因此, $k_0 > 0$ 的类和 $k_0 < 0$ 的类的元素数目相等). 泡利用下述记号表示了这个变换

$$K \to -K, \quad U^{\mathrm{e}} \to U^{\mathrm{e}}, \quad U^{\mathrm{o}} \to -U^{\mathrm{o}} \tag{8.21}$$

到目前为止, 我们已经讨论了平面波的解, 但是, 根据假设 (c), 可以通过它们的叠加产生一个通解. 首先, 对每一类取平面波 (8.18) 的线性组合, 使用任意的系数 $\alpha(\boldsymbol{k})$, 得到一个波包

$$\begin{cases} \Psi_m^{\mathrm{e}}(\boldsymbol{x}, t) = \displaystyle\sum_{\boldsymbol{k}} \overline{U}_m^{\mathrm{e}}(K)\alpha(\boldsymbol{k})\mathrm{e}^{\mathrm{i}(\boldsymbol{k}\cdot\boldsymbol{x} - ck_0 t)}, \quad m = 1, 2, \cdots, M \\[2mm] \Psi_n^{\mathrm{o}}(\boldsymbol{x}, t) = \displaystyle\sum_{\boldsymbol{k}} \overline{U}_n^{\mathrm{o}}(K)\alpha(\boldsymbol{k})\mathrm{e}^{\mathrm{i}(\boldsymbol{k}\cdot\boldsymbol{x} - ck_0 t)}, \quad n = 1, 2, \cdots, N \end{cases} \tag{8.22}$$

[这里的 $\alpha(\boldsymbol{k})$ 对于不同的类可以不一样.] 接着, 把每个类形成的波包对所有的类求和. 这样求和得到的波包

$$\begin{cases} U_m^{\mathrm{e}}(\boldsymbol{x},t) = \sum_{\text{类}} \Psi_m^{\mathrm{e}}(\boldsymbol{x},t), & m = 1,2,\cdots,M \\ U_n^{\mathrm{o}}(\boldsymbol{x},t) = \sum_{\text{类}} \Psi_n^{\mathrm{o}}(\boldsymbol{x},t), & n = 1,2,\cdots,N \end{cases} \tag{8.23}$$

就是通解.

为了给后面的讨论做准备, 我说说下面这些内容. 首先用泡利变换从 (8.18) 得到 (8.18′). 因为 (8.18′) 满足场方程, 波包

$$\begin{cases} \Psi_m'^{\mathrm{e}}(\boldsymbol{x},t) = \sum_{\boldsymbol{k}} \overline{U}_m^{\mathrm{e}}(K)\alpha(\boldsymbol{k})\mathrm{e}^{\mathrm{i}[(-\boldsymbol{k})\cdot\boldsymbol{x}-c(-k_0)t]} \\ \Psi_n'^{\mathrm{o}}(\boldsymbol{x},t) = -\sum_{\boldsymbol{k}} \overline{U}_n^{\mathrm{o}}(K)\alpha(\boldsymbol{k})\mathrm{e}^{\mathrm{i}[(-\boldsymbol{k})\cdot\boldsymbol{x}-c(-k_0)t]} \end{cases} \tag{8.22′}$$

也满足场方程, 因此, 由它们构成的波包

$$\begin{cases} U_m'^{\mathrm{e}}(\boldsymbol{x},t) = \sum_{\text{类}} \Psi_m'^{\mathrm{e}}(\boldsymbol{x},t), & m = 1,2,\cdots,M \\ U_n'^{\mathrm{o}}(\boldsymbol{x},t) = \sum_{\text{类}} \Psi_n'^{\mathrm{o}}(\boldsymbol{x},t), & n = 1,2,\cdots,N \end{cases} \tag{8.23′}$$

满足场方程. 我们也把这个从 U 得到 U' 的变换称为泡利变换.

*

在相对论性场论里, 由场量及其导数构成的协变二次型或者双线性型发挥了重要作用. 能量–动量张量就是个好例子. 还有, 如果物质场和一个电磁场相互作用, 那么电流矢量也是个例子. 开始的时候我告诉过你们, 能量–动量张量是二阶张量, 它的时间–时间分量给出了能量密度, 而电流矢量是一阶张量, 它的时间分量给出了电荷密度. 对于由描述场的 U_m^{e} 和 U_n^{o} 以及它们的导数构成的一阶张量和二阶张量的性质, 刚才给出了非常一般性的讨论, 我们看看可以由此得到多少结论.

我们从一阶张量开始. 一阶张量是奇数阶张量, 因此, 根据 (8.15), 它必然具有 $U^{\mathrm{e}} \times U^{\mathrm{o}}$ 的形式. 接下来使用 (8.16′), 但是首先要注意, 从现在开始, 变

量只是用来区分张量是偶的还是奇的, (8.16′) 中的 D^e 没有扮演任何角色. 这就是说, 从 (8.16′) 可以看出, 作用在 U^e 和 U^o 上的 D^e 根本不改变 U^e 和 U^o 的奇偶性. 因此, 如果只考虑 U 的奇偶性, 那么, 所有的 D^e 可以简单地表示为 1. 利用同样的论证, 如果只关心 U 的奇偶性, 那么所有的 D^o 可以简单地表示为 ∇^o. 在这个意义上, 我们把 (8.16′) 写为

$$1U^e = U^e, \quad \nabla^o U^o = U^e, \quad 1U^o = U^o, \quad \nabla^o U^e = U^o \tag{8.16″}$$

如果这样做, 左边的这两个公式就非常简单, 没有必要把它们写下来.

说完了这个结论, 我们回到一阶张量 (或者一般地说, 奇数阶张量) 的内容. 如前文所述, 它们具有 $U^e \times U^o$ 的形式, 根据 (8.16″), 它们是 $U^e \times \nabla^o U^e$、$\nabla^o U^o \times U^o$ 或 $U^e \times U^o$ 中的一个. 因为乘积的顺序并不影响奇偶性, 我们忽略 "×" 并简单地把它们写为 $U^e \nabla^o U^e$、$\nabla^o U^o U^o$ 或 $U^e U^o$. 这样一来, 可以用 U^e 和 U^o 或者它们的导数生成的一阶张量的最一般化的形式是

$$S = U^e \nabla^o U^e + U^o \nabla^o U^o + U^e U^o \tag{8.24}$$

接着, 把 (8.23) 用于上式右边的 U^e 和 U^o. 我们得到

$$S = \sum_{\text{类}} \sum_{\text{类}'} \left(\sum_{m,m'} \Psi_m^e \nabla^o \Psi_{m'}^e + \sum_{n,n'} \Psi_n^o \nabla^o \Psi_{n'}^o + \sum_{m,n'} \Psi_m^e \Psi_{n'}^o \right) \tag{8.25}$$

这里 $\sum\limits_{\text{类}}$ 和 $\sum\limits_{\text{类}'}$ 的含义是自明的, 但是我要提醒你们, 位于右边的 Ψ_m^e 和 Ψ_n^o 属于同一类, $\Psi_{m'}^e$ 和 $\Psi_{n'}^o$ 也属于同一类, 但是, Ψ_m^e 和 $\Psi_{m'}^e$ 可能属于同一类, 也可能不属于同一类 (Ψ_n^o 和 $\Psi_{n'}^o$ 也是如此).

最后, 我们讨论 S 的符号. 为此, 我们用 (8.22) 和 (8.22′) 计算 S 并比较结果. 首先, 如果标记

$$\overline{U}_m^e(K)\alpha(\boldsymbol{k}) \equiv A_m^e(K), \quad \overline{U}_n^o(K)\alpha(\boldsymbol{k}) \equiv A_n^o(K) \tag{8.26}$$

并用 (8.22) 计算 S, 就得到

$$S(\boldsymbol{x}, t) = \sum \sum{}' \left[A_m^e(K) K' A_{m'}^e(K') + A_n^o(K) K' A_{n'}^o(K') + A_m^e(K) A_{n'}^o(K') \right] \times$$

$$e^{i[(\boldsymbol{k}+\boldsymbol{k}')\cdot\boldsymbol{x}-c(k_0+k_0')t]} \tag{8.27}$$

但是, 当我们用 (8.22′) 的时候, S' 是

$$S'(\boldsymbol{x},t)=-\sum\sideset{}{'}\sum[A_m^{\mathrm{e}}(K)K'A_{m'}^{\mathrm{e}}(K')+A_n^{\mathrm{o}}(K)K'A_{n'}^{\mathrm{o}}(K')+A_m^{\mathrm{e}}(K)A_{n'}^{\mathrm{o}}(K')]\times$$
$$e^{i[(-\boldsymbol{k}-\boldsymbol{k}')\cdot\boldsymbol{x}-c(-k_0-k_0')t]} \tag{8.27'}$$

这里的 $\displaystyle\sum$ 是 $\displaystyle\sum_{\text{类}}$、$\displaystyle\sum_m$ (或 $\displaystyle\sum_n$) 和 $\displaystyle\sum_k$ 的一种组合, 而 $\displaystyle\sideset{}{'}\sum$ 是 $\displaystyle\sum_{\text{类}'}$、$\displaystyle\sum_{m'}$ (或 $\displaystyle\sum_{n'}$) 和 $\displaystyle\sum_{k'}$ 的一种组合. 如果我们标记

$$e^{i[(-\boldsymbol{k}-\boldsymbol{k}')\cdot\boldsymbol{x}-c(-k_0-k_0')t]} = e^{i[(\boldsymbol{k}+\boldsymbol{k}')\cdot(-\boldsymbol{x})-c(k_0+k_0')(-t)]}$$

可以从 (8.27) 和 (8.27′) 得到如下结论: "如果使用波包 (8.23) 表示的位于 $(\boldsymbol{x},t)$ 的 S 的数值是正的 (或者负的), 那么, 使用波包 (8.23′) 表示的位于 $(-\boldsymbol{x},-t)$ 的 S 的数值就是负的 (或者正的)." 这就引出了必然的结论, 在张量场里, S 不能只取正值或者只取负值.

这个结论是对一阶张量得到的, 作为特殊情况, 它自然可应用于电流矢量. 这样就可以得到结论, 张量场里的电荷密度可以是任何一种符号.

能量–动量张量是怎么样的呢? 这是二阶张量的情况, 它的最一般化的形式是

$$T = U^{\mathrm{e}}U^{\mathrm{e}} + U^{\mathrm{o}}U^{\mathrm{o}} + U^{\mathrm{e}}\nabla^{\mathrm{o}}U^{\mathrm{o}} \tag{8.28}$$

采用类似于对 S 的论证, 得到

$$T(\boldsymbol{x},t) = \sum\sideset{}{'}\sum[A_m^{\mathrm{e}}(K)A_{m'}^{\mathrm{e}}(K') + A_n^{\mathrm{o}}(K)A_{n'}^{\mathrm{o}}(K') + A_m^{\mathrm{e}}(K)K'A_{n'}^{\mathrm{o}}(K')]\times$$
$$e^{i[(\boldsymbol{k}+\boldsymbol{k}')\cdot\boldsymbol{x}-c(k_0+k_0')t]} \tag{8.29}$$

和

$$T'(\boldsymbol{x},t) = \sum\sideset{}{'}\sum[A_m^{\mathrm{e}}(K)A_{m'}^{\mathrm{e}}(K') + A_n^{\mathrm{o}}(K)A_{n'}^{\mathrm{o}}(K') + A_m^{\mathrm{e}}(K)K'A_{n'}^{\mathrm{o}}(K')]\times$$
$$e^{i[(\boldsymbol{k}+\boldsymbol{k}')\cdot(-\boldsymbol{x})-c(k_0+k_0')(-t)]} \tag{8.29'}$$

从而得出结论: "使用波包 (8.23) 表示的位于 $(\boldsymbol{x}, t)$ 的 T 的数值等于使用波包 (8.23') 表示的位于 $(-\boldsymbol{x}, -t)$ 的 T." 然而, 我们不能做结论说, T 总是正的, 但是, 至少没有排除这种可能性.

接下来, 旋量场的情况怎么样呢? 不幸的是, 我们没有足够的时间来彻底地讨论这种情况, 也不能充分详细地讨论这个论证所需的旋量代数. 因此请原谅我只给出结论. 我们发现, 在旋量场里, T 没有确定的符号. 至于 S, 我们不能做结论说 S 总是正的, 但是至少不能排除这种可能性. 由此我们发现, 在旋量场里, 能量密度可能是正的或者负的, 而且它的空间积分 (即能量) 也可以是正的或者负的.

这就是泡利用于推导 (8.13') 的 (ii) 的论证. 此前, 我们使用电荷共轭变换对克莱因－戈尔登场和狄拉克场推导 (8.13). 泡利的一般性论证的特点是, 不使用这种变换而是使用泡利变换 (8.21). 因此, 泡利关于电流矢量的结论也可以一般性地应用于所有的奇数阶张量, 而他的关于能量－动量张量的结论适用于所有的偶数阶张量和标量场. 单独从泡利的论证并不能得出结论说, 张量场的 T 和旋量场的 S 总是正的. 我在前面提到过, 费尔兹证明了, 那只有在自旋为 0、1/2 或 1 的时候成立. 但是无论如何, 认识到这一点非常有建设性: 这样深奥的结论, 可以只用 "物理量必须是协变量" 这个假设推导出来, 而且在此过程中, 张量和旋量代数证明了它们的作用.

*

我们现在把话题转移到场的量子化. 你们将会看到, 协变性的概念在这里也起了作用. 然而, 在这个讨论中, 对易算符 (或者反对易算符) 的通常形式让人纠结. 例如, (8.1)$_-$ 中, 左边有 $\varPsi(\boldsymbol{x})$ 和 $\varPi(\boldsymbol{x}')$, 这意味着 $\varPsi$ 和 $\varPi$ 处于不同位置但是同一时刻, 所以, 严格地说, 它们应当写为 $\varPsi(\boldsymbol{x}, t)$ 和 $\varPi(\boldsymbol{x}', t)$. 对于空间变量和时间变量的这种不同处理方式不是相对论性的, 因此, 我们不能用四维空间的协变性得到任何结论. 因此, 必须为我们的讨论寻找一个对易关系式, 它把不同位置和时刻的场联系起来, 形式为

$$\varPsi(\boldsymbol{x}, t)\varPi(\boldsymbol{x}', t') - \varPi(\boldsymbol{x}', t')\varPsi(\boldsymbol{x}, t) = F(\boldsymbol{x} - \boldsymbol{x}', t - t')$$

而且这个公式的左边和右边都应当是协变的.

真的存在这样的 F 吗? 如果确实如此, 它的性质是什么? 最简单的克莱因 – 戈尔登场必然会给出一点线索. 因此, 让我们来试一试.

首先我们指出, 克莱因 – 戈尔登场的正则对易关系是通过把 (8.5) 代入 (6.14′) 得到的:

$$\begin{cases} \Psi(\boldsymbol{x},t)\dfrac{\partial \Psi^\dagger(\boldsymbol{x}',t)}{\partial t} - \dfrac{\partial \Psi^\dagger(\boldsymbol{x}',t)}{\partial t}\Psi(\boldsymbol{x},t) = \dfrac{\mathrm{i}}{\hbar}\delta(\boldsymbol{x}-\boldsymbol{x}') \\[2mm] \Psi^\dagger(\boldsymbol{x},t)\dfrac{\partial \Psi(\boldsymbol{x}',t)}{\partial t} - \dfrac{\partial \Psi(\boldsymbol{x}',t)}{\partial t}\Psi^\dagger(\boldsymbol{x},t) = \dfrac{\mathrm{i}}{\hbar}\delta(\boldsymbol{x}-\boldsymbol{x}') \end{cases} \tag{8.30}$$

(因为 Ψ 是 q 数, 我们用 $\Psi^\dagger$ 而不是 Ψ^*.) 除此以外, 还有关系式 Ψ 和 $\Psi^\dagger$、$\partial\Psi/\partial t$ 和 $\partial\Psi^\dagger/\partial t$、$\partial\Psi/\partial t$ 和 Ψ、$\partial\Psi^\dagger/\partial t$ 和 $\Psi^\dagger$ 都对易. 我在前面说过, 这些对易关系让人不满意的是, Ψ 里的 t 和 $\Psi^\dagger$ 里的 t 是相同的数值, 但是注意, 因为 (8.30) 及其他关系式是已知的, 我们可以利用它们计算出下述类型的对易算符

$$\Psi(\boldsymbol{x},t)\Psi^\dagger(\boldsymbol{x}',t') - \Psi^\dagger(\boldsymbol{x}',t')\Psi(\boldsymbol{x},t)$$

其中利用了这个事实: Ψ 和 $\Psi^\dagger$ 随时间变化满足 (8.2). 例如, 如果令

$$\Psi(\boldsymbol{x},t)\Psi^\dagger(\boldsymbol{x}',t') - \Psi^\dagger(\boldsymbol{x}',t')\Psi(\boldsymbol{x},t) \equiv \dfrac{\mathrm{i}}{\hbar}\Delta(\boldsymbol{x}-\boldsymbol{x}',t-t') \tag{8.31}$$

我们就看到:

(I) 因为左边的 $\Psi(\boldsymbol{x},t)$ 满足克莱因 – 戈尔登方程, 右边的 $\Delta(\boldsymbol{x}-\boldsymbol{x}',t-t')$ 也必须满足这个方程;

(II) 因为 Ψ 和 $\Psi^\dagger$ 在 $t=t'$ 处对易, 右边的 $\Delta(\boldsymbol{x}-\boldsymbol{x}',t-t')$ 在 $t'=t$ 处等于零;

(III) 因为 (8.30), 对于 $t=t'$, 有 $\partial\Delta(\boldsymbol{x}-\boldsymbol{x}',t-t')/\partial t|_{t'=t}=\delta(\boldsymbol{x}-\boldsymbol{x}')$.

因此, 利用 (II) 和 (III) 作为初始条件求解克莱因 – 戈尔登方程, 可以得到函数 $\Delta(\boldsymbol{x}-\boldsymbol{x}',t-t')$.

对于我们的目的来说, 没有必要把 Δ 的函数形式显式地写出来. 这里仅仅指出这种方式得到的 Δ 的下述三个性质:

(A) Δ 是 $\boldsymbol{x}^2 - c^2 t^2$ 的实数值函数;

(B) $\Delta(\boldsymbol{x} - \boldsymbol{x}', t - t')$ 相对于空间变量 $\boldsymbol{x}$ 和 $\boldsymbol{x}'$ 的交换是对称的, 相对于时间坐标 t 和 t' 的交换是反对称的;

(C) 在区间 $-|\boldsymbol{x} - \boldsymbol{x}'| < c(t - t') < |\boldsymbol{x} - \boldsymbol{x}'|$ 里, $\Delta(\boldsymbol{x} - \boldsymbol{x}', t - t')$ 是零.

此外, 因为 (8.3) 的左边是标量, 所以, Δ 也是标量, 但是, 从 (A) 可以得到结论, Δ 不仅是标量, 还是不变的标量函数. 这里我用不变的标量函数表示这样一个函数 $f(x, y, z, ct)$, 它不仅简单地满足

$$f(x, y, z, ct) = \bar{f}(x', y', z', ct')$$

而且, 在做洛伦兹变换

$$x, y, z, ct \to x', y', z', ct'$$

的时候, f 和 $\bar{f}$ 的函数形式是完全一样的. [上一讲里给出了记号 $\bar{f}$ 的含义, 见 (7.20′).] 可以看到, 在任何通过洛伦兹变换联系起来的系统里, 对易关系式 (8.31) 的右边都是完全相同的形式. 最后这个结论是必要的. 如果 Δ 在不同的洛伦兹系统里具有不同的形式, 那么就不能满足所有洛伦兹系统都等价这个要求.

除了对易关系式 (8.31), 经过类似的论证, 利用 $\partial \Psi(t)/\partial t$ 和 $\psi(t)$ 以及 $\partial \Psi^\dagger(t)/\partial t$ 和 $\psi^\dagger(t)$ 都对易这个事实, 我们可以得到

$$\begin{cases} \Psi(\boldsymbol{x}, t)\Psi(\boldsymbol{x}', t') - \Psi(\boldsymbol{x}', t')\Psi(\boldsymbol{x}, t) = 0 \\ \Psi^\dagger(\boldsymbol{x}, t)\Psi^\dagger(\boldsymbol{x}', t') - \Psi^\dagger(\boldsymbol{x}', t')\Psi^\dagger(\boldsymbol{x}, t) = 0 \end{cases} \quad (8.31')$$

这样就得到了满足相对论性要求的所有对易关系式.

即使对于更复杂的张量场和旋量场, 也可以应用上述论证, 只要这些场可以表示为正则形式而且它们的分量满足克莱因–戈尔登方程; 这样就可以从这些正则对易关系推导出相对论性的对易关系. (也许应该提醒你们, 分量满足克莱因–戈尔登方程这个事实意味着这个场满足德布罗意–爱因斯坦关系, 但并不一定意味着场方程是克莱因–戈尔登方程. 狄拉克方程是个好例子.) 然而, 对于不是标量场的情况, 对易关系式的左边不是标量, 通常是张量或者

旋量. 相应地, 右边不能像刚讨论的 Δ 函数那样是张量. 然而, 即使对于这种情况, 在右边总是出现某个项, 里面有某些微分算符 (包括零阶微分), 具有与左边完全相同的变换性质, 作用在 Δ 上. 例如, 在矢量场里, 场量为四维矢量 $\Psi_1, \Psi_2, \Psi_3, \Psi_0$, 它们的对易关系是

$$\Psi_\mu(\boldsymbol{x}, t)\Psi_\nu^\dagger(\boldsymbol{x}', t') - \Psi_\nu^\dagger(\boldsymbol{x}', t')\Psi_\mu(\boldsymbol{x}, t)$$
$$= \frac{\mathrm{i}}{\hbar}\left(g_{\mu\nu} + \frac{1}{\kappa^2}\nabla_\mu^\circ\nabla_\nu^\circ\right)\Delta(\boldsymbol{x} - \boldsymbol{x}', t - t'), \quad \mu, \nu = 1, 2, 3, 0 \tag{8.32}$$

其中, 右边的 ∇_μ° 是微分算符 ∇° 的 μ 分量, 由 (8.16) 定义, 而 $g_{\mu\nu}$ 是度规张量的 $\mu\nu$ 分量. 注意, 左边是矢量 × 矢量的形式, 因此是二阶张量, 但是右边也是二阶张量. 还有, $\Psi_\mu(\boldsymbol{x}, t)$ 和 $\Psi_\nu(\boldsymbol{x}', t')$ 对易, $\Psi_\mu^\dagger(\boldsymbol{x}, t)$ 和 $\Psi_\nu^\dagger(\boldsymbol{x}', t')$ 对易. 类似的情况对旋量场也存在, 这里不再举例说明.

这样一来, 从正则对易关系推导出来的相对论性对易关系里, 不管是张量场还是旋量场, 不仅左边和右边总是具有相同的变换性质, 而且右边必须总是 Δ, 且已经有某种协变的微分算符应用于 Δ. 最后这一点是必要的; 由于这一点, 所有的对易关系在所有的洛伦兹系统里具有相同的形式. 另一方面, 我们可以证明, 除了 Δ 以外, 不存在任何可以使用的不变的张量函数. [如果我们放弃初始条件 (II) 和 (III)——它们要求 $t = t'$ 处的正则对易关系, 那么除了 Δ 以外, 还有一个不变的张量函数 Δ_1. 然而, 这个函数没有性质 (C), 因此, 在 $t' = t$ 的不同位置上的物理量不对易. 由此而来的情况让人烦恼: 两个不同位置上的不同物理量不能够同时测量, 因此, Δ_1 是没有用处的.]

因此, 如果对易关系要满足要求: 在所有的洛伦兹参考系中对于任何场都保持相同的形式. 它就只能具有如下形式

$$\Psi_\mu(\boldsymbol{x}, t)\Psi_\nu^\dagger(\boldsymbol{x}', t') - \Psi_\nu^\dagger(\boldsymbol{x}', t')\Psi_\mu(\boldsymbol{x}, t) = \mathrm{i}\alpha D_{\mu\nu} \cdot \Delta(\boldsymbol{x} - \boldsymbol{x}', t - t') \tag{8.33}$$

(包括这样的情况: 这个场不是正则可描述的, 我们不能从正则对易关系开始.) 右边的 α 是个实常数, 不能单独地从前面提到的要求确定它, 而 $D_{\mu\nu}$ 是微分算符, 它与左边具有相同的协变性. 此外, 对于反对易关系 (它和正则理论的

关系不是自然而然的), 我们还看到

$$\Psi_\mu(\boldsymbol{x},t)\Psi_\nu^\dagger(\boldsymbol{x}',t') + \Psi_\mu^\dagger(\boldsymbol{x}',t')\Psi_\mu(\boldsymbol{x},t) = \mathrm{i}\alpha D_{\mu\nu} \cdot \Delta(\boldsymbol{x}-\boldsymbol{x}',t-t') \quad (8.33)_+$$

是唯一可以满足在所有洛伦兹参考系中具有相同形式的要求的关系. [你们可能会担心, 对于反对易关系, $\Psi(\boldsymbol{x},t)$ 和 $\Psi(\boldsymbol{x}',t)$ 以及 $\Psi^\dagger(\boldsymbol{x},t)$ 和 $\Psi^\dagger(\boldsymbol{x}',t)$ 不对易, 因此, 不同位置上的场量不能同时测量. 我很快就要讨论这个问题.]

讨论到目前为止, 这个场是张量还是旋量并没有关系, 但是, 现在出现差别了. 对于张量场, 对易关系的左边总是偶数阶张量. 因此, $D_{\mu\nu}$ 必须是偶数阶的微分算符. 这样一来, 如果我们考虑

$$X \equiv \{\Psi_\mu(\boldsymbol{x},t)\Psi_\nu^\dagger(\boldsymbol{x}',t') \mp \Psi_\nu^\dagger(\boldsymbol{x}',t')\Psi_\mu(\boldsymbol{x},t)\}+$$
$$\{\Psi_\mu(\boldsymbol{x}',t')\Psi_\nu^\dagger(\boldsymbol{x},t) \mp \Psi_\nu^\dagger(\boldsymbol{x},t)\Psi_\mu(\boldsymbol{x}',t')\}$$
$$= \mathrm{i}\alpha\{D_{\mu\nu} \cdot \Delta(\boldsymbol{x}-\boldsymbol{x}',t-t')+$$
$$[与左边相同, 只是 (\boldsymbol{x},t) 和 (\boldsymbol{x}',t') 互换了]\} \quad (8.34)$$

因为 $D_{\mu\nu}$ 是偶数阶的微分算符, 当它作用在函数上的时候, 函数的对称性质不会改变. 因此, 右边应当具有与

$$\Delta(\boldsymbol{x}-\boldsymbol{x}',t-t') + \Delta(\boldsymbol{x}'-\boldsymbol{x},t'-t)$$

相同的对称性质. 换句话说, 因为前面给出的性质 (B), 它应当相对于 $\boldsymbol{x}$ 和 $\boldsymbol{x}'$ 的互换是对称的, 相对于 t 和 t' 的互换是反对称的. 另一方面, 因为左边相对于 $(\boldsymbol{x},t)$ 和 $(\boldsymbol{x}',t')$ 的互换是对称的, 如果它相对于 $\boldsymbol{x}$ 和 $\boldsymbol{x}'$ 的互换是对称的, 那么它必须相对于 t 和 t' 的互换是对称的. 因此, 可以得到结论, 右边的对称性质和左边的对称性质不一样. 由此我们认识到, 必须有

$$X(\boldsymbol{x}-\boldsymbol{x}',t-t') = 0 \quad (8.34)'$$

如果我们在 (8.34) 恒等号后面的表达式里使用负号, 不会带来任何问题. 对于克莱因–戈尔登场, 情况确实如此. 然而, 如果使用正号, 就会有矛盾. 如果让 $\boldsymbol{x}=\boldsymbol{x}', t=t', \mu=\nu$, 我们得到

$$X = 2[\Psi_\mu(\boldsymbol{x},t)\Psi_\mu^\dagger(\boldsymbol{x},t) + \Psi_\mu^\dagger(\boldsymbol{x},t)\Psi_\mu(\boldsymbol{x},t)] = 0$$

但是, 因为 $\Psi\Psi^\dagger$ 和 $\Psi^\dagger\Psi$ 的本征值都不能是负的, $X = 0$ 意味着 $\Psi = 0$ 和 $\Psi^\dagger = 0$. 这样就得到结论: 不可能把反对易关系用于张量场. 这意味着与张量场联系的例子必须是玻色子. 到目前为止, 我们正在讨论由复数 Ψ 和 $\Psi^\dagger$ 描述的场的情况, 但是, 对于实数 Ψ, 结论也是相同的.

旋量场会发生什么呢? 这一次, 我们还是缺乏旋量代数的知识, 这妨碍了我们的论证, 但是, 我们可以说, 在这种情况下, $D_{\mu\nu}$ 是奇数阶的微分算符. 在这种情况下, (8.34) 中的 X 并不一定要是零, 因此, 即使使用了反对易关系, 也不用担心 $\Psi = \Psi^\dagger = 0$ 的问题. 因此, 对于这种情况, 使用反对易关系或对易关系都是有效的, 没有矛盾. 然而, 就像我之前在 (8.13′) 指出的那样, 旋量场可以产生负能量结果, 为了避免这个困难, 粒子必须是费米子, 因此, 必须使用反对易关系.

总结所有这些结论, 我们就得到 (8.14′). 非常重要的是, 反对易关系只对旋量场才有可能. 我告诉过你们, 对于反对易关系的情况, 同一时刻不同位置上的 Ψ 和 $\Psi^\dagger$ 不对易, 因此, 不能同时测量不同位置上的场. 然而, 在这种情况里, Ψ 和 $\Psi^\dagger$ 是旋量场, 我在上一讲里告诉过你们, 有物理意义的不是 Ψ 或 $\Psi^\dagger$ 本身, 而是由偶数个 Ψ 或 $\Psi^\dagger$ 构成的张量. 应当注意, 这些张量在坐标轴转动 2π 时不改变符号, 它们在同一时刻不同位置上总是对易的.

现在, 我要结束这个长长的故事了, 但是, 本讲的标题和故事之间的关系, 在逻辑上还缺少一环. 我们还没有证明, 张量场对应于整数自旋而旋量场对应于半整数自旋. 为此, 我们不仅需要旋量代数, 还需要角动量的复杂数学, 我很遗憾不能讨论这些. 不过可以大致地说, 我们通过下面两点可以证明上面的陈述: (a) 偶数个 $1/2$ 自旋相加只能得到整数角动量, 奇数个 $1/2$ 自旋相加只能得到半整数角动量; (b) 可以认为偶数阶旋量是张量, 但是奇数阶旋量仍然是旋量.

无论如何, 非常有趣的是, 自旋和统计性质的关系这个重要结果, 可以只用最基本的要求推导出来——例如相对于洛伦兹变换的协变性以及德布罗意–爱因斯坦关系. 为了结束这个长故事, 我引用泡利在他的文章末尾说的话: "我们想说, 根据我们的观点, 自旋和统计性质之间的联系是狭义相对论最重要的应用之一."

在本讲开始的时候, 我告诉过你们, 泡利在 1940 年发表了这篇文章, 但是, 也许可以提醒你们注意, 泡利在那里使用的四维对易关系, 已经在 1927 年在他和若尔当关于电磁场的文章里讨论过了. 这篇文章已经指出, $E(x,t)$ 和 $B(x,t)$ 的四维对易关系的右边和左边应当具有相同的协变性, 而且右边是作用在不变的标量函数 Δ 上面的协变微分算符.

最后, 我要指出, 目前为止讨论的自旋和统计性质的关系应用于基本粒子. 但是, 完全相同的结论对复合粒子 (例如, 原子、分子或一般的原子核) 也成立. 下一讲将要讨论这一点.

第 9 讲 发现的年度: 1932 年
—— 中子的发现以及随后的新发展

我已经讲了很多数学, 所以今天就不讲数学了. 当我讨论基本粒子的自旋和统计的时候, 我提到了一些事, 它们构成了泡利研究这个问题的背景. 它们是 1932 年中子的发现以及由此激发的一些理论发展 (海森伯的原子核结构理论, 费米的 β 衰变理论, 汤川的介子理论); 在实验方面, 是安德森和尼德迈耶发现的新粒子[1]. 今天我们将回到 1932 年, 更仔细地谈谈那时候发生的事情.

我上次告诉过你们, 1932 年真是了不起. 在这一年里, 安德森发现了正电子, 查德威克 (图 9.1) 发现了中子. 此外, 化学家尤里 (H. Urey) 发现了原子量为 2 的氢原子 (即所谓的重氢, 氘)[2], 科克罗夫特 (J. D. Cockcroft) 和瓦尔顿 (E. Walton) 建造了用于加速粒子的天才设备, 他们利用它以质子作为子弹击碎了 Li 原子核[3]. 此外, 所有这些发现以如此神奇的顺序出场, 它们彼此

---

[1] 新粒子的发现参考第 8 讲注 1. 1932 年的 4 月底 (正式是 9 月) 本书作者加入日本理化学研究所 (RIKEN) 开始了研究生活.

[2] 参考: M. 玻恩, 现代物理学, 铃木良治, 金关义则, 译, 三铃书房 (1964).

[3] J. D. Cockcroft and E. T. S. Walton, Exeriments with High Velocity Positive Ions (I) Further Develoment in the Method of Obtaining High Velocity Positive Ions, Proc. Roy. Soc., A136 (1932), 610–630. 关于这个发明的报道对日本研究者的冲击, 参看朝永振一郎的《原子核物理中的日英交流》, 收录在《量子电动力学的发展》(朝永振一郎著作集 10), 三铃书房 (1983), 第 170–189 页, 特别是第 171–175 页; 另外参见《量子力学与我》, 岩波文库 (1997), 第 88–91 页. 关于科克罗夫特等的加速器参见伏见康治的《驴子电子》(伏见康治著作集 4), 三铃书房 (1987), 第 112–126 页, 特别是第 123–124 页; 还有《时代的证言》, 同文书院 (1989), 第 61–66 页. 科克罗夫特的装置虽说能把质子加速, 但也只有 0.07 ~ 0.25 MeV [J. D. Cockcroft and E. T. S. Walton, Experiments with High Velocity Positive Ions (II), Proc. Roy. Soc., A137 (1932), 229–242. 朝永说, 听到用 1 MeV 以下的质子撞击能使原子核崩裂后, 吓了一跳 [《仁科老师和核物理的发展》, 收录在《开放的研究所和指导者们》(朝永振一郎著作集 6), 三铃书房 (1982), 第 107 页]. 科克罗夫特等很早以前就在准备这个实验 [J. D. Cockcroft and E. T. S Walton, Experiments with High Velocity Positive Ions, Proc. Roy. Soc., A129 (1930), 477–489].

刺激, 产生了巨大的倍增效应. 例如, 通过测量氚原子核的自旋和磁矩, 间接
地确定了中子的自旋和磁矩 (它们是难以直接测量的). 大沼直树博士讲述了
尤里发现的故事, 刊登在 1973 年 2 月/3 月的《自然》杂志上. 这个故事非常
有趣, 而且与我们的故事有关, 请阅读.

图 9.1 查德威克 (James Chadwick, 1891 — 1974), Börtzells Esselte 摄影. AIP Emilio
Segrè Visual Archives 惠赠

　　上面提到的每一个发现都涉及很多接连的插曲. 一些科学家差点儿就发
现了它们, 但是错过了, 而另一些科学家, 就像哥伦布竖鸡蛋那样, 通过采取
事后看来非常明显的方法, 抓住了其他人错过的东西. 还有一些科学家碰巧发
现了一些事情. 例如, 当安德森做实验的时候, 他并没有试图发现正电子. 当
他在很多照片中发现正电子的飞行轨迹的时候, 他正在试着确定宇宙线中荷
电粒子的能量, 正在拍摄强磁场下威尔逊云室中粒子轨迹的照片.

　　除了安德森, 还有许多科学家正在做类似的实验[4]. 他们为什么没有发现
正电子? 一个原因是他们的实验尺度不像安德森实验的那么大, 但是主要原

---

[4]最初确切地展示正电子存在的实验证据的人是布莱克特 (P. M. S. Blackett), 但他没有很用心地写文
章 [参见: P. A. M. Dirac, The Development of Quantum Theory, J. Robert Oppenheimer Memorial Prize
Acceptance Speech, Gordon and Breach (1971), 59 – 60]. 日本也有干板拍摄的宇宙射线的照片, 其显示 "直
线的轨迹在中央上下贯通, 它的下方打到了云室的玻璃上, 那里的左右两边出现了小的圆形轨迹". 当时没人
理解为什么照出了两个对称的电子. 谁也没有想到那是产生正负电子对的照片 [参看竹内柾的《云室中对宇
宙射线的研究》, 收录在玉本英彦和江泽洋编的《仁科芳雄》, 三铃书房 (1991), 第 104 – 111 页;《仁科老师
和核物理的发展》;《开放的研究所和指导者们》(本讲注 3), 第 99 – 100 页].

因在于, 他们没有试图确认粒子朝着哪个方向行进. 只是把铅板插在云室里, 安德森就确定了粒子的方向. 在通过这些铅板的时候, 粒子也许会损失能量, 但绝不可能获得能量. 因此, 如果测量铅板两侧的轨迹的曲率半径, 确定粒子在哪一侧的能量更大, 就可以通过观察轨迹朝左偏还是朝右偏, 从而确实地得到电荷的符号.

发现中子的故事更复杂, 比小说还要离奇. 虽然这个故事与自旋没有直接关系, 我还是要说说它, 因为它太有趣了.

*

故事要追溯到 1930 年左右. 那时候, 博特 (W. Bothe, 图 9.2) 和贝克 (H. Becker) 正在研究 γ 射线, 用钋 (Po) 发出的 α 粒子轰击许多原子核. 经过一系列的实验, 他们发现, 铍 (Be) 原子核发射出最强的 "γ 射线". (博特和贝克那时候认为, 出来的是 γ 射线, 与其他原子核种类一样, 但是这并不完全确定, 所以我用了带引号的 "γ 射线". 后来证明, 铍原子核确实发出了 γ 射线, 但是还发出了其他东西.) 此外, 这个 "γ 射线" 的穿透性特别强, 这个特点引起了很多人的注意.

图 9.2　博特 (Walther Bothe, 1891—1957), 江泽洋提供

对这个现象感兴趣的人包括居里和约里奥 (图 9.3). 这两位科学家, 具有作为居里家人的优势, 使用其他人得不到的大量的 Po 来重复博特和贝克的实验, 发现了一件特别的事情.

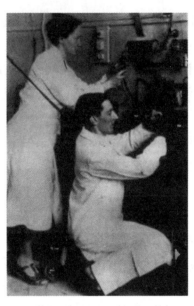

图 9.3　约里奥–居里夫妇. 伊雷娜·约里奥–居里 (Irène Joliot-Curie, 1897 — 1956) 和
费雷德克里·约里奥–居里 (J. Frèdèric Joliot-Curie, 1900 — 1958). Sociètè Francaise de
Physique, Paris 收藏. AIP Emilio Segrè Visual Archives 惠赠

为了检验这种 "γ 射线" 通过不同材料的吸收情况, 约里奥–居里夫妇把
各种材料的板子放在电离室 (一种测量电离辐射强度的设备, 测量气体中产生
的离子的数量.) 的窗口以便得到 "γ 射线" 进入电离室的效应. 约里奥–居里
夫妇从这个实验中发现, Pb 板、Cu 板和 C 板对他们的测量值几乎没有影响,
但是对于包含有很多氢原子 (例如水或石蜡) 的样品, 他们在电离室里观测到
特别多的离子. 对于 "γ 射线", 人们从来没有观测到这种现象.

为了理解这个出乎预料的现象, 约里奥–居里夫妇做了更多的实验, 得到
如下结论. 你们肯定知道, 当 X 射线或 γ 射线穿过材料的时候, 它的 $\hbar\omega$ 散
射原子里的电子. 这些就是康普顿效应中观测到的散射电子. 约里奥–居里夫
妇认为, 如果 $\hbar\omega$ 非常大, 它就不仅会散射电子, 还会散射轻的原子核, 例如质
子. 通过计算, 他们证实, 如果 γ 射线的 $\hbar\omega$ 是 50 MeV 的量级, 这种现象确
实有可能. 因此, 如果 $\hbar\omega$ 很大的 γ 射线穿过水或石蜡, 许多质子就会被散射
并进入电离室. 这样一来, 这些质子就比 γ 射线更强烈地电离了电离室里的

气体, 因为荷电粒子的电离能力远大于 γ 射线. 这样, 约里奥–居里夫妇就发现, 来自铍的 "γ 射线" 在水和石蜡里散射了很多质子. 这个现象是在 1931 年发现的.

不用说, 查德威克很快就知道了这个信息. 和约里奥–居里夫妇一样, 他也对博特和贝克的 "γ 射线" 感兴趣, 正在尝试很多实验. 他对约里奥–居里夫妇发现的质子散射特别感兴趣, 采用了比他们更精细的方法重新考察这个现象. 他观察到, 散射的质子确实存在, 飞行速度为 $3 \times 10^7 \text{ m} \cdot \text{s}^{-1}$ 的量级. 因此, 他证实了约里奥–居里夫妇的结论, 散射的质子来自水和石蜡.

然而, 查德威克怀疑约里奥–居里夫妇关于这个现象来自 γ 射线的解释. 如果速度为 $3 \times 10^7 \text{ m} \cdot \text{s}^{-1}$ 的散射质子是由 50 MeV 的 $\hbar\omega$ 产生的, 那么, 同样的 $\hbar\omega$ 散射氮原子的氮原子核, 被散射的氮原子核的数目会有多少呢? 氮原子核会在电离室中产生多少个离子呢? 查德威克做了计算, 并用氮原子实验来验证. 他发现这个实验产生的离子比计算所预言的多得多. 此外, 他还指出了约里奥–居里夫妇的解释里的另一个致命缺陷, 能量为 50 MeV 这么大的 $\hbar\omega$ 极其不可能是由铍发射出来的. 他知道 Po 发出的 α 粒子的能量、Be 的 mc^2 和 C 的 mc^2, α 粒子与 Be 组合就产生了 C. 那么, 利用能量守恒, 就可以计算 C 发出的 $\hbar\omega$ 的大小, 而 $\hbar\omega$ 最多是 10 MeV.

因此, 与约里奥–居里夫妇不同, 查德威克认为, 来自 Be 的 "γ 射线" 并不是 γ 射线, 他怀疑它是不带电荷的离子, 其质量接近质子的质量. 查德威克是这样推理的: 如果这个粒子的质量与质子质量相仿, 那么这个粒子就可以散射质子而无需 50 MeV 那么大的能量. 你们肯定已经知道, 在康普顿效应里, 光子只有一小部分的 $\hbar\omega$ 传递给了散射的电子. 这也适用于散射质子的情况. 正是因为这个原因, $\hbar\omega$ 才需要 50 MeV 那么大的能量. 然而, 如果入射粒子的质量类似于质子的质量, 就像查德威克想的那样, 那么, 它就可以在一次碰撞中将其全部能量传递给被散射的质子. (如果你用一个硬币直接滑动撞击另一个硬币, 冲击的硬币就会停下来, 而被冲击的硬币得到了全部的能量.) 来自 Be 的粒子是质量接近质子的中性粒子, 查德威克进一步做了很多计算和实验 (其中包括我刚才提到的散射氮原子核的问题) 并积累了其他外围证据, 他决定在 1932 年 2 月发表这个新粒子的发现. 这个粒子被命名为中子 (neutron).

即使像约里奥－居里夫妇这样的大人物, 也错过了中子的发现. 他们错过了它, 可能是因为他们有先入为主的偏见, 认为这个 "γ 射线" 是 γ 射线. 另一方面, 就像查德威克在诺贝尔奖讲演中说的那样, 他受到他的导师卢瑟福的影响, 后者在 1920 年左右就预期, 存在质量类似于质子的中性粒子. 因此, 查德威克的脑海里肯定有这种想法. 他在讲演里引用了卢瑟福的话, 我要在这里重复它们:

> "在一些条件下, 一个电子有可能与一个氢原子核更密切地组
> 合起来, 构成一种中性的双体 …… 它的外部场实际上是零, 因此,
> 它能够自由地穿过物质 ……"

查德威克忠实于他的老师, 不仅牢记了老师的这些话, 还尝试用各种实验来发现这种中性粒子. 因此, 当约里奥－居里夫妇发现反冲质子时, 查德威克就立刻想起了卢瑟福提到过的这种中性粒子.

实际上, 在查德威克之前, 还有另一位科学家做了实验, 相信 "γ 射线" 可能是中性粒子. 他的名字叫韦伯斯特 (H. C. Webster). 对于如何做实验, 他似乎做了不幸的选择, 结果没有发现中子. 由于时间关系, 我就不在这里详述这个故事了, 但幸运的是, 木村一治和玉木英彦两位先生的名著《中子的发现与研究》详细描述了发现中子的故事, 请大家阅读这本书. 这本书非常好, 我现在的发言在很大程度上要归功于它. 我要向木村先生和玉木先生表示感谢.

*

发现了中子之后, 第一个任务就是确定它的精确质量以及它的自旋、统计和磁矩. 现在, 因为中子是电中性的, 不能采用研究原子核的方法. 不过, 幸运的是, 就像我以前告诉你们的那样, 这时候发现了氘. 因为氘原子核由一个质子和一个中子构成, 可以从氘原子核间接地得到一些关于中子的信息. 现在我就讲讲这个故事.

因为氘的质量数是 2, 电荷是 1, 我们可以想象它由一个中子和一个质子组成. 这在 1934 年得到了实验证实, 查德威克和戈德哈伯 (M. Goldhaber) 用

γ 射线轰击氘原子核, 将其分裂为一个质子和一个中子. 这个实验确定了中子的质量. 质子和氘核的质量已经知道了, 实验中使用的 γ 射线的能量也是已知的, 分裂后的质子的动能也是可以测量的. 因此, 分析这些数据, 根据能量和动量守恒, 就可以精确地计算出中子的质量. 这样就得到了 1.0085 [5]. 质子的质量是 1.00, 所以, 中子比质子略微重一点.

就像我以前说的那样, 中子的自旋和统计难以直接确定, 因此, 接下来必须根据氘核的自旋和统计来确定它们. 通过分析氘元素分子的带状光谱 (第 4 讲), 1934 年, 墨菲 (G. M. Murphy) 和约翰逊 (H. Johnson) 得到了氘核的自旋和统计. 他们发现, 氘核服从玻色统计, 它的自旋是 1. 知道了氘核的自旋, 那么, 根据角动量的加法 (第 5 讲) 以及质子的自旋为 1/2 这个事实, 中子的自旋必然是半整数的, 例如 1/2 和 3/2. 至于统计性质, 因为氘核服从玻色统计, 而质子是费米子, 根据埃伦费斯特和奥本海默的规则 (反着用, 下面我要讨论它), 可以得到结论: 中子必然是费米子.

上面最后一个结论是值得注意的. 因为卢瑟福的中子是由一个质子和一个电子构成的, 它的自旋必然是整数, 根据埃伦费斯特 – 奥本海默规则, 它服从玻色统计. 因此, 查德威克发现的中子不同于卢瑟福的构想. 查德威克忠实于他的老师, 但是中子却不忠实于预言其存在性的伟大预言家. 顺便说一下, 已经有了其他几种论证, 排除了中子自旋为 $3/2, 5/2, \cdots$ 的可能性.

中子的磁矩也很难直接确定; 确定它的唯一方法是, 利用质子的磁矩和氘核的磁矩来计算它. 听起来有些不可思议, 在 1932 年, 不仅新发现的氘核的磁矩还没有测量, 连已经知道很久的质子的磁矩也没有测量. 无论如何, 事实就是如此. 质子磁矩首先由施特恩和伊斯特曼 (I. Estermann) 于 1933 年测量. 在第 4 讲结束时, 我告诉过你们, 施特恩用他最喜爱的技术测量了它, 他用非均匀磁场偏折了分子束, 观测到质子的磁矩是 $2.5e\hbar/(2m_\mathrm{p})$. [这里的 m_p 是质子的质量. 我们把 $e\hbar/(2m)$ 叫作玻尔磁子, 类似地, 我们把 $e\hbar/(2m_\mathrm{p})$ 叫作核磁子.] 拉比 (I. Rabi) 及其同事在 1934 年做了更精确的测量, 得到了

---

[5] 单位是原子质量单位 u. $1\ \mathrm{u} = 1.660539 \times 10^{-27}$ kg. 现在的质量值为: 中子 1.008665 u, 质子 1.007276 u.

3.25 $e\hbar/(2m_\mathrm{p})$, 他们同时测量了氘核的磁矩, 它是 0.75 $e\hbar/(2m_\mathrm{p})$. 此外, 他们还证实了, 对于质子和氘核来说, 磁矩的方向都与自旋的方向相同.

知道了质子和氘核的磁矩的大小和方向, 就可以用关系式

$$\mu_{氘核} = \mu_{质子} + \mu_{中子} \tag{9.1}$$

计算中子的磁矩 (这里把磁矩写为 μ, 单位为核磁子.) 这样就得到中子的磁矩[6] 为 $\mu_{中子} = -2.50$. 负号表明, 磁矩的方向与自旋的方向相反. 在这样做的时候, 我们隐含地做了这样的假设: 质子的自旋 1/2 和中子的自旋 1/2 是平行的, 氘核的自旋是 1. 换句话说, 我们假设, 在氘核中, 作为其组分的质子和中子的轨道角动量等于零. 这就是说, 我们假设氘核处于 S 态. 这个假设在理论上是有道理的. 因为氘核的结合能特别小, 可以在理论上排除一个质子和一个中子组成的态不同于 S 态的可能性[7].

因为质子是自旋 1/2 的费米子, 直到它的磁矩被测量之前, 许多人认为, 它应当遵守狄拉克方程. 如果确实如此, 它的磁矩就应该是 $e\hbar/(2m_\mathrm{p})$, 但是, 测量值实际上是那个数值的 3.25 倍. 我们说, 质子有反常磁矩. 类似地, 中子也具有反常磁矩, 这首先是由汤川理论解释的, 虽然是定性解释. 我将在后面讨论它; 这里我只想说说关于奇异性的一个插曲.

我讲过, 伊斯特曼和施特恩测量了质子的磁矩. 有一天, 泡利参观了施特恩的实验室. 泡利问施特恩正在做什么. 施特恩说, 他正在测量质子的磁矩. 泡利接着说, 做这样的实验没有意义. "你不知道狄拉克理论吗?" 我猜狄拉克理论对泡利的冲击非常大. [这个故事来自詹森 (J. H. D. Jensen), 他前年 (1972 年) 来到日本并访问东京大学的时候. 我不是直接从他那里听来的, 而是由东京教育大学的藤田纯一教授转告我的.]

---

[6] 2008 年科学数据委员会 (CODATA) 的磁矩值, 取 7 位有效数字为 (以核磁子 5.050783×10^{-27} J/T 为单位): 质子 2.792847, 氘核 0.8574322, 中子 -1.913043.

[7] 当时对氘核的波函数只考虑了 S 波, 与 D 波叠加的想法出现在发现氘核具有四极矩以后 [J. B. Kellog, I. I. Rabi, N. F. Ramsay and J. R. Zacharias, An Electrical Quadrupole Moment of Deuteron, Phys. Rev., 57 (1940), 677–678]. W. Rarita 和施温格在 1941 年假定原子核力有与原子核的自旋有关的部分, 从而推导出了 D 波的存在 [W. Rarita and J. Schwinger, On the Neutron-Porton Interaction, Phys. Rev., 59 (1941), 436–452].

*

发现了中子以后, 几个人有了这样的想法: 原子核是由质子和中子组成的. 其中一个人是海森伯, 他一听到查德威克的发现, 就开始了他划时代的工作, 从而, 基于这个想法, 非常清楚地解释了原子核的性质. 1932 年, 他发表了三篇文章, 基于这个想法讨论原子核的结构; 它们充满了奇思妙想, 启发了很多人. 在讨论这个话题之前, 有必要知道人们在发现中子之前的想法.

在中子发现之前, 普遍的观点是, 原子核是由质子和电子构成的[8]. 作为证据, 我们可以引用埃伦费斯特和奥本海默的文章. 这两位杰出的科学家在 1930 年写了一篇文章, 题目是 "关于原子核的统计性质 (Note on the Statistics of Nuclei)", 在理论上证明了下述规则对原子核的统计性质应当是成立的[9]:

若有规则: 两个原子核, 每个原子核由 n 个电子和 m 个质子构成, 如果 $n + m$ 是偶数 (奇数), 那么, 总波函数在交换原子核坐标的时候不变号 (变号), 只有这样的态才是实际允许的. (这让人想起了第 4 讲讨论过的双原子分子.)

读到这里会发现, 显然, 他们预先假设, 原子核是由质子和电子构成的. 他们证明上述规则的要点如下. 电子和质子都是费米子. 因此, 每当两个电子或两个质子的坐标互换的时候, 总波函数改变符号. 另一方面, 原子核坐标的互换意味着电子互换了 n 次而质子互换了 m 次, 因此, 如果 $n + m$ 是偶数 (奇数), 那么波函数的符号就改变偶数次 (奇数次), 因此, 只有总波函数在交换原子核坐标的时候不变号 (变号) 的态才是允许的. 这是他们的证明的核心. 回忆关于波函数的对称性和统计性质之间关系的第 4 讲, 我们可以把这个规则

---

[8]参考: 玻尔在《原子的稳定性与守恒定律》(1931 年 10 月在罗马召开的原子核物理国际会议上的讲演) 第 3 节中论述的 "核内电子的问题", 见《量子力学的诞生》(玻尔论文集 2), 山本义隆, 编译, 岩波文库 (2000), 第 167–187 页.

[9]感觉奥本海默和埃伦费斯特是一个奇怪的组合. 奥本海默因为心里惦记着工作, 在 1928 年的第 2 次出游时选择了埃伦费斯特所在的莱顿. 埃伦费斯特理解不了这些不成形的讨论, 他觉得奥本海默很麻烦, 就把他送到了泡利那里. 他们的第 2 次见面是在伯克利, 埃伦费斯特参加 1930 年密歇根大学的夏季学校的途中. 当时正是氮核的统计性质出了问题的时候 (本书第 165), 如何证明由偶数个费米子组成的体系遵从玻色统计, 而奇数个遵从费米统计成为热门话题. 他们完成了这个证明. 这就是作者在这里提到的文章. 听说是由奥本海默写的, 受理时间为 1930 年 12 月. 参考: A. Pais, J. Robert Oppenheimer, A Life, Oxford (2006).

重写为: "如果 $n+m$ 是偶数, 原子核遵守玻色统计, 如果是奇数, 则遵守费米统计." [实际上, 我刚才描述的这个证明的要点几乎是自明的, 不值得让这两位杰出的科学家为此写一篇文章. 他们想做的似乎是更严格地证明这个规则, 并且仔细地考察它的限制. 他们的结论是, 如果两个原子核非常近或者相互作用很强, 以至于不能把它们视为单独的封闭系统, 那么, 这个规则就不能严格成立了. 除此以外, 在证明里的任何地方, 他们都没有假设原子核是由质子和电子构成的, 所以, 只要原子核是由费米子构成的, 这个规则就成立. 更一般性地, 不一定只有两个种类, 对于任何封闭的系统, 由任意数目的费米子和任意数目的玻色子构成, 如果费米子的数目是偶数 (奇数), 这个系统就服从玻色统计 (费米统计), 而且, 反过来的规则也成立.]

如果把这条规则应用于实际的原子核, 会发生什么呢? 让我们看看.

如果原子核由 n 个电子和 m 个质子构成, 那么质量数 A 和电荷 Z 由下式给出

$$A = m, \quad Z = m - n \tag{9.2}$$

这意味着

$$m + n = 2A - Z \tag{9.3}$$

因此, 我们可以重新陈述埃伦费斯特–奥本海默规则, 如果 $2A - Z$ 是偶数 (奇数), 原子核就服从玻色 (费米) 统计. 另一方面, 我在第 4 讲里告诉你们, 可以根据实验的带状光谱而用实验方法确定原子核的统计和自旋. 因此, 我们可以在实验中检查这个规则 (如上所述的最终形式) 的有效性.

实验考察 H_2、O_2 和 He_2 的带状光谱, 我们发现, H 原子核服从费米统计, 而 O 原子核服从玻色统计, He 原子核同样服从玻色统计, 因此, 它们全都服从这个规则, 一点都没问题. 然而, 实验考察 N_2 的带状光谱, 我们得到这个结论: N 原子核服从玻色统计[10]. 但是, 对于 N 原子核, $Z = 7, A = 14$, 因此,

---

[10] 通过考察拉赛迪 (F. Rasetti) 观测到的 N_2 的转动拉曼谱 [F. Rasetti, On the Raman Effect in Diatomic Gases, II, Proc. Nat. Acad. Sci, USA 15 (1929), 515–519], 海特勒 (W. Heitler) 和赫兹伯格 (G. Herzberg) 指出了这一点 [W. Heitler, G. Herzberg, Gehorchen die Stickstoffkerne der Boseschen Statistik? Naturwiss., 17 (1929), 673–674].

$2A - Z = 21$ 是奇数, 如果我们应用埃伦费斯特–奥本海默规则, 就得到结论, N 原子核服从费米统计. 所以, 这个规则失效了. (我还想指出, 对于 D 原子核, $A = 2, Z = 1$, 因此, $2A - Z = 3$ 是奇数. 根据这个规则, 它应当服从费米统计. 然而, 墨菲和约翰逊的实验证明, 它服从玻色统计.)

　　N 原子核的问题从 1929 年起就为人所知了. 埃伦费斯特和奥本海默当然也知道, 实际上, 他们在文章里清晰地指出了该问题. 因为他们知道这个例子违反了他们的规则, 当他们发表文章的时候, 他们是怎么考虑这个反例的呢? 不知道他们是否想过应当放弃原子核由电子和质子构成这个主流理论, 还是暂时必须接受这个理论. 在这个问题上, 我们应当记住, 在 1930 年左右, 玻尔和其他几位权威倾向于相信量子力学不能应用于原子核 (本讲注 8).

　　因此, 如果埃伦费斯特和奥本海默受到了这个信仰的影响, 那么, 他们就不会做结论说, 因为有一个情况违反了他们的规则, 所以应当彻底抛弃原子核由电子和质子组成的这个想法. 我们可以这样看, N 原子核给出的矛盾是个证据, 说明他们用来推导这个规则的量子力学不能应用于原子核. 无论他们同意还是不同意原子核 $= n$ 个电子 $+m$ 个质子这个想法, 因为当时占统治地位的观点, 他们可能都会给出他们的规则.

*

　　还有一个现象被归咎于量子力学不能应用于原子核这个假设. 它就是这个现象: β 衰变中放出的 β 射线具有连续谱. 假设原子核 A 通过发射 β 射线而嬗变为原子核 B. 这里 A 和 B 的质量是确定的. 因为能量守恒, 它们的 mc^2 的差必然是 β 射线的能量. 如果确实如此, β 射线的能量必然有个确定的分立的数值, 所以, 应当观测到一个线状光谱. 然而, 在现实中, 这个谱是连续的. 玻尔断言, 出现这个问题是因为量子力学不能应用于原子核, 因此, 能量守恒定律失效了[11]. 玻尔说, 因为康普顿波长 10^{-13} m 的电子被限制在半径为 10^{-15} m 的原子核里, 电子的特征在原子核里丧失了. (玻尔这么伟大的科

---

[11]玻尔在《化学和原子结构的量子论》(1930 年 5 月 8 日在英国召开的法拉第讲演的内容, 1932 年出版) 中有论述, 见《量子力学的诞生》(玻尔论文集 2)(本讲注 8), 第 99–166 页, 特别是第 164 页. 该想法在本讲注 8 所列文章的第 187 页也有论述.

学家不会用这么幼稚的方式说话. 他似乎在考虑克莱因悖论[12].) 结论是, 根据玻尔的想法, 原子核内部是个禁区, 量子力学不能进入.

1930 年左右, 也有人反对原子核禁区这个理论. 例如, 泡利有个想法是这样的: 原子核里存在着名叫 "中子" 的粒子, 它是电中性的, 质量接近一个电子或者接近零, 当原子核进行 β 衰变的时候, 同时释放出电子和 "中子". 如果我们这样假设, 那么, 由于能量守恒定律, 电子和这个中性粒子的能量之和是确定的, 但是, 电子本身或者这个中性粒子本身的能量可以具有连续谱. 这就是泡利的想法. 泡利认为, 同样的道理可以解决 N 原子核的问题. 显然, 他跟玻尔谈过这个想法, 但是似乎不能说服玻尔. 不仅如此, 他也说服不了他的密友海森伯.

也许是因为他那著名的完美主义倾向, 也许是因为从来没有观测到这种粒子的事实让他犹豫了, 泡利没有用文章发表这个想法, 而是在 1930 年左右在信件里把它告诉朋友们. 原文是德文, 这里给出译文[13]:

> "我得到了一个令人绝望的结论…… 在原子核里可能存在一个电中性的粒子, 我称之为中子. 如果假定在 β 衰变的时候, 电子的发射伴随着一个中子的发射, 连续的 β 谱就是可以理解的了……"

他是在 1930 年写的信, 在查德威克发现中子之前. 然而, 泡利的 "中子" 和查德威克的中子不一样, 因为它的质量. 四年以后, 费米采用了泡利的想法, 解决了 β 射线的问题; 为了区分泡利的 "中子" 和查德威克的中子, 费米把前者称为 "中微子".

泡利没有公布他的想法, 而且他在信里写了 "绝望的结论", 这两个事实表

---

[12]克莱因悖论是: 以能量 E (包括静止能量 m_0c^2) 向 $x = 0$ 处的势垒 $V > E + m_0c^2$ $(x < 0)$ 入射的狄拉克电子, 以负的能量 $E - V < -m_0c^2$ 侵入势垒. 不只是能量为负值, 这个电子将向 $x = 0$ 的地方运动, 这个流本身的反射流会大于入射流 [O. Klein, Die Reflexion von Elektronen an einem Potentialsprung nach der relativistischen Dynamik von Dirac, Z. f. Phys., 53 (1929), 157–165].

[13]下文泡利的回忆文章中引用了这里的全文:《中微子的新话题, 老话题》, 收录在 W. 泡利《物理与认知》, 藤田纯一, 译, 讲谈社 (1975), 第 80–107 页. 泡利的公开书信的第 84 页. 对这一书信的反应, 盖格 (H. Geiger) 与迈特纳 (L. Meitner) 讨论后表示肯定, 泡利说他们写来了鼓励的信. 1931 年的罗马原子核物理国际会议上, 泡利在讲演时, 费米表现得非常感兴趣. 玻尔则完全持反对的态度 (本讲注 8, 11).

明, 那时候, 在考虑除了质子和电子之外新粒子的存在性的时候, 人们是多么胆小啊. 我告诉过你们, 卢瑟福在 1920 年左右考虑了中子的存在性, 但是, 那也只是质子和电子的组合, 而不是一个新粒子.

然而, 随着查德威克发现中子, 情况开始发生了戏剧性的变化. 我告诉过你们, 一听到查德威克的发现, 海森伯就提议, 不需要假设原子核中存在电子, 原子核是由质子和中子构成的. 基于这个想法, 他能够用量子力学解释原子核里的大多数问题, 率先突破了原子核的禁区[14]. 然而, 他把与 β 射线有关的问题留在了禁区, 没有触动它们. 费米在 1934 年打破了海森伯这个保留的想法, 他应用了泡利的中微子概念, 直到那时还没有人采用过. 尽管有了费米的成功, 但禁区里还有一个问题被留下了, 在一段时间里无人问津, 即, 质子和中子之间的交换作用力的起源. 通过引入一个新粒子 (介子), 汤川用量子力学开启了这个主题、冲入了禁区.

这样一来, 1932 年发现了中子之后, 物理学的历史就是一个个地拆除原子核禁区的围墙, 而这个禁区在以前被认为是量子力学不能进入的.

我想把这段历史发展讲完, 但是本讲的时间用完了. 因为这是第二次世界大战之前最后一个高潮, 我想推迟任何进一步的讨论, 我要在下一讲中用很多时间来讨论, 而不是现在匆匆忙忙地做. 在此过程中, 诞生了同位旋这个重要的概念. 它不同于和角动量联系的自旋, 但是在数学上, 它具有非常相似的性质, 在基本粒子物理学中扮演了重要角色. 在下一讲, 我会花很多时间讲它.

---

[14]参考第 168–170 页, 第 183–186 页.

第 10 讲　核力与同位旋
——从海森伯到费米, 再从费米到汤川

　　我上次答应过你们, 我要谈论禁区 (原子核的内部) 的围墙是如何逐渐去除的, 首先是海森伯的原子核结构理论, 其次是费米的理论和汤川的理论. 在这个过程中, 我要解释同位旋这个新概念是如何产生的, 它是自旋的兄弟. 后来, 这个概念在原子核理论和基本粒子理论中扮演了重要角色.

　　海森伯 (图 10.1) 开创了原子核结构理论, 他在 1932 年 6 月把第一篇文章投寄给 *Zeitschrift für Physik*. 查德威克向 *Nature* 投寄他发现中子的报道是在同一年的 2 月, 可见海森伯工作得多么快、效率多么高. 海森伯的这篇文章开创了新时代, 因为它不仅包含了原子由质子和中子构成这个简单的想法, 还提出了作用在中子和质子之间的力是一种交换作用力, 为了描述这种力, 引

图 10.1　海森伯, 摄于 1931 年. 马克斯–普朗克研究所收藏. AIP Emilio Segrè Visual Archives 惠赠

入了刚才提到过的重要的新概念——同位旋[1]. 接下来的一个月, 即 7 月, 海森伯写完了第二篇文章, 12 月, 他写完了第三篇文章, 对许多原子核性质给了真正清楚的理论解释. 这就在禁区围墙上打开了第一个缺口, 之前, 人们认为量子力学是无法侵入的.

他的文章的开头可以复述如下:

> 根据约里奥–居里夫妇的研究以及查德威克的解释, 我们了解到名叫中子的新粒子在原子核里扮演了角色. 这个发现表明, 原子核是由中子和质子构成的, 而电子并不是它的组成部分. 如果这个假设是正确的, 那么原子核的理论就大为简化了. 到目前为止困扰人们的基本问题, 例如, β 射线为什么有连续谱, 氮原子核为什么服从玻色统计, 都归结为更基本的问题, 当中子分解为质子和电子的时候, 规则是什么, 中子为什么服从费米统计, 等等 (从一开始, 他就假设中子是费米子); 原子核结构问题本身可以与这些深奥的问题分开, 我们能够用量子力学解释它们, 它们是中子和质子之间的力的结果.

这就是海森伯的想法的基础.

我以前告诉过你们, 他在这篇文章里的第一个要求是, 中子是自旋为 1/2 的费米子. 为了解释氮原子核的自旋和统计性质的实验结果, 这个要求是必要的. (当时, 墨菲和约翰逊的实验还没有做, 关于中子的自旋和统计性质, 还什么都不知道.) 实际上, 我说过, 只要原子核是由费米子构成的, 埃伦费斯特–奥本海默规则就成立, 因此, 如果中子是费米子, 用关于中子的陈述替换他们关于电子的陈述, 他们的规则就成立; 在使用这条规则的时候, 我们可以用 $A = m + n$ 和 $Z = m$ 而不是 (9.2), 因此, A 为偶数的氮原子核服从玻色统计. 这符合根据带状光谱得到的实验规则. 至于自旋, 自旋相加的规则称, 如果 A 是偶数, 总自旋就是整数, 这也符合实验结果.

因此, 海森伯认为, 中子是费米子, 但是, 他没有继续探索为什么它必须是费米子. 不管怎样, 他说, 原子核由质子和电子构成的这个概念是无效的, 他

---

[1] 参考: 海森伯, 部分与全体, 山崎和夫, 译, 三铃书房 (1974), 第 212–214 页, 第 250–256 页.

还进一步认为中子和质子都是独立的基本粒子. 但是他假设, 依赖于环境, 中子可以分裂为质子和电子, 在此分裂过程中, 量子力学很可能不适用, 能量守恒和动量守恒定律失效了. 在最后这一点上, 海森伯与玻尔的看法相同[2] (我在上一讲里提到过), 与泡利相反.

因此, 海森伯放过了这个守恒定律失效而量子力学又无用的禁地, 但是, 不用打扰这个禁地, 他也能探索很多原子核物理领域. 这就是海森伯的原子核结构理论.

*

为了把量子力学引入原子核, 必须知道它的构成组分中子和质子之间存在哪种类型的力. 因为这种力强烈地把中子和质子结合为原子核尺寸的一团, 它必定是非常强的吸引力. 另一方面, 根据质子被原子核散射的实验, 这种力不大可能延伸到很远的距离上. 因此, 这个力必然只作用在粒子彼此接近到原子核半径量级 (10^{-15} m) 的距离上. 让我们称这种力为核力. 我们可以考虑三种力, 即, 中子和中子之间、质子和质子之间、质子和中子之间的力. 关于其中哪一种扮演了最重要的角色, 海森伯是这样推理的.

实验事实是, 如果原子序数 Z 不是很大, 则电荷 Ze 不是很大, 那么, 对于很多原子核来说, Z 近似为 $A/2$, 其中, A 是质量数. 这就表明, 中子数和质子数近似相等的原子核是最稳定的. 根据这个事实, 海森伯得到结论, 中子和质子之间的吸引力在原子核中扮演了最重要的角色. 如果中子之间的吸引力更强, 那么只由中子构成的原子核就会更稳定, 因此, 这种核就会更多. 但是这与事实矛盾. 如果质子之间的吸引力更强, 同样的说法也成立, 即, 只有

---

[2] 海森伯在《部分与全体》(本讲注 1) 第 213 页里提到: "我的两三个朋友对这一点进行了严厉的批评, 他们说, '但是 β 射线湮没时, 不是确实看到了电子从原子核跑出去吗?'" 然后写道: "对此我考虑中子是质子和电子结合的产物, 是由它们构成的, 即由于暂时还不能理解的原因, 中子应该与质子有正好相同的尺寸." 但是, 在 1932 年的文章《关于原子核的结构 I》中, 他是这样写的: "在下面的讨论里, 假定中子服从费米统计, 带有自旋 $\hbar/2$. 这些假设在说明氮核的统计中是必要的, 也与原子核角动量的经验相对应. 如果考虑中子是由质子和电子组成的, 电子必须服从玻色统计, 自旋只能是 0. 追求这样的图像是没有意义的. 可能应该考虑中子自身是独立的存在, 个别时候会分裂成质子和电子. 这时估计能量和动量不再守恒." (这里引用了第 9 讲注 11 中列举的玻尔的演讲.)

质子的原子核必然更多. (如果 Z 很大, 库仑排斥力非常强, 故事就不一样了.) 由于这些原因, 他暂时只考虑中子和质子之间的力.

接下来, 海森伯注意到这一实验事实: 原子核的束缚能近似正比于质量数 A (即原子核里粒子的数目). 由此他有了这样的想法: 核力不是通常的吸引力, 而是一种交换作用力 (我很快就会解释交换作用力的含义). 他是这样推理的. 如果作用在中子和质子之间的力是通常的二体作用力, 那么, 如果把第 K 个中子和第 L 个质子之间的势写为 $V_{K,L}$, 把中子的数目写为 N, 把质子的数目写为 P, 那么总的势就是

$$\frac{1}{2}\sum_{K=1}^{N}\sum_{L=1}^{P}V_{K,L}$$

总的束缚能就必然近似等于粒子对 (K, L) 的组合数, 即 $N \cdot P \approx A^2/4$. 而在现实中, 它只是正比于 A.

根据这个事实, 海森伯直达核力的本质, 认为它必然是一种交换作用力. 交换作用力的概念出现在化学领域里. 例如, 当两个氢原子组合构成一个氢分子的时候, 把两个原子束缚在一起的力就是一种交换作用力. 这种力的特性是, 一旦这样产生了一个氢分子, 即使有第三个氢原子靠近, 这个分子里的氢原子也不再吸引第三个原子. 因此, 如果我们汇集很多氢原子构成氢原子液滴, 液滴的束缚能实际上只是氢分子的束缚能之和. 因此, 它只是正比于液滴里的氢分子的数目.

现在我要谈论两个氢原子彼此吸引组成一个氢分子的过程, 以及为什么把对此负责的力称为交换作用力. 因为 H_2^+ 的情况比氢分子的情况更简单, 更接近中子和质子的情况, 接下来我以它为例.

*

H_2^+ 是两个质子和一个电子构成的力学系统. 为了简单起见, 我们假设这两个质子在空间中是固定的. 把这两个质子标记为原子核 I 和原子核 II. 我们先考虑这两个原子核相距无限远的情况. 可以考虑两个态. 第一个态是, 原子核 I 和电子构成了一个氢原子, 而原子核 II 是裸露的. 第二个态是, 原子核 I

是裸露的, 而原子核 II 和电子构成了一个氢原子. 我们把电子的坐标写为 $\boldsymbol{x}$, 这两个态的波函数是 $\psi_{\mathrm{I}}(\boldsymbol{x})$ 和 $\psi_{\mathrm{II}}(\boldsymbol{x})$. 显然, 只有原子核 I 存在的时候, $\psi_{\mathrm{I}}(\boldsymbol{x})$ 是氢原子的波函数; 只有原子核 II 存在的时候, $\psi_{\mathrm{II}}(\boldsymbol{x})$ 是氢原子的波函数. 我们假定两个氢原子都处于基态.

然而, 实际上, 原子核 I 或原子核 II 不是单独存在的, 这两个原子核都存在, 保持有限的间距. 即使这样, 如果它们的间距非常大, 在零阶近似下, 可以认为 $\psi_{\mathrm{I}}(\boldsymbol{x})$ 或 $\psi_{\mathrm{II}}(\boldsymbol{x})$ 是整个系统的本征函数. 我们还假设, 它们在零阶近似下属于同一个本征值. 因此, 在此近似下, 这个系统的态是双重简并的, 可以用 $\psi_{\mathrm{I}}(\boldsymbol{x})$ 和 $\psi_{\mathrm{II}}(\boldsymbol{x})$ 的线性组合

$$\phi(\boldsymbol{x}) = C_1 \psi_{\mathrm{I}}(\boldsymbol{x}) + C_2 \psi_{\mathrm{II}}(\boldsymbol{x}) \tag{10.1}$$

作为零阶近似下整个系统的波函数.

然而, 即使原子核间距很大, $\psi_{\mathrm{I}}(\boldsymbol{x})$ 和 $\psi_{\mathrm{II}}(\boldsymbol{x})$ 仍然是本征函数的很好近似, 如果距离是有限的, 本征值的双重简并就被破坏了, 能级应当分裂为两个. 这样一来, 对于每个本征值, C_1 和 C_2 应当唯一地确定 (除了一个常数因子). 为了确定 C_1 和 C_2 的数值, 可以对简并能级使用微扰理论, 但是对我们的目的来说, 另一种方法更方便.

请忍耐我喜欢写几个公式的坏习惯. 假设这两个原子核位于 x 轴上的两点 $\boldsymbol{r}/2$ 和 $-\boldsymbol{r}/2$ [不用说, $\pm\boldsymbol{r}/2$ 是分量为 $(\pm r/2, 0, 0)$ 的矢量, 而原子核间距为 r]. 这个系统的薛定谔方程就是

$$\left\{ \frac{1}{2m}\boldsymbol{p}^2 - \frac{1}{4\pi\varepsilon_0} \left(\frac{e^2}{\left|\boldsymbol{x}+\dfrac{\boldsymbol{r}}{2}\right|} + \frac{e^2}{\left|\boldsymbol{x}-\dfrac{\boldsymbol{r}}{2}\right|} \right) - E \right\} \phi(\boldsymbol{x}) = 0 \tag{10.2}$$

如果做变换 $\boldsymbol{x} \to -\boldsymbol{x}$, 我们就得到 $\phi(-\boldsymbol{x})$ 的方程, 但是, (10.2) 括号里的表达式是不变的. 因此就得到结论, 如果 $\phi(\boldsymbol{x})$ 是一个解, 那么 $\phi(-\boldsymbol{x})$ 也是一个解. 请回忆第 5 讲, 我们根据 (5.14) 推导了 (5.16)$_\mathrm{s}$ 和 (5.16)$_\mathrm{a}$. 这样我们就发现, 对于 (10.2) 的本征值有

$$\phi(\boldsymbol{x}) = \phi(-\boldsymbol{x}) \equiv \phi_\mathrm{s}(\boldsymbol{x}) \tag{10.3$_\mathrm{s}$}$$

$$\phi(\boldsymbol{x}) = -\phi(-\boldsymbol{x}) \equiv \phi_{\mathrm{a}}(\boldsymbol{x}) \tag{10.3$_\mathrm{a}$}$$

换句话说, (10.2) 的本征函数相对于变换 $\boldsymbol{x} \rightleftarrows -\boldsymbol{x}$, 要么是对称的, 要么是反对称的.

无论原子核间距 r 是大是小, 这样得到的关系式 (10.3)$_\mathrm{s}$ 和 (10.3)$_\mathrm{a}$ 都是成立的. 我们只考虑 r 足够大的情况, (10.1) 形式的 $\phi(\boldsymbol{x})$ 仍然是很好的近似. 对于这种情况, 只有在 (10.1) 的右边分别用 $C_1 = C_2$ 和 $C_1 = -C_2$, 关系式 (10.3)$_\mathrm{s}$ 和 (10.3)$_\mathrm{a}$ 才成立. 考虑到位于原点的氢原子的基态波函数就是 $\psi(\boldsymbol{x})$ 的形式, 如果用这个函数来表示 $\psi_\mathrm{I}(\boldsymbol{x})$ 和 $\psi_\mathrm{II}(\boldsymbol{x})$, 那么

$$\begin{cases} \psi_\mathrm{I}(\boldsymbol{x}) = \psi\left(\left|\boldsymbol{x} + \dfrac{\boldsymbol{r}}{2}\right|\right) \\[3mm] \psi_\mathrm{II}(\boldsymbol{x}) = \phi\left(\left|\boldsymbol{x} - \dfrac{\boldsymbol{r}}{2}\right|\right) \end{cases} \tag{10.4}$$

因此, 变换 $\boldsymbol{x} \rightleftarrows -\boldsymbol{x}$ 等价于变换 I $\rightleftarrows$ II, 最后

$$\phi_\mathrm{s}(\boldsymbol{x}) = \frac{1}{\sqrt{2}}[\psi_\mathrm{I}(\boldsymbol{x}) + \psi_\mathrm{II}(\boldsymbol{x})] \tag{10.4$_\mathrm{s}$}$$

$$\phi_\mathrm{a}(\boldsymbol{x}) = \frac{1}{\sqrt{2}}[\psi_\mathrm{I}(\boldsymbol{x}) - \psi_\mathrm{II}(\boldsymbol{x})] \tag{10.4$_\mathrm{a}$}$$

分别满足 (10.3)$_\mathrm{s}$ 和 (10.3)$_\mathrm{a}$.

(10.2) 的本征值怎么样呢? 首先注意, 因为 r 作为一个参数出现在 (10.2) 里, 本征值 $E(r)$ 也是 r 的一个函数. 我告诉过你们, 如果原子核之间的距离是有限的, 本征值就分裂为两个. 因此, $\phi_\mathrm{s}(r)$ 和 $\phi_\mathrm{a}(r)$ 分别有本征值 $E_\mathrm{s}(r)$ 和 $E_\mathrm{a}(r)$. 把质子之间的库仑能 $\dfrac{1}{4\pi\varepsilon_0}\dfrac{e^2}{r}$ 加到这两个本征值上, 得到的量

$$\begin{cases} J_\mathrm{s}(r) = E_\mathrm{s}(r) + \dfrac{1}{4\pi\varepsilon_0}\dfrac{e^2}{r} \\[3mm] J_\mathrm{a}(r) = E_\mathrm{a}(r) + \dfrac{1}{4\pi\varepsilon_0}\dfrac{e^2}{r} \end{cases} \tag{10.5}$$

分别给出了 $\phi_\mathrm{s}(\boldsymbol{x})$ 和 $\phi_\mathrm{a}(\boldsymbol{x})$ 的总能量, 因此, 它们每个都变为作用在原子核 I 和 II 之间的力的势. 可以一般性地证明, 不管 r 的数值是什么, 都有 $J_\mathrm{s}(r) < J_\mathrm{a}(r)$, 此外, 对于大的 r 值, 如果 (10.4)$_\mathrm{s}$ 和 (10.4)$_\mathrm{a}$ 是很好的近似, $J_\mathrm{s}(r)$ 就是

负的, 而且 $-J_{\mathrm{a}}(r) = J_{\mathrm{s}}(r)$. 因此, 我们可以写出

$$\begin{cases} J_{\mathrm{s}}(r) = -J(r) \\ J_{\mathrm{a}}(r) = J(r) \end{cases} \tag{10.5'}$$

其中, $J(r) > 0$, 随着 r 的增大, 它单调减小, 直到 $J(\infty) = 0$. 因此, 在对称态里, 原子核 I 和原子核 II 之间是吸引力, 在反对称态里, 则是排斥力. 这样, H_2^+ 在对称态里是稳定的, 在反对称态里是不稳定的.

这样就可以看到, 尽管有库仑排斥力, 两个质子还是因为原子核周围的电子而被稳定地束缚了. 如本征函数 $(10.4)_{\mathrm{s}}$ 和 $(10.4)_{\mathrm{a}}$ 所示, $\psi_{\mathrm{I}}(\boldsymbol{x})$ 和 $\psi_{\mathrm{II}}(\boldsymbol{x})$ 本身并不能单独给出正确的解, 即使两个原子核分离得很远. 电子位于两个原子核的概率是相等的, 如果电子的分布方式是对称的, 那么这两个原子核之间就是吸引力, 如果电子是反对称分布的, 就是排斥力. 这就是我们的结论.

开始的时候, 我们天真地以为, 如果这两个原子核分开得无限远, $\psi_{\mathrm{I}}(\boldsymbol{x})$ 和 $\psi_{\mathrm{II}}(\boldsymbol{x})$ 都可以单独地作为本征函数; 但是这似乎与电子在两个原子核上的等概率分布的事实有矛盾. 怎么理解这一点呢? 如果你们像下面这样想, 就用不着担心了.

使用 $(10.4)_{\mathrm{s}}$ 和 $(10.4)_{\mathrm{a}}$ 给出的 $\phi_{\mathrm{s}}(\boldsymbol{x})$ 和 $\phi_{\mathrm{a}}(\boldsymbol{x})$ 建立一个波包

$$\phi_{\pm}(\boldsymbol{x}, t) = \phi_{\mathrm{s}}(\boldsymbol{x})\mathrm{e}^{-\mathrm{i}J_{\mathrm{s}}(r)t/\hbar} \pm \phi_{\mathrm{a}}(\boldsymbol{x})\mathrm{e}^{-\mathrm{i}J_{\mathrm{a}}(r)t/\hbar} \tag{10.6}$$

这肯定是依赖于时间的薛定谔方程的一个解, 因此, 这是我们的力学系统的一个可能态. 把 $(10.4)_{\mathrm{s}}$ 和 $(10.4)_{\mathrm{a}}$ 分别用于替代 (10.6) 右边的 $\phi_{\mathrm{s}}(\boldsymbol{x})$ 和 $\phi_{\mathrm{a}}(\boldsymbol{x})$, 并对两边取绝对值的平方. 我们立刻得到

$$\begin{aligned} |\phi_{\pm}(\boldsymbol{x}, t)|^2 = {} & |\psi_{\mathrm{I}}(\boldsymbol{x})|^2 \left[1 \pm \cos \frac{J_{\mathrm{a}} - J_{\mathrm{s}}}{\hbar} t \right] + \\ & |\psi_{\mathrm{II}}(\boldsymbol{x})|^2 \left[1 \mp \cos \frac{J_{\mathrm{a}} - J_{\mathrm{s}}}{\hbar} t \right] + \cdots \end{aligned} \tag{10.6'}$$

其中, 省略号里包括 $\psi_{\mathrm{I}}^*(\boldsymbol{x})\psi_{\mathrm{II}}(\boldsymbol{x})$ 和 $\psi_{\mathrm{I}}(\boldsymbol{x})\psi_{\mathrm{II}}^*(\boldsymbol{x})$ 的项, 当 $r \to \infty$ 的时候它趋于零, 因此, 如果 r 足够大, 就可以忽略它们. 如果忽略了这些项, $(10.6')$ 的右

边表明, $|\psi_{\mathrm{I}}(\boldsymbol{x})|^2$ 和 $|\psi_{\mathrm{II}}(\boldsymbol{x})|^2$ 以频率

$$\omega \equiv \frac{1}{\hbar}[J_{\mathrm{a}}(r) - J_{\mathrm{s}}(r)] = \frac{2}{\hbar}J(r) \tag{10.7}$$

交替地增大和减小. 这意味着电子以频率 ω 从 I 跳到 II 和从 II 跳到 I. 根据刚才提到的关系 $J(\infty) = 0$ 可知, 当 $r \to \infty$ 的时候, 这个频率趋于零. 因此, 在此极限下, ϕ_+ 总是 ψ_{I}, ϕ_- 总是 ψ_{II}. 现在可以看到, 前面提到的矛盾已经解决了. 我们现在也理解了, 作用在两个原子核之间的力的势 $\pm J(r)$ 和电子在两个原子核之间来回跳跃的频率之间有着微妙的关系 (10.7). 如果电子不从一个原子核跳到另一个原子核, 这个频率就是零, 因此, $J(r)$ 也就是零.

由此可知, 交换作用力源于电子的往来. 换句话说, 电子的这种往来也可以看作原子核 I 和原子核 II 交替拥有这个电子. 或者说, 位于 $\boldsymbol{r}/2$ 的粒子和位于 $-\boldsymbol{r}/2$ 的粒子交替地变为中性原子和正离子. 这种交替性是交换相互作用的本质.

*

海森伯认为, 类似的事情发生在原子核里的中子和质子之间. 即, 原子核里的质子和中子也交替地得到或失去这个电荷, 这样一来, 中子转变为质子, 质子转变为中子, 往复不止. 这就是海森伯的想法. 他认为, 如果电荷的这种交换以频率 ω 发生, 那么就应当出现 (10.7) 给出的势 $\pm J(r)$.

我们显然不能僵化地采用与 H_2^+ 的类比. 这是因为, 在 H_2^+ 的情况里, 电荷的交换不只是把氢原子变为了氢离子, 把氢离子变为了氢原子, 而是, 因为埃伦费斯特–奥本海默规则表明, 氢原子是玻色子, 而氢离子是费米子, 统计也交替地从玻色统计转为费米统计和从费米统计转为玻色统计. 然而, 在中子和质子的情况里, 二者都是费米子, 统计性质保持不变. 但是, 如果我们认为中子由一个质子和一个自旋为零的粒子 (可以把它称为玻色电子) 组成 (这是卢瑟福版本的中子), 就可以想象这个玻色电子在中子和质子之间来回跳跃. 海森伯确实提到了这个想法. 无论如何, 他的结论是, 最好忽略这个玻色电子的存在性, 这可能是因为, 即使采用了这个想法, 他也不确定自己是否能够用量子力学处理这种粒子的来回跳跃; 他没有采用这个想法, 而是把中子和质子看

作同样的基本粒子, 而中子到质子和质子到中子以频率 $2J(r)/\hbar$ 交替变化是这些粒子的一种内禀属性[3].

怎么才能够在数学上描述这种交换作用力, 而不用引入像玻色电子这样的粒子呢? 在 H_2^+ 的情况里, 波函数相对于变换 $x \to -x$ 的对称性决定了交换作用力是 $-J(r)$ 还是 $+J(r)$. 在这种情况里, x 是电子 (或者玻色电子) 的坐标. 因此, 我们不能用这种描述而不考虑用于交换作用力的电子 (玻色电子). 我们能做什么呢? 海森伯在这里类比自旋而引入了同位旋这个概念, 描述了交换作用力而没有使用 x.

第 5 讲讨论了两个自旋之间表现很强的相互作用. 刚才说到 H_2^+ 的时候, 我提醒你们注意 (5.14)、(5.16)$_s$ 和 (5.16)$_a$; 就像 H_2^+ 的情况一样, 也出现对称态和反对称态, 能量差来自态的对称性, 这个差别被归结为表观的自旋–自旋相互作用. 在第 5 讲里我没有使用交换作用力这个词, 但是, 这个表观力就是交换作用力. 虽然这个交换作用力来自电子的轨道角动量, 我们可以把它看作两个自旋之间的相互作用.

我在第 5 讲中告诉过你们, 在对自旋–自旋相互作用的讨论中, 海森伯扮演了重要的角色. 因此, 我们可以理解, 他认为原子核里的交换作用力可以用类似于自旋矩阵的东西来描述, 不用管玻色电子到底存在还是不存在. 现在我们就要讲述同位旋的故事.

*

在讨论 H_2^+ 问题的时候, 我说, 位于 $-r/2$ 的粒子和位于 $r/2$ 的粒子交替地变为中性原子和正离子. 如果位于 $-r/2$ 的粒子是中性原子, 位于 $r/2$ 的粒子是正离子, 这个态就是 ψ_I; 如果位于 $-r/2$ 的粒子是正离子, 位于 $r/2$ 的粒子是中性原子, 这个态就是 ψ_{II}. 在 (10.4)$_s$ 里, ϕ_s 具有下述性质, 当中性原子变为正离子和正离子变为中性原子的时候, 它不改变符号, 而 (10.4)$_a$ 里的 ϕ_a 会改变符号. 我们可以这么说: "相对于中性原子变为正离子和正离子变为

---

[3] 海森伯在 1932 年的文章 *Über den Bau der Atomkerne I* (《关于原子核的结构 I》) 中是这样写的: "利用不带自旋的服从玻色统计的电子图像, 也可以直观描述交换力. 但是, 恐怕交换力不是源于电子的运动, 而更像是源于质子和中子对的基本性质."

中性原子的变换而言, ϕ_s 是对称的, 而 ϕ_a 是反对称的." 我们已经知道, 对于 ϕ_s 存在吸引 $-J(r)$, 而对于 ϕ_a 存在排斥 $+J(r)$. 最后这一点把交换作用力与普通的力区分开, 对于普通的力来说, 不管 ϕ 的对称性是什么, 出现的势都是一样的.

到目前为止, 我一直讨论 H_2^+, 但是, 如果这样定义交换作用力, 就没有明显地涉及电子的坐标 x, 因此, 我们可以认为, 这是中子和质子之间的交换作用力的特性. 要这样做, 只要用 "中子" 替换 H_2^+ 里的 "中性原子", 用 "质子" 替换正离子. 这就是海森伯的想法.

那么, 怎么才能用数学表示从质子变为中子和从中子变为质子的过程呢? 这时候, 海森伯引入了同位旋. 为此, 他不是把中子和质子当作不同的基本粒子, 而是把它们视为同一个基本粒子的两个不同的态. 这个基本粒子后来被称为核子. 如果用这个术语, 我就可以说, 原子核的组分是名叫核子的基本粒子, 它有两个态, 叫作中子态和质子态. 因为中子是自旋为 $1/2$ 的费米子, 在两个态里, 核子都是自旋为 $1/2$ 的费米子. 如果承认核子可以取两个态, 那么我们就必须接受除了 x, y, z 和自旋自由度之外的第五个自由度.

第五个自由度类似于自旋自由度, 它只能取两个态. 因此, 海森伯引入了 2×2 矩阵

$$\rho^\xi = \begin{pmatrix} 0 & 1 \\ 1 & 0 \end{pmatrix}, \quad \rho^\eta = \begin{pmatrix} 0 & -i \\ i & 0 \end{pmatrix}, \quad \rho^\zeta = \begin{pmatrix} 1 & 0 \\ 0 & -1 \end{pmatrix} \tag{10.8}$$

来描述这个自由度. 显然, 这些矩阵的形式与泡利自旋矩阵的完全相同. 类比于自旋的情况, 自旋向上是 $\sigma_z = +1$, 自旋向下是 $\sigma_z = -1$, 海森伯选择了 ρ^ζ 的本征值为 $+1$ 的态是中子态, 而本征值为 -1 的态是质子态[4]. 接着, 如果把 ρ 的波函数 (它是个二分量的量) 写为

$$\alpha = \begin{pmatrix} \alpha_1 \\ \alpha_2 \end{pmatrix} \tag{10.9}$$

---

[4]现在 $\rho^\xi = 1$ 对应质子, $\rho^\xi = -1$ 中子. 定义 $\rho^\zeta/2 = T_3$, 与重子数 N_B 一起, 电荷表示为 $Q = T_3 + N_B/2$. 再加入奇异性 S 的话, 变为 $Q = T_3 + N_B/2 + S/2$.

那么,

$$\alpha^{\mathrm{n}} \equiv \begin{pmatrix} 1 \\ 0 \end{pmatrix}, \quad \alpha^{\mathrm{p}} \equiv \begin{pmatrix} 0 \\ 1 \end{pmatrix} \tag{10.9'}$$

分别表示中子态和质子态的本征函数. 注意, 就像在自旋的情况里一样, 这里有关系式

$$\begin{cases} \rho^{\xi} \alpha^{\mathrm{n}} = \alpha^{\mathrm{p}}, & \rho^{\xi} \alpha^{\mathrm{p}} = \alpha^{\mathrm{n}} \\ \rho^{\eta} \alpha^{\mathrm{n}} = \mathrm{i}\alpha^{\mathrm{p}}, & \rho^{\eta} \alpha^{\mathrm{p}} = -\mathrm{i}\alpha^{\mathrm{n}} \\ \rho^{\zeta} \alpha^{\mathrm{n}} = \alpha^{\mathrm{n}}, & \rho^{\zeta} \alpha^{\mathrm{p}} = -\alpha^{\mathrm{p}} \end{cases} \tag{10.10}$$

现在考虑两个核子并用下标 I 和 II 来区分它们. 那么, 核子 I 是中子而核子 II 是质子的态的波函数可以表示为下述乘积

$$\alpha^{\mathrm{n,p}} = \alpha_{\mathrm{I}}^{\mathrm{n}} \alpha_{\mathrm{II}}^{\mathrm{p}} \tag{10.11$_{\mathrm{n,p}}$}$$

核子 I 是质子而核子 II 是中子的态的波函数可以表示为

$$\alpha^{\mathrm{p,n}} = \alpha_{\mathrm{I}}^{\mathrm{p}} \alpha_{\mathrm{II}}^{\mathrm{n}} \tag{10.11$_{\mathrm{p,n}}$}$$

如果继续和 H_2^+ 做类比, $\alpha^{\mathrm{n,p}}$ 对应于 ψ_{I}, 而 $\alpha^{\mathrm{p,n}}$ 对应于 ψ_{II}. 我们现在看到, "从中子变为质子和从质子变为中子" 的变换就是把这些公式里的 n 变为 p 和把 p 变为 n. 接下来, 我们可以写出对应于 H_2^+ 的 ϕ_{s} 和 ϕ_{a} 的公式. 它们是

$$\alpha^{\mathrm{s}} = \alpha_{\mathrm{I}}^{\mathrm{n}} \alpha_{\mathrm{II}}^{\mathrm{p}} + \alpha_{\mathrm{I}}^{\mathrm{p}} \alpha_{\mathrm{II}}^{\mathrm{n}} \tag{10.12$_{\mathrm{s}}$}$$

$$\alpha^{\mathrm{a}} = \alpha_{\mathrm{I}}^{\mathrm{n}} \alpha_{\mathrm{II}}^{\mathrm{p}} - \alpha_{\mathrm{I}}^{\mathrm{p}} \alpha_{\mathrm{II}}^{\mathrm{n}} \tag{10.12$_{\mathrm{a}}$}$$

显然, α^{s} 相对于从中子变为质子和从质子变为中子的变换是对称的, 而 α^{a} 是反对称的.

讲了这么多, 我们现在可以做一个矩阵, 对于对称态, 它是 $-J(r)$, 对于反对称态, 它是 $+J(r)$. 即,

$$-\frac{1}{2}(\rho_{\mathrm{I}}^{\xi} \rho_{\mathrm{II}}^{\xi} + \rho_{\mathrm{I}}^{\eta} \rho_{\mathrm{II}}^{\eta}) J(r) \tag{10.13}$$

具有这种性质. 如果我刚才提到的是唯一的要求, 那么括号里的表达式可以只是 $\rho_{\mathrm{I}}^{\xi}\rho_{\mathrm{II}}^{\xi}$, 或者只是 $\rho_{\mathrm{I}}^{\eta}\rho_{\mathrm{II}}^{\eta}$. 但是, 海森伯认为, 质子之间没有核力, 中子之间也没有, 所以, 他必须使用 (10.13), 当两个核子都处于中子态或质子态的时候, 就没有核力. 使用 (10.10), 很容易看到

$$\begin{cases} \dfrac{1}{2}(\rho_{\mathrm{I}}^{\xi}\rho_{\mathrm{II}}^{\xi} + \rho_{\mathrm{I}}^{\eta}\rho_{\mathrm{II}}^{\eta})\alpha^{\mathrm{s}} = \alpha^{\mathrm{s}} \\[2mm] \dfrac{1}{2}(\rho_{\mathrm{I}}^{\xi}\rho_{\mathrm{II}}^{\xi} + \rho_{\mathrm{I}}^{\eta}\rho_{\mathrm{II}}^{\eta})\alpha^{\mathrm{a}} = -\alpha^{\mathrm{a}} \\[2mm] \dfrac{1}{2}(\rho_{\mathrm{I}}^{\xi}\rho_{\mathrm{II}}^{\xi} + \rho_{\mathrm{I}}^{\eta}\rho_{\mathrm{II}}^{\eta})\alpha_{\mathrm{I}}^{\mathrm{n}}\alpha_{\mathrm{II}}^{\mathrm{n}} = 0 \\[2mm] \dfrac{1}{2}(\rho_{\mathrm{I}}^{\xi}\rho_{\mathrm{II}}^{\xi} + \rho_{\mathrm{I}}^{\eta}\rho_{\mathrm{II}}^{\eta})\alpha_{\mathrm{I}}^{\mathrm{p}}\alpha_{\mathrm{II}}^{\mathrm{p}} = 0 \end{cases} \tag{10.14}$$

根据 (10.14) 的前两个公式, 我们发现, 在 α^{s} 态里, (10.13) 的数值是 $-J(r)$, 在 α^{a} 态里, 它的数值是 $+J(r)$; 根据 (10.14) 的后两个公式, 可以得到结论, 如果两个核子都是中子或者都是质子, 就没有力. 此外, 使用 "波包"

$$\alpha^{\mathrm{s}}\mathrm{e}^{-\mathrm{i}J_{\mathrm{s}}(r)t/\hbar} \pm \alpha^{\mathrm{a}}\mathrm{e}^{-\mathrm{i}J_{\mathrm{a}}(r)t/\hbar}$$

我们发现, 从中子变为质子或从质子变为中子的频率是 $\omega = 2J(r)/\hbar$.

到目前为止, 我们只考虑了两个核子, 但是, 如果一般性地存在 N 个核子, 那么, 我们可以考虑矩阵

$$-\frac{1}{2}\sum_{K>L}^{N}(\rho_{K}^{\xi}\rho_{L}^{\xi} + \rho_{K}^{\eta}\rho_{L}^{\eta})J(r_{KL}) \tag{10.15}$$

它表示了交换作用力的和. 除了这种交换力, 还有质子之间的库仑力, 所以, 我们加上

$$+\frac{1}{4}\sum_{K>L}^{N}(1 - \rho_{K}^{\zeta})(1 - \rho_{L}^{\zeta})\frac{1}{4\pi\varepsilon_{0}}\frac{e^{2}}{r_{KL}} \tag{10.15'}$$

因此, 可以使用下式作为原子核的总哈密顿量

$$H = \frac{1}{2m}\sum_{K}^{N}p_{K}^{2} - \frac{1}{2}\sum_{K>L}^{N}(\rho_{K}^{\xi}\rho_{L}^{\xi} + \rho_{K}^{\eta}\rho_{L}^{\eta})J(r_{KL}) +$$

$$\frac{1}{4}\sum_{K>L}^{N}(1-\rho_K^{\zeta})(1-\rho_L^{\zeta})\frac{1}{4\pi\varepsilon_0}\frac{e^2}{r_{KL}} \tag{10.16}$$

这就是海森伯的想法. 因为核子的质量很大, 在原子核里, 核子的速度很小, 所以, 非相对论性的哈密顿量就足够了.

根据哈密顿量 (10.16), 海森伯推导出很多结论. 此外, 因为最简单的氘核问题只是一个二体问题, 其有可能得到数学上严格的处理. 这样处理以后, 我们发现哈密顿量 (10.16) 里有几点需要纠正. 其中之一是, 我们必须改变 (10.16) 里 $J(r)$ 的符号. 因为就像它一样, 氘核的自旋变为零了. (当海森伯写这篇文章的时候, 墨菲和约翰逊还没有做他们的实验.) 另外, 如果我们使用他的哈密顿量, 就不能解释氦原子核的巨大稳定性, 氘核的 ϕ_s 态里的排斥力 [因为我们改变了 $J(r)$ 的符号] 变得太大了, 不符合中子与质子的碰撞实验. 然而, 后面这一点可以通过给交换作用力添加包含自旋的一项 $(\boldsymbol{\sigma}_K \cdot \boldsymbol{\sigma}_L)$ 而得到改善 [包含 $(\boldsymbol{\sigma}_K \cdot \boldsymbol{\sigma}_L)$ 的核力被称为马约拉纳力 —— 为了纪念提议者 (图 10.2)][5].

图 10.2 马约拉纳 (Ettor Majorana, 1906 — 1938). AIP Emilio Segrè Visual Archives 惠赠

---

[5] 关于作者自己对这个问题的研究, 参考: 朝永振一郎《量子力学与我》,《量子力学与我》(朝永振一郎著作集 11) (第 6 讲注 2, 岩波文库), 第 6–61 页, 特别是第 32–33 页; 第 15–84 页, 特别是第 48–50 页. 作者在 1933 年把自己的计算结果告诉汤川秀树的信收录在《仁科芳雄往来书信集 I》, 中根良平, 仁科雄一郎, 仁科浩二郎, 矢崎裕二, 江泽洋, 编, 三铃书房 (2006) 中的第 310 信. 值得注意的是, 信中用了后来被称为汤川势能的 $e^{-\lambda r}/r$ (虽然在这之前, G. Wentzel 在 1926 年也用过).

在 1936 年左右, 实验证明了一个惊人的事实, 即使在两个质子之间, 除了库仑力之外也有核力, 这个力等于 ϕ_s 态里的中子和质子之间的力. 如果我们假设相同的力也存在于中子之间, 那么, 通过把 (10.15) 里的因子 $(\rho_K^\xi \rho_L^\xi + \rho_K^\eta \rho_L^\eta)$ 替换为 $(\rho_K^\xi \rho_L^\xi + \rho_K^\eta \rho_L^\eta + \rho_K^\zeta \rho_L^\zeta) = (\boldsymbol{\rho}_K \cdot \boldsymbol{\rho}_L)$, 可以把这个惊人的事实纳入理论. 这里写的是 $\boldsymbol{\rho}$, 意味着我们把 $(\rho^\xi, \rho^\eta, \rho^\zeta)$ 视为 $\xi\eta\zeta$ 空间里的矢量, 但是 $\rho^\xi, \rho^\eta, \rho^\zeta$ 以内积 $(\boldsymbol{\rho}_K \cdot \boldsymbol{\rho}_L)$ 的形式出现在核力的表达式里, 这个事实意味着, 就核力本身来说, $\xi\eta\zeta$ 空间是各向同性的, 就像定义了自旋分量 $\sigma^x, \sigma^y, \sigma^z$ 的 xyz 空间一样, 也是各向同性的. 从这些观点看来, $\boldsymbol{\rho}$ 并不仅仅是描述核力的方便工具, 而是和 $\boldsymbol{\sigma}$ 一样, 是一个非常基本的物理量. 由于这个原因, 就像把 $\boldsymbol{\sigma}/2$ 称为自旋一样, 我们把 $\boldsymbol{\rho}/2$ 称为同位旋. 如果采用这个观点, 两种势 $J_s(r)$ 和 $J_a(r)$ 的出现与否就依赖于核子 I 和核子 II 的同位旋是平行的还是反平行的.

现在我要给你们举一个例子, 同位旋的概念在其中发挥了作用. 如果我们拓展海森伯的想法, 中子和质子不是不同的基本粒子, 而是同一个基本粒子 (即核子) 的不同态, 那么, 三种核素 ^{14}C、^{14}N 和 ^{14}O 就可以看作同一个原子核的不同态, 因为它们都是由 14 个核子构成的. 在忽略了库仑相互作用的近似下, 总的同位旋及其 ζ 分量与哈密顿量对易, 因此,

$$\left(\sum_{K=1}^N \frac{1}{2}\boldsymbol{\rho}_K\right)^2 = T(T+1), \quad \sum_{K=1}^N \frac{1}{2}\rho_K^\zeta = T^\zeta$$

是两个守恒量, 可以用与它们的本征值有关的数字 T 和 T^ζ 作为量子数来标记这个原子核的态. 这类似于原子光谱的情况, 其中, $\left(\sum_K \frac{1}{2}\sigma_K\right)^2 = s(s+1)$ 里的 s 和 $\sum_K \frac{1}{2}\sigma_K^z = s^z$ 里的 s^z 被用来标记原子能级.

把这个想法应用于 ^{14}C、^{14}N 和 ^{14}O 的情况, 就可以在很多实验里看到, ^{14}N 的基态是 $T = 0, T^\zeta = 0$, ^{14}C 的基态、^{14}N 的第一激发态和 ^{14}O 的基态对应于 $T = 1$ 的三个态. 在这三个态里, ^{14}C 的态对应于 $T^\zeta = -1$, ^{14}N 对应于 $T^\zeta = 0$, ^{14}O 对应于 $T^\zeta = 1$. 因此, 如果我们使用光谱学的术语, ^{14}N 的基态

是单重项, 其他三个态是三重项. 如果不考虑质子之间的库仑作用, 三重项的三个能级是简并的; 但是, 如果确实要考虑库仑作用, 那么, 这个三重项就分裂为三个能级, 就像在原子光谱中, 内磁场把这些能级分裂为三个能级. 此外, 分裂值的计算与实验结果符合得很好[6]. 我把这个图案表示在图 10.3 中. 从这个例子可以看出, 利用同位旋, 有可能把具有相同核子数的原子核的能级联系起来, 同样的方法在原子光谱中被用来处理多重项. 在这个意义上, 同位旋有时候被称为 isobaric spin. (有人[7] 把它称为 isotopic spin, 但是, 我认为这个术语不好.)

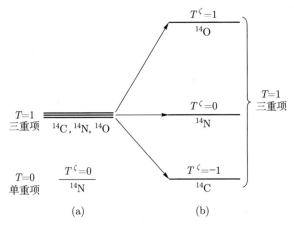

图 10.3　原子核 ^{14}C、^{14}N 和 ^{14}O 的能级. (a) 忽略库仑分裂时的能级; (b) 考虑库仑能的时候, 三重项的分裂

同位旋的概念不仅在这个原子核 "谱" 里扮演了重要的角色, 而且在费米理论和汤川理论里也很重要, 就像我将要解释的那样. 这个概念已经有了起初没有预想到的含义, 这个事实清楚地说明, 海森伯太有先见之明了. 通过与自旋的类比, 海森伯得到了同位旋的想法. 我认为, 他的思考过程中最重要的特性之一就是这种类比. 此外, 他的类比不仅仅是一种唯象方法, 而且在很多情况里触及了一些基本的东西. 狄拉克的杂技, 泡利的正面攻击, 海森伯的类比:

---

[6]即 E. P. 维格纳的超级多重项 (超级多重结构) 理论. 参见下面注 7 的文章.

[7]起这个名字的是维格纳 [E. P. Wigner, On the Consequences of the Symmetry of the Nuclear Hamiltonian on the Spectroscopy of Nuclei, Phys. Rev., 51 (1937), 106–119].

每种方法都显示了强烈的个性. 学习他们的工作, 我们从来不会感到厌倦.

*

海森伯的理论为应用量子力学于原子核内部的问题开辟了道路. 我在上一讲中告诉过你们, 中子的统计、自旋和磁矩是从氘核得来的, 而这成为可能的唯一原因在于, 量子力学能够应用于氘核. 此外, 对于原子核的统计, 我们可以使用埃伦费斯特–奥本海默规则得到结论, 如果 A 是偶数 (奇数), 那么原子核就服从玻色 (费米) 统计; 另一方面, 对于自旋, 根据角动量的加法规则, 如果有偶数 (奇数) 个自旋为 $1/2$ 的粒子, 它们的总角动量是整数 (半整数). 总结一下这两个结论, 我们就得到, 如果自旋是整数 (半整数), 那么原子核就服从玻色 (费米) 统计. 这意味着, 泡利关系 (第 8 讲里讨论过) 对复合粒子也成立. 在 ^{14}C、^{14}N 和 ^{14}O 的例子里, 有单重态和三重态, 这意味着, 同位旋的总数是整数并服从这个规则. 能够得到这些结论的原因是, 量子力学可以应用于原子核内部.

然而, 即使海森伯也不能脱离玻尔的影响, 他不敢触动 β 衰变的问题, 相信量子力学不能应用于此. 费米 (图 10.4) 粉碎了玻尔的想法, 利用泡利的中微子把 β 衰变纳入了量子力学的框架. 他的工作开展于 1934 年.

图 10.4　费米 (Fermi, 1901—1954) 和玻尔, 摄于 1931 年. S. A. Goudsmit 摄影. AIP Emilio Segrè Visual Archives 惠赠

费米从海森伯的想法出发, 认为原子核里没有电子这种东西, 只有几个核子, 它们具有第五个自由度 $\rho^\varsigma = \pm 1$. 考虑质量数为 A 的原子核. 这个力学系统由 A 个核子构成. 许多质量数相同的原子核具有不同的原子序数, 我们把能量最低的 Z 记为 Z_0. 那么, 在这些质量相同的原子核里, $Z \geqslant Z_0 + 1$ 或 $Z \leqslant Z_0 - 1$ 的那些原子核可以被认为是这个原子核系统的激发态 (在刚才提到的例子里, 14 个原子核构成的系统, ^{14}C 和 ^{14}O 的基态被当作 ^{14}N 的激发态). 如果我们考虑 $Z = Z_0 - 1$ 的原子核, 那么, 这个原子核就比 Z_0 原子核多一个核子位于中子态, 少一个核子位于质子态. 如果激发能远大于电子的静止质量 mc^2, 原子核就可以通过一个跃迁到达基态 Z_0. 在此过程中, 一个中子态里的核子发射了一个电子和一个泡利中微子 (这里假设中微子的质量为 0). 这必然发生. 费米认为这就是 β 衰变.

怎么把这个想法纳入量子力学里呢? 为了回答这个问题, 我们可以用一个众所周知的过程为例: 一个被激发的原子通过发射一个光子而弛豫到基态. 为了处理这个问题, 我们首先把辐射场量子化, 就像第 6 讲里做的那样, 让哈密顿量包含量子化的辐射场与原子里的电子之间的相互作用, 建立薛定谔方程并求解. 实际上, 费米做的就是拓展了这个过程.

首先, 费米把电子场和中微子场量子化. 他已经知道电子场的量子化, 但是, 他必须决定中微子是玻色子还是费米子. 然而, 因为中子和质子的自旋都是 1/2, 在从中子态到质子态的跃迁中, 角动量改变了整数值. 根据这个以及角动量守恒定律, 可以推断出, 发射的电子和中微子的总角动量必须是整数, 因此, 在与电子角动量组合的时候, 为了得到整数, 中微子的自旋必须是半整数. 费米假设中微子的自旋是 1/2, 因为这是最简单的选择. 那么, 这个中微子就满足狄拉克方程, 为了避免负能量问题, 它必须是费米子.

发现了中微子满足的方程和统计之后, 这个场的量子化就清楚了. 此外, 协变性和电荷守恒的要求限制了电子–中微子场与核子之间相互作用的形式. 相互作用能应该包含同位旋的分量 $\rho^\xi = \begin{pmatrix} 0 & 1 \\ 1 & 0 \end{pmatrix}$ 和 $\rho^\eta = \begin{pmatrix} 0 & -\mathrm{i} \\ \mathrm{i} & 0 \end{pmatrix}$. 否则, 把中子态与质子态耦合起来的相互作用的矩阵元就会是零, 中子态 $\rightleftarrows$ 质子态

的跃迁就不会发生. 我只给你们展示费米写出的满足这些条件的最简单的相互作用能:

$$g \sum_K V(\boldsymbol{x}_K) = g \sum_K \left[\frac{1}{2}(\rho_K^\xi - \mathrm{i}\rho_K^\eta)\Psi^\dagger(\boldsymbol{x}_K)\Phi(\boldsymbol{x}_K) + \frac{1}{2}(\rho_K^\xi + \mathrm{i}\rho_K^\eta)\Phi^\dagger(\boldsymbol{x}_K)\Psi(\boldsymbol{x}_K) \right]$$

$$(10.17)$$

其中, $\Psi(\boldsymbol{x})$ 是量子化的电子的波函数, $\Phi(\boldsymbol{x})$ 是量子化的反中微子的波函数, 它们都具有四个分量, 每个分量都满足狄拉克方程. $\Psi^\dagger(\boldsymbol{x}_K)\Phi(\boldsymbol{x}_K)$ 或 $\Phi^\dagger(\boldsymbol{x}_K)\Psi(\boldsymbol{x}_K)$ 表示 $\sum_{\alpha=1}^{4} \Psi_\alpha^\dagger(\boldsymbol{x}_K)\Phi_\alpha(\boldsymbol{x}_K)$ 或 $\sum_{\alpha=1}^{4} \Phi_\alpha^\dagger(\boldsymbol{x}_K)\Psi_\alpha(\boldsymbol{x}_K)$; 不用说, $\boldsymbol{x}_K, \rho_K^\xi, \rho_K^\eta$ 是核子 K 的空间坐标和同位旋; g 是耦合常数.

当费米选择 (10.17) 作为相互作用能的时候, 他考虑的是辐射场的类比. 在荷电粒子和辐射场的情况里, 相互作用是 $e \sum_K V(\boldsymbol{x}_K)$, 其中, $V(\boldsymbol{x}_K)$ 是描述辐射场的电场的势, 只要粒子的速度小于光速 c. 费米方程 (10.17) 推广了它, 使其能够应用于等质量数的原子核. 即, 在 (10.17) 里使用了 $\Psi^\dagger(\boldsymbol{x}_K)\Phi(\boldsymbol{x}_K)$ 和 $\Phi^\dagger(\boldsymbol{x}_K)\Psi(\boldsymbol{x}_K)$, 而不是荷电粒子与辐射场的情况里的 $V(\boldsymbol{x}_K)$. 这是因为, 只有一个粒子 (光子) 与辐射场有联系, 然而, 有两个粒子 (电子和中微子) 与 β 衰变的场有联系. 此外, (10.17) 中的表达式 $(\rho_K^\xi - \mathrm{i}\rho_K^\eta)/2$ 和 $(\rho_K^\xi + \mathrm{i}\rho_K^\eta)/2$ 对应于中子 $\rightleftarrows$ 质子的跃迁. 实际上, 从 (10.8) 我们发现, $(\rho_K^\xi - \mathrm{i}\rho_K^\eta)/2 = \begin{pmatrix} 0 & 0 \\ 1 & 0 \end{pmatrix}_K$ 和 $(\rho_K^\xi + \mathrm{i}\rho_K^\eta)/2 = \begin{pmatrix} 0 & 1 \\ 0 & 0 \end{pmatrix}_K$, 它们分别对应于中子 $\rightarrow$ 质子和质子 $\rightarrow$ 中子的跃迁.

我们考虑了 $Z = Z_0 - 1$ 的情况, 但是, 对于 $Z = Z_0 + 1$, 如果能量允许的话, β 衰变也是可能的. 这里的差别是, 发射的是一个正电子 $+e$ 和一个中微子 ν. 实际上, 对于前面讨论的 $^{14}\mathrm{C}$、$^{14}\mathrm{N}$ 和 $^{14}\mathrm{O}$ 的情况, 观测到了两种类型的 β 衰变: $^{14}\mathrm{C} \rightarrow {}^{14}\mathrm{N}$ 和 $^{14}\mathrm{O} \rightarrow {}^{14}\mathrm{N}$. 前者伴随着电子的发射, 而后者伴随着正电子的发射.

费米就这样成功地把 β 衰变引入到量子力学的框架里. 泡利关于中微子

的想法远远超前了他的时代, 但是, 在查德威克的发现和海森伯的理论的推动下, 四年后, 费米重拾了这个想法. 因此, 泡利所说的 "绝望的结论" 实际上是有希望的.

*

受到费米理论成功的刺激, 出现了这样的想法: 费米的方法也许可以应用于海森伯避开的问题, 即, 是否有某种粒子的交换对交换作用力负责. 为了实现这个构想, 也许要使用电子–中微子场的交换, 而不是玻色电子. 然而, 这些尝试都失败了, 因为没有一个能解释实验中观测到的强核力. 补充一下, 交换作用力的强度正比于这些粒子来回跳跃的频率, 因此, 为了得到强的交换作用力, 需要电子–中微子对非常频繁地来回跳跃. 这样, 电子–中微子对逃离原子核的概率也就同比例地增大, 进行 β 衰变的原子核的寿命就会比实验观测到的小好几个数量级.

因此, 汤川 (图 10.5) 有了一个想法, 应当存在一种还没有被发现的荷电玻色子 (重的量子, heavy quantum), 这个荷电粒子在中子和质子之间来回跳跃. 他的结论是, 这个粒子的质量大约是电子质量的 100 倍, 核力的有效范围的量级是 10^{-15} m. 荷电粒子之间的力以电磁场作为媒介, 由此类比, 他认为, 核力以一种未知的场作为媒介, 可以将之称为核力场. 他采用克莱因–戈尔登方程作为这个场的方程, 方程里出现的不是电磁场的库仑势 $\dfrac{1}{4\pi\varepsilon_0}\dfrac{e^2}{r}$, 而是 $g^2 e^{-\kappa r}/r$, 根据德布罗意–爱因斯坦关系, 他得到的不是零质量的玻色子 (光子, 它是量子化的电磁场), 而是核力场的质量为 $\kappa\hbar/c$ 的玻色子. 就像 $\dfrac{1}{4\pi\varepsilon_0}\dfrac{e^2}{r}$ 是库仑场的势一样, 他认为 $g^2 e^{-\kappa r}/r$ 是核力场的势, 通过把核力范围 $1/\kappa$ 取为 10^{-15} m, 他计算了这个玻色子的质量, 得到了前面提到的 100 倍于电子的质量[8]. 这个玻色子比质子轻, 但是比电子重, 比光子更是重多了. 因此, 他把

---

[8]汤川找出了可以很好地描述原子核力为短程力的 $U(r) = e^{-\kappa r}/r$ 的克莱因–戈尔登方程

$$\left[\frac{1}{c^2}\frac{\partial^2}{\partial t^2} - \left(\frac{\partial^2}{\partial x^2} + \frac{\partial^2}{\partial y^2} + \frac{\partial^2}{\partial z^2}\right) + \kappa^2\right] U(r) = 0 \quad (r > 0)$$

从这里注意到了力的作用范围 $1/\kappa$ 与介子质量 m 可用 $1/\kappa = \hbar/mc$ 联系起来.

这个离子命名为 heavy quantum (重的量子), 与 light quantum (轻的量子, 光量子) 相反. 看起来连汤川也会玩文字游戏啊.

图 10.5 汤川秀树 (Yukawa, 1907—1981), 摄于 1957 年. AIP Emilio Segrè Visual Archives 惠赠, E. Scott Barr 收藏

汤川进一步想到, 这个核力玻色子会衰变为一个电子 (或正电子) 和一个中微子, 其寿命的量级为 10^{-6} s. 他这样解释原子核的 β 衰变. 在费米理论里, 中子 ⇄ 质子的过程产生了电子–中微子对, 因此, 我们有这样一个问题: 当这个频率增大时, 原子核的寿命变短了. 但是, 在汤川的理论里, 中子 ⇄ 质子的过程受到核力玻色子来回跳跃的影响, 在此过程中发生了 β 衰变, 这个玻色子 (欢快地) 分裂为一个电子和一个中微子. 如果这种情况很稀少, 那么 β 衰变就很少发生, 因此, 我们就不用担心原子核寿命太短了.

你们也许会担心下一个问题: 如果核力玻色子在核子之间来回跳跃, 其频率非常高、足以解释很大的核力, 那么, 这个玻色子本身从原子核里逃逸出来的概率也变得很大, 就会观测到原子核分裂了, 并发射出这个玻色子. 这个问题的答案很简单. 这个玻色子的质量是电子质量的 100 倍, 所以, 它的 mc^2 是 10^8 eV. 因此, 除非提供这么大的能量, 它就不能逃出这个原子核. 这么高激发的原子核不会自然地形成, 当时还没有这么高能量的离子加速器.

然而, 在宇宙射线里, 有很多粒子的动能在 10^8 eV 的量级. 如果这样一个粒子与一个原子核发生碰撞, 就有可能把核力玻色子敲出这个原子核. 因此,汤川建议, 可以在宇宙射线里发现这个粒子. 1936 年, 汤川的文章发表了一年以后, 安德森和尼德迈耶在宇宙射线里发现了一个粒子, 类似于汤川描述的粒子[9]. 这个粒子被命名为介子 (meson, 中介粒子).

顺便说一下, 也许我应该提一提, 同位旋在汤川理论里也扮演了重要的角色. 汤川用

$$g \sum_K \left[\frac{1}{2}(\rho_K^\xi - \mathrm{i}\rho_K^\eta) U^\dagger(\boldsymbol{x}_K) + \frac{1}{2}(\rho_K^\xi + \mathrm{i}\rho_K^\eta) U(\boldsymbol{x}_K) \right] \tag{10.18}$$

作为核子与核力场的相互作用能, 就像费米方程 (10.17) 建议的那样. 这里的 $U(\boldsymbol{x}_K)$ 是量子化的核力场, 它是满足克莱因–戈尔登方程的复数波, 就像第 6 讲讨论的泡利和韦斯科普夫的 $\Psi(\boldsymbol{x}_K)$ 一样. 如果我们用两个实数场 U^ξ 和 U^η, 使得

$$U = \frac{1}{2}(U^\xi - \mathrm{i}U^\eta), \quad U^\dagger = \frac{1}{2}(U^\xi + \mathrm{i}U^\eta) \tag{10.19}$$

就可以把 (10.18) 重写为

$$g \sum_K \frac{1}{2}[\rho_K^\xi U^\xi(\boldsymbol{x}_K) + \rho_K^\eta U^\eta(\boldsymbol{x}_K)] \tag{10.18$'$}$$

可以看到, 在 (10.18) 和 (10.18$'$) 中, 同位旋都扮演了角色. 此外, 交换作用力也作用在两个质子之间和两个中子之间, 因此, 有必要假设存在一种电中性的介子. 为了让这种交换作用力与 ϕ_s 态里的中子和质子之间的交换作用力完全相同, 我们必须用

$$g \sum_K \frac{1}{2}[\rho_K^\xi U^\xi(\boldsymbol{x}_K) + \rho_K^\eta U^\eta(\boldsymbol{x}_K) + \rho_K^\zeta U^\zeta(\boldsymbol{x}_K)] = g \sum_K \frac{1}{2}[\boldsymbol{\rho}_K \cdot \boldsymbol{U}(\boldsymbol{x}_K)] \tag{10.18$''$}$$

而不是 (10.18$'$), 其中, $U^\zeta(\boldsymbol{x})$ 是电中性介子的场 (这里的 $U^\zeta(\boldsymbol{x})$ 是实数, 以便让粒子是电中性的). 在最右边的式子里, $\boldsymbol{U}$ 是 $\xi\eta\zeta$ 空间里的矢量, 这样就可以认为, 核力玻色子也有新的第五个自由度. 如果采用这种解释, 那么, 不像核子的同位旋是 1/2, 核力玻色子的同位旋是 1. 这个同位旋的 ζ 分量可以取三

---

[9]参考第 8 讲注 1.

个值 $+1, 0, -1$, 其中, $+1$ 表示带正电的介子, 0 表示电中性的介子, 而 -1 表示带负电的介子. 而核子的对应情况是, 同位旋的 ζ 分量 $+1/2$ 表示中子态, 而 $-1/2$ 表示质子态. 由 (10.18″) 还可以看到, $\xi\eta\zeta$ 空间在介子理论里也是完全各向同性的. 在这个意义上, 这个同位旋空间和在其中定义的同位旋变得越来越具有基本意义了.

汤川在 1935 年发表了关于核力起源的想法; 在一段时间里, 这个想法没有引起注意. 例如, 即使在安德森的发现之后, 奥本海默也不同意汤川的看法. 同时, 汤川小组进一步研究并拓展了他的想法, 通过考虑矢量场而不是起初的张量场, 他们试图解释核力中包含 $(\boldsymbol{\sigma}_K \cdot \boldsymbol{\sigma}_L)$ 项的原因, 解释核子的反常磁矩的来源 (这两者都不能用标量场理论解释), 并且证明了可以定性地解释它们.

这时候, 为了把安德森发现的粒子与核力联系起来, 欧洲有些人也有了类似于汤川的想法, 但他们不知道汤川的工作, 并得出了一个类似的理论[10]. 他们吃惊地了解到, 汤川已经发表了他的想法, 而且, 汤川及其同事正在试图做的事情与他们相同. 对于他们来说, 发现汤川似乎比发现介子本身还要让人吃惊.

从 1937 年到 1939 年, 我在莱比锡大学 (海森伯和洪德在那里), 在那里我听说, 直到那个时候, 日本赠送的 *Proceedings of the Physico-Mathematical Society of Japan* 没有任何人读过, 一收到就被扔到书堆里. 然而, 自从汤川的文章出现以后, 这个期刊就被陈列在物理系图书馆里, 汤川及其同事的文章所在的书页都被读者的手弄脏了.

汤川关于介子的想法没有引起注意的部分原因是, 这个期刊很少见, 还有部分原因是, 汤川的想法太超前了, 就像泡利关于中微子的想法一样. 1937 年, 玻尔来到日本, 听了汤川的工作, 但是, 显然他没有对这个理论表现出多大兴

---

[10]据说苏黎世的 E. C. G. Stuckelberg 有与汤川相同的想法, 但被同事泡利叫停了 [R. P. Crease, C. C. Mann, 第二次创世 (上册), 镇目恭夫, 小原洋二, 译, 早川书房 (1991), 第 232 页]. 汤川的文章是 1935 年发表的, Stuckelberg 在不知情的情况下, 于 1936 年发表了同样的文章. 他于 1937 年 6 月注意到了汤川的文章, 就给仁科写信说想到汤川那里学习 (第 8 讲注 1 中的《仁科芳雄来往书信集 II》收录的 Stuckelberg 的书信 600).

英国的 N. Kemmer, H. Fröhlich, W. Heitler, H. J. Bhabha 等也投入了对介子理论的研究, 但他们是在 1938 年看了汤川的文章以后开始的. 海森伯也在 1938 年写了文章, 其中引用了汤川的文章.

趣. 还有, 海森伯在他的文章里提到了交换作用力来自往复跳跃的自旋为零的玻色电子的想法, 却朝着与这个想法完全相反的方向前进了. 考虑了所有这一切之后, 我认为, 这些背后的原因在于, 虽然拆除了一堵又一堵围墙, 虽然有很多新发现, 但是, 原子核里有禁区的顽固偏见仍然存在, 物理界对新粒子满怀戒心. 也许我可以说一下, 海森伯、费米和汤川接连地去除了禁区的围墙, 他们的工作地点距离玻尔居住的哥本哈根越来越远. 这可能意味着, 离得越远, 玻尔的影响就越弱.

无论如何, 我们还不能说: 从海森伯到费米再到汤川的进展, 已经完全消灭了原子核禁区. 仍然有一个禁区, 发散的困难, 不仅继续停留在原子核的内部, 也出现在原子核外面, 困扰着所有的基本粒子. 禁区的这堵墙是无限高的, 即使在今天, 仍然禁止入内[11].

*

这就是自旋和统计的泡利理论.

我希望这一讲已经给你们讲清楚了这个过程: 一直持续到 1930 年的态度在 1932 年左右开始发生显著的变化, 到了 1940 年, 物理学家的战场从原子和分子转移到原子核, 进而深入到基本粒子. 说到 1940 年, 第二次世界大战于此前一年 (1939 年) 在欧洲爆发, 日本与欧洲国家在 1941 年开战. 因此, 从1940 年开始, 每个国家的物理学家都不得不经受一段时间的苦难, 直到战争结束, 基本粒子理论才萌芽、伸展枝叶, 最终开花结果.

---

[11]朝永、J. S. 施温格和 R. P. 费曼的重正化理论首次在量子电动力学中避免了发散困难. 当时被说成就像把垃圾扫到地毯下一样, 但与实验异乎寻常地符合, 重正化可能变为构建基本粒子标准理论的指导原理. 其前提是以重正化群的观点进行重新的考察.

第 11 讲　再谈托马斯因子
——托马斯理论对反常磁矩成立吗?

通过上一讲的叙述, 大家应该知道了, 在 1940 年左右, 物理学的发展迎来了战前最后的高潮. 这个长长的故事本可以在这个高潮处结束, 但是詹森在前年 (1972 年) 来日本的时候, 给我留了一份作业, 我觉得有必要讲一讲.

我在第 9 讲里告诉过你们, 1933 年发现了质子的反常磁矩, 第二年发现了中子的反常磁矩. 今天我想讨论这些反常磁矩的托马斯因子. 我在第 2 讲里概述了托马斯 (图 11.1) 的想法. 前年 (1972 年) 的某一天, 詹森不修边幅地路过了我家 (不修边幅指的是他的打扮: 穿着凉鞋, 没有打领带), 并问我他是否可以给我讲个物理学史上的故事. 我说: "讲吧!" 他说: "你肯定知道托马斯因子." 故事就从那里开始了. 根据詹森的说法, 托马斯理论在欧洲的影响很大, 人们激烈地争论它是否正确. 无论如何, 他的理论确实解释了实验要求的因子 1/2. 但是, 我们必须确定, 这个因子 1/2 是真的证实了托马斯理论, 还是仅仅是幸运的巧合. 如果我们分别把托马斯的想法和新的量子力学应用于反常磁矩, 比较得到的结果, 就可以知道托马斯的想法是否正确. 这就是詹森来到我家时给出的提议.

顺便说一下, 泡利在 1933 年就已经准备好了将量子力学应用到反常磁矩的基础. 也是在 1933 年, 施特恩首次测量了质子的反常磁矩, 拉比在 1934 年更精确地测量了它. 我在第 9 讲告诉过你们, 当泡利访问施特恩实验室的时候, 他坚决地相信质子的磁矩是正常数值 $e\hbar/(2m_{\mathrm{p}})$, 有些古怪的是 (我将要告诉你们), 泡利已经发表了解决反常磁矩问题的必要工具 (虽然他自己并不相信), 但这是典型的泡利特色.

图 11.1　托马斯 (Llewellyn H. Thomas, 1903 — 1992). 梅田魁摄影. 冈武史惠赠

现在距离我在第 2 讲里谈论托马斯因子已经半年多了, 所以我在这里简单回顾一下, 以免你们忘记了. 在解释碱金属原子双重态的时候, 我们不是考虑电子绕着原子转动, 而是考虑电子静止而原子核绕着电子转动的坐标系 (我称之为电子静止坐标系). 那么电子位置上就有一个磁场, 它来自绕着电子运动的原子核, 把能级分裂为双重态. 这就是碱金属原子双重项的解释. 然而, 我在第 2 讲里告诉过你们, 如果这样做, 我们得到的双重项间距的数值是实验值的两倍.

托马斯解决了这个困难. 根据他的理论, 电子静止而原子核绕电子转动的坐标系并不是这么简单的. 他注意到, 有必要仔细地考虑相对论的特殊性质, 特别是洛伦兹变换的特殊性质. 如果电子以不变的速度运动, 电子静止坐标系就简单地由一个洛伦兹变换确定, 但是, 如果这个粒子有加速度, 我们就必须考虑很多事情. 这就是托马斯的核心想法. 我在第 2 讲里省略了托马斯的计算细节, 因为它 "太累人了", 但是, 不讲细节, 就不能回答詹森的问题. 虽然这可能有些复杂, 但还是请跟上我的思路. 毕竟, 复习一下相对论也不是坏事.

*

你们很可能已经非常熟悉洛伦兹变换了, 但我还是从那里开始吧.

考虑两个任意的惯性参考系 I 和 I', 考虑一个固定在 I 上的正交坐标系

S 和另一个固定在 I' 上的正交坐标系 S'; S 的原点是 O, 坐标轴是 X 轴、Y 轴和 Z 轴, 而 S' 的原点是 O', 坐标轴是 X' 轴、Y' 轴和 Z' 轴. 我们从这两个惯性参考系观察某个事件, 使得它被观测的位置和时刻在参考系 I 里是 (x, y, z) 和 t, 而在参考系 I' 里是 (x', y', z') 和 t'. 因为 I 参考系和 I' 参考系的空间原点和时间零点都可以任意选择, 为了方便, 可以这样定义它们: 在 $t = t' = 0$ 时刻, O 和 O' 是重合的. 这样, 变量 $\{x, y, z, t\}$ 和 $\{x', y', z', t'\}$ 就存在齐次的线性关系, 满足

$$x^2 + y^2 + z^2 - c^2 t^2 = x'^2 + y'^2 + z'^2 - c^2 t'^2 \tag{11.1}$$

这个公式是相对论的基本要求, 如果 $\{x, y, z, t\}$ 和 $\{x', y', z', t'\}$ 满足 (11.1), 我们就说这两组变量是通过洛伦兹变换联系起来的. 其中, (x, y, z) 和 (x', y', z') 是事件发生处的 "空间" 坐标, 相应地, 把 $\{x, y, z, t\}$ 和 $\{x', y', z', t'\}$ 称为该事件在每个惯性参考系里发生的 "时空" 坐标.

在惯性参考系 I 和 I' 里, 我们可以随意选择坐标系 S 和 S', 相应地有许多洛伦兹变换. 因此, 把它们分为转动的变换和不转动的变换就是很方便的.

在不转动的洛伦兹变换里, 著名的最简单的形式是

$$x' = \frac{x - vt}{\sqrt{1 - v^2/c^2}}, \quad y' = y, \quad z' = z, \quad t' = \frac{t - \dfrac{v}{c^2}x}{\sqrt{1 - v^2/c^2}} \tag{11.2}$$

如果求解这些方程, 就可以得到逆变换

$$x = \frac{x' + vt'}{\sqrt{1 - v^2/c^2}}, \quad y = y', \quad z = z', \quad t = \frac{t' + \dfrac{v}{c^2}x'}{\sqrt{1 - v^2/c^2}} \tag{11.2'}$$

为了说明这个变换的物理意义, 我们考虑 I' 参考系中的一个固定点 P', 令其基于 S' 坐标系的坐标是 $(x'_{P'}, y'_{P'}, z'_{P'})$. 这样就由 (11.2) 得到, 从 I 参考系看来, 它在 S 坐标系的坐标是

$$x_{P'} - vt = \sqrt{1 - v^2/c^2}\, x'_{P'}, \quad y_{P'} = y'_{P'}, \quad z_{P'} = z'_{P'}$$

这些关系式可以重写为

$$x_{P'} = \sqrt{1 - v^2/c^2}\, x'_{P'} + vt, \quad y_{P'} = y'_{P'}, \quad z_{P'} = z'_{P'}$$

从 I 参考系看来, 点 P' 在时刻 t 位于

$$(x_{P'}, y_{P'}, z_{P'}) = \left(\sqrt{1 - v^2/c^2}\, x'_{P'} + vt, y'_{P'}, z'_{P'}\right) \tag{11.3}$$

因此, 就像从 I 坐标系来看一样, 点 P' 正在沿着 X 轴以速度 $\boldsymbol{v}_{P'} = (v, 0, 0)$ 运动, 沿着 X 轴有洛伦兹收缩, 其因子为 $\sqrt{1 - v^2/c^2}$. 在特殊情况下, 如果我们取 P' 作为 S' 坐标系的原点, 那么, 从 I 参考系看来, 它的坐标就是

$$(x_{O'}, y_{O'}, z_{O'}) = (vt, 0, 0) \tag{11.4}$$

它也沿着 X 轴运动, 速度为

$$\boldsymbol{v}_{O'} = \boldsymbol{v}_{P'} = (v, 0, 0) \tag{11.5}$$

考虑一个矢量 $O'P'$, 它在 I 参考系里相对于 S 坐标系的分量

$$(x_{P'} - x_{O'}, y_{P'} - y_{O'}, z_{P'} - z_{O'})$$

与 S' 坐标系里的分量的关系是

$$\begin{cases} x_{P'} - x_{O'} = \sqrt{1 - v^2/c^2}(x'_{P'} - x'_{O'}) \\ y_{P'} - y_{O'} = y'_{P'} - y'_{O'} \\ z_{P'} - z_{O'} = z'_{P'} - z'_{O'} \end{cases} \tag{11.6}$$

这里, x 分量仍然是洛伦兹收缩的.

现在, 我们把 (11.3) 里的点 P' 取在 X' 轴上. 对于这个点来说, $y'_{P'} = z'_{P'} = 0$, $y_{P'} = z_{P'} = 0$, 因此, 如果我们从 I 参考系看 I' 参考系里的 X' 轴, 它就是平行于 X 轴的; 类似地, 如果我们从 I 参考系看 I' 参考系里的 Y' 轴, 它就是平行于 Y 轴的; Z' 轴和 Z 轴也类似.

我们已经分析了, 固定在 I' 参考系上的点、矢量和坐标轴, 从 I 坐标系看是怎么样的. 反过来, 固定在 I 参考系上的点、矢量和坐标轴, 从 I' 坐标系看又是怎么样的呢? 我们可以利用 (11.2$'$) 进行类似的思考. 结论是, 如果我们从 I' 坐标系看固定在 I 参考系上的点, 它们都沿着 X' 轴以速度 $-v$ 运动, 类似地, 固定在 I 参考系上的矢量平行于 X' 轴以速度 $-v$ 运动, 它们的 x' 分

量被洛伦兹收缩了 $\sqrt{1-v^2/c^2}$. 此外, 从 I' 参考系看来, 坐标轴 X, Y, Z 分别平行于 X', Y', Z'. 如果用公式表示, 那么, 对应于 (11.3), 有

$$(x'_P, y'_P, z'_P) = \left(\sqrt{1-v^2/c^2} x_P - vt', y_P, z_P \right) \qquad (11.3')$$

对应于 (11.4), 有

$$(x'_O, y'_O, z'_O) = (-vt', 0, 0) \qquad (11.4')$$

对应于 (11.5), 有

$$\boldsymbol{v}'_O = \boldsymbol{v}'_P = (-v, 0, 0) \qquad (11.5')$$

对应于 (11.6), 有

$$\begin{cases} x'_P - x'_O = \sqrt{1-v^2/c^2}(x_P - x_O) \\ y'_P - y'_O = y_P - y_O \\ z'_P - z'_O = z_P - z_O \end{cases} \qquad (11.6')$$

因此, 对于形式为 (11.2) 或 (11.2′) 的洛伦兹变换, I 参考系里的三个坐标轴的每一个都平行于 I' 参考系里的对应坐标轴. (这个说法有些粗略, 它实际上是说, 如果你从一个参考系里看其他坐标轴, 那么它们平行于它们自己的坐标轴, 但是粗略一点通常很方便.) 在此意义上, 这个变换确实不包含坐标轴的转动, 因此, 它是一个不转动的变换. 循环置换 (11.2) 里的 x, y, z, 也实现了坐标轴平行的变换. 因为这些变化是最简单形式的特殊情况, 它们通常叫作狭义洛伦兹变换.

在狭义洛伦兹变换里, X 轴和 X' 轴、Y 轴和 Y' 轴、Z 轴和 Z' 轴彼此平行, 因此, 你也许认为, 如果 I 参考系里的矢量 $\boldsymbol{a}$ 在 S 坐标系里的分量 (a_x, a_y, a_z) 与 I' 参考系里的矢量 $\boldsymbol{a}'$ 在 S' 坐标系里的分量 (a'_x, a'_y, a'_z) 具有如下关系, $a_x : a_y : a_z = a'_x : a'_y : a'_z$, 那么, $\boldsymbol{a}$ 和 $\boldsymbol{a}'$ 就是平行的. (这也是一种粗略的说法.) 然而, 情况并非如此. 从 (11.6′) 显然可以看出, 如果我们从 I' 参考系看 $\boldsymbol{a}$, 它的分量是 $(\sqrt{1-v^2/c^2}a_x, a_y, a_z)$, I' 参考系里满足 $a'_x : a'_y : a'_z = a_x : a_y : a_z$ 的矢量 $\boldsymbol{a}'$ 永远不会和它平行, 除非 $a_x = a'_x = 0$ 或 $a_y = a'_y = a_z = a'_z = 0$. 然而, 当 S 和 S' 的坐标轴平行的时候, 经常出现 I 参考系里

的矢量 $\boldsymbol{a}$ 与 I' 参考系里的矢量 $\boldsymbol{a}'$ 满足 $a_x:a_y:a_z = a'_x:a'_y:a'_z$ 的情况, 它们扮演了特别的角色, 所以, 说它们是彼此 "准平行的" 就很方便. 一般来说, 在 $\sqrt{1-v^2/c^2}$ 趋于 1 的极限下, 洛伦兹变换就变成了伽利略变换, 而且, 在此极限下, 准平行也就与平行完全一样.

我告诉过你们, 狭义洛伦兹变换是不转动的, 但是, 我要继续讲讲更一般性的不转动的变换. 这种变换的实现不是让正交坐标系 S 和 S' 选取在 I 和 I' 参考系 (对于这些坐标系, X 轴和 X' 轴是平行的, Y 轴和 Y' 轴是平行的, Z 轴和 Z' 轴是平行的), 我们选取新的正交坐标系 $\overline{S}$ 和 $\overline{S}'$, 使得 $\overline{X}$ 轴和 $\overline{X}'$ 轴是准平行的, $\overline{Y}$ 轴和 $\overline{Y}'$ 轴是准平行的, $\overline{Z}$ 轴和 $\overline{Z}'$ 轴是准平行的. 根据前面提到过的准平行的定义, 如果 $\overline{X}$ 轴和 $\overline{X}'$ 轴是准平行的, 那就意味着 $\overline{X}$ 轴相对于 X,Y,Z 轴的方向余弦等于 $\overline{X}'$ 轴相对于 X',Y',Z' 轴的方向余弦, $\overline{Y}$ 轴和 $\overline{Y}'$ 轴以及 $\overline{Z}$ 轴和 $\overline{Z}'$ 轴也是如此. 因此, 让 S 和 S' 坐标系的轴做相同的转动, 就可以得到 $\overline{S}$ 和 $\overline{S}'$ 坐标系的轴. 如果某个事件的时空坐标在 $\overline{S}$ 坐标系中取为 $\{\bar{x}, \bar{y}, \bar{z}, \bar{t}\}$, 在 $\overline{S}'$ 坐标系中取为 $\{\bar{x}', \bar{y}', \bar{z}', \bar{t}'\}$, 那么, 它们之间的变换 $\{\bar{x}, \bar{y}, \bar{z}, \bar{t}\} \rightleftarrows \{\bar{x}', \bar{y}', \bar{z}', \bar{t}'\}$ 就称为不转动的洛伦兹变换. 在这种情况下, $\overline{S}$ 坐标系里的 $\overline{X}, \overline{Y}, \overline{Z}$ 轴与 $\overline{S}'$ 坐标系里的 $\overline{X}', \overline{Y}', \overline{Z}'$ 轴是准平行的, 在此意义上, 我们可以认为 S 和 S' 坐标系是不转动地相联系的. 显然, 在 $\sqrt{1-v^2/c^2}$ 可以当作 1 的极限情况下, S 和 S' 坐标系是完全平行的.

此外, 如果 $\overline{S}$ 坐标系的轴与 $\overline{S}'$ 坐标系的轴是准平行的, 而且 $\overline{S}$ 坐标系里的矢量 $\bar{\boldsymbol{a}} = (\bar{a}_x, \bar{a}_y, \bar{a}_z)$ 与 $\overline{S}'$ 坐标系里的矢量 $\bar{\boldsymbol{a}}' = (\bar{a}'_x, \bar{a}'_y, \bar{a}'_z)$ 满足关系式 $\bar{a}_x:\bar{a}'_x = \bar{a}_y:\bar{a}'_y = \bar{a}_z:\bar{a}'_z$, 那么, $\bar{\boldsymbol{a}}$ 和 $\bar{\boldsymbol{a}}'$ 就是准平行的. 我们省略了证明, 因为它太简单了. 由于这些原因, $\bar{\boldsymbol{a}}$ 和 $\bar{\boldsymbol{a}}'$ 的准平行性可以不用彼此平行的坐标系来定义; 这个概念完全不依赖于 $\overline{S}$ 与 $\overline{S}'$ 坐标系的选择, 因此, 它相对于坐标系的变换来说是不变的.

那么, 不转动的洛伦兹变换的一般形式是什么呢? 如果我们讨论一般形式, 故事就太长也太复杂了, 可能会偏离问题的要点. 因此, 我们只把它推广到以后讨论所需要的程度. 我告诉过你们, $\overline{S}$ 坐标系的轴与 $\overline{S}'$ 坐标系的轴是通过让 (11.2) 和 (11.2′) 里的 S 和 S' 的轴做相同的转动而得到的. 因此, 我

们把 X 轴和 X' 轴与 Y 轴和 Y' 轴绕着 Z 轴和 Z' 轴转动一个角度 α, 使之成为 $\overline{S}$ 和 $\overline{S}'$ 坐标系, 见图 11.2. 那么, S 坐标系里坐标为 (x, y, z) 的给定点, 在 $\overline{S}$ 坐标系里的空间坐标就是

$$
\begin{cases}
\bar{x} = x\cos\alpha + y\sin\alpha \\
\bar{y} = -x\sin\alpha + y\cos\alpha \\
\bar{z} = z
\end{cases}
\tag{11.7}
$$

S' 坐标系里坐标为 (x', y', z') 的给定点, 在 $\overline{S}'$ 坐标系里的空间坐标就是

$$
\begin{cases}
\bar{x}' = x'\cos\alpha + y'\sin\alpha \\
\bar{y}' = -x'\sin\alpha + y'\cos\alpha \\
\bar{z}' = z'
\end{cases}
\tag{11.7'}
$$

(不用说, $\bar{t} = t$, $\bar{t}' = t'$.) 另一方面, (x, y, z) 和 (x', y', z') 通过 (11.2) 和 (11.2') 联系起来. 所以, 经过一些计算, 我们可以得到

$$
\begin{cases}
\bar{x}' = \left\{ \dfrac{1}{\sqrt{1 - v^2/c^2}}\cos^2\alpha + \sin^2\alpha \right\} \cdot \bar{x} - \\
\qquad \left\{ \dfrac{1}{\sqrt{1 - v^2/c^2}} - 1 \right\}\sin\alpha\cos\alpha \cdot \bar{y} - \dfrac{v\cos\alpha}{\sqrt{1 - v^2/c^2}} \cdot t \\
\bar{y}' = -\left\{ \dfrac{1}{\sqrt{1 - v^2/c^2}} - 1 \right\}\sin\alpha\cos\alpha \cdot \bar{x} + \\
\qquad \left\{ \dfrac{1}{\sqrt{1 - v^2/c^2}}\sin^2\alpha + \cos^2\alpha \right\} \cdot \bar{y} + \dfrac{v\sin\alpha}{\sqrt{1 - v^2/c^2}} \cdot t \\
\bar{z}' = z' = \bar{z} \\
\bar{t}' = t' = \dfrac{t}{\sqrt{1 - v^2/c^2}} - \dfrac{\dfrac{v}{c^2}\{\cos\alpha \cdot \bar{x} - \sin\alpha \cdot \bar{y}\}}{\sqrt{1 - v^2/c^2}}
\end{cases}
\tag{11.8}
$$

把 $\bar{x}, \bar{y}, \bar{z}, \bar{t}$ 用 $\bar{x}', \bar{y}', \bar{z}', \bar{t}'$ 的形式表示出来的逆变换, 可以通过交换 $\bar{x}$ 和 $\bar{x}'$、$\bar{y}$ 和 $\bar{y}'$、$\bar{z}$ 和 $\bar{z}'$、$\bar{t}$ 和 $\bar{t}'$, 并用 $-v$ 替代 v 而得到.

　　从变换关系式 (11.8) 或其逆变换, 我们可以看出, 在 $\overline{S}$ 坐标系里看到的

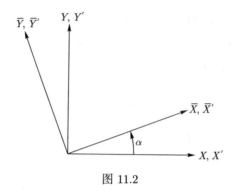

图 11.2

O' 的坐标 (O' 是 S' 坐标系的原点, 同时它也是 $\overline{S}'$ 坐标系的原点 $\overline{O}'$) 是

$$\bar{x}_{O'} = v\cos\alpha \cdot t, \quad \bar{y}_{O'} = -v\sin\alpha \cdot t, \quad \bar{z}_{O'} = 0 \tag{11.9}$$

在 $\overline{S}'$ 坐标系里看到的 O 的坐标是

$$\bar{x}'_{O} = -v\cos\alpha \cdot t', \quad \bar{y}'_{O} = v\sin\alpha \cdot t', \quad \bar{z}'_{O} = 0 \tag{11.9'}$$

因此, 在 $\overline{S}$ 坐标系里看到的 O' 的速度是

$$\boldsymbol{v}_{O'} = (v\cos\alpha, -v\sin\alpha, 0) \tag{11.10}$$

在 $\overline{S}'$ 坐标系里看到的 O 的速度是

$$\bar{\boldsymbol{v}}'_{O} = (-v\cos\alpha, v\sin\alpha, 0) \tag{11.10'}$$

因此, 最后得到

$$\bar{\boldsymbol{v}}_{O'} = -\bar{\boldsymbol{v}}'_{O} \tag{11.11}$$

和

$$|\bar{\boldsymbol{v}}_{O'}| = |\bar{\boldsymbol{v}}'_{O}| = |v| \tag{11.11'}$$

这是不转动的洛伦兹变换的特性: $\bar{\boldsymbol{v}}_{O'}$ 和 $\bar{\boldsymbol{v}}'_{O}$ 是反平行的. (在狭义洛伦兹变换里, $\bar{\boldsymbol{v}}_{O'}$ 指向 X, Y, Z 轴中的一个方向, 而 $\bar{\boldsymbol{v}}'_{O}$ 的方向与它相反.)

最后考虑最一般性的洛伦兹变换, 即, 转动的洛伦兹变换. 转动的洛伦兹变换中, I 参考系的坐标轴和 I' 参考系的坐标轴彼此不是准平行的. 把它们

的坐标系分别取为 $\overline{\overline{S}}$ 和 $\overline{\overline{S}}'$. 显而易见, 可以取 $\overline{\overline{S}} = \overline{S}$ 而不失一般性, 因此, 我们就这么取了. 可以看出, $\overline{\overline{S}}$ 的坐标轴是 $\overline{X}, \overline{Y}, \overline{Z}$, 但是, $\overline{\overline{S}}'$ 的坐标轴由 $\overline{S}'$ 的坐标轴 $\overline{X}', \overline{Y}', \overline{Z}'$ 经过某种转动而得到. 就像前文一样, 我们只考虑 $\overline{\overline{S}}'$ 坐标系绕着 $\overline{Z}'$ 轴转动角度 β. 那么, $\overline{S}'$ 坐标系里坐标为 $(\bar{x}', \bar{y}', \bar{z}')$ 的点在 $\overline{\overline{S}}'$ 坐标系里的坐标为 $(\bar{\bar{x}}', \bar{\bar{y}}', \bar{\bar{z}}')$

$$\bar{\bar{x}}' = \cos\beta \cdot \bar{x}' + \sin\beta \cdot \bar{y}', \quad \bar{\bar{y}}' = -\sin\beta \cdot \bar{x}' + \cos\beta \cdot \bar{y}', \quad \bar{\bar{z}}' = \bar{z}' \quad (11.12)$$

显然,

$$\bar{\bar{t}}' = \bar{t}' \quad (11.13)$$

因此, 如果从 (11.2) 和 (11.8) 中消去 $\bar{x}'$、$\bar{y}'$、$\bar{z}'$ 和 $\bar{t}'$, 我们就得到了用 $\{\bar{x}, \bar{y}, \bar{z}, \bar{t}\}$ 表示 $\{\bar{\bar{x}}', \bar{\bar{y}}', \bar{\bar{z}}', \bar{\bar{t}}'\}$ 的公式, 及其逆公式. 不必写出这些公式, 因为我们并不会显式地使用它们. 实际上, 不用这些公式, 我们也可以确定从 $\overline{\overline{S}}'$ 坐标系看到的 $\overline{\overline{S}}$ 坐标系的原点 O (它与 $\overline{S}'$ 坐标系的原点相同) 的坐标, 以及从 $\overline{\overline{S}}$ 坐标系看到的 $\overline{\overline{S}}'$ 坐标系的原点 O' 的坐标. 例如, (11.9′) 已经给出了从 $\overline{S}'$ 看到的 O 的坐标, 把它代入 (11.2), 得到

$$\bar{\bar{x}}'_O = -v\cos(\alpha+\beta) \cdot t', \quad \bar{\bar{y}}'_O = v\sin(\alpha+\beta) \cdot t', \quad \bar{\bar{z}}'_O = 0 \quad (11.14)$$

因此, 从 $\overline{\overline{S}}'$ 坐标系来看, O 的运动速度为

$$\bar{\bar{v}}'_O = (-v\cos(\alpha+\beta), v\sin(\alpha+\beta), 0) \quad (11.14')$$

从图 11.3 显然可以看出, 角度 $\alpha + \beta$ 出现在这个公式里. 此外, 对于从 $\overline{S}$ 坐标系看到的 $\overline{\overline{S}}'$ 坐标系原点 O' 的坐标, 可以直接应用 (11.9) 和 (11.10), 得到

$$\bar{x}_{O'} = v\cos\alpha \cdot t, \quad \bar{y}_{O'} = -v\sin\alpha \cdot t, \quad \bar{z}_{O'} = 0 \quad (11.15)$$

因此, 它的运动速度是

$$\bar{v}_{O'} = (v\cos\alpha, -v\sin\alpha, 0) \quad (11.15')$$

注意, 在这种情况里,

$$\bar{v}_{O'} \neq -\bar{\bar{v}}'_O \quad (11.16)$$

比较 (11.14′) 和 (11.15′), 我们发现

$$\begin{cases} -\bar{\bar{v}}'_{O_x} = \cos\beta \cdot \bar{v}_{O'_x} + \sin\beta \cdot \bar{v}_{O'_y} \\ -\bar{\bar{v}}'_{O_y} = -\sin\beta \cdot \bar{v}_{O'_x} + \cos\beta \cdot \bar{v}_{O'_y} \end{cases} \tag{11.17}$$

因为 $\bar{\bar{S}}'$ 的坐标轴是通过把 $\bar{S}$ 的坐标轴转动 β 得到的, 可以预期会有这些结果. 虽然 $\bar{\boldsymbol{v}}_{O'} = -\bar{\boldsymbol{v}}'_O$ 在这种情况下并不成立, 但是,

$$|\bar{\boldsymbol{v}}_{O'}| = |\bar{\bar{\boldsymbol{v}}}'_O| = |v| \tag{11.17′}$$

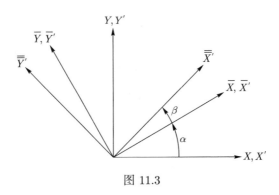

图 11.3

现在有三种变换: 狭义洛伦兹变换、不转动的洛伦兹变换以及转动的洛伦兹变换. 我们只考虑了绕着 Z 轴 (和 Z' 轴) 的转动. 可以证明, 如果我们考虑绕着所有轴的转动, 就可以穷尽所有的洛伦兹变换. 我告诉过你们, (11.16) 是转动的洛伦兹变换的特性, (11.11) 是不转动的洛伦兹变换的特性. 如果只考虑绕着 Z 轴 (和 Z' 轴) 的转动, 我们就可以反过来说, 即, 如果 (11.11) 成立, 这个变换就是不转动的. 然而, 对于一般性的变换, 即使 (11.11) 成立, 这个变换仍然有可能是转动的. 但是这里就不讨论它了.

*

我们花了很长时间回顾洛伦兹变换, 但是我认为, 没有这些准备, 就不能理解导致托马斯因子的洛伦兹变换的关键性质. 那么, 导致托马斯因子的是什么呢?

考虑三个惯性参考系 I、I' 和 I'', 并且考虑 I 上的 S、I' 上的 S' 以及 I'' 上的 S''. 此外, 我们假设, S 的坐标轴和 S' 的坐标轴是准平行的, S' 的坐标轴和 S'' 的坐标轴也是准平行的. (这里要提醒一下, 虽然我们使用不带上横杠的 S、S' 或 S'' 表示坐标系, 但这并不一定意味着 S 和 S' 或 S' 和 S'' 是通过狭义洛伦兹变换联系起来的.) 在这种情况下, S 的坐标轴和 S'' 的坐标轴也是彼此准平行的吗? 对于伽利略变换来说, 这个问题的答案是 "当然". 然而, 对于洛伦兹变换来说, 答案则是 "不一定哦". 换句话说, 即使变换 $\{x, y, z, t\} \rightleftarrows \{x', y', z', t'\}$ 和变换 $\{x', y', z', t'\} \rightleftarrows \{x'', y'', z'', t''\}$ 都是不转动的, 变换 $\{x, y, z, t\} \rightleftarrows \{x'', y'', z'', t''\}$ 通常也是转动的, 特别情况除外.

因为一般性的论证太复杂了, 下面用一个简化的例子说明这个事实. 首先, 让变换 $\{x, y, z, t\} \rightleftarrows \{x', y', z', t'\}$ 是

$$x' = \frac{x - ut}{\sqrt{1 - u^2/c^2}}, \quad y' = y, \quad z' = z, \quad t' = \frac{t - \dfrac{u}{c^2}x}{\sqrt{1 - u^2/c^2}} \tag{11.18}$$

在这种情况下, S 坐标系和 S' 坐标系里的坐标轴不仅是准平行的, 而且是平行的. 接着考虑变换 $\{x', y', z', t'\} \rightleftarrows \{x'', y'', z'', t''\}$

$$x'' = x', \quad y'' = \frac{y' - vt'}{\sqrt{1 - v^2/c^2}}, \quad z'' = z', \quad t'' = \frac{t' - \dfrac{v}{c^2}y'}{\sqrt{1 - v^2/c^2}} \tag{11.19}$$

同样, 在这种情况下, S' 坐标系和 S'' 坐标系里的坐标轴不仅是准平行的, 而且是平行的. 容易看出, 通过从 (11.18) 和 (11.19) 中消除 $\{x', y', z', t'\}$, 变换 $\{x, y, z, t\} \rightleftarrows \{x'', y'', z'', t''\}$ 由下式给出

$$\begin{cases} x'' = \dfrac{x - ut}{\sqrt{1 - u^2/c^2}} \\[4mm] y'' = \dfrac{\sqrt{1 - u^2/c^2} \cdot y + \dfrac{uv}{c^2}x - vt}{\sqrt{1 - u^2/c^2}\sqrt{1 - v^2/c^2}} \\[4mm] z'' = z \\[4mm] t'' = \dfrac{t - \dfrac{u}{c^2} - \dfrac{v}{c^2}\sqrt{1 - u^2/c^2} \cdot y}{\sqrt{1 - u^2/c^2}\sqrt{1 - v^2/c^2}} \end{cases} \tag{11.20}$$

由 (11.20) 可以看出, 如果取 $(x_{O''}, y_{O''}, z_{O''})$ 作为从 S 坐标系看到的 S'' 坐标系的原点 O'' 的坐标, 那么它们是

$$x_{O''} = ut, \quad y_{O''} = \sqrt{1 - u^2/c^2}\, vt, \quad z_{O''} = 0 \tag{11.21}$$

如果取 (x''_O, y''_O, z''_O) 作为从 S'' 坐标系看到的 S 坐标系的原点 O 的坐标, 它们就是

$$x''_O = -\sqrt{1 - v^2/c^2}\, ut'', \quad y''_O = -vt'', \quad z''_O = 0 \tag{11.21'}$$

因此, 如果令从 S 坐标系看到的 O'' 的速度为 $\boldsymbol{w}_{O''}$, 从 S'' 坐标系看到的 O 的速度为 $\boldsymbol{w}''_O$, 它们就是

$$\boldsymbol{w}_{O''} = (u, \sqrt{1 - u^2/c^2}\, v, 0) \tag{11.22}$$

$$\boldsymbol{w}''_O = (-\sqrt{1 - v^2/c^2}\, u, -v, 0) \tag{11.22'}$$

显然, $\boldsymbol{w}_{O''} \neq -\boldsymbol{w}''_O$. 不过, 它们的大小是相等的, 由下式给出

$$|\boldsymbol{w}_{O''}| = |\boldsymbol{w}''_O| = \sqrt{u^2 - \frac{u^2 v^2}{c^2} + v^2} \tag{11.23}$$

我以前告诉过你们, $\boldsymbol{w}_{O''} \neq -\boldsymbol{w}''_O$ 这个事实显然表明, 变换 $\{x, y, z, t\} \rightleftarrows \{x'', y'', z'', t''\}$ 是转动的.

那么, 什么是转动呢? 换句话说, S'' 的坐标轴相对于 S 的坐标轴转动了多少呢? 更严格地说, 如果我们考虑 I 参考系里的 $\overline{X}$ 轴, 它与 X'' 坐标系里的 X'' 轴准平行, 以及 I 参考系里的 $\overline{Y}$ 轴, 它与 Y'' 轴准平行, 那么, I 参考系里由 $\overline{X}, \overline{Y}, \overline{Z}$ 构成的坐标系 $\overline{S}$ 相对于最初的 S 坐标系转动了多少? 为了回答这个问题, 我们做以下处理.

首先, I 参考系里考虑的 $\overline{S}$ 的坐标轴与 S'' 的坐标轴准平行, 因此, 变换 $\{\bar{x}, \bar{y}, \bar{z}, \bar{t}\} \rightleftarrows \{x'', y'', z'', t''\}$ 是不转动的 [在这种情况里, 根据 (11.20), $z = z''$]. 因此, 从 $\overline{S}$ 看到的 O'' 的速度与从 $\overline{S}''$ 看到的 O 的速度之间有关系式 (11.11). 这样, 如果我们把从 $\overline{S}$ 看到的 O'' 的速度作为 $\bar{\boldsymbol{w}}_{O''}$, 那么下式成立

$$\bar{\boldsymbol{w}}_{O''} = -\boldsymbol{w}''_O \tag{11.24}$$

另一方面, 由图 11.4 可以看出, 如果 $\bar{S}$ 坐标系相对于 S 坐标系转动了角度 θ, 那么, $\bar{\boldsymbol{w}}_{O''}$ 的分量 (即 $\bar{w}_{O''_x}$ 和 $\bar{w}_{O''_y}$) 和 $\boldsymbol{w}_{O''}$ 的分量 (即 $w_{O''_x}$ 和 $w_{O''_y}$) 之间有如下关系

$$
\begin{cases}
\bar{w}_{O''_x} = w_{O''_x} \cos\theta + w_{O''_y} \sin\theta \\
\bar{w}_{O''_y} = -w_{O''_x} \sin\theta + w_{O''_y} \cos\theta
\end{cases}
\tag{11.25}
$$

(这里只考虑绕 Z 轴的转动就够了, 因为 $z = z''$). 因此, 利用 (11.24), 用 $\boldsymbol{w}_O''$ 的分量把左边表示出来, 再使用 (11.22) 和 (11.22′), 得到

$$
\begin{cases}
\sqrt{1 - v^2/c^2}\, u = u\cos\theta + \sqrt{1 - u^2/c^2}\, v \sin\theta \\
v = -u\sin\theta + \sqrt{1 - u^2/c^2}\, v \cos\theta
\end{cases}
\tag{11.26}
$$

由这些公式可以得到

$$
\begin{cases}
\cos\theta = \dfrac{\sqrt{1 - v^2/c^2} \cdot u^2 + \sqrt{1 - u^2/c^2} \cdot v^2}{u^2 - \dfrac{u^2 v^2}{c^2} + v^2} \\[3mm]
\sin\theta = \dfrac{uv \left(\sqrt{1 - u^2/c^2}\sqrt{1 - v^2/c^2} - 1 \right)}{u^2 - \dfrac{u^2 v^2}{c^2} + v^2}
\end{cases}
\tag{11.27}
$$

最后的结论是, S'' 坐标系的坐标轴绕着 S 坐标系的 Z 轴 (等于 Z'' 轴) 转动了由 (11.27) 给出的角度 θ [更精确地说, $\bar{S}$ 坐标系的坐标轴 (它们与 S'' 坐标系的轴准平行) 是这样从 S 坐标系转动而来的]. 现在可以看到, 如果我们做两次不转动的变换, 结果就是一个转动的变换. 托马斯就是注意到了这一点.

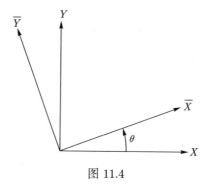

图 11.4

*

现在我们讨论托马斯理论. 在这里, 托马斯引入了 "粒子的正则坐标轴" 的概念. 本讲刚开始的时候, 我说了电子静止但是原子核转动的坐标系; 我将把粒子看起来静止于原点的这个坐标系称为粒子的静止参考系. 一般来说, 如果粒子在匀速运动, 我们这样选择它的静止参考系没有问题: 随着粒子以均匀速度运动的惯性参考系, 其坐标轴使得该粒子位于原点. 然而, 如果粒子的速度不是常数, 而是随着时间而改变, 那么我们必须选取惯性参考系, 它在每个时刻以粒子的速度运动. 到目前为止, 一切顺利, 但是, 怎么选取这个惯性参考系里的坐标轴呢? 首先, 在任何时刻都选取粒子的位置作为原点. 怎么选择坐标轴的方向呢? 这里有个略为复杂的问题. 如果我们在每个时刻任意选取坐标轴的方向, 就没有办法建立协调一致的理论. 因此, 托马斯提出了下述方法.

首先考虑某个任意时刻的静止参考系以及该时刻之后无限小时间间隔的另一个静止参考系. 托马斯的想法是, 选取后者的轴使得它们与前者的轴准平行. 然后, 他选取接下来的轴, 使得在某个时刻的静止参考系的轴与此前无限小时间间隔的静止参考系的轴准平行. 如果采用这种方法, 只要粒子的运动是给定的, 而且初始的轴是固定的, 那么, 此后任意时刻的轴的方向就是唯一确定的. 采用这种方法确定每个瞬时静止参考系的坐标轴, 并把它们称为粒子的正则坐标轴.

因为一般性情况的讨论非常复杂, 我们只考虑一个简单的情况, 其中可以使用 (11.18) 和 (11.19) 以及由它们得到的各种关系式. 我们把实验室参考系作为 I 参考系, 并考虑固定于它上面的坐标系 S. 假设, 在 $t = 0$ 时刻, 粒子处于原点 O 的坐标上. 此外, 如果粒子在此时刻的速度是 u, 我们就取 X 轴沿 u 方向. Y 轴和 Z 轴方向可以任意选择. 现在考虑 X' 参考系, 它与这个实验室参考系通过洛伦兹变换 (11.18) 联系起来, 即

$$x' = \frac{x - ut}{\sqrt{1 - u^2/c^2}}, \quad y' = y, \quad z' = z, \quad t' = \frac{t - \frac{u}{c^2}x}{\sqrt{1 - u^2/c^2}} \tag{11.28}$$

在这个参考系里, 原点 O' 在 $t = 0$ 时刻与 O 重合, 在此时刻以速度 $u = (u, 0, 0)$ 在 S 参考系里运动的粒子在 S' 参考系里是瞬间静止的, 位于 O'. 显

然, S' 参考系是该粒子在 $t = 0$ 时刻的静止参考系. 在这个静止参考系里, X', Y', Z' 轴分别平行于 X, Y, Z 轴.

接下来, 我们考虑 I'' 参考系上的 S'' 坐标系 (其含义下文再讲), 假设 S'' 和 S' 坐标系之间的变换由 (11.19) 给出. 为了以后讨论的方便, 我们采用 Δv 而不是 v. 因此, 这个变换就是

$$x'' = x', \quad y'' = \frac{y' - \Delta v t'}{\sqrt{1 - (\Delta v)^2/c^2}}, \quad z'' = z', \quad t'' = \frac{t' - \frac{\Delta v}{c^2} y'}{\sqrt{1 - (\Delta v)^2/c^2}} \quad (11.29)$$

现在我们考虑, 从实验室参考系来看, 粒子位于 S'' 的原点 O'', 在 $t = \Delta t$ 时刻正以同样的速度运动. 这意味着, 在 $t = \Delta t$ 时刻, S'' 坐标系是粒子的静止参考系. 这就是 S'' 的含义. 那么这个粒子是怎样运动的呢? 换句话说, 从实验室参考系来看, 在 $t = \Delta t$ 时刻, 粒子在哪里? 它的运动速度是什么? 因为我们考虑粒子与 O'' 一起运动, 从实验室参考系 S 看来, 它必然具有 O'' 的位置和速度.

现在回忆 (11.21). 从实验室参考系看到的 O'' 的坐标 $(x_{O''}, y_{O''}, z_{O''})$ 由 (11.21) 给出. 然而, 这里要使用 Δt 而不是 t. 在这个时刻, 粒子的坐标由下式给出

$$\boldsymbol{x} = (u\Delta t, \sqrt{1 - u^2/c^2}\Delta v \cdot \Delta t, 0) \quad (11.30)$$

至于粒子的速度, 使用 (11.22) 可得

$$\boldsymbol{w} = (u, \sqrt{1 - u^2/c^2}\Delta v, 0) \quad (11.31)$$

还要记住, 粒子在 $t = 0$ 时刻的速度是 $\boldsymbol{u} = (u, 0, 0)$, 在时间 Δt 里, 粒子速度改变了 $(0, \sqrt{1 - u^2/c^2}\Delta v, 0)$, 垂直于 $\boldsymbol{u}$. 因此, 如果让 Δt 变为无穷小, 粒子的加速度 $\boldsymbol{a}$ 就是

$$\boldsymbol{a} = (0, a, 0), \quad a = \sqrt{1 - u^2/c^2}\frac{\Delta v}{\Delta t}, \quad \boldsymbol{a} \perp \boldsymbol{u} \quad (11.32)$$

因为 Δt 是无穷小, Δv 也是无穷小, 我们可以忽略 (11.23) 里的 v^2 项并得到

$$|\boldsymbol{w}| = |\boldsymbol{u}| = |u| \quad (11.33)$$

因此, 从时刻 $t = 0$ 到 $t = \Delta t$, 粒子速度的方向变了, 但是大小保持不变.

现在, 从 S' 坐标系到 S'' 坐标系的变换是不转动的 (在我们讨论的情况里, S' 坐标系的坐标轴和 S'' 坐标系的坐标轴不仅是准平行的, 而且是平行的). 因此, S'' 坐标系不仅是粒子在 $t = \Delta t$ 时刻的静止参考系, 它的坐标轴还是该粒子的正则坐标轴. 现在, S'' 坐标系的坐标轴相对于实验室参考系 S 的坐标轴转动了多少? (11.27) 给出了答案. 这里用 Δv 代替 v, 相应地, 用 $\Delta \theta$ 代替 θ. 此外, 因为 Δv 是无穷小, 我们可以忽略 $(\Delta v)^2$. 于是, 我们从 (11.27) 得到

$$\Delta\theta = \frac{\Delta v}{u}\left(\sqrt{1 - u^2/c^2} - 1\right) \tag{11.34}$$

再利用 (11.32), 可以推导出

$$\Omega \equiv \frac{\Delta\theta}{\Delta t} = -\left(\frac{1}{\sqrt{1 - u^2/c^2}} - 1\right)\frac{a}{u} \tag{11.35}$$

这就是说, S'' 坐标系的坐标轴 (即粒子的正则坐标轴) 以角速度 Ω 绕着 Z 轴转动.

在推导这个结论的时候, 初始时刻 $t = 0$ 的静止参考系 S' 的坐标轴平行于实验室参考系 S 的坐标轴 [变换 (11.28) 是狭义洛伦兹变换]. 开始的时候, 我们不用 S' 的坐标轴, 而用 $\overline{S'}$ 的坐标轴, 后者是由 S' 绕着 Z 轴转动角度 α 而得到的. 这是因为, 在这种情况下, 在时刻 $t = \Delta t$ 使用的 $\overline{S''}$ 坐标系的正则坐标轴与 $\overline{S'}$ 坐标系的坐标轴准平行. 因此, $\overline{S''}$ 是通过把 S'' 的坐标轴转动角度 α 而得到的, 从 S 参考系看到的 $\overline{S'}$ 和 $\overline{S''}$ 的坐标轴之间的相对关系 (例如, 它们之间的角度 $\Delta\theta$) 与 S' 和 S'' 的坐标轴之间的相对关系完全相同. 因此, 可以认为, 正则坐标轴的角速度不依赖于初始时刻正则坐标轴的选择, 因此, 正则坐标轴的角速度只取决于粒子的速度和加速度, 它是不变量且不依赖于坐标轴的选择. 换句话说, 它是粒子运动的内禀性质.

目前, 我们已经讨论了两个时刻 $t = 0$ 和 $t = \Delta t$, 对于时刻 $t = \Delta t$ 和 $t = 2\Delta t$、$t = 2\Delta t$ 和 $t = 3\Delta t$······ 可以进行同样的讨论. 在这些情况里, 如果任何时刻都取加速度 $\boldsymbol{a}$ 垂直于速度 $\boldsymbol{u}$, 而且 $|\boldsymbol{a}|$ 的数值不变, 那么, 接下

来的正则坐标轴就会按照 (11.35) 连续转动. 由于这个原因, 从实验室参考系看到的正则坐标轴就继续以角速度 (11.35) 转动, 虽然从一个时刻到下一个时刻, 它们都是被当作准平行的. 实际上, (11.35) 给出的转动不是从实验室参考系看到的正则坐标轴本身的转动, 而是实验室参考系里与正则坐标轴准平行的三个矢量的转动. 然而, 可以证明, 对于 $u^2/c^2 \ll 1$ 的情况 (例如对于原子里的电子), 我们可以把 (11.35) 视为正则坐标轴本身的转动 (证明从略).

此外, 在这种近似下, 可以使用

$$\frac{1}{\sqrt{1 - u^2/c^2}} \approx 1 + \frac{u^2}{2c^2}$$

并得到

$$\Omega = -\frac{ua}{2c^2} \tag{11.35'}$$

不用说, 任何时刻都有 $\boldsymbol{a} \perp \boldsymbol{u}$ 而且 a 等于常数的运动是匀速圆周运动, 它的角速度是

$$\omega = \frac{a}{u} \tag{11.36}$$

它的半径是

$$r = \frac{u^2}{a} \tag{11.37}$$

与这个 ω 做比较, 可以得到

$$\Omega = -\frac{1}{2}\frac{u^2}{c^2}\omega \tag{11.35''}$$

正则坐标轴的转动确实是相对论的结果.

为了简单起见, 上面假设了粒子正在做匀速圆周运动. 可以证明, 一般来说, 如果给定了粒子的速度和加速度, 就可以确定正则坐标轴的角速度. 根据托马斯的计算, 如果速度是 $\boldsymbol{u}$, 加速度是 $\boldsymbol{a}$, 那么, 角速度就是

$$\boldsymbol{\Omega} = -\frac{1}{2c^2}(\boldsymbol{u} \times \boldsymbol{a}) \tag{11.38}$$

(11.35') 是这个公式的特例, 但为了进一步讨论, 使用一般性的公式 (11.38) 会更方便 [(11.38) 就是第 2 讲里的 (2.14)].

*

终于要讲自旋的故事了. 我们先从陀螺的经典转动开始. 作为一个具体的例子, 我们考虑一艘船带着一个陀螺仪航行. 在这种情况下, 如果没有力矩作用在陀螺仪里的陀螺上面, 这个陀螺的轴就总是指向空间的一个特定方向, 不管这艘船以什么加速度运动. 我说的 "空间特定方向" 指的是相对于固定在星空系统上的坐标轴. 如果有个力矩作用在这个陀螺上, 如你所知, 这个陀螺就会进动, 陀螺的顶端会描绘出一个圆.

我们借这个类比来考虑粒子的自旋, 并用相对论方式处理它. 如果使用相对论, 就不能像经典理论那样假设固定在星空系统上的坐标轴的唯一性. 怎么办呢? 托马斯认为, 应当使用他引入的正则坐标轴. 现在, 粒子的运动可以包括实验室参考系里的加速度, 就像船上的陀螺仪一样. 如果没有外力矩作用在这个粒子的转动轴上, 那么, 该粒子的自旋 (即转动轴) 就总是相对于正则坐标轴保持方向不变. 这就是托马斯的假设. 这个想法是类比于经典陀螺而得到的自然结果, 就像在相对论里, 粒子运动的内禀的正则时间扮演了牛顿力学里绝对时间的角色, 粒子运动的内禀的正则坐标轴扮演了固定在星空系统上的坐标轴的角色.

从这个想法得到了什么结论呢? 根据托马斯理论, 如果没有力矩作用在这个粒子上, 自旋相对于正则坐标轴就保持方向不变, 那么, 从实验室坐标系看, 它以角速度 (11.38) 进动. 这个进动的出现不需要力矩. 这就是托马斯得到的结论, 通常称为 "托马斯进动".

如果有力矩, 又会怎么样呢? 对于经典陀螺, 如果用磁矩为 M (这里用常用的单位测量磁矩) 的条形磁体表示陀螺的轴, 并且在磁场 $\boldsymbol{B}$ 中让它转动, 我们就可以实际思考这个力矩. 在这种情况下, 如果力矩不是太大, 自旋的转动轴开始绕着磁场缓慢地进动 (图 11.5). 根据陀螺的经典力学, 进动的角速度由下式给出

$$S\boldsymbol{\Omega}_B = -M\boldsymbol{B} \tag{11.39}$$

其中, S 是陀螺进动的角动量 (S 用常用的单位表示).

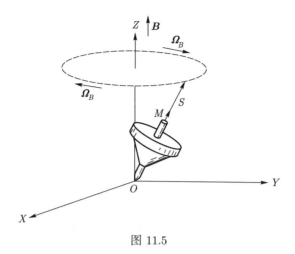

图 11.5

为了把这个经典结论应用于自旋为 1/2 的粒子, 我们应当用下式里的 S 和 M

$$S = \frac{1}{2}\hbar, \quad M = \frac{-e}{2m}gS \tag{11.40}$$

对于电子, $g = g_0 = 2$, 但是, 对于质子, $g \neq g_0$. 通常把狄拉克的理论数值

$$M_{\mathrm{D}} = \frac{-e}{2m}g_0 S \tag{11.40'}$$

称为正常的自旋磁矩, 但是, 对于 $g \neq g_0$, 把 M 分解为正常部分和反常部分会更方便

$$M = M_{\mathrm{D}} + M' \tag{11.41}$$

(对于中子, $M_{\mathrm{D}} = 0$). 不用说, 对于质子, (11.40) 里第二个公式等号右边的 m 必须使用质子的质量 m_{p}, 而且要改变 e 的符号. 但本讲不加区分, 质量都用 m 表示, 电荷都用 $-e$ 表示.

这样一来, 即使我们把陀螺的经典模型用于自旋, 也应当记住, (11.39) 是相对于粒子的静止坐标系和正则坐标轴成立的. 因为正则坐标轴本身按照 (11.38) 转动, 由 (11.39) 计算得到的进动并不是从实验室参考系看到的进动. 即, 因为正则坐标轴的转动 $\boldsymbol{\Omega}$, 以角速度 $\boldsymbol{\Omega}_B$ 相对于正则坐标轴的进动, 从实

验室参考系看来就是角速度为

$$\boldsymbol{\Omega}_{\text{lab}} = \boldsymbol{\Omega}_B + \boldsymbol{\Omega} \tag{11.42}$$

的进动. 此外, 我们还必须考虑, 静止坐标系里的磁场不仅是外磁场 $\boldsymbol{B}$, 还有毕奥–萨伐尔定律给出的内磁场 $\overset{\circ}{\boldsymbol{B}}$. 因此, (11.39) 应当采取下述形式

$$S\boldsymbol{\Omega}_B = -M(\boldsymbol{B} + \overset{\circ}{\boldsymbol{B}}) \tag{11.43}$$

根据 (11.42), 我们得到

$$S\boldsymbol{\Omega}_{\text{lab}} = -M(\boldsymbol{B} + \overset{\circ}{\boldsymbol{B}}) + S\boldsymbol{\Omega} \tag{11.44}$$

至于原子里的电子的加速度, 我们有

$$\boldsymbol{a} = \frac{-e}{m}\boldsymbol{E} \tag{11.45}$$

(对于中子, 因为 $e = 0$, 所以

$$\boldsymbol{a} = 0 \tag{11.45}_{\text{中子}}$$

我们将在后文单独讨论它).

把 (11.45) 代入 (11.38), 可以发现

$$\boldsymbol{\Omega} = \frac{-e}{2mc^2}\,(\boldsymbol{E} \times \boldsymbol{u}) \tag{11.46}$$

另一方面, 我在第 2 讲里告诉过你们, $\overset{\circ}{\boldsymbol{B}}$ 由下式给出

$$\overset{\circ}{\boldsymbol{B}} = \frac{1}{c^2}(\boldsymbol{E} \times \boldsymbol{u}) \tag{11.47}$$

[见第 2 讲的 (2.11)], 可以把 $\boldsymbol{\Omega}$ [指的是 $g_0 = 2$ 的 (11.40′)] 写为

$$\boldsymbol{\Omega} = \frac{-e}{2m}\overset{\circ}{\boldsymbol{B}} = \frac{1}{2S}M_{\text{D}}\overset{\circ}{\boldsymbol{B}} \tag{11.46′}$$

把它代入 (11.44), 得到

$$S\boldsymbol{\Omega}_{\text{lab}} = -M\boldsymbol{B} - \left(M - \frac{1}{2}M_{\text{D}}\right)\overset{\circ}{\boldsymbol{B}} \tag{11.48}$$

从最后这个结果, 我们得到如下结论. 首先, 对于电子, 因为 $M = M_{\mathrm{D}}$,

$$S\boldsymbol{\Omega}_{\mathrm{lab}} = -M_{\mathrm{D}}\boldsymbol{B} - \frac{1}{2}M_{\mathrm{D}}\mathring{\boldsymbol{B}} \qquad (11.48)_{\text{电子}}$$

看呐, 右边第二项里就是正确的因子 1/2! 这意味着, 对于外磁场 $\boldsymbol{B}$, 磁矩的作用就跟 M_{D} 一样, 但是, 对于内磁场 $\mathring{\boldsymbol{B}}$, 好像只有 $(1/2)M_{\mathrm{D}}$. 这个 1/2 正是托马斯因子. 这个 "表观的" 1/2 出现的原因是, 如 (11.46′) 所示, 当粒子在库仑场中运动的时候, 由粒子的速度和加速度确定的运动学量 $\boldsymbol{\Omega}$ 出现了, 看起来就像来自 M_{D} 与 $\mathring{\boldsymbol{B}}$ 的相互作用一样.

接下来, 对于质子, 利用 (11.41) 可以得到

$$S\boldsymbol{\Omega}_{\mathrm{lab}} = -\left(M_{\mathrm{D}} + M'\right)\boldsymbol{B} - \left(\frac{1}{2}M_{\mathrm{D}} + M'\right)\mathring{\boldsymbol{B}} \qquad (11.48)_{\text{质子}}$$

即, 对于 M 的正常部分 M_{D}, 托马斯因子出现了; 对于反常部分 M', 托马斯因子没有出现.

最后, 对于中子, 因为 $\boldsymbol{a} = 0, \boldsymbol{\Omega} = 0$, 而且 $M_{\mathrm{D}} = 0$, 从 (11.48) 和 (11.41) 可以得到

$$S\boldsymbol{\Omega}_{\mathrm{lab}} = S\boldsymbol{\Omega} = -M'\boldsymbol{B} - M'\mathring{\boldsymbol{B}} \qquad (11.48)_{\text{中子}}$$

因此, 在这种情况下, 托马斯因子根本不出现. 顺便说一下, 对于任意 M 都成立的关系式 (11.48) 已经出现在托马斯的文章里. 因此, 他也已经得到反常磁矩的结果了. 前面讨论的公式 (11.44) 可以用 (11.46) 和 (11.40) 重写为

$$\boldsymbol{\Omega}_{\mathrm{lab}} = \frac{e}{2m}g\boldsymbol{B} + \frac{e}{2m}(g-1)\mathring{\boldsymbol{B}}$$

如果让 $g = g_0$, 那么, (11.48)$_{\text{电子}}$ 可以重写为

$$\boldsymbol{\Omega}_{\mathrm{lab}} = g_0\frac{e}{2m}\boldsymbol{B} + (g_0 - 1)\frac{e}{2m}\mathring{\boldsymbol{B}}$$

这就是第 2 讲里的 (2.18′).

我们已经在自旋的经典理论上花了很多时间, 现在接着讲量子理论.

*

在这一讲的开始, 我告诉过你们, 1933 年左右, 泡利已经准备好了解决反常磁矩的量子力学处理问题. 解决方式如下. 我在第 3 讲告诉过你们, 狄拉克方程已经回答了电子为什么有自旋角动量 $\hbar/2$ 和磁矩 $-e\hbar/2m$ 这个问题. 1933 年出版的 *Handbuch der Physik* 的第二版里, 泡利在他的文章《波动力学的一般性原理》(*The General Principles of Wave Mechanics*) 里讨论了狄拉克方程. 他指出, 狄拉克方程不是唯一的满足洛伦兹变换和其他相对论性要求的一阶线性方程. 他注意到, 即使给第 3 讲里的狄拉克方程加上一项 (后来称为 "泡利项"), 该方程仍然满足所有必要的要求. 但如果加了这一项, 粒子的磁矩就不再是 $-e\hbar/2m$ 了. 他对这一项的讨论是这样结束的: "…… 然而, 即使不加这些项, 电子自旋 (或质子自旋) 以及它的磁矩 $-e\hbar/2m$ 也会自动出现. 此后, 我们将不用这一项." 这个 "或质子自旋" 表明, 泡利为 *Handbuch der Physik* 准备这篇稿件是在施特恩 (图 11.6) 实验结果之前, 他在这里写的与他对施特恩说的相符.

图 11.6   施特恩 (Otto Stern, 1888 — 1969). AIP Meggars Gallery of Nobel Laureates 惠赠

第 3 讲 (3.20) 里已经给出了粒子电荷为 $-e$ 的狄拉克方程

$$\left[\left(\frac{W}{c} + eA_0\right) - \sum_{r=1}^{3} \alpha_r \left(-\mathrm{i}\hbar\frac{\partial}{\partial x_r} + eA_r\right) - \alpha_0 mc\right] \phi = 0 \qquad (11.49)_{\mathrm{D}}$$

这里, 我们令 $\psi = \mathrm{e}^{-\mathrm{i}Wt/\hbar}\phi$, 并研究定态的本征波函数 ϕ. 你们知道, W 是这个态的能量. 这里, $\alpha_1, \alpha_2, \alpha_3, \alpha_0$ 是 (3.23) 给出的 4×4 矩阵, 那里我告诉过

你们, 使用 2×2 泡利矩阵

$$\sigma_1 = \begin{pmatrix} 0 & 1 \\ 1 & 0 \end{pmatrix}, \quad \sigma_2 = \begin{pmatrix} 0 & -\mathrm{i} \\ \mathrm{i} & 0 \end{pmatrix}, \quad \sigma_3 = \begin{pmatrix} 1 & 0 \\ 0 & -1 \end{pmatrix} \tag{11.50}$$

和 2×2 矩阵

$$\mathbf{1} = \begin{pmatrix} 1 & 0 \\ 0 & 1 \end{pmatrix}, \quad \mathbf{0} = \begin{pmatrix} 0 & 0 \\ 0 & 0 \end{pmatrix} \tag{11.51}$$

把 α_n 写为

$$\alpha_1 = \begin{pmatrix} \mathbf{0} & \sigma_1 \\ \sigma_1 & \mathbf{0} \end{pmatrix}, \; \alpha_2 = \begin{pmatrix} \mathbf{0} & \sigma_2 \\ \sigma_2 & \mathbf{0} \end{pmatrix}, \; \alpha_3 = \begin{pmatrix} \mathbf{0} & \sigma_3 \\ \sigma_3 & \mathbf{0} \end{pmatrix}, \; \alpha_0 = \begin{pmatrix} \mathbf{1} & \mathbf{0} \\ \mathbf{0} & -\mathbf{1} \end{pmatrix}$$
$$\tag{11.52}$$

这是很方便的. 还有, 用二分量的量

$$\phi^+ = \begin{pmatrix} \phi_1 \\ \phi_2 \end{pmatrix}, \quad \phi^- = \begin{pmatrix} \phi_3 \\ \phi_4 \end{pmatrix}$$

写出四分量的 ϕ, 也是很方便的.

接着把狄拉克方程 $(11.49)_\mathrm{D}$ 重写为齐次方程的形式

$$(W + ceA_0 - mc^2)\phi^+ = c \sum_{r=1}^{3} \sigma_r \left(-\mathrm{i}\hbar \frac{\partial}{\partial x_r} + eA_r \right) \phi^- \tag{$11.53)_{\mathrm{D}_1}$}$$

$$(W + ceA_0 + mc^2)\phi^- = c \sum_{r=1}^{3} \sigma_r \left(-\mathrm{i}\hbar \frac{\partial}{\partial x_r} + eA_r \right) \phi^+ \tag{$11.53)_{\mathrm{D}_2}$}$$

泡利指出, 即使把下述形式的项

$$-M' \left(\frac{1}{\mathrm{i}} \sum_{\mathrm{cyclic}} \alpha_0 \alpha_2 \alpha_3 B_1 - \mathrm{i} \frac{1}{c} \sum_r \alpha_0 \alpha_r E_r \right) \tag{$11.49)_{\mathrm{P}}$}$$

添加到 $(11.49)_\mathrm{D}$ 的方括号里, 这个方程仍然满足相对论性要求. 其中, (B_1, B_2, B_3) 是作用在粒子上的磁场 $\boldsymbol{B}$ 的分量, (E_1, E_2, E_3) 是电场 $\boldsymbol{E}$ 的分量, 而 $\sum\limits_{\mathrm{cyclic}}$ 意味着对下标循环置换的项 $(1,2,3)$、$(2,3,1)$ 和 $(3,1,2)$ 进行求和. $(11.49)_\mathrm{P}$ 里

面的矩阵是第 3 讲结尾处讨论的六分量矢量 (six-vectors), 它们的显式表达式是

$$\frac{1}{i}\alpha_0\alpha_2\alpha_3 = \begin{pmatrix} \sigma_1 & \mathbf{0} \\ \mathbf{0} & -\sigma_1 \end{pmatrix}, \frac{1}{i}\alpha_0\alpha_3\alpha_1 = \begin{pmatrix} \sigma_2 & \mathbf{0} \\ \mathbf{0} & -\sigma_2 \end{pmatrix}, \frac{1}{i}\alpha_0\alpha_1\alpha_2 = \begin{pmatrix} \sigma_3 & \mathbf{0} \\ \mathbf{0} & -\sigma_3 \end{pmatrix},$$

$$i\alpha_0\alpha_1 = \begin{pmatrix} \mathbf{0} & i\sigma_1 \\ -i\sigma_1 & \mathbf{0} \end{pmatrix}, \quad i\alpha_0\alpha_2 = \begin{pmatrix} \mathbf{0} & i\sigma_2 \\ -i\sigma_2 & \mathbf{0} \end{pmatrix}, \quad i\alpha_0\alpha_3 = \begin{pmatrix} \mathbf{0} & i\sigma_3 \\ -i\sigma_3 & \mathbf{0} \end{pmatrix}$$

$$(11.54)$$

$(11.49)_{\mathrm{P}}$ 里面的系数 M' 是常数, 具有磁矩的量纲.

以前我告诉过你们, 电子自旋 $\hbar/2$、磁矩 $-e\hbar/2m$ 和托马斯因子 $1/2$ 都来自狄拉克方程 $(11.53)_{\mathrm{D}}$, 但是, 狄拉克的推导有些不够完整, 所以, 我想让它更严谨一些. 我们采用泡利在 *Handbuch der Physik* 里使用的方法, 半相对论性地近似 $(11.53)_{\mathrm{D}}$. "半相对论性" 意味着, 因为 $W - mc^2$、ceA_0 和 ceA_r 都远小于 mc^2, 我们可以把这些量展开为 $1/c$ 的级数, 保留直到 $1/c^2$ 的项, 忽略 $1/c^3, 1/c^4, \cdots$ 项. 为了简明, 令

$$\left(-i\hbar\frac{\partial}{\partial x_r} + eA_r \right) \equiv \pi_r \tag{11.55}$$

首先, 从 $(11.53)_{\mathrm{D_2}}$ 我们得到

$$\phi^- = \frac{c}{W + ceA_0 + mc^2} \left(\sum_{r=1}^{3} \sigma_r\pi_r \right) \phi^+$$

重写为

$$W + ceA_0 + mc^2 = 2mc^2 + (W - mc^2) + ceA_0$$

考虑到

$$W - mc^2 \ll mc^2, \quad ceA_0 \ll mc^2$$

并保持这个近似的二阶项, 我们得到

$$\phi^- = \left[\frac{1}{2mc} - \frac{W + ceA_0 - mc^2}{(2mc)^2 c} \right] \left(\sum_{r=1}^{3} \sigma_r\pi_r \right) \phi^+$$

其中, 方括号里的第二项似乎可以忽略不计, 因为它是 $1/c^3$ 的项, 但是, 我们必须保留这一项, 其原因很快就会讲到. 现在把这个 ϕ^- 的表达式代到 $(11.53)_{D_1}$ 的右边. 接着得到二分量 ϕ^+ 满足的方程, 我们将会看到, 这是第 3 讲和第 7 讲讨论过的泡利方程. 我们来做以下计算.

首先进行前面提到过的替换. 利用 $\pi_r A_0 = [\pi_r, A_0] + A_0 \pi_r$, 我们得到

$$(11.53)_{D_1} \text{ 的右边} = \left[\frac{1}{2m} \left(1 - \frac{W + ceA_0 - mc^2}{2mc^2} \right) \sum_{r=1}^{3} \sigma_r \pi_r \sum_{s=1}^{3} \sigma_s \pi_s - \right.$$
$$\left. \frac{ce}{(2mc)^2}(-i\hbar) \sum_{r=1}^{3} \sigma_r \frac{\partial A_0}{\partial x_r} \sum_{s=1}^{3} \sigma_s \pi_s \right] \phi^+$$

实际上, 因为 $(11.53)_{D_1}$ 的右边有因子 c, 包含 $1/c^3$ 的项已经变成了包含 $1/c^2$ 的项. 因此, 不应当忽略这一项.

接下来, 我们使用公式

$$\sum_{r=1}^{3} \sigma_r F_r \sum_{s=1}^{3} \sigma_s G_s = \sum_{r=1}^{3} F_r G_r + i \sum_{\text{cyclic}} \sigma_1 (F_2 G_3 - F_3 G_2) \tag{11.56}$$

它可以由系数关系式

$$\sigma_r^2 = 1, \quad \sigma_1 \sigma_2 = i\sigma_3, \quad \sigma_3 \sigma_1 = i\sigma_2, \quad \sigma_2 \sigma_3 = i\sigma_1$$

推导出来 (这里的 F_r 和 G_r 可以是 q 数). 这样就有

$$(11.53)_{D_1} \text{ 的右边} = \left[\frac{1}{2m} \left(1 - \frac{W + ceA_0 - mc^2}{2mc^2} \right) \sum_{r=1}^{3} \pi_r \pi_r + \right.$$
$$\frac{1}{2m} \left(1 - \frac{W + ceA_0 - mc^2}{2mc^2} \right) i \sum_{r=1}^{3} \sigma_1 (\pi_2 \pi_3 - \pi_3 \pi_2) -$$
$$\left. \frac{ce}{(2mc)^2} \hbar \sum_{\text{cyclic}} \sigma_1 \left(\frac{\partial A_0}{\partial x_2} \pi_3 - \frac{\partial A_0}{\partial x_3} \pi_2 \right) - \frac{ce}{(2mc)^2}(-i\hbar) \sum_{r=1}^{3} \frac{\partial A_0}{\partial x_r} \pi_r \right] \phi^+$$

容易看出

$$\pi_2 \pi_3 - \pi_3 \pi_2 = -ie\hbar \left(\frac{\partial A_3}{\partial x_2} - \frac{\partial A_2}{\partial x_3} \right) = -ie\hbar B_1$$

(以及下标 1, 2, 3 循环置换得到的其他关系式), 还要注意

$$-c\frac{\partial A_0}{\partial x_r} = E_r, \quad r = 1, 2, 3$$

因为在经典理论里, 对于速度为 $\boldsymbol{u} = (u_1, u_2, u_3)$ 的粒子, 其动量为

$$\pi_r \equiv \frac{mu_r}{\sqrt{1 - u^2/c^2}}, \quad r = 1, 2, 3 \tag{11.57}$$

引入具有相同关系式的 q 数 u_r, 忽略 $1/c^3$ 的项, 我们有

$$(11.53)_{\mathrm{D}_1} \text{ 的右边} = \left[\frac{1}{2}m\frac{u^2}{1 - u^2/c^2} - \frac{W + ceA_0 - mc^2}{4c^2}u^2 + \right.$$
$$\frac{e\hbar}{2m}\sum_{r=1}^{3}\sigma_r B_r + \frac{1}{2}\frac{e\hbar}{2m}\sum_{\mathrm{cyclic}}\sigma_1\left(E_2\frac{u_3}{c^2} - E_3\frac{u_2}{c^2}\right) +$$
$$\left.\frac{\mathrm{i}}{2}\frac{e\hbar}{2m}\sum_{r=1}^{3}E_r\frac{u_r}{c^2}\right]\phi^+$$

如果将其用于 $(11.53)_{\mathrm{D}_1}$, ϕ^+ 满足的方程就可以确定为

$$\left\{\frac{1}{2}m\left(1 + \frac{u^2}{c^2}\right)u^2 - M_\mathrm{D}(\boldsymbol{\sigma}\cdot\boldsymbol{B}) - \frac{1}{2}M_\mathrm{D}\left[\boldsymbol{\sigma}\cdot\left(\boldsymbol{E}\times\frac{\boldsymbol{u}}{c^2}\right)\right] - \right.$$
$$\left.\frac{\mathrm{i}}{2}M_\mathrm{D}\left(\boldsymbol{E}\cdot\frac{\boldsymbol{u}}{c^2}\right) - \left(1 + \frac{1}{4}\frac{u^2}{c^2}\right)\left(W + ceA_0 - mc^2\right)\right\}\phi^+ = 0 \tag{11.58}$$

其中, $M_\mathrm{D} = \dfrac{-e\hbar}{2m}$. 如果我们引入这个有点不自洽的近似, 让 { } 里第一项的因子 $1 + \dfrac{u^2}{c^2}$ 和最后一项的因子 $1 + \dfrac{1}{4}\dfrac{u^2}{c^2}$ (这对应于忽略了质量的相对论性变化) 都等于 1, 我们得到, 括号里第一项的 $mu^2/2$ 对应于粒子的动能, $-ceA_0$ [最后一项 $-(W + ceA_0 - mc^2)$ 中] 对应于电场导致的粒子的势能, 以及静止能 mc^2, 除了这些之外, 还有额外的项 (第二项、第三项和第四项) 出现而被加在能量上. 可以把第二项

$$-M_\mathrm{D}(\boldsymbol{\sigma}\cdot\boldsymbol{B}) \tag{11.59$_1$}$$

解释为电子磁矩和外磁场之间的相互作用能. 根据 (11.47), 第三项是

$$-\frac{1}{2}M_\mathrm{D}\left[\boldsymbol{\sigma}\cdot\left(\boldsymbol{E}\times\frac{\boldsymbol{u}}{c^2}\right)\right] = -\frac{1}{2}M_\mathrm{D}(\boldsymbol{\sigma}\cdot\mathring{\boldsymbol{B}}) \tag{11.59$_2$}$$

这是电子磁矩和内磁场的相互作用能. 猜猜发生了什么? 你们看, 托马斯因子 $1/2$ 出现在这里, 就像在进动的经典托马斯理论一样 (若将其与 $(11.48)_\text{电子}$ 的右边比较). 相反, 与外磁场的相互作用是由 $(11.59)_1$ 给出的, 与 $(11.48)_\text{电子}$ 的右边里一样, 没有因子 $1/2$ 出现. (11.58) 里的第四项没有出现在经典理论里, 但是这一项并不包含自旋变量, 因此, 它与托马斯因子没有关系. 我们就不进一步讨论它了.

这里对第一项 $(m/2)\boldsymbol{u}^2$ 进行补充说明. 根据 (11.57), 近似地有

$$\frac{m}{2}\boldsymbol{u}^2 = \frac{1}{2m}\boldsymbol{p}^2 + \frac{e}{2m}\{(\boldsymbol{A}\cdot\boldsymbol{p}) + (\boldsymbol{p}\cdot\boldsymbol{A})\}$$

但是, 因为对于均匀外磁场 $\boldsymbol{A} = \dfrac{1}{2}(\boldsymbol{B}\times\boldsymbol{r})$, 可以得到

$$\frac{1}{2}m\boldsymbol{u}^2 = \frac{\boldsymbol{p}^2}{2m} + \frac{e\hbar}{2m}(\boldsymbol{B}\cdot\boldsymbol{l})$$

如果把这个公式与 $(11.59)_1$ 和 $(11.59)_2$ 同时使用, 就可以从 (11.58) 得到泡利公式 (7.28), 不用添加泡利项 $(11.49)_\text{P}$.

*

如果添加了额外的泡利项 $(11.49)_\text{P}$, 会怎么样呢? 如果我们添加它并使用 (11.54), 这个方程就是

$$\begin{cases} \left(W + ceA_0 - mc^2 + M'\sum_{r=1}^{3}\sigma_r B_r\right)\phi^+ = c\sum_{r=1}^{3}\left(\sigma_r\pi_r + \frac{\mathrm{i}M'}{c^2}\sigma_r E_r\right)\phi^- \\[2ex] \left(W + ceA_0 + mc^2 - M'\sum_{r=1}^{3}\sigma_r B_r\right)\phi^- = c\sum_{r=1}^{3}\left(\sigma_r\pi_r - \frac{\mathrm{i}M'}{c^2}\sigma_r E_r\right)\phi^+ \end{cases}$$

$$(11.53)_\text{D+P}$$

其中, $M'B_r$ 的量级是 $1/c$. 因此, 可以忽略第二个方程左边的项 $M'\sum\sigma_r B_r$. 在这个近似下, 我们可以使用

$$\phi^- = \left(\frac{1}{2mc} - \frac{W + ceA_0 - mc^2}{(2mc)^2 c}\right)\sum_{r=1}^{3}\left(\sigma_r\pi_r - \frac{\mathrm{i}M'}{c^2}\sigma_r E_r\right)\phi^+$$

将上式代入第一个方程的右边并再次用 (11.56) 计算, 我们就得到很多项, 但是, 忽略掉量级为 $1/c^3, 1/c^4, \cdots$ 的项以后, 对于 $(11.53)_D$, 除了 $(11.59)_1$ 和 $(11.59)_2$ 以外, 只有下列几项保留下来

$$-\frac{M'}{2mc^2}\sum_{\text{cyclic}}\sigma_1\left(E_2\pi_3-\pi_2E_3+\pi_3E_2-E_3\pi_2\right)+\frac{\mathrm{i}M'}{2mc^2}\sum_{r=1}^{3}\left(E_r\pi_r-\pi_rE_r\right)$$

$$(11.60)$$

如果我们使用

$$F\pi_r-\pi_rF=\mathrm{i}\hbar\frac{\partial F}{\partial x_r}$$

那么,

$$(11.60)\ \text{的第一项} = -\frac{M'}{mc^2}\sum_{\text{cyclic}}\sigma_1(E_2\pi_3-\pi_2E_3)-\frac{M'\hbar}{2\mathrm{i}mc^2}\sum_{\text{cyclic}}\sigma_1\left(\frac{\partial E_2}{\partial x_3}-\frac{\partial E_3}{\partial x_2}\right)$$

对于第二项, 可以得到

$$(11.60)\ \text{的第二项} = -\frac{M'}{2mc^2}\hbar\operatorname{div}\boldsymbol{E}$$

然而, 这个第二项并不包含自旋变量, 所以, 它与托马斯因子没有关系, 我们就不进一步讨论了. 另一方面, 对于第一项, 记住, $\boldsymbol{E}$ 和 $\boldsymbol{B}$ 不依赖于时间, 且满足 $\operatorname{rot}\boldsymbol{E}=0$, 来自 M' 的包含自旋的额外项只有

$$-\frac{M'}{mc^2}\sum_{\text{cyclic}}\sigma_1\left(E_2\pi_3-\pi_2E_3\right)$$

利用 $\pi_r=mu_r$ 和 (11.47), 可以发现

$$-M'\left[\boldsymbol{\sigma}\cdot\left(\boldsymbol{E}\times\frac{\boldsymbol{u}}{c^2}\right)\right]=-M'(\boldsymbol{\sigma}\cdot\mathring{\boldsymbol{B}})\qquad(11.61)$$

此外, 在 $(11.53)_{D+P}$ 的左边, 有一个以前没有的额外项

$$-M'(\boldsymbol{\sigma}\cdot\boldsymbol{B})\qquad(11.62)$$

所以, 总结下来, 组合了 $(11.59)_1$、$(11.59)_2$、(11.61) 和 (11.62) 以后, 在 ϕ^+ 满足的方程里, 与自旋有关的额外项就是

$$-(M_{\mathrm{D}}+M')(\boldsymbol{\sigma}\cdot\boldsymbol{B})-\left(\frac{1}{2}M_{\mathrm{D}}+M'\right)(\boldsymbol{\sigma}\cdot\mathring{\boldsymbol{B}})\qquad(11.63)_{\text{质子}}$$

把上式与使用经典托马斯理论得到的 (11.48)$_{质子}$ 做比较, 就会发现它们完全相同. 对于中子来说, $e = 0$, 因此 $M_{\mathrm{D}} = 0$, 所以, 额外的量子力学项是令 $M_{\mathrm{D}} = 0$ 的 (11.63)$_{质子}$, 即

$$-M'(\boldsymbol{\sigma} \cdot \boldsymbol{B}) - M'(\boldsymbol{\sigma} \cdot \mathring{\boldsymbol{B}}) \tag{11.63}_{中子}$$

这又类似于托马斯理论得到的 (11.48)$_{中子}$. 此外, 托马斯理论的结果和量子理论的结果不仅看起来一样, 而且可以证明, 如果用对应原理把后者转换到前者, 它们是完全相同的. 因此, 詹森提出的问题就有了一个肯定的答案. 即使对于反常磁矩, 托马斯理论得到的答案也完全符合量子力学得到的答案.

当我看到詹森 (图 11.7) 的时候, 我感觉他似乎期望托马斯理论给不出反常磁矩的正确答案. 但现在已无法证实这一点了. 我本想写信给他, 但遗憾的是, 他在 1973 年春天病故了. 然而, 因为他, 我有机会再次从头开始研究托马斯的工作. 以前我告诉过你们, 在了解了托马斯的工作以后, 泡利收回了他关于经典方法无法描述自旋的想法. 托马斯的工作确实足以改变泡利.

图 11.7　詹森 (J. Hans D. Jensen, 1907 — 1973),1972 年. 菊池俊吉摄影. 冈武史惠赠

我的故事讲完了, 又回到了托马斯的时代. 兜了这一圈以后, 我想结束自己的讲述了. 今天的内容太长了, 可能有点枯燥, 下次我准备随便谈谈. 再见, 谢谢.

第 12 讲 最后一课
——补遗和回忆

我答应过今天与你们清谈. 你们很可能知道, 清谈的含义源于中国魏晋时期的竹林七贤. 他们遁世弃俗, 经常在竹林里聚会, 弹琴喝酒, 纵歌赋诗, 忘怀于山水美景之间, 讨论老庄哲学, 这就叫作清谈. 今天我不敢模仿这七位贤人, 但是, 在这最后一讲, 我想放弃严肃的讨论, 就像教授们经常在最后一堂课做的那样, 用涌上心头的逸闻和回忆来补充之前的内容. 通过这种朴实的回忆, 我希望能够描述出从 1925 年到 1940 年日本物理学的概况, 自旋的故事就发生在这个时期.

实际上, 当我讲完了这个系列的第 1 回以后[1],《自然》杂志的石川先生带给我一本书《二十世纪理论物理学》(*Theoretical Physics in the Twentieth Century*). 这本书起初是打算用来庆祝泡利六十大寿的, 但是它注定成为一本纪念文集. 石川先生把它带给我, 因为里面有很多关于自旋的故事. 我害怕, 如果我读过它, 就会发现其他某个人已经写了我想说的东西. 因此, 在本系列讲座开始的一段时间里, 我特意决定不读这本书. 很久以后, 我浏览了它, 然后松了一口气, 因为发现自己基于记忆给出的报告还不是那么错误.

我讲过一个关于克勒尼希的故事. 在这个故事里, 克勒尼希想到了自转动的电子, 并跟泡利说了, 遭到了泡利的明确反对. 我想我是从杉浦义胜教授那里听到这个故事的, 当我来到理化学研究所 (RIKEN) 的时候, 他刚从欧洲回来, 在仁科芳雄教授回来之前不久. 在我刚刚提到的献给泡利的纪念文集里, 克勒尼希本人描述了这个插曲. 因此, 在第 2 讲里, 我从他的文章里引用了过来.

---

[1] 作者这里所说的 "第 1 回" 是指《自然》杂志中连载的第 1 回. 连载从 1973 年的 1 月期开始到 10 月期结束, 共有 10 回, 变成书后第 1 回的内容被分成了 3 份, 最初三分之二的内容被重写为第 1 讲和第 2 讲, 剩下的三分之一增加了大量篇幅成为第 3 讲.

接下来是乌伦贝克和戈德施密特的故事. 在克勒尼希因为泡利和哥本哈根学派的反对而决定不发表他的想法之后大约一年, 乌伦贝克和戈德施密特得到了自转动的电子这个完全相同的想法, 并设法投了稿. 他们也受到了各种批评, 随后就想撤回自己的稿件. 我在第 2 讲告诉过你们, 这篇文章那时候已经到了出版社的手里. 我从派尔斯 (R. E. Peierls) 那里听到了这个故事, 但是, 最近我又从仁田勇教授那里得到了关于这个故事的详细材料. 那是戈德施密特的回忆, 在一份荷兰的英语杂志 *Delta* 里. (在 1973 年 12 月出版的《自然》杂志上, 居住在美国的樱井邦朋提供了戈德施密特回忆录的完整译文.)

根据这份回忆材料, 戈德施密特当时正在埃伦费斯特的指导下学习. 可能埃伦费斯特觉得戈德施密特做实验比做理论更合适, 所以, 他推荐戈德施密特去见波恩 (Bonn) 的帕邢. 贝克也在帕邢的实验室里, 他们在那里发现了帕邢 – 贝克效应, 还在实验上证实了索末菲计算的氢原子精细结构. 戈德施密特了解了很多实验结果, 与这些实验学家谈论的时候, 他想到一个方法, 可以解释碱金属原子双重项, 利用矢量 l 和 s 的耦合, 基于泡利引入的与泡利不相容原理有关的第四个量子数 (当然, 他不知道克勒尼希有过同样的想法). 而且, 他在帕邢实验室了解到一个非常重要的事实, H 的精细结构. 这些谱线按照索末菲理论应当是禁戒的, 但是, 帕邢实验确实观测到了它们. 戈德施密特认识到, 如果使用这个新解释 (克勒尼希也考虑过) 来考虑 H 的精细结构, 就像解释碱金属原子的双谱线项那样, 那么, 这些谱线就不是禁戒的, 而是自然容许的.

然而, 戈德施密特不是非常能干的理论学家 (就像他本人承认的那样), 他没有产生类似第四个自由度和自转动电子的想法. 不过, 对于自己能够解释这些谱线实际上不是禁戒的, 他非常自豪.

因此, 戈德施密特在一篇文章里总结了这些想法并把它寄到哥本哈根, 征求克勒尼希和克拉默斯 (Kramers) 的意见. 戈德施密特在回忆里写道, 虽然克勒尼希回了一封长信, 畅谈了各种主题, 但他对戈德施密特的想法却只字未提, 这意味着克勒尼希对此完全不感兴趣. 克勒尼希就这样完全忽略了戈德施密特的想法, 在信里谈论不同的主题, 似乎是像泡利拒绝自己那样拒绝了戈德施密特.

这时候, 乌伦贝克似乎已经加入了战斗. 他是荷兰人, 碰巧在意大利学习. 他在那里受到经典物理学的教育, 但是根本不了解新的量子物理学或光谱学. 他回到荷兰, 加入了埃伦费斯特的小组, 埃伦费斯特安排他和戈德施密特一起工作. 根据戈德施密特的说法, 有一天他被叫去见埃伦费斯特并被告知, "请和乌伦贝克工作一段时间; 这样他就会从你那里学到很多关于新的原子结构和光谱的东西." 戈德施密特说, 虽然埃伦费斯特平静地说着这样的话, 但他肯定在想, "这样你就可以从乌伦贝克那里了解什么是真正的物理." 无论如何, 埃伦费斯特似乎是一位杰出的教育家, 他认识到自己学生的天才之处, 弥补他们的缺点, 非常亲切地指点他们, 使得每个人都发挥出自己的独创性. (埃伦费斯特很谦虚, 总是说自己不是学者, 只是个乡村教师. 在我看来, 他不是出于谦虚才这样说的, 而是真的这样想, 而且我想这与他表现出来的对不成熟的学生关爱也有关系. 洛伦兹退休后, 埃伦费斯特接替了他, 但是此前他曾多次推辞这个位置, 说自己配不上. 洛伦兹说服他接受了这个位置. 但是, 在他的一生里, 他从来没有放弃自己并不是真的合格这个想法, 而且他用自杀这种悲剧性的方式结束了自己的生命.)

泡利把第四个量子数称为 "经典方法不可描述的二值性", 而且拒绝采用所有的力学模型, 但是, 乌伦贝克认为这证实了电子的第四个自由度, 更确切地说, 电子的自转动. 戈德施密特不太理解电子自转动这个想法, 但是挺喜欢它, 他们俩合作写了篇文章, 交给了埃伦费斯特. 那时候, 乌伦贝克通晓了经典理论, 他认为他们应当征询洛伦兹的意见, 因此, 他去见洛伦兹并说了他们关于电子自转动的想法. 洛伦兹说, "这个想法有困难. 如果我们采用这个想法, 磁自能就变得非常大, 电子的质量就会超过质子的质量." 听到这些, 乌伦贝克害怕了, 他跟埃伦费斯特说, "请不要发那篇文章. 它很可能错了." 埃伦费斯特说, "太晚了. 已经发走了." 另一方面, 戈德施密特认为这并不严重, 所以, 他从来不认为自转动电子的想法是错的. 戈德施密特记得, 当他们把文章交给埃伦费斯特的时候, 他说, "这是个好想法. 你们的想法也许错了, 但是, 因为你们俩都很年轻, 没有什么名声, 即使犯个愚蠢的错误, 也没有什么损失." 就这样, 两个小伙子的文章问世了.

这篇文章由埃伦费斯特投给了 *Naturwissenschaften* 并得以发表. 文章发表后不久, 乌伦贝克和戈德施密特投了另一篇文章给 *Nature*, 克勒尼希严厉地批评了它 (我在第 2 讲告诉过你们). 在前面提到过的《二十世纪理论物理学》里, 克勒尼希写了篇文章, 听起来有点像是借口. 他说, 他在哥本哈根谈论他的想法时受到了非常冷淡的对待, 但是, 在那以后仅仅一年, 玻尔及其同事们就变脸了. 克勒尼希只能让人们注意这个事实: 即使认为电子是自转动的, 仍然有些地方无法解释.

这篇文章引起了其他许多响应. 例如, 海森伯立刻给戈德施密特写了封信. 他以 "我读了你们的 '勇敢的' 文章" 开头, 写了一个公式以后, 他问出这个问题, "你们怎么消除因子 2?" 读到这封信, 戈德施密特完全不明白他们的文章有什么 "勇敢" 的, 也不知道因子 2 意味着什么. 另一方面, 除了洛伦兹指出的问题以外, 乌伦贝克似乎也认识到了因子 2 的问题, 而且他们在自己的 *Nature* 的文章里清楚地承认了这些问题. 乌伦贝克甚至打算撤回他们的文章; 他肯定已经意识到它确实是篇非常 "勇敢的" 文章.

这时候, 托马斯的文章发表了, 解决了因子 2 的问题. 对戈德施密特和乌伦贝克来说幸运的是, 埃伦费斯特没有像朗德那样建议他们去咨询泡利. 我要引用托马斯写给戈德施密特的一封信, 这是我从仁田教授那里得到的资料:

> ……我认为你和乌伦贝克非常幸运, 在泡利听到之前就发表并谈论你们的自转动电子…… 一年多以前, 克勒尼希相信自转动电子并做了一些工作; 他把它展示给的第一个人就是泡利, 但泡利对这件事大肆嘲讽, 结果第一个人也就变成了最后一个, 其他人都没有听到过关于它的任何事情……

知道托马斯的文章发表了, 泡利还是坚持反对自转动电子这个想法. 海森伯用迟疑的温和口吻表达他的反对, 例如 "'勇敢的' 文章" 或 "你们怎么消除因子 2?" 泡利则不停地咆哮着反对玻尔对乌伦贝克和戈德施密特的文章的支持. 玻尔给 *Nature* 写了篇短文, 称赞他们俩的文章, 但是泡利对此强烈反对, 并说玻尔的这种做法给原子物理学引入了新的异端邪说. 然而, 我告诉过你们, 托马斯的文章发表了, 消除了实验和理论之间的因子 2 的差别, 用经典托马斯理论清楚地推导出了碱金属原子双谱线的正确间距, 泡利就不再坚持反对 "经典方法不可描述的二值性" 了. 戈德施密特说, 托马斯的文章出来以后不久, 他收到了泡利的一张明信片, 上面写着: "现在我相信自转动电子的想法了."

你们看, 自旋的发现史走了一条有趣的路径, 反映了许多个性鲜明的人之间的关系. 在《二十世纪理论物理学》里, 范德瓦尔登也详细地写了泡利关于自旋对克勒尼希、乌伦贝克和戈德施密特的态度; 请读一读那篇文章.

*

接下来的故事是泡利的 "中子".

我在第 7 讲告诉过你们, 在 1930 年左右, 泡利给几个人写信谈论他的想法. 我之前引用的那封信是詹森在诺贝尔奖讲演上引用的, 但是东京教育大学的原康夫告诉我, 在美国高中生的物理学辅助教材里有一封更详细的信. 詹森演讲里引用的那封信可能针对的是理论学家, 而这封信针对的是实验学家, 以敦促他们去发现这种粒子. 原教授给了我一份复印件, 所以我在这里引用它[2]:

苏黎世, 12 月 4 日, 1930 年

亲爱的研究放射性的女士们和先生们:

　　我请求你们最为善意地倾听这封信. 它将告诉你们, 看到 N 和 ^{6}Li 原子核的 "错误的" 统计以及连续的 β 谱, 我已经有了一个绝望的方法来挽救能量守恒和统计. 有可能存在电中性的粒子, 我称之为中子, 它存在于原子核里, 带有 1/2 的自旋并服从不相容原理 …… 中子的质量应当与电子质量具有相同的大小 …… 这样, 亲爱的放射性研究者们, 请考察并检验 ……

你们最忠实的仆人

泡利

根据这封信, 我们看到, 通过引入他的 "中子", 泡利试图解决的不仅是 β 谱的问题, 还有 N 原子核 (以及 ^{6}Li 原子核) 的统计性质和自旋的问题. 顺便说一下, 研究放射性的女士显然指的是莉泽·迈特纳 (Lise Meitner).

---

[2]泡利的信要更长. 参见第 9 讲注 13 中列举的泡利著作. 译注: 原著在这里给出的信是英文.

话说回来, 如果我把这个故事写进高中生的读本里, 醉心教育的日本妈妈们会怎么说呢? 教育部门会怎么说呢?[3]

*

现在, 我想略微改变一下主题. 我从仁科芳雄教授那里听到了这个故事, 泡利总是说狄拉克的思维方式是杂技. 关于 "泡利的认可" 的故事也来自仁科芳雄教授. 据说, 当海森伯想到使用乘积不对易的量 (很快就发现它们是矩阵) 的时候, 他首先征询泡利的意见. 据说, 泡利立刻就认可了这个想法. RIKEN的仁科芳雄教授和杉浦义胜教授 (后面我要谈论他们) 经常跟我讲欧洲的学者以及他们的研究生涯.

在仁科芳雄教授的故事里, 自然描述了他和克莱因一起推导克莱因 – 仁科公式的困难重重而又激励人心的经历. 做这些推导的时候, 他们独立地计算到一处, 然后比较彼此的结果, 接着再独立地计算和比较, 然后再重复这个过程. 现在, 这是标准的方法, 但是在那个时候, 这对我们来说还是新鲜事. 当我和坂田昌一、玉木英彦以及小林稔一起工作的时候, 我们采用了同样的方法, 我们有时候会觉得十分困难, 因为每个人都会犯错误, 但是仁科教授告诉我们, 他和克莱因工作的时候, 也有困难的时期, 因为他们的计算也会不一致. 了解到不仅仅是自己如此, 我们就有些释然了.

你们也许认为, 推导克莱因 – 仁科公式的时候, 使用了海特勒的辐射量子理论里描述的那种方法, 但是情况并非如此. 记住, 当他们开始推导的时候, 还没有场量子化; 他们使用了过渡的方法, 先用经典方法计算电子场和电磁场, 然后把对应原理应用于结果上, 以便翻译为量子理论[4]. 注意, 用经典方法处理电子场就意味着它基于薛定谔的想法, 电子波是三维空间里的波. 利用对应原理处理电子波和电磁场之间的相互作用, 这个想法是由克莱因和戈尔登独立地在 1926 年左右发展的; 他们首先考虑了标量场的相对论性电子的波动方

---

[3]原康夫先生说: 朝永先生作为责任作者的高中物理教科书的原稿, 在 1960 年左右经文部省审查为不合格. 据另一作者福田信之透露, 朝永先生因为不同意审查意见, 选择了不做修改, 保持不合格的状态.

[4]仁科留下的计算笔记被重新解读: 矢崎裕二, 克莱因 – 仁科公式的导出过程 (I)(II) —— 围绕理研的仁科资料, 科学史研究, 31 (1993), 81 – 91, 129 – 137.

程, 并且计算了康普顿效应以及其他事情. 注意, 很自然地, 狄拉克方程一出现, 克莱因和仁科芳雄就想用狄拉克方程计算康普顿效应[5].

以前我说过, 利用对应原理, 克莱因和戈尔登拯救了薛定谔的失败想法, 把电子波当作三维空间里的波而不是坐标空间里的波. 我们可以把这种方法视为场量子化的先驱, 后者很快就出现了. 因为海森伯在矩阵力学里用公式表示了旧量子力学的方法 (经典地描述粒子运动), 把对应原理应用于结果, 人们自然就预期, 可以通过把场量看作 q 数来表示克莱因和戈尔登的方法 (它把对应原理应用于波长的经典理论). 实际上, 大约从 1926 年开始, 克莱因似乎有了把 ψ 量子化的想法, 并和若尔当 (他也有相同的想法) 一起, 在 1927 年完成了这个工作 (第 6 讲里说过), 但是, 狄拉克的 "杂技" 抢占了先机.

无论如何, 如果我们使用海特勒著作里的方法, 也许只用 10 天就可以推导出克莱因–仁科公式. 如果我们使用费曼的方法, 很可能三个小时就够了. 然而, 仁科教授和克莱因做的时候, 计算显然非常冗长. 也许我可以加一句, 克莱因–仁科芳雄的文章发表之后不久有一篇文章, 仁科教授是单独作者, 这篇文章就更复杂了 (本讲注 4). 因此, 穆勒 (C. Møller) 检查了这些计算, 那时候他是研究生. 当然, 仁科教授在文章结尾感谢了穆勒[6].

薛定谔的 ψ 是坐标空间里的波还是三维空间里的波, 这个问题也困扰了我们, 那时候, 我们是京都大学的三年级本科生[7], 正在学习量子力学. 那是 1928 年, 若尔当和克莱因的文章已经发表了, 但是对于三年级的学生、刚开始理解量子力学的学徒来说, 他们并不知道这篇文章 (教这些东西的教授们也不知道). 我只是说, "我不理解, 我不理解." 但是, 汤川显然相信 ψ 必然是三维空间里的波, 而且他努力地求解 He 的问题而不使用六维空间里的 ψ. 结果他得到了这个想法: 通过考虑电荷密度 $-e\psi^*\psi$ 导致的电场以及原子核电场

---

[5] 按照克莱因的说法, 康普顿效应的计算是克莱因向仁科提出的 [克莱因, 研究的日子, 小泉贤吉郎, 译, 玉木英彦, 江泽洋, 编, 仁科芳雄, 三铃书房 (1991), 第 93–97 页] 但是 1928 年 2 月 25 日, 在与克莱因在哥本哈根再见面之前, 仁科从汉堡给狄拉克发了一封信, 讲到 "想要计算康普顿效应, 请给我一份你关于相对论电子论的文章复印本" [参见《仁科芳雄往来书信集 I》(第 10 讲注 5) 中的书信 59, 注 a].

[6] 参考克莱因给仁科的信: 《仁科芳雄往来书信集 I》(第 10 讲注 5) 中的书信 73, 82.

[7] 直到第二次世界大战后的学制改革 (1948 — 1949), 大学教育是三年.

Ze/r[8]), 建立三维空间里的薛定谔方程. 并且, 他解出了这个方程. 我记得他告诉我, 他得到了 He 的能量, 与实验符合得很好. 也许你们已经看出来了, 实质上这就是哈特里近似.

与此有关的是, 我记得, 到我们大学第三年快结束的时候, 有个文献俱乐部, 学生们在里面介绍自己读的文章. 我们作了人生的首次公开报告. 我报告了海森伯的 *Mehrkörperprobleme und Rezonanz in der Quantenmechanik* (《量子力学里的多体问题和共振》). 汤川选择了克莱因的文章 *Elektrodynamik und Wellenmechanik von Standpunkt des Korrespondenzprinzip* (《从对应原理的观点出发的电动力学和波动力学》). 这就是前面提到的克莱因的文章, 就像我说的那样, 他把电子波当作三维空间里的波, 所以很自然地, 汤川选择了这篇文章. 另一方面, 对于我来说, 我选择的海森伯的文章讨论了 ψ 如何服从玻色统计或者费米统计, 依赖于 ψ 相对于粒子的交换是对称的还是反对称的, 这里的 ψ 肯定是坐标空间里的函数. 然而, 我认为, 这篇文章之所以吸引我, 更多是因为海森伯对类比的娴熟运用. 娴熟的类比吸引了我, 他从两个摆的共振开始, 这是非常普通的日常现象, 然后讨论 ψ 的对称性和粒子统计的复杂问题. 这个事实证明, 狄拉克讨论同一个问题的文章根本就没有吸引我.

其后不久, 我在图书馆遇到了汤川, 他在桌子上打开了一份 *Zeitschrift für Physik*, 其中发表了若尔当、克莱因的文章和若尔当、维格纳的文章, 告诉我有一个新奇的工作, 如果三维空间里的 ψ 是用正则对易关系或反对易关系量子化的, 那么就能够得到完全相同的结论, 就像采用坐标空间里对称的或者反对称的函数 ψ 一样. 这样, 我也立刻读了这些文章, 发现关于是三维波还是多维波的晦涩问题已经得到了完全而又漂亮的解答[9].

*

1929 年, 我们大学毕业了. 这一年 9 月, 海森伯和狄拉克来到了日本 (图 12.1). 他们在东京和京都作了报告. 我鼓起勇气去了东京, 听了这些报告. 这些报告从 9 月 2 日到 9 日, 在东京大学和 RIKEN 举行.

---

[8]因为是历史话题, 所以没有加 $1/(4\pi\varepsilon_0)$.

[9]参考第 110–111 页和第 6 讲注 2.

海森伯的报告题目是:

(1) "铁磁性理论".

(2) "导电的理论" (电导的布洛赫理论).

(3) "量子理论里的推迟势" (著名的海森伯–泡利理论).

(4) "不确定性关系和量子理论的物理原理".

狄拉克的报告题目是:

(1) "量子理论的基础".

(2) "多电子系统的量子理论" (用自旋变量表示电子坐标的置换算符及其应用).

(3) "电子的相对论性理论" (不用说, 这是狄拉克方程的故事).

(4) "叠加原理和二维谐振子".

报告 1、2 和 3 是在东京大学, 报告 4 是在 RIKEN. 你们看到了, 这些报告的内容处于当时物理学的最前沿.

图 12.1　1929 年 9 月, 在我大学毕业的时候, 海森伯和狄拉克访问了日本. 左起: 仁科芳雄, 跳过两个, 海森伯, 长冈半太郎 (1865 — 1950), 狄拉克; 最右边是杉浦义胜 (1895 — 1960)

真是奇迹, 我记得我能够大致理解这些报告的内容, 幸亏我读过与这些报告有关的文章. (然而, 我要告诉你们, 这需要很多努力.) 这是我第一次从乡下的京都来到东京, 亲眼看到了杰出的人物, 例如, 长冈半太郎教授、仁科芳雄教授和杉浦义胜教授, 还有东京大学杰出的研究生, 他们看起来显然非常聪明. 我听了报告, 躲在屋子的最后一排, 被那些大人物征服. 有位高年级学生, 他毕业于东京大学物理系, 曾在京都第三高中读书, 他告诉我, 这是仁科芳雄教授, 那是小谷正雄和犬井铁郎, 他们正在听仁科芳雄教授的讲座学习量子力学. 他鼓励我与这些人熟悉, 但我还是很羞涩. 在这种气氛里, 我至今仍清楚地记得, 在第三次报告后狄拉克问海森伯的问题. 你们很可能知道, 海森伯和泡利在他们的理论中引入了条件 $\mathrm{div}\,\boldsymbol{E} = 4\pi\rho$, 不是作为 q 数之间的关系, 而是作为态矢量 ψ 的一个附加条件, $\mathrm{div}\,\boldsymbol{E} \cdot \psi = 4\pi\rho \cdot \psi$. 狄拉克的问题是, $\mathrm{div}\,\boldsymbol{E} - 4\pi\rho$ 的本征值 0 是分离的还是连续的. 显然, 海森伯没有想过这个问题. 他不能立刻给出答案, 想了一会儿以后回答说: "很可能是连续的."

我记得在东京大学报告的最后一天, 长冈教授站起来激动地说, 海森伯和狄拉克在二十多岁就已经取得了这么大的成绩, 建立了新理论, 而日本的物理学家却仍然在拾掇欧洲和美国的残羹冷炙, 学生们只是在记笔记, 太糟糕了. "你们应该向海森伯和狄拉克学习."[10] (长冈教授用他的长冈式英语激昂地说着, 我当时听得不太清楚, 所以这是我大致翻译的.)

*

有时候我也会后悔, 当我在大学三年级、不得不选择专业的时候, 我选择了量子理论作为自己的专业. 那时候, 量子力学连教科书都没有. 只有像《薛定谔文集》或者玻恩的《原子物理学里的问题》这样的书, 大多数研究都要查阅一篇又一篇的原始文章. 读文章的时候, 我发现每篇文章都引用了很多其他文章, 如果不去读它们, 我就不会了解那里写的是什么. 因此, 我淹没在文章的海洋里. 此外, 那时候我身体不太好, 虽然得到了学士学位, 但是神经非常衰弱. 我经常想放弃量子力学, 但是经过大约一年半, 我发现以自己的水平大致能够理解海森伯和狄拉克的报告了. 然而, 当我追上去的时候, "敌人" 已经前进了. 长冈教授鼓励士气的讲话对我并没有太大用处.

自然, 京都大学的那些教授们虽然抱残守缺, 完全不了解世界大势, 但是, 他们还是看到量子理论的新物理正在像野火一样蔓延全球的事实, 他们

---

[10] 长冈半太郎的《海森伯和狄拉克报告的欢迎词》被《仁科芳雄往来书信集 I》(参见第 10 讲注 5) 收录于文件 127.

之间也出现了必须做些事情的气氛. 那时候, 京都大学有位光谱学教授木村正路 (图 12.2), 他的名声传播到了日本以外. 他是一位实验学家, 显然他起初并不太喜欢理论物理, 但是访问外国并看到欧洲和美国的物理学现状以后, 他认为我们在日本不能只研究经典物理学. 幸运的是, 他也是 RIKEN 的主任研究员; 他请求 RIKEN 的杉浦义胜教授在京都大学做了一系列关于量子力学的深入的讲座. 所以, 杉浦义胜教授来到了京都, 我记得是在 1930 年初. 记得那时候很冷, 我们在用火炉取暖的屋子里听讲座[11]. 此后, 我记得是第二年的初夏, 仁科教授来讲学了.

图 12.2 大学毕业一年以后, 我在京都见到了仁科老师. 前排右起第二人是仁科芳雄, 第三人是木村正路 (1883—1962); 最后一排右起第二人是我 (朝永振一郎), 左边是汤川君 (1907—1981)

杉浦义胜教授了解到汤川和我正在学习量子力学. 他说, 如果我们愿意, 他会提议一些研究课题. 我告诉过你们, 到了 1929 年夏天, 我有点跟上量子力学了, 步子非常慢, 但是, 进行原创性的工作完全是另一码事. 量子力学的理论框架多少已经完成了, 原子问题几乎完全解决了, 所以, 那些领域里没有留下多少东西可做. 因此, 我对分子有些兴趣, 研究了洪德的工作, 寻找一个

---

[11]杉浦义胜于 1928 年 4 月在理化学研究所做了题为 "新量子力学及其应用" 的讲座. 现在还存有记录 [日本数学物理学会志, 第二卷, 第一期, 附录 (1928), 14–88].

与分子结构有关的有趣问题. 但是我发现, 那里的物理问题也没有多少了, 剩下来的问题更适合化学家. 因此, 在我看来, 我可以工作的领域似乎只有固体物理学、原子核物理学以及相对论量子力学这些领域了. 我绞尽脑汁地思考该选择哪个方向, 却还是一无所获. 我不禁认识到, 不管选哪个方向, 我的能力都不够. 因此, 当杉浦义胜教授提议给我一个题目时, 我就想借此机会决定朝哪个方向前进.

另一方面, 似乎从很早开始, 汤川就决定研究原子核物理学或相对论量子力学. (汤川君, 如果我说错了, 请指正.) 通过自学, 他正在研究原子核自旋导致的光谱的超精细结构以及其他问题. 然而, 很可能他也想听听杉浦义胜教授会给他什么题目, 我们两个都去了杉浦义胜教授的办公室.

教授给我的题目是关于 Na_2 分子的问题 (我不清楚他是否知道我对分子感兴趣), 任务是把海特勒 (Heitler) 和伦敦 (London) 的 H_2 理论应用到 Na_2 上. 那时候我对分子已经有点不太感兴趣了, 但是我想, 自己做些事情会比读其他人的文章更有指导性, 因此, 我大胆地说, "让我做吧." 这是个数值计算, 一开始看起来就不是特别有指导性. (然而, 它对训练毅力很有帮助.) 此外, 它有点像收拾杉浦义胜教授工作的碎片, 根本就不鼓舞人心. 还有, 在做计算的过程中, 出现了很多令人尴尬的结果, 整个事情都不顺利.

杉浦教授也给汤川了一个题目去研究, 即, 用理论解释 Bergen Davis 实验的奇特结果[12]. 然而, 如果仔细研究这个实验, 就会发现它让人生疑. 它很可能是一个拙劣的实验. 我们被困在这里一段时间之后, 仁科教授来京都大学讲课了.

仁科教授的讲座用海森伯的著作《量子理论的物理原理》(*Physikalische Prinzipien der Quantentheorie*) 作课本. 杉浦教授讲课的时候, 他会写出一个长长的公式 (叫作合流超几何函数), 在长长的黑板上从一端写到另一端, 他会讲自己的工作. 那可能是创造性的工作, 但是, 对于初学者来说, 那涉及了太多细节而让人理解不了. 另一方面, 仁科教授的讲座很多来自课本, 很大程度上归功于海森伯, 但是令人印象深刻, 特别是讲座后的讨论. 木村教授作为实

---

[12] 关于这个实验, 可参见《仁科芳雄往来书信集 I》(第 10 讲注 5) 中的书信 155 (J. C. Jacobsen → 仁科, 1930 年 1 月 10 日收), 书信 167 (仁科 → 戈德施密特, 1930 年 1 月 31 日收) 中的描述. 仁科在京都大学的讲座是在 1931 年 4 月举行的.

验学家的评论, 仁科芳雄教授的回应, 等等, 营造了很好的氛围, 即使是我 (有些胆小, 以前在这种场合不敢讲话), 也在多次犹豫之后向仁科教授问了一个问题. 仁科教授非常友好, 倾听了我这个初学者的问题, 还做了回答.

在他访问京都期间的一天, 仁科教授请汤川和我吃了饭. 当我们谈论到杉浦教授给的工作时, 仁科教授说, Bergen Davis 的实验已经被证明是错误的, 在那种使用闪烁的实验里, 实验者的心理预期常常会影响实验结果.

至于我的工作, 呵呵 …… 教授说, 还有很多其他有趣的事情. 仁科教授给我们看了最近克莱因给他的一封信[13], 他在信里谈论了玻尔的量子力学在原子核里不成立的观点. 根据玻尔的说法, 量子力学比经典力学先进的地方在于, 观测对物体的影响不能小于 $\hbar$, 但是, 因为观测工具本身是由质子和电子构成的, 观测工作必将受到某些额外的内在限制. 现在的量子力学没有考虑这种限制, 所以不会在原子核里有效. 仁科教授告诉我们, 由于这种限制, 原子核里的电子必然大不相同——那就是玻尔的想法. (我这么写, 就像自己清楚地听到了这些话语一样, 但是, 那时候我不大可能会清楚地理解这么困难的话题. 所以, 我肯定无意识地做了润色, 就像一个人醒来以后谈论自己的梦一样.)

*

经过所有这些事情之后, 1932 年初, 仁科教授来了一封信. 在这封信里, 他问我是否想到 RIKEN 他的实验室里学习. 我很犹豫, 而且有些保守, 不确定自己能不能达到 RIKEN 这种全日本顶尖机构中的那些世界著名的教授们的期望, 但是我还希望这是个好机会, 而且觉得自己应当抓住这个机会. 我把这些感觉诚实地写给仁科教授, 他回信说, "为什么不来两三个月试试呢? 你可以继续那个关于 Na_2 的计算, 也有许多其他的有趣项目, 你可以来了再决定." 就这样, 1932 年 4 月底, 我去了东京, 成为仁科教授在 RIKEN 的实验室里的一名成员.

当我到了仁科实验室的时候, 教授问我 Na_2 的工作进行得怎么样了. 我说进行不下去了, 他告诉我他想让我做一个关于中子的计算, 并详细地解释

---

[13] 克莱因的这封信没有保存下来, 但《仁科芳雄往来书信集 I》(第 10 讲注 5) 中的书信 185 可能是对这封信的回复.

了这个名叫中子的粒子. 我去杉浦义胜教授那里说, 现在我在仁科实验室里工作, 我要对中子做些计算. 杉浦教授祝贺我, 还说那会比 Na_2 有趣得多, 他告诉我许多来自欧洲的故事. 他说他关于合流超几何函数的工作得到了泡利的赏识, 还描述了他工作过的哥廷根大学的学术氛围. (那时候, 狄拉克和奥本海默在那里.) 我想, 我就是在那时候听到了克勒尼希和泡利的故事.

仁科教授提出的问题是, 计算中子通过某种材料时的激发和电离的截面. 1932 年发现了中子, 但当时还没有理解宇宙射线的真正性质. 仁科教授认为它们是中子, 并让我做这样的计算. 那时候, 他还没有收到海森伯关于原子核结构的文章, 所以还不知道核力. 他认为, 虽然中子是电中性的, 它肯定带有电矩或磁矩, 这个偶极场也许会和电子发生相互作用, 从而激发或电离原子.

为了做这个计算, 我们需要电中性但是具有电偶极矩或磁矩的粒子的波动方程. 那时候, *Handbuch der Physik* (我在上一讲里提到过它) 还没有出版, 我不知道泡利项. 然而, 根据相对论的要求, 它的形式[14] 必须是 $M'\rho_2[(\boldsymbol{\sigma} \cdot \boldsymbol{E}/c) - \mathrm{i}(\boldsymbol{\alpha} \cdot \boldsymbol{B})]$, 因此我使用了电中性 $(e = 0)$ 的狄拉克方程, 带有现在所谓的泡利项. (这没什么了不起的; 我只是告诉你们我做了什么.) 在那个时候, 海森伯的文章传到了东京. 人们发现, 中子与核子之间的相互作用远大于中子与电子之间的相互作用. 此外, 发现了氘元素以后, 显然, 解决这个二体问题并确定核力的性质要更加重要得多, 所以, 我们就修改了计划.

由于这些原因, 我开始了与这些现象有关的计算, 例如: 氘核的束缚能, 质子对中子的散射或捕获. 海森伯认为核力是交换作用力, 并且为它引入了势 $J(r)$. 他觉得核力必然只能作用在非常短的距离上, 如果 $r \geqslant 10^{-15}$ m, 这个势就变为零. 现在, 有必要确定这个势的大小. 因为氘核的束缚能是由实验得到的, 有可能确定核力的大小, 从而使得束缚能的理论值符合实验. 使用这个势, 我们可以讨论中子的散射和捕获. 随着越来越多的实验数据的出现, 人们发现, 质子对慢中子的弹性碰撞截面和捕获截面大得出奇, 这引起了仁科教授

---

[14] 本书没有给出 ρ_2 和 $\boldsymbol{\sigma}$ 的定义. 按照狄拉克的定义 [Proc. Roy. Soc., 117 (1928), 610–624] 为, $\rho_2 = \begin{pmatrix} 0 & -\mathrm{i}I \\ \mathrm{i}I & 0 \end{pmatrix}$, $\boldsymbol{\sigma} = \begin{pmatrix} \sigma & 0 \\ 0 & \sigma \end{pmatrix}$, 这里 I 是 2×2 单位矩阵, ( ) 中的 σ 是泡利自旋矩阵, 用了这些以后, 这个公式与 $(11.49)_P$ 一致.

的注意.

然而, 我取了通过上述方法从氘核束缚能得到的势 $J(r)$, 并把它用于散射, 但是, 结论并没有出现. 我为 $J(r)$ 假设了很多形式, 例如势阱 $-e^{-r/a}$, $-e^{-r/a}/r, \cdots$, 但是, 结论几乎不依赖于假设的形式. 于是我就想, 在质子和中子的二体系统里, 除了氘核的 S 能级以外, 如果存在另一个能量接近零的 S 态, 入射中子的 S 波就会与它共振, 零能量的中子就会表现出非常大的散射截面. 此外, 我发现这种能级并不是单独地来自海森伯的交换作用力, 但是, 如果我们添加一个由马约拉纳提出的交换作用力 (我在第 10 讲里提到了马约拉纳力), 这样一个能级就是可能的. 因此, 我想根据这个散射实验确定海森伯力和马约拉纳力的比值. 我这样做了, 对于弹性散射来说, 这个想法很成功, 我成功地确定了这两种力的比值[15].

对于这个结果, 我很高兴, 仁科教授也很满意, 并在 1933 年仙台召开的日本物理学数学学会的年会和 1935 年 RIKEN 的秋季会议上, 报道了我们的结果. 然而, 很可能因为他太忙于各种实验工作了, 仁科教授迟迟不发表这篇文章. 当我对此感到极为痛苦的时候, 贝特 (Bethe) 和派尔斯 (Perierls) 做了完全相同的事情并发表了. 追悔莫及啊, 我对仁科芳雄教授很生气.

虽然用这个想法解释了弹性散射, 但是不能用它解释中子捕获. 在我的计算里, 如果中子能量是零, 捕获截面就变为零. 其原因是, 对于捕获来说, 必须释放 $\hbar\omega$, 但是根据正常选择定则, 这种过程必须是 P → S, 因此, 即使另有一个 S 能级非常靠近零, 对 P 波也没有影响. 结果就是, 如果入射中子的能量为零, 这个截面也就变为零. 如果存在一个 P 能级非常靠近零能量, 情况就不一样了, 但是, 那样我们就必须显著地改变 $J(r)$ 从而克服离心力, 如果这样做, 整个理论与实验的所有其他符合之处就都牺牲了.

然而, 还有一种可能性: 因为中子和质子有磁矩, 除了通常的满足选择定则的发射 (即, 通过电偶极发射 $\hbar\omega$), 还有可能通过磁偶极发射 $\hbar\omega$, 对于这种发射, S → S 是允许的. 费米首先指出了这一点. 当我看到费米文章的时候, 我崩溃了. 我们一直受限于光谱学的常识, 盲从于传统的想法: 磁偶极导致的发

---

[15]参考第 10 讲注 5.

射 $\hbar\omega$ 非常小, 近似于禁戒的. 我们唯一的安慰是, 贝特和派尔斯也没有想到这种可能性; 要避免先入为主的偏见的影响是很难的.

我在仁科教授的实验室里还有很多其他故事. 例如, 用空穴理论计算了许多与正电子有关的现象. 然而, 我讲得太多了, 快没有时间了, 所以只讲与本书讨论的主题有关的故事. 不过, 我可以肯定地说, 为仁科教授做助手的这个时期, 决定了我的研究方向, 即, 转到原子核、宇宙射线和量子电动力学的理论研究. 那之前, 我在京都曾一度陷入迷茫.

*

1933 年到 1935 年, 当我们在东京做这些工作的时候, 汤川在大阪酝酿着关于介子的想法. 显然, 在海森伯关于交换作用力的文章于 1932 年发表之后, 汤川很快就想创建 β 衰变的理论. 汤川的想法是用海森伯的同位旋描述衰变, 根据海森伯的想法, 一个中子通过发射一个电子而变为一个质子. 我不记得精确的时间了, 但我模糊地记得, 汤川把他的想法写给了仁科教授, 仁科教授也给我看了. 如果没有记错的话, 他把电子场作为费米场量子化了, 没有中微子的想法, 因此, 我有个印象, 汤川遇到了相当大的困难, 因为理论总会在这里或那里冒出矛盾. 那时候, 费米提出了 β 衰变理论. 因此, 许多人试图用费米理论解释质子和中子之间因为交换电子 – 中微子对而产生的力, 但是他们发现, 这是做不到的.

我记得, 1933 年在仙台召开的物理学数学学会的年会上, 汤川告诉我他关于一个粒子的想法, 其质量是电子质量的 100 倍, 他在操场的地面上用棍子画了一个公式. 我想他说过, 如果我们假设存在这样一种古怪的粒子, 他就能够解释核力[16]. 我想我也从大阪大学的某个人那里听说, 他非常关注我们在会议上报道的东西, 因为仁科芳雄和我的报告的题目碰巧是 "关于质子和中子之间的力的一点注释". 顺便说一下, 汤川文章的题目是 "关于基本粒子之间的

---

[16] 在这个学会上 (译注: 应该是指 1933 年仙台的日本物理学数学学会年会), 对将满足狄拉克方程的电子场作为原子核力场的汤川, 仁科芳雄提出: "如果考虑电子遵守玻色统计会怎样?" 汤川秀树在《旅行者——某物理学者的回忆》[角川文库 (1960)] 第 225 页也写了得出介子理论的过程. 汤川由于 "基于原子核力的理论研究预言了介子的存在" 而获得了 1949 年的诺贝尔物理学奖.

力". 单从题目来看, 我们的工作听起来也像是介子的理论. 我的回忆可能不准确, 但我希望能够抛砖引玉, 吸引汤川讲讲他关于这些事情的回忆.

*

之前我在第 10 讲告诉过你们, 欧洲在 1936 — 1937 年左右也发展了介子的理论, 1939 年决定召开的新一届索尔维会议, 就以这个新理论的发展作为会议主题. 汤川是第一个受邀参加这个会议的日本人, 他来到了欧洲. 会议前不久, 他到莱比锡看望我, 当时我正在那里学习[17]. 遗憾的是, 那时候正是大学的暑假, 海森伯、洪德以及其他年轻同事都不在那里. 因此, 汤川只是在物理系图书馆里浏览了新出版的期刊, 就回柏林了. 那时候, 第二次世界大战已在欧洲爆发, 我们收到驻柏林大使馆的通知, 建议所有驻德国的日本人撤离, 这样汤川和我就注定要离开欧洲了. 不用说, 索尔维会议也被取消了.

在这次索尔维会议上, 泡利本来要作一个报告, 讨论对普遍适用的相对论性场的量子化这个宏大的主题, 他要奠定这个理论的一般性质, 包括自旋和统计的关系 (我在第 8 讲中讨论的) 以及其他宏大的讨论, 以他钟爱的微妙的方式. 当然也包括了四维空间里的对易关系. 泡利准备的一份索尔维报告的稿件被送给了汤川, 回到日本以后, 汤川复印了它, 并在国内分发. 当我在战争期间建立了我的超多时间 (super-many-time) 理论的时候, 该理论的一个要点是四维对易关系, 如果没有这份稿件的话, 我就不得不做更多的工作来创建我的理论. 实际上, 泡利和若尔当 1927 年合作的文章里已经有了电磁场的四维对易关系. 除了泡利的索尔维会议稿件, 哪篇文章都没有详细讨论过任意玻色场和任意费米场的四维对易关系, 如果没有它, 我就要花费长得多的时间来创建超多时间理论[18].

*

---

[17] 关于作者在莱比锡的留学有旅德日记:《日记·书信》(朝永振一郎著作集别卷 2), 三铃书房 (1985), 第 5-194 页; 摘要在《量子力学与我》(第 6 讲注 2), 第 149-192 页.

[18] 关于这个理论和它的发展可参看作者的诺贝尔奖获奖演说《量子电动力学的发展 —— 个人的回忆》. 参见《量子电动力学的发展》(朝永振一郎著作集 10), 三铃书房 (1983), 第 3-20 页; 同样内容的演讲还见《量子力学与我》(第 6 讲注 3, 第 195-236 页. 也参考本书第 10 讲注 12. 本书作者获得诺贝尔物理学奖是在 1965 年, 与美国的 J. S. 施温格和 R. P. 费曼一起因 "量子电动力学的基础研究" 而获奖.

现在我要结束这个讲座了. 非常感谢你们耐心倾听了这么长的时间. 我还要感谢仁田教授和其他人, 他们提供了很多有趣的材料. 关于汤川教授的逸闻, 基于的是我自己有些不太确定的记忆, 可能有一些我自己的想象和主观臆断溜了进来, 恐怕会让汤川有些恼火. 然而, 我告诉过你们, 非常希望介子的预言者讲述介子存在性的预言是如何从黑暗中出现的, 我希望自己这个讲座能邀请他这么做. 我请求汤川教授投入到这件事情上来.

最后,《自然》杂志的石川先生慷慨地接受了这份辛苦的工作: 寻找并复制我需要的文章. 不仅如此, 他还经常发现我不知道的文章和其他文献, 并把它们告诉我 —— 就像汤川告诉我若尔当和克莱因的文章以及若尔当和维格纳的文章一样. (石川先生, 不要害羞!) 这些文献对我非常有帮助.

文章资料

为了让大家清楚本故事使用了哪些文章资料, 我添加了这个目录. 一些文章在我的讲座里有引用、却没有出现在这里, 是因为它们要么是 "道听途说", 要么是间接引用.

第 1 讲

原子实、辐射电子和原子光谱的一般性总结

F. Hund: Linienspektren u. Periodisches System d. Elemente (Julius Springer. Berlin, 1927), Kap. II.

空间量子化

A. Sommerfeld: Physikal. Zeitschr., 17(1916), 491.

内量子数、反常塞曼效应、代用模型

A. Sommerfeld: Ann. d. Physik, 63(1920), 221; 70(1923), 32; Physikal. Zeitschr., 24(1923), 360.

A. Landé: Zeitschr. f. Physik, 15(1923), 189; 19(1923), 112; Naturwissenschaften, 11(1923), 726.

W. Pauli: Zeitschr. f. Physik, 16(1923), 155; 20(1924), 371.

A. Sommerfeld: Zeitschr. f. Physik, 8(1922), 257.

W. Heisenberg: Zeitschr. f. Physik, 8(1922), 273.

第 2 讲

精细结构公式

A. Sommerfeld: Ann. d. Physik, 51(1916), 125.

双重项的能级间距

W. Heisenberg: Zeitschr. f. Physik, 8(1922), 273.

A. Landé: Zeitschr. f. Physik, 16(1923), 391; 24(1924), 88; 25(1924), 46.

经典方法不可描述的二值性, 泡利不相容原理

W. Pauli: Zeitschr. f. Physik, 31(1925), 373; 31(1925), 765; Nobel Lectures 1942—1962 (Elsevier Publishing Co., 1964), 27.

非力学限制

N. Bohr: Ann. d. Physik, 71(1923), 228-288. (特别是第 276 页)

自转动的电子

G. E. Ublenbeck, S. A. Goudsmit: Naturwissenschaften 13(1925), 953; Nature, 117(1926), 264.

R. de L. Kronig: Nature, 117(1926), 550; Theoretical Physics in the Twentieth Century (Interscience Publications Inc., New York, 1960), 5.

S. A. Goudsmit: Delta, 15(1972), 77.

托马斯因子

L. H. Thomas: Nature, 117(1926), 514; Philosoph. Mag., 3(1927), 1.

基于自转动电子假设的代用模型

F. Hund: Linienspektren u. Periodisches System d. Elemente (Julius Springer, Berlin, 1927), Kap. Ⅲ.

克勒尼希、乌伦贝克、戈德施密特和泡利的关系

B. van der Waerden: Theoretical Physics in the Twentieth Century (Interscience Publishers Inc., New York, 1960), 209.

第 3 讲

波动力学和矩阵力学的等价性

E. Schrödinger: Ann. d. Physik, 79(1926), 734.

量子力学变换理论

P. A. M. Dirac: Proc. of the Roy. Soc. of London, 113(1927), 621.

德布罗意－爱因斯坦关系

L. de Broglie: Ann. de Physique, (10) 3(1925), 22.

克莱因－戈尔登方程

E. Schrödinger: Ann. d. Physik, 81(1926), 109. (特别是第 6 节)

W. Gordon: Zeitschr. f. Physik, 40(1926), 117.

O. Klein: Zeitschr. f. Physik, 41(1927), 407.

自旋的矩阵力学

W. Heisenberg, P. Jordan: Zeitschr. f. Physik, 37(1926), 263.

自旋的泡利方程

W. Pauli: Zeitschr. f. Physik, 43(1927), 601.

狄拉克方程

P. A. M. Dirac: Proc. of the Roy. Soc. of London, 117(1928), 610.

用狄拉克方程推导精细结构公式

C. G. Darwin : Proc. of the Roy. Soc. of London, 118(1928), 654.

W. Gordon: Zeitschr. f. Physik, 48(1928), 11.

为什么狄拉克没有推导精细结构公式

P. A. M. Dirac: The Development of Quantum Theory(Gordon and Breach Science Pub., New York, 1971).

第 4 讲

波函数的对称性和粒子的统计

W. Heisenberg: Zeitschr. f. Physik, 38(1926), 411; 41(1927), 239.

P. A. M. Dirac: Proc. of the Roy. Soc. of London, 112(1926), 661.

带状光谱的理论, 分子的比热

F. Hund: Zeitschr. f. Physik, 40(1927), 742; 42(1927), 93.

R. de L. Kronig: Bandspectra and Molecular Structure (Cambridge University Press, 1930).

原子核自旋的存在

W. Pauli: Naturwissenschaften, 12(1924), 741; Nobel Lectures 1942—1962 (Elsevier Publishing Co., 1964).

S. A. Goudsmit: Physics Today, 14 (1961), 18.

H_2 带状光谱的实验

T. Hori: Zeitschr. f. Physik, 44(1927), 834.

H_2 的比热, 质子的统计和自旋

D. M. Dennison: Proc. of the Roy. Soc. of London, 115(1927), 483.

第 5 讲

碱土金属光谱的旧解释, 特别是强的自旋–自旋相互作用的必要性

F. Hund: Linienspektren u. Periodisches System d. Elemente (Julius Springer, Berlin, 1927), Kap. IV. (特别是第 21 节)

碱土金属光谱的新解释, 表观的自旋–自旋相互作用的必要性

W. Heisenberg: Zeitschr. f. Physik, 39(1926), 499. (特别是第 1 节)

铁磁性的量子理论

W. Heisenberg: Zeitschr. f. Physik, 49(1928), 619.

爱因斯坦–德哈斯实验

A. Einstein, W. J. de Haas: Verhandlungen d. Deutschen Phys. Gesellschaft, 17(1915), 152.

S. J. Barnet: Reviews of Mod. Physics, 7(1935), 129.

粒子交换作为一种物理量

P. A. M. Dirac: Proc. of the Roy. Soc. of London, 123(1929), 714; Principles of Quantum Mechanics, 4th Ed. (Oxford University Press, 1963), Chap. IX.[1]

第 6 讲

二次量子化

P. A. M. Dirac: Proc. of the Roy. Soc. of London, 114(1927), 243.

P. Jordan, O. Klein: Zeitschr. f. Physik, 45(1927), 751.

P. Jordan, E. P. Wigner: Zeitschr. f. Physik, 47(1928), 631.

电磁场的量子化

M. Born, W. Heisenberg, P. Jordan: Zeitschr. f. Physik, 35(1926), 557. (特别是第 4 章第 3 节)

克莱因 – 戈尔登场和电磁场的量子化

W. Pauli, V. Weisskopf: Helvetica Physica Acta, 7(1934), 709.

狄拉克场和电磁场的量子化

W. Heisenberg, W. Pauli: Zeitschr. f. Physik, 56(1929), 1; 59(1930), 168.

空穴理论

P. A. M. Dirac: Proc. of the Roy. Soc. of London, 126(1930), 360.

J. R. Oppenheimer: Physical Review, 35(1930), 562.

H. Weyl: Gruppentheorie und Quantenmechanik, 2. Aufl. (S. Hirzel, Leipzig, 1931), Kap. IV, §13.[2]

多时间理论

P. A. M. Dirac: Proc. of the Roy. Soc. of London, 136(1932), 453.

---

[1]重印版, 三铃书房 (1963); 也有日文译本: 量子力学, 朝永振一郎, 等译, 岩波书店 (1968).
[2]有日文译本: 群论与量子力学, 山内恭彦, 译, 裳华房 (1932).

第 7 讲

把狄拉克理论转换成张量形式的尝试的失败

C. G. Darwin: Proc. of the Roy. Soc. of London, 118(1928), 654.

二分量的量相对于空间坐标轴转动的协变性

W. Pauli: Zeitschr. f. Physik, 43(1927), 601.

四分量的量相对于洛伦兹变换的协变性

P. A. M. Dirac: Proc. of the Roy. Soc. of London, 117(1928), 610.

转动群的二值性表示

E. P. Wigner: (日语版) 群论和量子力学 (森田正人, 森田玲子, 译, 吉冈书店, 1959), 第 15 章.

H. Weyl: Gruppentheorie und Quantenmechanik, 2. Aufl. (S. Hirzel, Leipzig, 1931). (特别是第 3 章第 16 节)

旋量代数

B. van der Waerden: Grupentheoretische Methode in d. Quantenmechanik (Julius Springer, Berlin, 1932).

O. Laporte, G. E. Uhlenbeck: Physical Review, 37(1931), 1380.

H. Umezawa: Quantum Field Theory (North-Holland Publishing Co., Amsterdam, 1956), Chap. III, §8.

神秘的种族

P. Ehrenfest: Zeitschr. f. Physik, 78(1932), 555.

第 8 讲

克莱因 – 戈尔登场的电流矢量和能量 – 动量张量

E. Schrödinger: Ann. d. Physik, 81(1926), 109. (特别是第 6 节)

W. Gordon: Zeitschr. f. Physik, 40(1926), 117.

O. Klein: Zeitschr. f. Physik, 41(1927), 407.

狄拉克场的电流矢量和能量 – 动量张量

W. Gordon: Zeitschr. f. Physik, 50(1928), 630.

基本粒子的自旋和统计

W. Pauli: Physical Review, 58(1940), 716.

电磁场的四维对易关系

P. Jordan, W. Pauli: Zeitschr. f. Physik, 47(1928), 151.

第 9 讲

中子的发现

木村一治, 玉木英彦: 中子的发现和研究 (大日本出版株式会社, 1950).

J. Chadwick: Nobel Lectures 1922 — 1941 (Elsevier Publishing Co., 1965), 389.

氘的带状光谱以及氘核的统计与自旋

G. M. Murphy, H. Johnston: Physical Review, 46(1934), 95.

质子的磁矩

I. Estermann, O. Stern: Zeitschr. f. Physik, 85(1933), 17.

I. I. Rabi, J. M. B. Kellog, J. R. Zacharias: Physical Review, 46(1934), 157.

氘核的磁矩

I. I. Rabi, J. M. B. Kellog, J. R. Zacharias: Physical Review, 46(1934), 163.

埃伦费斯特 – 奥本海默规则

P. Ehrenfest, J. R. Oppenheimer: Physical Review, 37(1931), 333.

泡利关于中微子的信

J. H. D. Jesen: Nobel Lectures 1963 — 1970 (Elsevier Publishing Co., 1972), 40.[3]

---

[3]有相应的日文翻译: 中村诚太郎, 小沼通二, 编《诺贝尔奖讲演·物理学 9》, 讲谈社 (1979), 第 192 页. 也参考第 9 讲注 13.

第 10 讲

原子核结构、核子之间的交换力以及同位旋

W. Heisenberg: Zeitschr. f. Physik, 77(1932), 1; 78(1932), 156; 80(1932), 587.

E. Majorana: Zeitschr. f. Physik, 82(1933), 137.

质子和质子之间的核力

M. A. Tuve, N. Heydenberg, L. R. Hafstad: Physical Review, 50(1936), 806.

G. Breit, E. U. Condon, R. D. Present: Physical Review, 50(1936), 825.

^{14}O、^{14}N 和 ^{14}C 的原子核能级以及同位旋空间的各向同性

D. M. Brink: Nuclear Forces (Pergamon Press, Oxford, 1965) §46.

β 衰变理论

E. Fermi: Zeitschr. f. Physik, 88(1934), 161.

核力的介子理论

H. Yukawa: Proc. of the Physico-Mathematical Soc. of Japan, 17(1935), 48; 19(1937), 712.

H. Yukawa, S. Sakata: Proc. of the Physico-Mathematical Soc. of Japan, 19(1937), 1084.

H. Yukawa, S. Sakata, M. Taketani: Proc. of the Physico-Mathematical Soc. of Japan, 20(1938), 319.

J. R. Oppenheimer, R. Serber: Physical Review, 51(1937), 1113.

欧洲物理学家的惊奇

N. Kemmer: Problems on Fundamental Physics (M. Kobayasi Ed., Kyoto, 1965), 602.

第 11 讲

托马斯进动

C. Møller: (日语版) 相对性理论 (永田恒夫, 伊藤大介, 译, 三铃书房, 1959), 第 22 节.

L. H. Thomas: Philosoph. Mag., 3(1927), 1.

带有反常磁矩的粒子的相对论性波动方程

W. Pauli: Handbuch d. Physik, 2. Aufl. (Julius Springer, Berlin, 1933), Kap. II, §2. (特别是第 233 页)

从狄拉克方程推导泡利的二分量的量的方程

W. Pauli: Handbuch d. Physik, 2. Aufl. (Julius Springer, Berlin, 1933), Kap. II, §3. (特别是第 (89) 式)

用量子力学和托马斯理论对反常磁矩进行相同处理, 并比较得到的结果

J. H. D. Jensen: 1972 年 9 月, 东京, 口头上向本书作者提议.

第 12 讲

第 12 讲的内容主要来自我的记忆. 因此, 我只提下面这些用来帮助自己回忆的文章.

Theortical Physics in the Twentieth Century (Interscience Publishers Inc., New York, 1960).

S. A. Goudsmit: Delta, 15(1972), 77.

狄拉克和海森伯, 量子论诸问题: 启明会纪要 (仁科芳雄, 译述), 11(1932).

最后这篇是海森伯和狄拉克的讲演记录, 他们在 1929 年 9 月来到日本并在东京的理化学研究所作报告. 顺便说一下, 启明会 (Keimei Society) 成立于 1918 年, 是日本学术振兴会创立的基础, 它的基金共一百万日元. 本书的定价是 80 钱, 但是石川先生发掘出它的代价是 700 日元[4].

---

[4]译注: 1 日元 =100 钱.

后记

 《自旋的故事》起初发表在《自然》杂志 1973 年 1 月刊至 10 月刊, 我扩充并修改后, 就成了这本书. 开始这个系列, 我是为了简明地描述这个主题, 但是随着写作的持续, 稿件增多了, 内容也变得特别详细. 在阅读许多老文章的时候, 我经常想起自己初次阅读它们的旧时光, 我挡不住这样的诱惑: 重新体会从前的感觉、从前的想法、当时觉得非常困难的东西. 我的笔仿佛自己动了起来, 写个不停. 即使那些本可以简单处理的内容, 也开始牵扯可能会困扰读者的很多公式, 整个文章变得越来越笨重. 如果在英语词典中查询 "spin" 这个词, 除了转动的意思以外, 它还有捻丝成线的意思, 也许因此它也可以表示抽取出某个东西. 特别是有个成语 "spinning a yarn", 似乎是说一个老水手不停地谈论着他年轻时的冒险经历 (这个信息是石川先生告诉我的).

 无论如何, 本书描述了 20 世纪 20 年代到 40 年代的这段时期, 这段时期在物理学历史上特别丰富多彩, 特别值得记录, 在此期间, 量子力学逐渐成熟起来. 这个时期的特点是其主要人物都非常年轻. 例如, 泡利发表泡利不相容原理的时候, 只有 25 岁, 海森伯得到矩阵力学想法的时候, 只有 24 岁, 狄拉克发现狄拉克方程的时候, 只有 26 岁. (我在本书里每个人的照片下面都加上了他的出生年份, 所以, 在提到文献和发表日期的时候, 你们也可以查查他的年纪.) 几年以后, 这种年轻的潮流进入了日本. 因此我认为, 应该由某个人 (这段时间是他的科学成长期, 他亲身经历了这段历史的一部分) 来记录这段时期. 因此, 我补充了在《自然》上发表的文章, 使其更为完整, 并汇成一卷发表于《自然选书》.

这项工作完成以后, 我开始担心, 也许有人会问, 你为哪些读者写的这本书? 目的是什么? 这本书是在我沉浸于自己的感受时成熟起来的, 而没有太考虑读者定位.

1974 年 5 月

作者

附录 A 补充说明

A1　亚伯拉罕的电子模型 (本书第 36 页)

乌伦贝克和戈德施密特在考虑电子有自转动的论文中, 电子的角动量和磁矩值引用的是亚伯拉罕 (M. Abraham) 1903 年的论文 [1]. 亚伯拉罕把电子看作半径为 a 的球, 并假定其表面或内部是均匀带电的, 从纯电磁场的角度看, 电子的动量或角动量还具有产生电磁场的作用.

下面对亚伯拉罕的理论作简单的说明. 假定电子的电荷 $-e$ 均匀分布在表面上.

电子静止时, 周围的位置 $\boldsymbol{r}$ 处产生的电场为

$$\boldsymbol{E}(\boldsymbol{r}) = \frac{-e}{4\pi\varepsilon_0} \frac{\boldsymbol{r}}{r^3} \tag{A1.1}$$

在内部是没有电场的. 这个电子以均匀速度 $\boldsymbol{v}$ 运动时在周围产生的磁场为

$$\boldsymbol{B}(\boldsymbol{r}) = \frac{1}{c^2}(\boldsymbol{v} \times \boldsymbol{E}) \tag{A1.2}$$

因此, 这些电磁场带有的动量密度为

$$\frac{1}{c^2}(\boldsymbol{E} \times \boldsymbol{H}) = \frac{1}{c^4\mu_0}\{E^2\boldsymbol{v} - (\boldsymbol{E} \cdot \boldsymbol{v})\boldsymbol{E}\} = \frac{e^2}{(4\pi)^2\varepsilon_0 c^2}\frac{r^2\boldsymbol{v} - (\boldsymbol{r} \cdot \boldsymbol{v})\boldsymbol{r}}{r^6}$$

对电子外的所有空间积分有

$$\boldsymbol{p} = \frac{2}{3}\frac{1}{4\pi\varepsilon_0}\frac{e^2}{c^2 a}\boldsymbol{v} \tag{A1.3}$$

亚伯拉罕将它看作电子的动量. 按照 $\boldsymbol{p} = m_e\boldsymbol{v}$, 质量是

$$m_e = \frac{2}{3}\frac{1}{4\pi\varepsilon_0}\frac{e^2}{c^2 a} \tag{A1.4}$$

亚伯拉罕还考虑了电子的自转动. 假定自转动的角速度为 $\boldsymbol{\Omega}$. 取电子的中心为原点, 表面 $\boldsymbol{r}'$ 处的面电荷密度 $\sigma = -e/(4\pi a^2)$, 面元 $\mathrm{d}S$ 的电荷产生的电流为

$$i(\boldsymbol{r}')\mathrm{d}S = \sigma\mathrm{d}S(\boldsymbol{\Omega} \times \boldsymbol{r}')$$

从整体上看, 产生的磁矢势为

$$\boldsymbol{A}(\boldsymbol{r}) = \frac{\mu_0}{4\pi} \int \frac{\boldsymbol{i}(\boldsymbol{r}')}{|\boldsymbol{r} - \boldsymbol{r}'|} \mathrm{d}S \tag{A1.5}$$

作这个积分时, 先选取 $\boldsymbol{r}$ 的方向为 z 轴, 因为

$$\boldsymbol{\Omega} \times \boldsymbol{r}' = (\Omega_y z' - \Omega_z y', \Omega_z x' - \Omega_x z', \Omega_x y' - \Omega_y x')$$

所以在电子的外面 $(r > a)$ 有

$$\int \frac{i_x}{|\boldsymbol{r} - \boldsymbol{r}'|} \mathrm{d}S = a^3\sigma \int_0^\pi \sin\theta' \mathrm{d}\theta' \int_0^{2\pi} \mathrm{d}\phi' \frac{\Omega_y \cos\theta' - \Omega_z \sin\theta' \sin\phi'}{\sqrt{r^2 - 2rr'\cos\theta' + r'^2}}$$

$$= \frac{4\pi a^4 \sigma}{3} \frac{\Omega_y}{r^2}$$

同样的方法可得

$$\int \frac{i_y}{|\boldsymbol{r} - \boldsymbol{r}'|} \mathrm{d}S = -\frac{4\pi a^4 \sigma}{3} \frac{\Omega_x}{r^2}, \quad \int \frac{i_z}{|\boldsymbol{r} - \boldsymbol{r}'|} \mathrm{d}S = 0$$

令 $4\pi a^2 \sigma = -e$, $\boldsymbol{\Omega}$ 可取任意方向, 有

$$\boldsymbol{A}(\boldsymbol{r}) = \frac{\mu_0}{4\pi} \frac{-ea^2}{3} \frac{\boldsymbol{\Omega} \times \boldsymbol{r}}{r^3} \tag{A1.6}$$

这就意味着电子的磁矩为

$$\boldsymbol{\mu}_e = -\frac{ea^2}{3} \boldsymbol{\Omega} \tag{A1.7}$$

自转动电子产生的磁场 $\boldsymbol{B} = \mathrm{rot}\,\boldsymbol{A}$ 为

$$\boldsymbol{B}(\boldsymbol{r}) = \frac{\mu_0}{4\pi} \frac{-ea^2}{3} \frac{3(\boldsymbol{r} \cdot \boldsymbol{\Omega})\boldsymbol{r} - r^2\boldsymbol{\Omega}}{r^5} \tag{A1.8}$$

这个自转动电子周围的动量密度只存在于电子的外面, 为

$$\frac{1}{c^2}(\boldsymbol{E} \times \boldsymbol{H}) = \frac{1}{(4\pi)^2\varepsilon_0} \frac{e^2a^2}{3c^2} \frac{r^2\boldsymbol{\Omega} \times \boldsymbol{r}}{r^6} \tag{A1.9}$$

它的空间积分为 0. 角动量密度为

$$\boldsymbol{r} \times \frac{1}{c^2}(\boldsymbol{E} \times \boldsymbol{H}) = \frac{1}{(4\pi)^2\varepsilon_0} \frac{e^2a^2}{3c^2} \frac{r^2\boldsymbol{\Omega} - (\boldsymbol{r} \cdot \boldsymbol{\Omega})\boldsymbol{r}}{r^6} \tag{A1.10}$$

为了作它的空间积分, 取 $\boldsymbol{\Omega}$ 的方向为 z 轴. 这样角动量 S 的 z 分量以外的积分为 0, 而 S_z 的积分为

$$S_z = \frac{1}{(4\pi)^2\varepsilon_0}\frac{e^2a^2}{3c^2}\frac{8\pi}{3}\frac{1}{a}\Omega$$

它被认为是电子的自转角动量, 因此有

$$\boldsymbol{S} = \frac{2}{9}\frac{1}{4\pi\varepsilon_0}\frac{e^2a}{c^2}\boldsymbol{\Omega} \tag{A1.11}$$

利用电子的质量可写为

$$\boldsymbol{S} = \frac{1}{3}m_ea^2\boldsymbol{\Omega} \tag{A1.12}$$

与亚伯拉罕的值一致. 磁矩与自转角动量的比值为

$$\frac{\mu_e}{S} = 2\frac{e}{2m_e} \tag{A1.13}$$

有 $g_0 = 2$.

现在, 电子的轨道运动中, 这个比值是 $e/(2m_e)$, 在电子自转动的结果出来之前, 某些实验中为什么出现了 $g_0 = 2$ 一直是一个谜 (参见本书第 1 讲的 (1.37), 第 36 页, 第 54 页). 乌伦贝克和戈德施密特通过假定电荷只分布在球的表面并用自转动电子模型解开了这个谜. 亚伯拉罕的模型还分析了电子的整体均匀带电的情况, 这时得到 $g_0 = 126/125$.

但是, 如果不是按照单纯的电磁学理论, 而是根据力学的电子自转角动量计算, 得到的是与轨道运动相同的 $g_0 = 1$. 亚伯拉罕也注意到了这个差异. (注意: 提到的 "因子 2 的问题" 包括了 $g_0 = 2$ 的问题和由托马斯解决的问题.)

乌伦贝克等把电子自转的角动量 (A1.11) 取为量子化后的值, 这样, 在赤道上的电子表面的速率为

$$a\boldsymbol{\Omega} = \frac{9}{4}\left(\frac{1}{4\pi\varepsilon_0}\frac{e^2}{\hbar c}\right)^{-1}c$$

超过光速 c 约 200 倍, 并说明这是他们的模型的难点. 这里 $e^2/(4\pi\varepsilon_0\hbar c) = 1/137.036$ 是精细结构常数.

泡利反对电子自转的想法, 他在本书第 1 讲注 13 和第 2 讲注 3 所引用的超精细结构的文章 (1924 年) 中, 考虑原子核具有角动量的可能性时, 将上面 $a\Omega$ 公式中的 e 换为 Ze, 例如, 泡利考虑汞 $(Z = 80)$ 的情况, 这是因为核表面的速度不会超过 c 吗?

A2 泡利的 S 遵守角动量的对易关系 (本书第 48 页, 第 51 页)

这里证明泡利的自旋算子, 即本书的 (3.4″) 和 (3.11) (近似地) 满足角动量的对易关系.

本书 (3.4″) 给出的算子的形式为

$$S_z = -\mathrm{i}\hbar\frac{\mathrm{d}}{\mathrm{d}\varphi}, \quad \varphi = \varphi \cdot (\text{乘法算子}) \tag{A2.1}$$

与本书 (3.11) 的算子乘上 $\hbar$ 后的对易关系, 经计算为

$$[S_z, S_x] = -\mathrm{i}\hbar\left[\frac{\mathrm{d}}{\mathrm{d}\varphi}, \sqrt{S^2 - S_z^2}\cos\varphi\right]$$

$$= \mathrm{i}\hbar\sqrt{S^2 - S_z^2}\sin\varphi = \mathrm{i}\hbar S_y \tag{A2.2}$$

$$[S_y, S_z] = \mathrm{i}\hbar\left[\frac{\mathrm{d}}{\mathrm{d}\varphi}, \sqrt{S^2 - S_z^2}\sin\varphi\right]$$

$$= \mathrm{i}\hbar\sqrt{S^2 - S_z^2}\cos\varphi = \mathrm{i}\hbar S_x \tag{A2.3}$$

这里假定 S_z 和 $S^2 - S_z^2$ 是可对易的. 因为其结果等于 $S_x^2 + S_y^2$, 所以与 φ 没有关系. 可对易性是通过角动量的对易关系来证明的, 那么, 现在又用它来证明对易关系, 这可能存在循环推理的嫌疑.

计算 $[S_x, S_y]$ 时需要作近似. 在

$$[AB, CD] = A[B, C]D + [A, C]BD + CA[B, D] + C[A, D]B \tag{A2.4}$$

中代入

$$A = C = \sqrt{S^2 - S_z^2}, \quad B = \cos\varphi, \quad D = \sin\varphi \tag{A2.5}$$

计算下面的公式

$$[S_x, S_y] = \left[\sqrt{S^2 - S_z^2} \cos\varphi, \sqrt{S^2 - S_z^2} \sin\varphi \right]$$

$$= \sqrt{S^2 - S_z^2} \left[\cos\varphi, \sqrt{S^2 - S_z^2} \right] \sin\varphi + \sqrt{S^2 - S_z^2} \left[\sqrt{S^2 - S_z^2}, \sin\varphi \right] \cos\varphi$$

$$\text{(A2.6)}$$

为此, 准备一个公式. 令 $p = -i\hbar d/dx$, 对 $f = f(x)$, $\psi = \psi(x)$, 有

$$e^{i\alpha p}(f\psi) = e^{\hbar\alpha d/dx}(f\psi) = \sum_{k=0}^{\infty} \frac{(\hbar\alpha)^k}{k!} \frac{d^k}{dx^k}(f\psi)$$

$$= \sum_{k=0}^{\infty} \frac{(\hbar\alpha)^k}{k!} \sum_{m+n=k} \frac{k!}{m!n!} \left(\frac{d^m}{dx^m} f \right) \left(\frac{d^n}{dx^n} \psi \right) = (e^{i\alpha p}f)(e^{i\alpha p}\psi)$$

因此

$$[e^{i\alpha p}, f]\psi = [(e^{i\alpha p} - 1)f]e^{i\alpha p}\psi$$

即

$$[e^{i\alpha p}, f(x)] = [(e^{i\alpha p} - 1)f]e^{i\alpha p} \tag{A2.7}$$

至此的计算是没有近似的. 利用上式计算 (A2.6) 得

$$\left[\cos\varphi, \sqrt{S^2 - S_z^2} \right] = \frac{1}{2} \left\{ \left[e^{i\varphi}, \sqrt{S^2 - S_z^2} \right] + \left[e^{-i\varphi}, \sqrt{S^2 - S_z^2} \right] \right\} \tag{A2.8}$$

算子取

$$\varphi = i\hbar \frac{d}{dS_z}, \quad S_z = S_z \cdot (\text{乘法算子}) \tag{A2.9}$$

如果 $e^{\pm i\varphi} = e^{\mp\hbar d/dS_z}$, 有

$$\left[\cos\varphi, \sqrt{S^2 - S_z^2} \right] = \frac{1}{2} \Big[\left\{ (e^{-\hbar d/dS_z} - 1)\sqrt{S^2 - S_z^2} \right\} e^{-\hbar d/dS_z} + $$

$$\left\{ (e^{\hbar d/dS_z} - 1)\sqrt{S^2 - S_z^2} \right\} e^{\hbar d/dS_z} \Big]$$

$$= \frac{1}{2} \Big[\left\{ \sqrt{S^2 - (S_z - \hbar)^2} - \sqrt{S^2 - S_z^2} \right\} e^{-\hbar d/dS_z} + $$

$$\left\{ \sqrt{S^2 - (S_z + \hbar)^2} - \sqrt{S^2 - S_z^2} \right\} e^{\hbar d/dS_z} \Big]$$

$$= \frac{\hbar}{2} \frac{S_z}{\sqrt{S^2 - S_z^2}} \left\{ e^{-\hbar d/dS_z} - e^{\hbar d/dS_z} \right\}$$

$$= i\hbar \frac{S_z}{\sqrt{S^2 - S_z^2}} \sin \varphi \qquad (A2.10)$$

这里作了下面的近似

$$\sqrt{S^2 - S_z^2} - \sqrt{S^2 - (S_z - \hbar)^2} = \hbar \frac{d}{dS_z} \sqrt{S^2 - S_z^2} = -\hbar \frac{S_z}{\sqrt{S^2 - S_z^2}} \quad (A2.11)$$

同样,

$$\left[\sqrt{S^2 - S_z^2}, \sin \varphi \right] = \frac{i}{2} \left\{ \left[e^{i\varphi}, \sqrt{S^2 - S_z^2} \right] - \left[e^{-i\varphi}, \sqrt{S^2 - S_z^2} \right] \right\}$$

$$= \frac{i}{2} \left[\left\{ (e^{i\varphi} - 1)\sqrt{S^2 - S_z^2} \right\} e^{i\varphi} - \left\{ (e^{-i\varphi} - 1)\sqrt{S^2 - S_z^2} \right\} e^{-i\varphi} \right]$$

$$(A2.12)$$

它变为

$$\left[\sqrt{S^2 - S_z^2}, \sin \varphi \right] = \frac{i}{2} \left[\left\{ (e^{-\hbar d/dS_z} - 1)\sqrt{S^2 - S_z^2} \right\} e^{-\hbar d/dS_z} - \right.$$

$$\left. \left\{ (e^{\hbar d/dS_z} - 1)\sqrt{S^2 - S_z^2} \right\} e^{\hbar d/dS_z} \right]$$

$$= \frac{i}{2} \left[\left(\sqrt{S^2 - (S_z - \hbar)^2} - \sqrt{S^2 - S_z^2} \right) e^{-\hbar d/dS_z} - \right.$$

$$\left. \left(\sqrt{S^2 - (S_z + \hbar)^2} - \sqrt{S^2 - S_z^2} \right) e^{\hbar d/dS_z} \right]$$

$$= \frac{i\hbar}{2} \frac{S_z}{\sqrt{S^2 - S_z^2}} \left\{ e^{-\hbar d/dS_z} + e^{\hbar d/dS_z} \right\}$$

$$= i\hbar \frac{S_z}{\sqrt{S^2 - S_z^2}} \cos \varphi \qquad (A2.13)$$

把 (A2.10), (A2.13) 代入 (A2.6) 有

$$[S_x, S_y] = \left[\sqrt{S^2 - S_z^2} \cos \varphi, \sqrt{S^2 - S_z^2} \sin \varphi \right]$$

$$= i\hbar \left\{ \sqrt{S^2 - S_z^2} \cdot \frac{S_z}{\sqrt{S^2 - S_z^2}} \sin \varphi \cdot \sin \varphi + \right.$$

$$\sqrt{S^2 - S_z^2} \cdot \frac{S_z}{\sqrt{S^2 - S_z^2}} \cos \varphi \cdot \cos \varphi \Bigg\}$$

$$= \mathrm{i}\hbar S_z \tag{A2.14}$$

以上就是对泡利的 $\boldsymbol{S}$ 的角动量对易关系的证明 ($[S_x, S_y]$ 是近似的).

实际上, 在 $S = \sqrt{3}\hbar/2$ 时, (A2.10), (A2.13) 的计算是不允许的, 例如 (A2.11).

A3 自旋磁矩来自电子的振颤
(本书第 61 页)

这里对电子的自旋磁矩是源于电子的振颤进行说明.

首先, 什么是电子的振颤?

由本书 (3.21) 可知狄拉克电子的哈密顿量是[1]

$$H = c\boldsymbol{\alpha} \cdot \hat{\boldsymbol{p}} + \alpha_0 m_e c^2 \tag{A3.1}$$

这里 $\hat{\boldsymbol{p}}$ 是动量算子. 因此, 狄拉克电子的速度在海森伯表象里是位置坐标算子 $\hat{\boldsymbol{r}}$ 的时间微分

$$\dot{\hat{\boldsymbol{r}}} = \frac{\mathrm{i}}{\hbar}[H, \boldsymbol{r}] = c\boldsymbol{\alpha} \tag{A3.2}$$

它的每个分量的本征值都是光速 c 或 $-c$. 不管观测的是哪个分量, 电子速度的结果都是 $\pm c$. 但是, 在动量 $\boldsymbol{p}$ 的状态求 $c\boldsymbol{\alpha}$ 的期望值得到的是 $\boldsymbol{p}/m$, 所以电子以平均值 $\boldsymbol{v}$ 为正常速度运动. 这里 $m = m_e / \sqrt{1 - (v/c)^2}$. 瞬时速度 c 和平均速度 $\boldsymbol{v}$ 的差是振动的, 即振颤 (Zitterbewegung)[2].

振颤可导致电子的自旋磁矩 [3]. 利用电子的哈密顿量 (A3.1) 计算下面的公式

$$\frac{\hbar}{2\mathrm{i}c} \frac{\mathrm{d}}{\mathrm{d}t} \alpha_0 (\boldsymbol{r} \times \boldsymbol{\alpha}) = \frac{1}{2c} [H, \alpha_0 (\boldsymbol{r} \times \boldsymbol{\alpha})]$$

利用符号

$$\varepsilon_{klm} = \begin{cases} 1 \\ -1, \quad (klm) \text{ 是 } (123) \text{ 的} \\ 0 \end{cases} \begin{cases} \text{偶置换} \\ \text{奇置换} \\ \text{其他} \end{cases} \tag{A3.3}$$

---

[1] α_0 是本书中的写法, 通常写作 β.

就有 (对重复的指标求和)

$$[c\alpha_j p_j + \alpha_0 m_e c^2, \alpha_0 \varepsilon_{klm} r_l \alpha_m]$$

如果注意到 $[\alpha_j, \alpha_0 \alpha_m] = 2\alpha_0 \delta_{jm}$, 可求得

$$\frac{1}{2c}[H, \alpha_0(\boldsymbol{r} \times \boldsymbol{\alpha})] = m_e c(\boldsymbol{r} \times \boldsymbol{\alpha}) - \alpha_0(\boldsymbol{r} \times \boldsymbol{p}) - \hbar\alpha_0\boldsymbol{\sigma} \tag{A3.4}$$

下面分析这个期望值. 对狄拉克电子而言, 期望值应该是利用 $\overline{\psi} \equiv \psi^* \alpha_0$ 求 $\langle \overline{\psi}, \cdots, \psi \rangle$.

(A3.4) 左边的期望值在定态 u 下是 0. 这里利用 (A3.2) 及 $\alpha_0^2 = 1$, 可将 (A3.4) 改写为

$$-\frac{e}{2}\langle \bar{u}, [\boldsymbol{r} \times \alpha_0\dot{\boldsymbol{r}}]u \rangle = -\frac{e}{2m_e}\langle \bar{u}, \boldsymbol{L}u \rangle - \frac{e}{m_e}\langle \bar{u}, \boldsymbol{S}u \rangle \tag{A3.5}$$

这里 $\boldsymbol{L} = \boldsymbol{r} \times \boldsymbol{p}$ 是平均的 (不包含振颤) 轨道角动量, $\boldsymbol{S} = (\hbar/2)\boldsymbol{\sigma}$ 是自旋角动量. (A3.5) 右边的第一项是电子的平均轨道角动量带来的磁矩, 第二项是自旋的磁矩. 注意自旋的 g 因子为 2. 这两项的和等于左边的电子瞬时速度所产生的磁矩, 这说明自旋的磁矩来源于电子的振颤运动.

现在对 (A3.5) 的左边等于电子瞬时速度所产生的磁矩进行解释. 设电子的电荷为 $q = -e$, 在均匀磁场 $\boldsymbol{B}$ 中的哈密顿量用矢势 $\boldsymbol{A} = \frac{1}{2}\boldsymbol{B} \times \boldsymbol{r}$ 写出为

$$H = c\boldsymbol{\alpha} \cdot (\boldsymbol{p} - q\boldsymbol{A}) + \alpha_0 m_e c^2 \tag{A3.6}$$

因此, 磁能为

$$-\frac{cq}{2}\boldsymbol{\alpha} \cdot (\boldsymbol{B} \times \boldsymbol{r}) = -\frac{cq}{2}(\boldsymbol{r} \times \boldsymbol{\alpha}) \cdot \boldsymbol{B}$$

所以, 根据 (A3.2), 磁矩为

$$\boldsymbol{\mu}_e = \frac{cq}{2}(\boldsymbol{r} \times \boldsymbol{\alpha}) = \frac{q}{2}(\boldsymbol{r} \times \dot{\boldsymbol{r}}) \tag{A3.7}$$

值得注意的是, (A3.5) 的左边带有因子 α_0, 因为当求动量 p 的平面波状态的期望值时, 与 p 对应的速率用 v 可表示为

$$\langle \bar{u}, \alpha_0 u \rangle = \frac{1}{\sqrt{1 - (v/c)^2}} \tag{A3.8}$$

如果 $v = 0$, 则速率是 1.

A4 堀健夫日记 (本书第 77 页)

堀健夫 1926 年 3 月 18 日从神户出发留学欧洲后有明确的日记记录 [4]. 从其中摘录一些与 H_2 分子的旋转光谱有关的记述. 多少加了一些注释, 但日记是片假名写的, 注释改用平假名. 现在来看, 日记中有些地方难以理解, 但作为时代的记录仍保留了原状. 无法断定的文字用 □ 表示[1]. 日期用简略形式表示.

1926 年

8/13 到 Kopenhagen (哥本哈根). 突然听到 "你是堀先生吗?" 的问候, 感到惊奇, 一看, 一个小个子的日本人站在面前. "我是仁科."

12/1 在 liq. Air 中想作 hydrogen 的 disch.. 现在开始 design.

12/6 在 liq. Air 中作 exposure, 但不知为什么 plate 上总起 fogging, 总得不到好的结果. 非常气愤地擦了. 但原因不明, 要改进.

12/19 ◎Einstein-Bose Statistics, ◎anti-symmetric fn. 和 symmetric fn.

1927 年

1/1 ◎[前略]Spinning electron 的 mag. mom. 是 1/2 这事总是搞不清楚, 这到底意味着什么. (指本书第 40 页的托马斯因子.)

1/27 Bd 的 Analysis 成功了, 痛快痛快. 如果是这样, Hydrogen 的 moment of inertia 可以正确地计算出来了. [后略]

2/1 在 Inst. 做了一整天的计算, 一步一步在进展. Analysis 后有小的进步, 已经看到了曙光. 有信心能够得到重要的结果. 愉快愉快.

2/3 中冢先生来参观 Institute. Werner 和 Hund 也来了, 展开了对 Hydrogen-

---

[1]译注:

  1. 日文有片假名和平假名, 翻译后无法区分.

  2. 原文为日文和英文 (甚至德文和丹麦文) 混用的, 尽量保留外文的原型, 在德文和丹麦文后加了带括号的中文翻译, 英文不翻译, 日文翻译为中文, 尽量保留日记的风格.

  3. 无法断定的字一般是片假名 (相当于字母), 不好单独翻译, 故省略了.

Band 的 discussion. [后略]

2/4 计算了一整天. Dr. Hund 又来了. 与从 specific heat 得到的结果有相当大的 difference, 有些失望. (Hund 的包含氢分子比热计算的文章是在 2 月 7 日被 *Zeitschrift* 受理的, 参考本书第 73–76 页) calculation 相当麻烦, 但因为得出了结果, 愉快. [后略]

2/12 Bohr 先生来了房间, 看了我的 analysis 结果后, 非常满意. 谈了很多事情, 得到了很大的鼓励.

晚上, 到仁科先生和 Dr. Hund 那里去打听 Hydrogen molecule 的 spec. term 的相关事情. 才知道用的 theory 比我们的考虑要复杂得多, 我深深地感慨如果这是在日本有谁可以这样讨论呀. 至少在学术界, 欧洲的环境不知要比日本好多少, 令人羡慕. 现在更感觉到 Bohr 先生的人格魅力, 同时为自己能体验到这种愉快的研究室气氛而感到幸福.

2/15 ◎[中略] Dr. Hund 来了, 又进行了 discussion. rotation 的 q. no. 是 $\frac{1}{2}, 2\frac{1}{2}, \cdots$ 时 eigenfunction 是 symmetrisch (德文: 对称的), $1\frac{1}{2}, 3\frac{1}{2}, 5\frac{1}{2}, \cdots$ 时是 antisymmetrisch (德文: 反对称的). [后略]

2/28 *Nature* 上发表了 Dennison (今在 Zürich)——Michigan 大学——关于氢的 Rotation 的 theory. 下面马上会作 Werner Band analysis. 太可怕了, 紧急. [后略]

3/3 [前略] 下午 Dennison 来了. 自我介绍后谈了很久. 他讲自己作的 H_2 Band 的 analysis 是 rough 的, 您的 analysis 给出了 definite 的结果, 值得高兴等等. [后略]

3/9 Dennison 来讲了很多关于 Band spec. 的事情. 除了感谢没有别的. 太感谢了, 有很大帮助. [中略]

这里出现了一个 difficulty. 这就是 m^3 (PR branch 的) 的 coeff. E 由 theoretically 应该是 negative, 但我得到的是 positive. 不论怎样绞尽脑汁, 都看不到能得到 theoretical 解释的希望. 变得有些悲观……

3/12 去 Prof. Fues 那里听对昨天的提问的解答. [中略]

Fues 的解答令我有些失望. 不是因为 Fues 的回答不认真. 在他特别认

真地说明了许多 theory 的方法后, 还是与我的 analysis 结果矛盾. 一度悲观失望了, 但同时涌出了充满喜悦的心情. 因为这才是留在这个 Institute 的意义, 并感觉有决心能想出解决这个矛盾的方法. 晚上一边散步, 一边独自静静思考应该采取的对策. 突然一个好的对策浮现了出来. 矛盾可用 combination defect 解决. 对, 那里一定有 Ausweg (德文: 出路). [后略]

3/17 收到一封信. Prof. Bohr 和 Werner 要来. 除了了解一下工作外, 还催促我们赶紧写文章. [中略] 也有作为一个练习的意思, Z. f. Phys. 不管怎么说也是最好的杂志, 另一点是可用德文写 [5]. 愉快愉快.

4/8 Kolloquium (德文: 座谈会) 上 Prof. Darwin 谈了如何用 Undulations-mechanik (德文: 波动力学) 处理 Spinning electron. 首先, 列举了四个 Spinning el'n 中的 objections. 特别是 Relativity 的 Transformation theory 中会出现矛盾的 objections. 怎样处理可以去除这些……(本书第 54 页)

4/19 从 Institut 出来. 与 Dennison 见面, 听了关于 spec. heat 的事情. [中略] 与 Goudsmit 交谈. 讲到氢的比热的 theory 没有不合理的地方后哈哈大笑. [中略]

◎与仁科在食堂, 谈到了如何区分 Diamagnetism、Paramagnetism 和 Ferromagnetism 的问题. Electron 的 spin 能解释 Paramag.. [中略] 能够用 spin 解释 magnetism 的是最近 Pauli 所做的 (参照 Z. f. Phys.), 按照 Pauli 的 Verboten (德文: 禁止的) phase-rule, spin state 只能存在一个态. [中略] 因此, 从 "Verboten 导致磁性的解释" 的 analogy, 可以适当地认为所有 molecule (refer Kern 的 coor.) 具有 anti-symm. ψ. Hund 把它作为 symm. ψ. 但是, 从 Band 考虑有必要变为 anti-symm.. 到底应该怎样 modify spec. heat 的 theory 呢?

◎Dennison 帮我做了前面所说的计算. 但用我的 Data 还是不能解释 sp. h. 的 curve.

[我们知道这时 Dennison 还没有找到解释比热的关键 (本书第 77–81 页). 根据 Dennison 的回忆 [6], 得到这个关键想法是在剑桥滞留的 6 周期间, 1927 年的春天.]

4/28 告别 København (丹麦文: 哥本哈根)! 难忘.

A5 物质的稳定性与不相容原理
(本书第 97 页)

作者在本书第 67 页和第 94 页中叙述了电子的泡利不相容原理会表现在薛定谔函数的反对称性的数学形式，其结果导致电子自旋之间产生的相互作用比原来的磁相互作用大得多，这是引起铁的强磁性的微观机制，第 96 页之后对此作了说明. 提到微观机制，保障物质能稳定存在的也是泡利不相容原理. 这里作简短的说明.

卢瑟福在发现原子核后提出了原子的太阳系模型，之后原子核的稳定性就成为了问题. 围绕原子核周围转动的电子是有加速度的，按照麦克斯韦的电磁场理论，会持续向外辐射导致失去能量. 无论如何，库仑势能在正负电荷间的距离 $\to 0$ 时变为 $-\infty$，因此电子会很快地坠向原子核. 这样原子就毁灭了. 这个问题在量子力学中得到了解决.

但是，这样考虑以后，就可以保证物质能够稳定存在了吗? 作为一般情况，考虑有 N 个带电粒子的集团. 这个体系的能量是否有下限? 如果有，这个下限 E_0 正比于 N 的几次幂呢?

A5.1 荷电粒子体系

这个体系由带有正负电荷的粒子组成，并假定分别有 N_+, N_- 个粒子，因为它们是由长程库仑引力的吸引作用结合起来的，$E_0(N)$ 不就与正负粒子的组合数 $N_+ N_-$ 成正比地下降吗?

退一步讲，$E_0(N)$ 为负，如果假定其与 N^α 成正比，这里 $\alpha > 1$，将两个这样大的体系合在一起恐怕会发生大爆炸，即使是单独的体系，对足够大的 N，生成电子对使其变为由 $N + 2$ 个粒子组成的体系会使能量降低. 这样难道不会导致无限制地生成电子对使能量不断下降吗? 这是灾难呀.

这里想证明的是, 由 N 个带电粒子所组成的体系的能量是有下限 $E_0(N)$ 的, 且它与 N 成正比. 这是物质的稳定性问题.

这时泡利不相容原理给出了答案. 即——

质量 m, 电荷 $-e$, 具有 q 个内部状态的同类费米子 (电子) N_- 个和具有电荷 $Z_a e(a = 1, \cdots, N_+)$ 的粒子 (原子核) 所组成的体系, 其量子力学的能量是有下限的 [7,8]:

$$E(N_-, N_+; \{Z_a\}) \geqslant -Bq^{2/3} \frac{me^4}{2(4\pi\varepsilon_0)^2\hbar^2} \left(N_- + \sum_{a=1}^{N_+} Z_a^{7/3} \right) \tag{A5.1}$$

原子核可以是费米子或玻色子. 如果存在一个 Z 使得 $Z_a \leqslant Z$ (实际上存在), 有

$$N_- + \sum_{a=0}^{N_+} Z_a^{7/3} \leqslant N_= + Z^{7/3} N_+ \leqslant Z^{7/3}(N_- + N_+) \tag{A5.2}$$

可得 $E_0(N) \geqslant B'N$. 现在 (A5.1) 中 B 的值为

$$B = 7.01 \tag{A5.3}$$

其随着计算精确度的提高也有可能变小.

如果考虑万有引力的存在, 情况会有所不同. 因为万有引力是不会被屏蔽的.

在没有万有引力的情况下, 如果体系不是电中性的, 粒子数 $\to \infty$ 的过程中, 剩余的电荷会逃向无限远, 剩下的是中性的体系. 这样正负电荷将相互屏蔽, 库仑相互作用的长距离特点被消去. 不等式 (A5.1) 的本质是泡利不相容原理再加上屏蔽效应的结果.

A5.2　万有引力 + 电力

如果考虑万有引力, (A5.1) 有如下变化 [9].

质量 m, 电荷 $-e$, 具有 q 个内部状态的同类费米子 (电子)N_- 个, 和质量 M, 电荷 Ze 的粒子 (原子核) N_+ 个所组成的体系, 其包括引力相互作用

(相互作用常数 G) 的能量是有下限的: $N_- + N_+ = N \to \infty$ 时

$$E(N_-, N_+; Z, G) \gtrsim - \left[\left(C_e \frac{mZ^2e^4}{2\left(4\pi\varepsilon_0\right)^2 \hbar^2} N \right)^{1/2} + \left(C_G \frac{G^2mM^4}{2\hbar^2} N^{7/3} \right)^{1/2} \right]^2$$

$$\text{(A5.4)}$$

由于万有引力没有屏蔽效果, 万有引力对于能量下限的贡献是像 $N^{7/3}$ 这样的高幂次的.

比较 (A5.4) 中 [ ] 中的两项, 万有引力比电力重要的时候大致为

$$N > N_{\mathrm{cr}} \equiv \left(\frac{Ze^2}{4\pi\varepsilon_0} \frac{1}{GM^2} \right)^{3/2} \tag{A5.5}$$

只有电相互作用时, 体系的能量与 N 成正比表示体系的密度是与 N 无关的常量. 这是可以通过事实加以证明的 [8]. 这时体系的大小与 $N^{1/3}$ 成正比, 因此与总质量的 1/3 次幂成正比. 然而当 N 增加进入到 (A5.5) 的区域后, 体系的大小变得与 $N^{-1/3}$ (质量的 $-1/3$ 次幂) 成正比. 这样的关系请参看星体的质量 M 与半径 R 的关系 (图 A1). 因为我们关注的是哈密顿谱的下限, 所

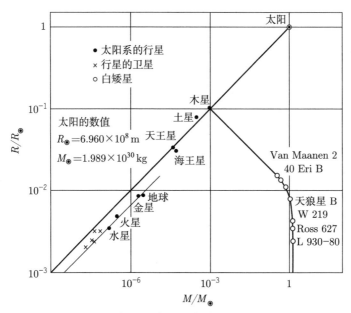

图 A1 冷星的质量 M 与半径 R 的关系

以只限于冷星 (太阳除外). 图 A1 中天狼星 B 等白矮星的半径急速减小是由于相对论效应, 超出了现在的讨论范围 [8].

太阳系的行星当中质量最大的木星的粒子数达到了 (A5.5) 的 N_{cr}. 它的主要成分可以认为是液态氢, 且大部分解离为原子, 符合前面所说的开始出现电力被万有引力远远超出的结果.

更进一步, 还可证明物质的热力学稳定性 [7], 但这属于经典物理学的范畴, 故将其省略.

A6 坐标系的转动 (本书第 119 页)

坐标系 R 中坐标轴的单位方向矢量取为 $\boldsymbol{e}_1, \boldsymbol{e}_2, \boldsymbol{e}_3$, 点 $P(x_1, x_2, x_3)$ 的位置矢量可写为 (图 A2)

$$\boldsymbol{r} = \boldsymbol{e}_1 x_1 + \boldsymbol{e}_2 x_2 + \boldsymbol{e}_3 x_3 \tag{A6.1}$$

坐标系 R' 中坐标轴的单位方向矢量取为 $\boldsymbol{e}_1', \boldsymbol{e}_2', \boldsymbol{e}_3'$, 对于这个坐标系 $\boldsymbol{r}$ 的第 k 个分量变为

$$x_k' = (\boldsymbol{e}_k' \cdot \boldsymbol{r}) = (\boldsymbol{e}_k' \cdot \boldsymbol{e}_1) x_1 + (\boldsymbol{e}_k' \cdot \boldsymbol{e}_2) x_2 + (\boldsymbol{e}_k' \cdot \boldsymbol{e}_3) x_3 \tag{A6.2}$$

按照本书 (7.2) 的写法为

$$x_k' = \sum_{j=1}^{3} (\boldsymbol{e}_k' \cdot \boldsymbol{e}_j) x_j \tag{A6.3}$$

本书中所说的方向余弦 A_{kj} 就是 $(\boldsymbol{e}_k' \cdot \boldsymbol{e}_j)$, 是 $\boldsymbol{e}_k'$ 与 $\boldsymbol{e}_j$ 之间夹角的余弦.

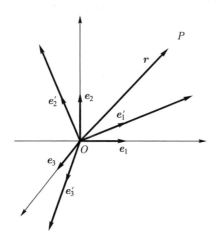

图 A2　坐标系的转动: $(\boldsymbol{e}_1, \boldsymbol{e}_2, \boldsymbol{e}_3) \mapsto (\boldsymbol{e}_1', \boldsymbol{e}_2', \boldsymbol{e}_3')$

(7.3) 的 A 为正交矩阵是因为, 将矩阵 A 的转置写为 A^{T} 后, 满足下式

$$(A^{\mathrm{T}}A)_{ij} = \sum_{k=1}^{3}(\boldsymbol{e}_i \cdot \boldsymbol{e}'_k)(\boldsymbol{e}'_k \cdot \boldsymbol{e}_j) = (\boldsymbol{e}_i \cdot \boldsymbol{e}_j) = \delta_{ij} \tag{A6.4}$$

应用 (A6.4), 在 (A6.3) 的两边乘以 $(\boldsymbol{e}_i \cdot \boldsymbol{e}'_k)$ 并对 k 求和, 可得本书的 (7.2′) 为

$$\sum_{k=1}^{3} x'_k(\boldsymbol{e}_i \cdot \boldsymbol{e}'_k) = \sum_{k=1}^{3}\sum_{j=1}^{3}(\boldsymbol{e}_i \cdot \boldsymbol{e}'_k)(\boldsymbol{e}'_k \cdot \boldsymbol{e}_j)x_j = \sum_{j=1}^{3}\delta_{ij}x_j = x_i \tag{A6.5}$$

本书中的 (7.26′) 如果使用 (7.26), 可写出 (7.31) 为

$$\sigma'_k = \sum_{j=1}^{3} A_{kj}\sigma_j = \boldsymbol{A}_k \cdot \boldsymbol{\sigma} \tag{A6.6}$$

其中, $\boldsymbol{A}_k = (A_{k1}, A_{k2}, A_{k3})$. 计算它们的对易关系可得

$$[\sigma'_k, \sigma'_l] = \sum_{a,b} A_{ka}A_{lb}[\sigma_a, \sigma_b] = 2\mathrm{i}\sum_{a,b}A_{ka}A_{lb}\varepsilon_{abc}\sigma_c$$

$$= 2\mathrm{i}(\boldsymbol{A}_k \times \boldsymbol{A}_l)_c\sigma_c = 2\mathrm{i}(\boldsymbol{A}_k \times \boldsymbol{A}_l) \cdot \boldsymbol{\sigma}$$

其中, ε_{abc} 同附录 A3 中曾用到的符号, 表示 (abc) 是 (123) 的偶置换时为 1, 奇置换时为 -1, 其他情况为 0. 与本书 (3.12′) 相对应, $[\sigma_a, \sigma_b] = 2\mathrm{i}\sum_{c}\varepsilon_{abc}\sigma_c$ 成立. $\boldsymbol{A}_k$ 是 x'_k 轴的单位矢量, 所以有 $\boldsymbol{A}_1 \times \boldsymbol{A}_2 = \boldsymbol{A}_3$(循环), 那么下式成立

$$[\sigma'_k, \sigma'_l] = 2\mathrm{i}\sigma'_m \quad (k, l, m) : 循环 \tag{A6.7}$$

$\boldsymbol{s}' = \dfrac{1}{2}\boldsymbol{\sigma}'$ 时得到与 (3.12′) 一样的对易关系.

A7 关于 (7.33) 的幺正变换的存在 (本书第 128 页)

自旋的可观测的第 3 分量 S_3' 按照变换理论表现为共轭对称矩阵 (厄米矩阵), 可用幺正变换 U_a 将其对角化, 它的对角元将排列着自旋第 3 分量的观测值 $\hbar/2$, $-\hbar/2$. 这样, 按 $S_3' = (\hbar/2)\sigma_3'$ 定义的 σ_3' 会满足

$$U_a\sigma_3'U_a^{-1} = \begin{pmatrix} 1 & 0 \\ 0 & -1 \end{pmatrix} \tag{A7.1}$$

如果将这个变换施加给 σ_1', 当然得到的也应该是共轭对称矩阵 (厄米矩阵), 因此满足

$$U_a\sigma_1'U_a^{-1} = \begin{pmatrix} \alpha & \beta \\ \beta^* & \gamma \end{pmatrix} \tag{A7.2}$$

此外, 幺正变换不会改变对易关系, 利用 (A6.7), 应该会有

$$(U_a\sigma_3'U_a^{-1})(U_a\sigma_1'U_a^{-1}) - (U_a\sigma_1'U_a^{-1})(U_a\sigma_3'U_a^{-1}) = 2\mathrm{i}U_a\sigma_2'U_a^{-1}$$

再利用 (A7.1) 和 (A7.2) 计算, 有

$$\begin{pmatrix} 1 & 0 \\ 0 & -1 \end{pmatrix}\begin{pmatrix} \alpha & \beta \\ \beta^* & \gamma \end{pmatrix} - \begin{pmatrix} \alpha & \beta \\ \beta^* & \gamma \end{pmatrix}\begin{pmatrix} 1 & 0 \\ 0 & -1 \end{pmatrix} = \begin{pmatrix} 0 & 2\beta \\ -2\beta^* & 0 \end{pmatrix}$$

因此可得到

$$U_a\sigma_2'U_a^{-1} = \begin{pmatrix} 0 & -\mathrm{i}\beta \\ \mathrm{i}\beta^* & 0 \end{pmatrix} \tag{A7.3}$$

由上式与 (A7.1), 有

$$(U_a\sigma_2'U_a^{-1})(U_a\sigma_3'U_a^{-1}) - (U_a\sigma_3'U_a^{-1})(U_a\sigma_2'U_a^{-1}) = \begin{pmatrix} 0 & 2\mathrm{i}\beta \\ 2\mathrm{i}\beta^* & 0 \end{pmatrix}$$

从 σ_k' 的对易关系可得, 上式应该等于 $2\mathrm{i}U_a\sigma_1'U_a^{-1}$, 因此, 可知 (A7.2) 中有

$$\alpha = \gamma = 0 \tag{A7.4}$$

在 (A7.2) 中引用这些结果, 与 (A7.3) 合在一起可得

$$(U_a\sigma_1'U_a^{-1})(U_a\sigma_2'U_a^{-1}) - (U_a\sigma_2'U_a^{-1})(U_a\sigma_1'U_a^{-1}) = 2\mathrm{i}\begin{pmatrix} |\beta|^2 & 0 \\ 0 & -|\beta|^2 \end{pmatrix}$$

从对易关系 (A6.7) 知, 上式应该等于 (A7.1) 的 2i 倍, 所以有

$$|\beta| = 1 \quad 或 \quad \beta = \mathrm{e}^{\mathrm{i}\phi}$$

这里存在一个实数 ϕ. 综合起来可得到

$$U_a\sigma_1'U_a^{-1} = \begin{pmatrix} 0 & \mathrm{e}^{\mathrm{i}\phi} \\ \mathrm{e}^{-\mathrm{i}\phi} & 0 \end{pmatrix},$$

$$U_a\sigma_2'U_a^{-1} = \begin{pmatrix} 0 & -\mathrm{i}\mathrm{e}^{\mathrm{i}\phi} \\ \mathrm{i}\mathrm{e}^{-\mathrm{i}\phi} & 0 \end{pmatrix},$$

$$U_a\sigma_3'U_a^{-1} = \begin{pmatrix} 1 & 0 \\ 0 & -1 \end{pmatrix}$$

对此结果进一步做幺正变换

$$U_b = \begin{pmatrix} \mathrm{e}^{\mathrm{i}\phi/2} & 0 \\ 0 & \mathrm{e}^{-\mathrm{i}\phi/2} \end{pmatrix} \tag{A7.5}$$

得到

$$U_bU_a\sigma_1'(U_bU_a)^{-1} = \begin{pmatrix} 0 & 1 \\ 1 & 0 \end{pmatrix},$$

$$U_b U_a \sigma_2' (U_b U_a)^{-1} = \begin{pmatrix} 0 & -i \\ i & 0 \end{pmatrix}$$

$$U_b U_a \sigma_3' (U_b U_a)^{-1} = \begin{pmatrix} 1 & 0 \\ 0 & -1 \end{pmatrix}$$

如果定义

$$U = U_b U_a \tag{A7.6}$$

可得到 (7.33). 幺正变换的乘积当然还是幺正变换. 这样就证明了得到 (7.33) 的幺正变换是存在的.

A8　自旋二值性的证明 (本书第 133 页)

作者在本书第 133 页中讲带有自旋 1/2 的粒子的波函数 ψ 属于转动群的二值表象时说过, 从 ψ 的二值性出发不会出现任何困难. 这是因为, 在量子力学中, 只有 $|\psi|^2$ 形式的物理量才有物理意义, ψ 本身并没有物理意义. 狄拉克在 1928 年的文章及之后的量子力学教科书中, 不知为何均没有触及这一点. 泡利、范德瓦尔登的教科书也是这样的. 韦斯科普夫于 1953 — 1954 年在麻省理工学院的讲座中讲了与作者同样的观点 [10].

明确展示 ψ 的二值性的实验是在 1975 年分别由奥地利的 H. Rauch, A. Zeilinger, U. Bonse 等和美国的 S. A. Werner, A. W. Overhauser 等独立完成的 [11]. 关于这个实验, 作者通过原康夫知道了樱井纯 (J. J. Sakurai, 当时为加利福尼亚大学洛杉矶分校教授) 的说法, 他向《自然》的编辑石川昂这样透露: "写书是件可怕的事情, 因为不光国内的人看, 国外的人也在看. 我涉及的是第二次世界大战前的时代, 像这样的新话题应该由更年轻的人来写 [12]."

这个实验的内容如下 (图 A3).

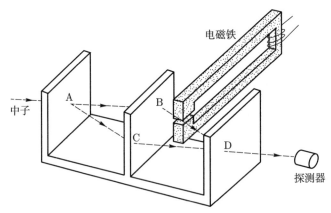

图 A3　展示旋量的二值性的实验. 能量一定的中子从 A 中射入, 分裂为两支. 对于从 BD 通过的中子, 加磁场使自旋产生进动; 对于从 CD 通过的中子, 什么都不做. 让它们在 D 会合, 观察其干涉

从图 A3 的左边向硅单晶的 A 点射入能量一定的中子, 其透过晶格后由于布拉格反射而分成为两支, 让从 B 射向 D 的射线通过长度为 l 的磁场 B, 使中子的自旋产生进动, 而对从 C 射向 D 的射线什么都不做. 让两支射线在 D 会合, 记录每分钟到达探测器的中子数, 作为干涉的结果.

假定中子的磁矩为玻尔磁子 μ_N 的 g 倍 ($g = -1.913$), 在 z 方向的磁场 B 中, 自旋运动遵守薛定谔方程

$$i\hbar \frac{\mathrm{d}}{\mathrm{d}t} \begin{pmatrix} a(t) \\ b(t) \end{pmatrix} = -g\mu_N \sigma_z B \begin{pmatrix} a(t) \\ b(t) \end{pmatrix} \tag{A8.1}$$

这样, 中子在磁场中滞留时间 t 后到达 D 的射线的状态是

$$\text{A 的状态为} \left\{ \begin{array}{ll} \text{自旋向上} & \mathrm{e}^{\mathrm{i}\phi/2} \\ \text{自旋向下} & \mathrm{e}^{-\mathrm{i}\phi/2} \end{array} \right\} \times \mathrm{e}^{\mathrm{i}kL'} \tag{A8.2}$$

这里 L' 是路径 ABD 的长度. 而

$$\phi(B) = -\frac{2g\mu_N B t}{\hbar} \tag{A8.3}$$

是由于进动在时间 t 内产生的自旋旋转角, 磁场越强它越大. 自旋旋转角 ϕ 是利用自旋角动量 $\boldsymbol{S} = \boldsymbol{\sigma}\hbar/2$ 写出的

$$\mathrm{e}^{\mathrm{i}s_z\phi/\hbar} \begin{pmatrix} \alpha \\ \beta \end{pmatrix} = \begin{pmatrix} \alpha \mathrm{e}^{\mathrm{i}\phi/2} \\ \beta \mathrm{e}^{-\mathrm{i}\phi/2} \end{pmatrix} \tag{A8.4}$$

中的 ϕ [参考本书 (7.46)].

另一方面, 通过 C 到达 D 的射线的状态是

$$\text{A 的状态为} \left\{ \begin{array}{ll} \text{自旋向上} & 1 \\ \text{自旋向下} & 1 \end{array} \right\} \times \mathrm{e}^{\mathrm{i}kL} \tag{A8.5}$$

这里 L 是路径 ACD 的长度.

这样, 在 D 会合后, 射线的状态是

$$\text{A 的状态为} \left\{ \begin{array}{ll} \text{自旋向上} & \mathrm{e}^{\mathrm{i}kL} + \mathrm{e}^{\mathrm{i}kL'}\mathrm{e}^{\mathrm{i}\phi/2} \\ \text{自旋向下} & \mathrm{e}^{\mathrm{i}kL} + \mathrm{e}^{\mathrm{i}kL'}\mathrm{e}^{-\mathrm{i}\phi/2} \end{array} \right. \tag{A8.6}$$

射入探测器的中子的数目对 A 处的状态平均后为

$$n(B) \propto \frac{1}{2} \left\{ \left| e^{ikL} + e^{ikL'} e^{i\phi/2} \right|^2 + \left| e^{ikL} + e^{ikL'} e^{-i\phi/2} \right|^2 \right\}$$

$$= \left\{ 1 + \cos\left(\delta + \frac{\phi}{2}\right) \right\} + \left\{ 1 + \cos\left(\delta - \frac{\phi}{2}\right) \right\}$$

其中

$$\delta = k(L' - L) \tag{A8.7}$$

这样有

$$n(B) \propto 1 + \cos\delta \cos\frac{\phi(B)}{2} \tag{A8.8}$$

实验中改变磁场的强度 B, 测定每分钟中子的检测数 $n(B)$ 随磁场的变化. 结果如图 A4 所示, 确实显示 $n(B)$ 是 $\cos\dfrac{\phi(B)}{2}$ 形的周期为 4π 的振动. 这是旋量波函数的特征.

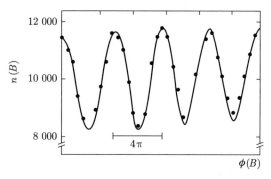

图 A4　$n(B)$ 为 $\phi(B)$ 的函数. 虽然是周期函数, 但周期不是 2π 而是 4π

文章资料

[1] M. Abraham, Ann. d. Phys., 10 (1903), 105.

[2] E. Schrödinger, Über die kräftfreie Bewegung in der relativistischen Quanten-mechanik, Sitzung der phys.-math. Klasse vom Juli 1930, Mitteilung vom 17, Juli.; 汤川秀树, 丰田利幸, 编, 量子力学 I, 岩波讲座 – 现代物理学基础, 岩波书店 (1978), §7.8.

[3] K. Huang, On the Zitterbewegung of the Dirac Electron, Am. J. Phys., 20 (1952), 479 – 485.

[4] 堀健夫, 日记, 丹麦卷, 北海道大学图书馆藏.

[5] T. Hori, Über die Analyse des Wasserstoffbandenspektrums im äussersten Ultravio-lett, Z. f. Phys., 44 (1927), 834.

[6] D. M. Dennison, Recollections of physics and of physicists during the 1920's, Am. J. Phys., 42 (1974), 1051.

[7] E. H. Lieb, 物质为何稳定存在 (なぜ物質は安定に存在するのか), 科学, 49 (1979) 301,385; The Stability of Matter: From Atoms to Stars, Springer (1991).

[8] 江泽洋, 物质的稳定性 (物質の安定性), 见《量子物理学展望》第 2 卷, 江泽洋, 恒藤敏彦, 编, 岩波书店 (1978).

[9] J. M. Levy-Leblond, J. Math. Phys., 10 (1969), 806.

[10] V. F. Weisskopf, Relativistic Quantum Mechanics, CERN 62 – 15 (30 March 1962), p. 38.

[11] H. Rauch et al., Phys. Lett., 54A (1975), 425; S. A. Werner et al., Phys. Rev. Lett., 35 (1975), 1053.

[12] 原康夫, 櫻井纯和自旋的二值性 (桜井純さんとスピンの二価性と), 自然, 1983 年 3 月刊.

附录 B 自旋研究的新进展

作者关于自旋的故事结束于第二次世界大战开始后的 20 世纪 40 年代. 这里增加了玻尔具有历史意义的发言, 并从战后的发展中选出几个话题进行介绍.

B1 电子的自旋磁矩不可测量

作者在本书第 65 页写道: "如果电子的真实性质就是这样的话, 它就真的是 '经典方法不可描述的'." 泡利也表示了同样的意思, 就像在第 2 讲注 8 中介绍的那样. 他说: "我最初的疑问和 '不能用经典理论描述二值性' 的表述, 在玻尔证明了自旋是电子的固有量子力学性质后, 被确立了下来."

玻尔根据不确定性原理证明了两件事情. 第一, 观测电子所产生的磁场, 不能确定电子磁矩. 第二, 电子的自旋向上和向下的状态, 不能用施特恩–格拉赫实验 [1] 的方法分离.

B1.1 玻尔的推论 (1)

大概是受到了狄拉克电子相对论方程的激励, 1928 年秋, 玻尔做了如下思考. 对原子中的电子, 其磁矩的大小和方向均可通过观测光谱得到. 对自由电子, 在不均匀的磁场中, 按照磁矩的方向, 其轨迹应该也会分为两支. 如果观测电子所产生的磁场, 应该是可以确定磁矩的吧?

1928 年 12 月, 玻尔得到了其中一个结论, 次年 4 月在研究所的会议上发表后, 大家都很惊讶. 莫特 (N. F. Mott) 在《关于玻尔的思考》一文中对这些有所记载, 在教科书 [N. F. Mott, H. S. W. Massey, 碰撞的理论 I, 高柳和夫, 译, 吉冈书店 (1961), 第 73 页] 中也有所提及, 现在根据其中的内容做一下解释.

玻尔的结论是这样的: 通过观测电子所产生的磁场确定磁矩是不可能的. 现在假定已知电子位置的不确定范围是 Δr, 测量从那里到距离 r 处的电子所产生的磁场. 这时, 如果不满足

$$\Delta r \ll r \tag{B1.1}$$

当然不可能推断出电子磁矩是什么. 如果假定电子磁矩是 M, 那么它产生的磁场大致为

$$B \sim \mu_0 \frac{M}{r^3}$$

但是, 假定电子以速度 v 运动, 它还会产生

$$B' \sim \mu_0 \frac{-ev}{r^2}$$

的磁场. 这样, 如果不满足 $|B| \gg |B'|$, 即

$$\mu_0 \frac{|M|}{r^3} \gg \mu_0 \frac{ev}{r^2}$$

就不可能确定磁矩 M. 因为 $M = (-e\hbar)/(2m)$, 两边同时乘以 $(m/\mu_0)\Delta r/\hbar$, 根据不确定性原理有

$$\frac{\Delta r}{r} \gg (mv)\Delta r \frac{1}{\hbar} > 1$$

整理后变为

$$\Delta r \gg r \tag{B1.2}$$

这与 (B1.1) 矛盾.

B1.2 玻尔的推论 (2)

另外, 玻尔还推论, 电子自旋的状态不能用施特恩–格拉赫实验的方法分离. 这点也参考莫特和梅西的教科书 (前述, 第 73 – 75 页) 来进行解释. 泡利在 1930 年的索尔维会议 (会议主题为 "物质的磁性") 上也把它作为玻尔和莫特的工作进行了介绍.

假设沿 $-z$ 行进的电子通过 y 方向不均匀的磁场. 电子束的 y 方向的厚度暂且设为 0. 电子由于其磁矩 M 会受到磁场的作用力

$$f_y^{\pm} = \pm M \frac{\partial B_y}{\partial y} \tag{B1.3}$$

上面的符号对应自旋向下的情况, 下面的符号对应自旋向上的情况. 然而, 由于电子带有电荷, 还会受到磁场的洛伦兹力

$$f'_y = evB_x \qquad (B1.4)$$

在距离 O-yz 面为 Δx 的位置处, 磁场为

$$B_x = \frac{\partial B_x}{\partial x}\Delta x = -\frac{\partial B_y}{\partial y}\Delta x$$

这里利用了 $\mathrm{div}\,\boldsymbol{B} = 0$. 这样有

$$f'_y = -ev\frac{\partial B_y}{\partial y}\Delta x \qquad (B1.5)$$

设磁场在 z 方向的长度为 L_1. 在 L_1/v 的时间段里受到了力 $f^{\pm}_y$ 的作用后, 电子在 y 方向的动量变化为 $f^{\pm}_y(L_1/v)$. 如果从磁场出来又行进了距离 L_2 后打在照相板上留下痕迹, 在板上会形成两条相距

$$\Delta y = (f^+_y - f^-_y)\frac{L_1}{v}\frac{1}{mv}\cdot L_2 \qquad (B1.6)$$

的痕迹. 事实上, 因为还有 (B1.5) 的力 f'_y, 痕迹会随着 Δx 的增大向 y 方向偏移, 其偏移量为

$$\Delta'y(\Delta x) = f'_y\frac{L_1}{v}\frac{1}{mv}\cdot L_2 \qquad (B1.7)$$

根据 (B1.3)、(B1.5) 和 (B1.6), 有

$$\frac{\Delta'y(\Delta x)}{\Delta y} = \frac{ev\Delta x}{2(e\hbar/2m)} = \frac{\Delta x}{\lambda} \qquad (B1.8)$$

其中 $\lambda = \hbar/(mv)$. $M = \mu(-e\hbar)/(2m)$ 中 μ 的被定为 1. 因此, 如果取 $\Delta x = \lambda$, 有 $\Delta'y(\Delta x) = \Delta y$. 如果将这两条痕迹中的一条向 x 方向移动 λ, 它们将相互重叠. 从图 B1 可看出两条痕迹的间隔满足

$$\delta < \lambda \qquad (B1.9)$$

至现在一直设定电子束在 y 方向的厚度为 0, 因此也导致痕迹的粗细为 0, 但这比电子的德布罗意波长 λ 要小, 因此是不可能的, 所以 (B1.9) 实际上表示

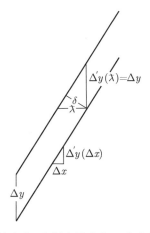

图 B1　照相板上电子的痕迹. 入射电子束在 y 方向的厚度设为 0 时的结果

的是两条痕迹重叠在一起, 是不可区分的. 所以, 施特恩 – 格拉赫的实验只能是不成功的. 这是玻尔的结论.

泡利通过狄拉克方程的经典极限得到了粒子的经典力学所描述的轨道, 这里面没有加入自旋, 在有自旋的近似中反转效应变得明显, 轨道的概念会失去意义, 因此也是支持玻尔的观点的 [2].

B1.3　电子磁矩的测量

在玻尔提出 "电子磁矩是不能测量的" 之后, 这个论点被推翻了. 最先精确测量电子磁矩的是拉比 (I. I. Rabi) 等 [3], 如果电子磁矩可写作 $g\mu_B s$, 则 $g = 2.0024$. 这是由氢、氘、钠等原子光谱的超精细结构得到的值, 而在 20 世纪 60 年代通过下面的技巧巧妙地测得了 $g-2$. 让电子在磁场 B 中做圆运动, 它的角频率为 eB/m, 如果 $g = 2$, 就与磁矩的进动角频率一致. 因此, 让电子做圆运动, 测量 n 周中磁矩的摆角, 应该就能够推论出 $g - 2$. 利用这个方法, D. T. Wilkinson 和 H. R. Crane 得到了 $g-2 = 0.002319244(27)$, 但 A. Rich 发现了修正不充分的地方, 将其修正为 [4]

$$g - 2 = 0.002319114(60)$$

括弧内的数字代表末尾两位数的误差.

到了 20 世纪 70 年代, 将一个电子悬浮在真空中的尝试获得成功, 并完成了在外场的作用下精密测量磁矩的实验.

B1.3.1 彭宁阱

为了捕获一个电子, 用到了图 B2 的彭宁阱 [5]. 图中上下旋转双曲面 (盖) 和周围的旋转双曲面 (圈) 均是电极, 分别带有负电和正电. 在旋转对称轴为 z 轴的柱坐标系下, 内部的电势为

$$\phi(r, z) = A(r^2 - 2z^2) \tag{B1.10}$$

按照这个公式, 电子在 z 轴方向受到指向坐标原点的 $-4eAz$ 的吸引力, 以角频率 $\omega_z = \sqrt{4eA/m_e} = 400$ MHz 振动. 但在 r 方向受到向外的力, 是不稳定的. 为此在 z 轴方向施加强磁场 B_0. 因为电子在 $z =$ 常数的平面上做匀速圆周运动的方程式为 $m_e r\omega^2 = er\omega B_0 - 2eAr$, 这里设电子的轨道半径为 r, 旋转角速度 ω 为

$$\left.\begin{array}{c} \omega_c' \\ \delta_c \end{array}\right\} = \frac{1}{2m_e}\left(eB_0 \pm \sqrt{(eB_0)^2 - 8m_e eA}\right) \tag{B1.11}$$

如果 $B_0 \geqslant \sqrt{8m_e A/e}$, 电子将被稳定地束缚在里面.

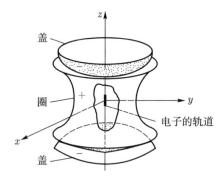

图 B2 彭宁阱. 上盖和下盖的距离 $2Z_0 = 0.67 \times 10^{-2}$ m, 圈的最小半径 $R_0 = \sqrt{2}Z_0$. 盖和圈的电势差 $V_0 = 10$ V. (1.10) 的 $A = V_0/(4Z_0^2) = 230$ kV/m^2. 另外, 在 z 轴方向上施加均匀磁场 $B_0 = 5$ T. 而且, 整个体系浸泡在 4 K 的液氦中 [5]

现在 $B_0 = 5\,\mathrm{T} \gg \sqrt{8 m_e A / e} = 3.2 \times 10^{-3}\,\mathrm{T}$, 所以 $\omega_c = e B_0 / m_e$, 有

$$\omega_c' = \omega_c = 880\,\mathrm{GHz}, \quad \delta_c = \frac{\omega_z^2}{2\omega_c} = 82\,\mathrm{kHz} \tag{B1.12}$$

这样, 在 $z =$ 常数的平面上的运动是角速度为 ω_c' 的快速回旋运动和角速度为 δ_c 的周转圆 (epicycle) 运动的叠加.

回旋运动的能量量子为 $\hbar \omega_c' = 5.8 \times 10^{-10}\,\mathrm{eV}$, 转换为温度就是 $\hbar \omega_c' / k_B = 6.77\,\mathrm{K}$, 现在把装置浸泡在 4 K 的液氦中, 这样可以看作处于基态, 它的半径为 $\sqrt{\hbar / (m_e \omega_c')} = 11\,\mathrm{nm}$ 左右. 周转圆运动会受到热噪声的严重扰动. 与此相对应, $\hbar \omega_z = 2.6 \times 10^{-7}\,\mathrm{eV}$ 转换为温度就是 $\hbar \omega_z / k_B = 3.1\,\mathrm{mK}$, 因此, z 方向的振动也会受到热的扰动. 把这些热扰动和与其谐振的外部回路连接, 通过控制它的电阻可以让能量散发出来, 达到使电子冷却的目的 [5,6].

另外, A. A. Sokolov 和 Yu. G. Pavienko 通过量子力学解出了电子在电场 (B1.10) 和磁场 B_0 中的运动形式 [7].

与彭宁阱类似的装置还有保罗阱 [8]. 用其拍摄的空间中静止离子 Ba$^+$ 的照片令人惊叹 [5,9].

B1.3.2　磁矩的测量

为了测定自旋的磁矩, 在彭宁阱的磁场 B_0 中加入微弱的磁场

$$b_x = -\beta z x, \quad b_y = -\beta z y, \quad b_z = \beta \left(z^2 - \frac{1}{2} r^2 \right) \tag{B1.13}$$

这样, 磁场梯度 $\partial b_z / \partial z = 2\beta_z$, 所以自旋磁矩 $(g/2)\mu_B$ 会受到力

$$f_z^{\mathrm{spin}} = -(g/2)\mu_B m \cdot 2\beta z \tag{B1.14}$$

按照自旋的方向取 $m = 1/2$ (向上) 和 $-1/2$ (向下). 电子因为自身的回旋运动 (量子数 n) 和周转圆运动 (量子数 q) 也具有磁矩, 这也会产生作用力, 先将它写为

$$f_z^c = -g_c(n, q)\mu_B \cdot 2\beta z \tag{B1.15}$$

电子从电场 (B1.10) 受到的力为 $-m_e \omega_c^2 z$, 考虑新加入的力之后, 电子在 z 方向的角频率变为

$$\omega_z' = \sqrt{\frac{m_e\omega_z^2 + \{gm + 2g_c(n,q)\} \cdot \mu_B\beta}{m_e}} = \omega_z + \frac{\mu_B\beta}{2m_e\omega_z}\{gm + 2g_c(n,q)\}$$

(B1.16)

通过检测得出这个频率的偏移与 m 的关系, 就可推断出决定电子磁矩的 g. 为此, 在彭宁阱的两个盖之间加入弱交变电压 $V_1 = K\sin\omega t$, 使电子产生受迫振动, 并观察其振幅与 ω 的关系. 施加的交变电压的角频率 ω 在 ω_z' 处会产生共振.

图 B3 显示的是检测结果随时间的变化. 可以看到自旋在随机翻转, 对应 $m = \pm 1/2$ 的共振点 (B1.16) 的 "平台" 分为上下两层, 有

$$\omega_z' - \omega_z = \frac{\mu_B\beta}{2m_e\omega_z}gm + \cdots$$

(B1.17)

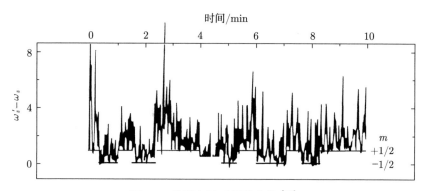

图 B3   共振点随时间的变化 [10]

因为是对彭宁阱中捕获的一个电子的自旋状态 m 进行实时观测, 所以称其为连续的施特恩–格拉赫实验. 从平台向上伸延的线是 (B1.17) 中的 $g_c(n,q)$, 描述的是热扰动带来的共振点的改变.

由上下两平台的高度差可得到决定电子磁矩的 g. 或者作为更精密的测量, 将频率固定, 记录单位时间里自旋反转的次数 $N(\omega)$, 观察这个数随 ω 的变化关系, 从而找出共振发生点等 [11].

按照这个做法, 对电子可得

$$g = 2.002319304376(8)$$

(B1.18)

对于正电子也得到了完全相同的值 (粒子、反粒子的对称性 [10]!). 括号内的 8 表示最后一位的误差为 8. 由量子电动力学的重正化理论得出当时的理论值为 $g = 2.002319304266(58)$, 与此结果符合得很好.

在前面的两小节描述了玻尔的 "用经典力学的实验不能测量电子磁矩" 的论点, 但上面的实验用了超出他想法的方法, 推翻了他的结论 [12].

(B1.18) 的实验约 20 年之后, 2006 年发表了利用同样的彭宁阱但精度更好的实验结果 [13]

$$g = 2.00231930436170(152) \tag{B1.19}$$

量子电动力学的关于 g 的微扰计算也进展到了电子电荷 $-e$ 的 8 次方, 到了这个程度, 强弱相互作用也需要考虑进来. 在计算中利用实验结果 (B1.19) 可反推算出精细结构常数 α 为 [13,14]

$$1/\alpha = 137.035999710(12)(30)(90) \tag{B1.20}$$

第一个 ( ) 是 8 阶微扰计算的误差, 第二个 ( ) 是由 10 阶微扰的粗略估算带来的误差, 最后的 ( ) 是由 g 的测量值误差带来的误差.

正巧, 由其他方法确定的 α 也发表了, 其中一个是根据对铯原子的光谱的精密测量 [15] 得到的

$$1/\alpha(\text{Cs}) = 137.03600000(110) \tag{B1.21}$$

另一个是根据对光格子中铷原子的反弹的测量 [16] 得到的

$$1/\alpha(\text{Rb}) = 137.03599878(91) \tag{B1.22}$$

这些结果不仅在误差范围内相互符合, 与量子电动力学的结果 (B1.20) 也符合得很好. 这么多位数的符合, 证明朝永 – 施温格 – 费曼的重正化理论是正确的, 不得不说是惊人的成功. 此外, 如果说电子具有超出量子电动力学和基本粒子的标准理论的构造, 那就是 $R < 6 \times 10^{-24}$ m 的尺度, 这意味着相关的粒子质量为 34000 TeV/c² 以上 [13].

B2 π 介子

B2.1 π 介子的人工制造

第二次世界大战后不久的 1946 年 12 月, 加利福尼亚大学建成了磁极的直径为 184 in (约 467 cm) 的同步回旋加速器, 可加速质子到 200 MeV, 加速 α 粒子到 400 MeV. 能量到了这个程度, 相对论理论中质量与速度的相关性开始显现, 破坏了粒子的回转时间与能量无关的回旋加速器的特征, 因此加速电压的频率要按粒子的能量改变. 这是 1945 年由苏联的 V. I. Veksler 和 E. M. McMillan 提出的同步回旋加速器 [17].

当时认为 π 介子的质量为 105 MeV 左右, 如果每个核子可实现 100 MeV 的加速, 这种粒子的人工制造是很值得期待的. 这个加速仍可能被认为能量还不够, 但如果使原子核内的核子发生碰撞, 由于核子具有结合能, 偶尔会发生与入射粒子正对着的核子的碰撞, 因此 π 介子的人工制造并非不可能. 在 E. M. McMillan-E. Teller 之后, 木庭二郎也于 1948 年 1 月谈到了 "介子能否在实验室制造"[18].

而实际上, 在 1948 年, 用 380 MeV 的 α 粒子撞击碳原子确实实现了粒子的人工制造. 制造出的粒子确实是 π 介子, 这被受邀的英国人 C. M. G. Lattes 确认 [19], 他对宇宙射线在照相板中的飞行轨迹非常熟悉. 他们说: "在实验室可控的条件下研究介子的道路已经开辟出来, 与宇宙射线相比强度要高 10^8 倍, 因此这个领域的研究会大幅度加快1)." 之后, 用 335 MeV 的电子撞击铂产生的 X 射线再去撞击碳原子, 也成功地制造了 π 介子 [21]. "制造基本粒子的时代" 开始了 [22].

---

1)关于日本的 π 介子人工制造 (1962 年 4 月) 参见附录 B 文章资料 [20].

B2.2 同位旋的守恒

继加利福尼亚大学之后, 芝加哥大学和哥伦比亚大学等多所大学都建成了回旋加速器, 使介子的研究得到快速发展 [23], π 介子的质量被定为

$$m(\pi^+)c^2 = m(\pi^-)c^2 = 139.6\,\mathrm{MeV}, \quad \{m(\pi^-) - m(\pi^0)\}c^2 = 4.6\,\mathrm{MeV} \tag{B2.1}$$

自旋为 0, 场的类型为赝标量.

本书作者所说的荷电自旋[2] 后来被称为同位旋. 对于 π 介子, 本书第 188 页中确认其同位旋 "绝对值为 1", 它的第 3 分量 (ζ 分量) 对 π^+ 为 1, 对 π^- 为 -1, 对 π^0 为 0. 与此相对应, 介子的场被确认为具有 3 个分量的同位旋向量 U, 与核子的相互作用是本书 (10.18″) 中的 $H' = g(\rho/2) \cdot U$ 类型, 在同位旋空间中是各向同性的. $\rho/2$ 是 (10.8) 的 1/2 倍, 表示核子的同位旋.

π 介子与核子的相互作用在同位旋空间中是各向同性的 (转动不变), 这一点意味着 π 介子的同位旋 T 和核子的同位旋 $\rho/2$ 之和

$$I = T + \frac{1}{2}\rho \tag{B2.2}$$

在 π 介子与核子的相互作用过程中是守恒的. 作者在本书第 189 页中曾意味深长地提到 "同位旋空间和在其中定义的同位旋变得越来越具有基本意义了", 指的就是这件事. 同位旋守恒出现在各种场合, 这里举的只是其中一个例子.

B2.2.1 (3,3) 共振

图 B4 显示的是散射

$$\text{(a) } \pi^+ + p \to \pi^+ + p, \quad \text{(b) } \pi^- + p \to \begin{cases} \pi^- + p \\ \pi^0 + n \end{cases} \tag{B2.3}$$

所对应的总截面 E_π(实验室) 与在 p 静止的坐标系中 π 的动能的关系 ([23] 中第 112 页, 第 116 页). 两者都在 E_π(实验室) $= 200\,\mathrm{MeV}$ 处取极大值, 值得注意的是, 两者极大值的比为 3:1. 这是同位旋守恒的证据. 下面对此进行说明.

---

[2]译注: 参见第 10 讲的内容. 日文为 "荷電スピン", 此处译为 "荷电自旋", 第 10 讲已被译为 "同位旋".

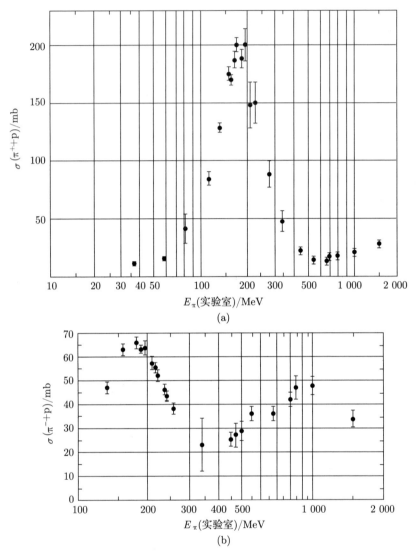

图 B4　π-p 散射的总截面. (a) $\sigma(\pi^+ + p)$, (b) $\sigma(\pi^- + p)$. 共同点是出现共振

　　总截面的极大值 (共振) 可以想象为, 由于 π 介子与核子 N 碰撞, 产生核子的激发态 N*, 过后它再度衰变为 π 与 N.

　　π 介子的同位旋是 1, 它的 ζ 分量对 π^+ 为 1, 对 π^0 为 0, 对 π^- 为 -1. 用朝永在《角动量和自旋》[24] 第 55 页中表 15 的表述方式, 它们各自可表示

为 Y_1^1, Y_1^0, Y_1^{-1}. N 的同位旋是 1/2, 它的 ζ 分量对 p 为 1/2, 对 n 为 $-1/2$, 按朝永的写法, 它们各自为 α, β.

现在假定 (B2.2) 的同位旋 I 守恒, π^+p 的 I_ξ 为 3/2, 因此 N* 的 I 和 I_ζ 同样也必须是 3/2. 如果把同位旋的 (I, I_ζ) 状态写作 $|I, I_\zeta\rangle$, π 介子和核子的体系所合成的同位旋的绝对值 j, ζ 分量 μ 的状态就由前面提到的朝永的表 15 给出. l 是 π 的同位旋的绝对值, 为 1.

例如, $j = 1 + 1/2 = 3/2$, $\mu = 3/2$ 的状态写为 $\left|\dfrac{3}{2}, \dfrac{3}{2}\right\rangle$, 由表的第 1 行第 1 列, 有

$$\left|\frac{3}{2}, \frac{3}{2}\right\rangle = Y_1^1 \alpha = |\pi^+, p\rangle \tag{a}$$

$j = 1 + 1/2 = 3/2$, $\mu = 1 + 1/2 - 2 = -1/2$ 的状态, 由表的第 3 行第 1 列, 有

$$\left|\frac{3}{2}, -\frac{1}{2}\right\rangle = \sqrt{\frac{1}{3}} Y_1^{-1} \alpha + \sqrt{\frac{2}{3}} Y_1^0 \beta = \sqrt{\frac{1}{3}} |\pi^-, p\rangle + \sqrt{\frac{2}{3}} |\pi^0, n\rangle \tag{b}$$

此外, $j = 1 - 1/2 = 1/2$, $\mu = 1 + (1/2) - 2 = -1/2$ 的状态, 由表的第 3 行第 2 列, 有[3)]

$$\left|\frac{1}{2}, -\frac{1}{2}\right\rangle = \sqrt{\frac{2}{3}} Y_1^{-1} \alpha - \sqrt{\frac{1}{3}} Y_1^0 \beta = \sqrt{\frac{2}{3}} |\pi^-, p\rangle - \sqrt{\frac{1}{3}} |\pi^0, n\rangle \tag{c}$$

从 (a), (b), (c) 可得

$$|\pi^+, p\rangle = \left|\frac{3}{2}, \frac{3}{2}\right\rangle \tag{d}$$

$$|\pi^-, p\rangle = \sqrt{\frac{1}{3}} \left|\frac{3}{2}, -\frac{1}{2}\right\rangle + \sqrt{\frac{2}{3}} \left|\frac{1}{2}, -\frac{1}{2}\right\rangle \tag{e}$$

$$|\pi^0, n\rangle = \sqrt{\frac{2}{3}} \left|\frac{3}{2}, -\frac{1}{2}\right\rangle - \sqrt{\frac{1}{3}} \left|\frac{1}{2}, -\frac{1}{2}\right\rangle \tag{f}$$

由 (a)~(f), 如果写成跃迁振幅, 因为振幅与 I_3 无关, 它变为

$$|\pi^+, p\rangle \xrightarrow{1} N^* \xrightarrow{1} |\pi^+, p\rangle, \quad |\pi^-, p\rangle \xrightarrow{\sqrt{1/3}} N^* \begin{cases} \xrightarrow{\sqrt{1/3}} |\pi^-, p\rangle \\ \xrightarrow{\sqrt{2/3}} |\pi^0, n\rangle \end{cases}$$

[3)]朝永的书 [24] 中 $|1/2, -1/2\rangle$ 的相位与大多数的量子力学教科书 [25] 差 π, 即 $|1/2, -1/2\rangle_{朝永的书} = -|1/2, -1/2\rangle_{大多数的书}$.

由于跃迁概率可从跃迁振幅的平方得到, 所以有

$$\sigma(\pi^+ + p \to \pi^+ + p) : \sigma(\pi^- + p \to \pi^- + p) : \sigma(\pi^- + p \to \pi^0 + n) = 1 : 1/9 : 2/9$$
$$(B2.4)$$

将后两项合在一起有

$$\sigma(\pi^+ + p \to \pi^+ + p) : \sigma \left(\pi^- + p \begin{array}{c} \nearrow \pi^- + p \\ \searrow \pi^0 + n \end{array} \right) = 3 : 1 \qquad (B2.5)$$

与图 B4 的截面的比值相符. 更详细的 (B2.4) 的比值也已被实验证实了[26].

藤本阳一和宫泽弘成在 1950 年根据介子与核子的强相互作用理论预见了这个核子的激发态 N*[27]. 因为 N* 有 $T = 3/2$, 自旋为 3/2, 所以起名为 (3,3) 共振, 之后, 新型加速器的建成和碰撞能量的不断上升成为新的共振态被不断发现的契机.

B3　新粒子

"发现新粒子" 的报告是 1944 年首先从苏联开始的. 1946 年利用 56 t 的大型磁铁测量了宇宙射线中软成分的动量, 确定了至少存在有电子的 2000 倍、1000 倍和 500 倍质量的粒子, 这些粒子被称为变子, 研究更向前迈进了一步 [28].

1947 年, G. D. Rochester 和 C. C. Butler 发现, 高能宇宙射线撞击云室中的铅板后出现了 V 字形的两支轨迹, 这用当时已知的任何过程都是无法解释的, 可以考虑这可能源于未知的中性粒子在铅板中产生的两个带电粒子的衰变.

随着观测粒子的增多, 明确了至少存在两种中性粒子. 一种是质子与 π^- 湮没后产生的, 起名为 Λ. 另一种是 π^+ 与 π^- 湮没后产生的, 叫作 θ. 除此之外, 1949 年, C. F. Powell 发现存在由三个 π 粒子湮没后产生的 τ 粒子, 因为它具有与 θ 基本相同的质量, 二者归纳到一起, 叫作 K 族. 除了由宇宙射线制造的外, 还有利用 1953 年、1955 年建成的质子同步加速器、质子加速器人工制造的粒子, 这样, 除前面描述的共振态之外, 又有新粒子被不断发现 [22].

新粒子有几个奇怪的特点. θ 和 τ 的质量相同, 为什么不是相同的粒子呢? 它们一个是由两个 π 湮没产生的, 而另一个是由三个 π 湮没产生的, 因为 π 是赝标量, 它们两个内部的奇偶性是不同的, 所以只能是不同的粒子. 另外一点是, 新粒子是通过强相互作用产生的, 衰变过程要花一定的时间 [29].

第一个疑问由于发现了在弱相互作用中奇偶性不守恒 (宇称不守恒) 而被解决了.

第二个疑问由西岛和彦 [30] 和盖尔曼 (M. Gell-Mann)[31] 通过在新粒子中加入叫作奇异数的量子数得到了解决. 从新粒子是由强相互作用产生的观点来看, 这些粒子大概会受到 π-N 相互作用不小的影响. 但是, π-N 相互作用看起来是同位旋守恒的. 这样, 新粒子的强相互作用也一定是同位旋守恒的, 利用这一点, 应该可以确定新粒子各自的同位旋. π 介子的同位旋是 1, 它与电荷 (以元电荷 e 为单位) 有 $Q(\pi) = I_\zeta(\pi)$ 的关系. 核子的同位旋为 1/2, 它与电荷的关系要修改成 $Q(\mathrm{N}) = I_\zeta(\mathrm{N}) + 1/2$. 右边的 1/2, 不妨先看作已知守恒的重子数 B 的 1/2, 因此, $Q = I_\zeta + B/2$. 因为介子类的重子数是 0, 这个式子对 π 介子也是成立的.

现在将注意力转向新粒子. Λ^0 没有像 $\pi^\pm$、π^0 那样在电荷空间结成对, 所以同位旋定为 0. Λ 是从 p 和 π^- 湮没而来的, B 是 1, 这样上面的式子就不成立了. 在这里, 考虑有一个与 "新粒子特点" 有关的量, 把上式修正为

$$Q = I_\zeta + \frac{B}{2} + \frac{S}{2} \tag{B3.1}$$

S 叫作奇异数 (奇异性的度量). Λ 的 S 为 -1.

考虑到 K 介子包括 K^+ 和 K^0, 其反粒子为 K^- 和 $\overline{\mathrm{K}}^0$, 所以同位旋可看作 1/2. 重子数 B 是 0, 所以奇异数 S 是 +1.

然后, 假定通过宇宙射线粒子 (通常的非奇异粒子!) 的碰撞能产生 Λ + K^+ + 一些 π, 生成粒子的奇异数之和为 0, 这个过程中奇异数是守恒的. 这里考虑到强相互作用是奇异数守恒的, 不守恒的相互作用是比较弱的. 这样, Λ 的由强相互作用导致的衰变必须在奇异数和重子数上守恒, 没有粒子能符合这样的条件, 因此这个衰变是不可能的. 这样就能理解强相互作用可以生成, 但不会衰变.

此后, 不断有新粒子被发现——有带有奇异性的, 也有不带的, 数量有上百种, 构成基本粒子的更基本的粒子被称为夸克, 但要讲的话, 篇幅会太长, 相关的说明只能忍痛割爱了 [32].

B4 仲统计

关于夸克模型, 有一点想在这里提一下. 那就是, 除了玻色统计和费米统计外, 还有一种在同一状态里可以放入多个但有限的粒子的统计——它叫作仲统计——曾经被认为也是自然界中真实存在的.

这是把夸克考虑为表 B1 中 u, d, s 3 种的时代的事情. 现在表 B1 中还出现了 c, b, t, 这些与前面那组相比质量大得多, 所以另作处理.

作为 3 种夸克 u, d, s 的结合状态, 可能的粒子是从 3 种当中取 3 个 (允许重复), 选取的组合数为 $3^3 = 27$, 利用将 u, d, s 同等对待的 SU(3) 理论的操作把相互关联的 (群的不可约表示) 组在一起, 图 B5 中的 10 种粒子可组成十重态. 除了这些以外, 还可组成八重态、六重态和三重态, 总共 27 种 [33].

其中 Δ 粒子是前面所描述的 (3,3) 共振 N*. Σ 和 Ξ 均是在 SU(3) 理论预测之前就已发现的. 这个理论如果是正确的, Ω^- 也应该存在. 寻找的结果是, 1963 年发现了与对称性理论所预言的质量相符的 Ω^-[34], 这使得人们对这一理论的信任度提升, 继而提出了更进一步的夸克模型.

但是, 这个粒子有一个大问题. Ω^- 的奇异数是 -3, 自旋是 3/2, 所以必须看作 3 个自旋为同一方向的 s 夸克的结合状态, 因为它的角动量的基态一般应该为 0. 如果是那样, 波函数在粒子的置换下是对称的. 另一方面, 夸克带有自旋 1/2, 如果自旋与统计的关系成立, 波函数必须是反对称的. 也可以说费米粒子在同一状态下不可以有 3 个.

这就有了曾经讨论过的仲统计 [35] 在自然界中是不是也可以使用的说法.

但是, 在夸克中还有 3 个至今没有被考虑的由量子数 (叫作红、绿、蓝) 决定的新自由度 (色), 可提出, 现在认为在同一状态中的 3 个夸克实际上可由色量子数区别为 3 种. 这样, 与此自由度相关的规范群对决定粒子间的相互作用会起很大作用, 按照这一方向发展了新的理论 (量子色动力学 [36]). 这样统计只要有玻色统计和费米统计就足够了.

表 B1　夸克. 自旋都是 1/2, 而 S 是奇异数

名称	u	d	s	c	b	t
质量/MeV	1.5～4.5	5～8.5	80～155	$(1.0～1.4)×10^3$	$(4.0～4.5)×10^3$	$(174.3±5.1)×10^3$
电荷/e	2/3	−1/3	−1/3	2/3	−1/3	2/3
I	1/2	1/2	0	0	0	0
S	0	0	−1	0	0	0

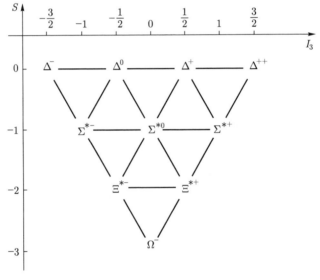

图 B5　夸克结合状态的十重态

B5 同位旋·规范

确认了同位旋在强相互作用中守恒后, 出现了下面的想法. 在电磁相互作用中电荷是守恒的, 这可由电子场的拉格朗日量在场的相位变换 (规范变换) 下不变的事实推导出来 —— 像后面说明的那样. 这个规范变换是在全部时空的所有点一起执行的, 但叫作场的首先是由点定义的, 相互作用也发生在局部点. 这样, 场的规范变换不是也可以随着时空场的不同而改变吗? 若时空场中所有点作不同的规范变换, 是不是也应该使理论协变 (不变)? 根据这个协变性的要求 —— 这在后面也会说明 —— 需要有电磁场存在, 其可以决定与电子的相互作用. 同位旋是否也具有相同的特点呢?

假定同位旋空间有无数个时空点, 其 $\xi\eta\zeta$ 轴方向的取法在每个时空点可以是不同的, 这个取向的变化应该与电磁情况的规范变换相当. 这个变换叫作同位旋规范变换. 该变换下理论是协变的, 从这一要求出发实际存在的场应该是什么样的呢? 这个场与 π 介子或核子等的相互作用是什么样的? 1954 年, 杨振宁 (C. N. Yang) 和米尔斯 (R. L. Mills) 提出了这些问题 [37]. 13 年后, 温伯格 (S. Weinberg) 和萨拉姆 (A. Salam) 把 Yang-Mills 理论归结为电磁相互作用和弱相互作用的统一理论 [38], 最终形成了适用于夸克的基本粒子标准理论的基础 [39].

在同位旋的情况下考虑规范变换需要很多的工具, 这里以简单的非相对论电子场的电磁相互作用为例进行说明.

B5.1 电荷的守恒

将非相对论电子场的拉格朗日量写为 $L = \int \mathrm{L} dv$, 这里

$$L = i\hbar\psi^*\frac{\partial\psi}{\partial t} - \frac{\hbar^2}{2m}\frac{\partial\psi^*}{\partial x_k}\frac{\partial\psi}{\partial x_k} - V(\boldsymbol{r})\psi^*\psi \tag{B5.1}$$

只是, 下标在一项中重复出现两次表示对 x, y, z 求和 (爱因斯坦求和约定).
下面按

$$L = i\hbar\psi^*\frac{\partial\psi}{\partial t} + L'\left(\frac{\partial\psi^*}{\partial x_k}, \frac{\partial\psi}{\partial x_k}, \psi^*, \psi\right) \tag{B5.2}$$

进行计算. 首先根据变分原理

$$\delta\int L\mathrm{d}t = 0 \tag{B5.3}$$

导出运动方程. 对 ψ^*, ψ 进行变分, 分别得到

$$\begin{aligned}
i\hbar\frac{\partial\psi}{\partial t} - \frac{\partial}{\partial x_k}\frac{\partial L'}{(\partial\psi^*/\partial x_k)} + \frac{\partial L'}{\partial\psi^*} = 0, \\
-i\hbar\frac{\partial\psi^*}{\partial t} - \frac{\partial}{\partial x_k}\frac{\partial L'}{\partial(\partial\psi/\partial x_k)} + \frac{\partial L'}{\partial\psi} = 0
\end{aligned} \tag{B5.4}$$

电荷守恒律要求, 对于

$$\begin{aligned}
&\text{电荷密度: } \rho = q\psi^*\psi, \\
&\text{电流密度: } j_k = -\frac{iq}{\hbar}\left(\frac{\partial L'}{\partial(\partial\psi/\partial x_k)}\psi - \psi^*\frac{\partial L'}{\partial(\partial\psi^*/\partial x_k)}\right)
\end{aligned} \tag{B5.5}$$

有

$$X = \frac{\partial\rho}{\partial t} + \frac{\partial j_k}{\partial x_k} \tag{B5.6}$$

为 0. 通过运动方程计算, 有

$$X = -\frac{iq}{\hbar}\left(\frac{\partial L'}{\partial(\partial\psi/\partial x_k)}\frac{\partial\psi}{\partial x_k} - \frac{\partial\psi^*}{\partial x_k}\frac{\partial L'}{\partial(\partial\psi^*/\partial x_k)} + \frac{\partial L'}{\partial\psi}\psi - \frac{\partial L'}{\partial\psi^*}\psi^*\right) \tag{B5.7}$$

如果常数规范变换为 $\psi \to \psi\mathrm{e}^{i\alpha}$, $\psi^* \to \psi^*\mathrm{e}^{-i\alpha}$. 假定实常数 α 是无限小,
有

$$\psi \to \psi(1 + i\alpha), \quad \psi^* \to \psi^*(1 - i\alpha)$$

那么, 取右边与左边的差, 变为

$$\delta\psi = i\alpha\psi, \quad \delta\psi^* = -i\alpha\psi^* \tag{B5.8}$$

现在, 让 L 在此变换下不变. 显然, (B5.1) 是不变的. 因为 (B5.1) 的第一项在这个变换下的拉格朗日量是不变的, 所以有

$$\delta L' = \frac{\partial L}{\partial (\partial \psi/\partial x_k)} \frac{\partial (\delta \psi)}{\partial x_k} + \frac{\partial L'}{\partial (\partial \psi^*/\partial x_k)} \frac{\partial (\delta \psi^*)}{\partial x_k} + \frac{\partial L'}{\partial \psi}(\delta \psi) + \frac{\partial L'}{\partial \psi^*}(\delta \psi^*)$$

利用 (B5.8), 有

$$\delta L' = i\alpha \left(\frac{\partial L'}{\partial (\partial \psi/\partial x_k)} \frac{\partial \psi}{\partial x_k} - \frac{\partial L'}{\partial (\partial \psi^*/\partial x_k)} \frac{\partial \psi^*}{\partial x_k} + \frac{\partial L'}{\partial \psi}\psi - \frac{\partial L'}{\partial \psi^*}\psi^* \right) \quad \text{(B5.9)}$$

除常数系数以外, 与 (B5.7) 的 X 相同. 所以, 根据拉格朗日量的不变性, 有 $\delta L = 0$, 即 $X = 0$, 导出电荷守恒.

B5.2 传播同位旋空间轴的场可决定相互作用

假定在时空的各处, 同位旋空间的轴是可以任意变化的, 就需要存在一个场将轴的方向的变化传播给各处. 这与更简单的电磁场的情况类似: 要使电子场的相位在时空的各个点任意改变, 就必须有电磁场传递这个相位的变化.

这里为了避免同位旋的麻烦, 以电磁场的情况进行说明. 将电磁场的相位考虑为依赖时空中点的只有无限小变化的实函数 $\Lambda(x, y, z, t)$ 的变换

$$\psi(x, y, z, t) \rightarrow \psi'(x, y, z, t) = \psi(x, y, z, t) e^{-i(q/\hbar)\Lambda(x,y,z,t)}$$

电子的电荷为 q, 采用因子 $q/\hbar$ 是为了接下来更方便. 从 ψ' 的角度看,

$$\psi = \left(1 + i\frac{q}{\hbar}\Lambda\right)\psi', \quad \psi^* = \left(1 - i\frac{q}{\hbar}\Lambda\right)\psi'^* \quad \text{(B5.10)}$$

按照这个变换, 拉格朗日量 (B5.1) 会怎样变呢? 因为有

$$\begin{aligned}
\psi^* \frac{\partial \psi}{\partial t} &= \left(1 - i\frac{q}{\hbar}\Lambda\right)\psi'^* \frac{\partial}{\partial t}\left[\left(1 + i\frac{q}{\hbar}\Lambda\right)\psi'\right] \\
&= \left(1 - i\frac{q}{\hbar}\Lambda\right)\left(1 + i\frac{q}{\hbar}\Lambda\right)\psi'^* \frac{\partial \psi'}{\partial t} + \left(1 - i\frac{q}{\hbar}\Lambda\right)i\frac{q}{\hbar}\frac{\partial \Lambda}{\partial t}\psi'^*\psi' \\
&= \psi'^* \left(\frac{\partial}{\partial t} + i\frac{q}{\hbar}\frac{\partial \Lambda}{\partial t}\right)\psi' + O(\Lambda^2) \quad \text{(B5.11)}
\end{aligned}$$

如果省略 $O(\Lambda^2)$, 变换后的拉格朗日量 $L + \delta L$ 为对 (B5.1) 中的项进行如下变换

$$i\hbar\frac{\partial}{\partial t} \mapsto i\hbar\frac{\partial}{\partial t} - q\frac{\partial\Lambda}{\partial t}, \quad -i\hbar\frac{\partial}{\partial x_k} \mapsto -i\hbar\frac{\partial}{\partial x_k} + q\frac{\partial\Lambda}{\partial x_k} \tag{B5.12}$$

后计算出的结果. 按照 (B5.10), 拉格朗日量不是协变的.

为了让拉格朗日量是协变的, 导入场 Φ, A_k, 将 (B5.1) 写为

$$L(\psi, \Phi, \boldsymbol{A})$$
$$= \psi^*\left(i\hbar\frac{\partial}{\partial t} - q\Phi\right)\psi - \frac{1}{2m}\left[\left(-i\hbar\frac{\partial}{\partial x_k} - qA_k\right)\psi\right]^*\left(-i\hbar\frac{\partial}{\partial x_k} - qA_k\right)\psi - V\psi^*\psi \tag{B5.13}$$

与 (B5.10) 相呼应, 让这个场也进行

$$\Phi \mapsto \Phi' = \Phi + \frac{\partial\Lambda}{\partial t}, \quad A_k \mapsto A_k' = A_k - \frac{\partial\Lambda}{\partial x_k} \tag{B5.14}$$

的变换就可以了. 实际上, 这样做了之后, 按照变换 (B5.10) 和 (B5.14), 拉格朗日量为

$$L(\psi', \Phi', A')$$
$$= \psi'^*\left(i\hbar\frac{\partial}{\partial t} - q\Phi'\right)\psi' - \frac{1}{2m}\left[\left(-i\hbar\frac{\partial}{\partial x_k} + qA_k'\right)\psi'\right]^*\left(-i\hbar\frac{\partial}{\partial x_k} - qA_k'\right)\psi' + V\psi'^*\psi' \tag{B5.15}$$

与变换前的拉格朗日量 (B5.13) 形式相同, 即是协变的. 按照这里的做法, 必需的东西是电磁场 $(\Phi, \boldsymbol{A})$. 值得注意的是, 电子与电磁场的相互作用能为 $\rho\Phi + \boldsymbol{j}\cdot\boldsymbol{A}$.

对同位旋的情况, 按照同样的理论要求存在 Yang-Mills 场 B. 这时的规范变换不单是相位变换, 由于其是与同位旋矩阵相关的变换, 还是非对易的.

文章资料

[1] 朝永振一郎, 量子力学 I, 三铃书房 (1969, 第 2 版), p.133.

[2] W. Pauli, 量子力学的一般原理, 川口教男, 堀节子, 译, 讲谈社 (1975), §23.

[3] E. Nafe, E. B. Nelson and I. I. Rabi, Phys. Rev., 71 (1947), 914.

[4] W. H. Louisell, R. W. Pido and H. R. Crane, An Experiment of the Gyromagnetic Ratio of the Free Electron, Phys. Rev., 94 (1954), 7 – 16; D. T. Wilkinson and H. R. Crane, Precision Measurement of the g Factor of the Free Electron, Phys. Rev., 130 (1963), 852 – 863; A. Rich, Corrections to the Experimental Value for the Electron g-factor Anomaly, Phys. Rev. Lett., 20 (1968), 967; J. C. Wesley and A. Rich, High-Field Electron $g - 2$ Measurement, Phys. Rev., A4 (1971), 1341 – 1363.

[5] Dehmelt, Less is More: Experiments with an Individual Atomic Particle at Rest in Free Space, Am. J. Phys., 58 (1990), 17 – 27.

[6] R. S Van Dyck, Jr., P. B. Schwinberg and H. Dehmelt, Electron Magnetic Moment from Geonium Spectra: Early Experiments and Background Concepts, Phys. Rev., D34 (1986), 722 – 736.

[7] A. A. Sokolov and Yu. G. Pavienko, Induced and Spontaneous Emission in Crossed Fields, Optics and Spectroscopy, 22 (1967), 1 – 3.

[8] W. Paul, Electromagnetic Traps for Charged and Neutral Particles, Rev. Mod. Phys., 62 (1990), 631 – 640. (诺贝尔奖讲演)

[9] H. Dehmelt, Experiments with an Isolated Subatomic Particles at Rest, Rev. Mod. Phys., 62 (1990), 525 – 530. (诺贝尔奖讲演)

[10] H. Dehmelt, New Continuous Sterm-Gerlach Effect and a Hint of "the" Elementary Particle, Z. Phys., D10 (1988), 127 – 134.

[11] R. Van Dyck, Jr., P. Schwinberg and H. Dehmelt, New High-Precision Comparison of Electron and Positron g Factors, Phys. Rev. Lett., 59 (1987), 26.

[12] D. Wick, The Impossible Observed, The Infamous Boundary: Seven Decades of Controversy in Quantum Physics, Birkhäuser (1995).

[13] G. Gabrielse, D. Hanneke, T. Kinoshita, M. Nio and B. Odom, New Determination of the Fine Structure Constant from the Electron g Value and QED, Phys. Rev. Lett., 97 (2006), 030802; B. Odom, D. Hanneke, B. DUrso and G. Gabrielse, New Measurement of the Electron Magnetic Moment Using a One-Electron Cyclotron, Phys. Rev. Lett., 97 (2006), 030801.

[14] T. Kinoshita and M. Nio, Improved α^4 Term of the Electron Anomalous Magnetic Moment, Phys. Rev., D73 (2006), 013003.

[15] V. Gerginov, K. Calkins, C. E. Tanner, J. J. McFerran, S. Diddams, A. Bartels and L. Hollberg, Optical Frequency Measurements of $6s^2S_{1/2} - 6p^2P_{1/2}(D_1)$ Transitions in ^{133}Cs and Their Impact on the Fine-Structure Constant, Phys. Rev., A73 (2006), 032504.

[16] P. Cladé, E. de Mirandes, M. Cadoret, S. Guellati-Khélifa, C. Schwob, F. Nez, L. Julien and F. Biraben, Determination of the Fine Structure Constant Based on Bloch Oscillations of Ultracold Atoms in a Vertical Optical Lattice, Phys. Rev. Lett., 96 (2006), 033001.

[17] McMillan 在未得到 Veksler 建议的情况下发表了论文, 受到了 Veksler 的抗议, McMillan 向他道了歉. 森永晴彦, 原子核的破坏装置 II, 自然, 1949 年 3 月刊; 和 I, 自然, 1948 年 11 月刊.

[18] E. M. McMillan and E. Teller, Phys. Rev., 72 (1947), 1; Horning and Weinstein, Phys. Rev., 72 (1947), 251; 木庭二郎, 物理学新闻, 1 (1948) (这是三铃书房的前身东西出版社所出版的由仁科芳雄等监修的《现代物理学汇编》的月刊).

[19] E. Gardner and C. M. G. Lattes, Science, 107 (1948), 270. 关于日本的反应, 参考: 武谷三男, 中村诚太郎, 山口嘉夫, 人造介子, 日本物理学会杂志, 5 (1950), 1.

[20] 熊谷宽夫, 人造 π 介子的制作, 自然, 1962 年 6 月刊.

[21] E. M. McMillan, J. M. Peterson and R. S. White, Science, 110 (1949), 579.

[22] 川口正昭, 制造基本粒子的时代, 自然选集, 中央公论社 (1977). 这本书涉及的是 1974 年底之后的事情, 这年发现了具有量子数 "粲数" 的基本粒子 (粲夸克).

[23] H. A. Bethe and F. de Hoffmann, Mesons and Fields II, Row, Peterson and Co. (1955). 如果需了解当时的状况,《日本物理学会会刊》能提供很好的线索: 山口嘉夫, 介子, 7(1952), 1; 宫泽弘成, 核子的激发态, 8 (1953), 313; 泽田克郎, 最近的介子研究——重点是介子核子的散射和核力, 9 (1954), 217.

[24] 朝永振一郎, 角动量和自旋, 三铃书房 (1989), p. 55.

[25] 例如: J. J. Sakurai, 现代量子力学 (上), 吉冈书店 (1989), p. 293; 江泽洋, 量子力学 II, 裳华房 (2002), p. 27.

[26] H. L. Anderson, E. Fermi, E. A. Long and D. E. Nagle, Phys. Rev., 85936; H. L. Anderson, E. Fermi, R. Martin and D. E. Nagle, Phys. Rev., 91 (1953), 155. [23] 的 p. 113.

[27] Y. Fujimoto and H. Miyazawa, Prog. Theor. Phys., 5 (1950), 1052.

[28] 早川幸男, 验证, 科学, 20 (1950), 52; 武谷三男, 基本粒子理论的发展和验证, 科学, 20 (1950), 59.

[29] 如需了解当时的情况, 可参考: 小沼通二, 新粒子研究的现状, 日本物理学会会刊, 10 (1955), 437; 木下东一郎, 各种基本粒子 III, 自然, 1953 年 4 月刊. I, II 登在同年的 1, 3 月刊.

[30] T. Nakano and K. Nishijima, Prog. Theor. Phys., 10 (1953), 581; K. Nishijima, Prog. Theor. Phys., 12 (1954), 107; 13 (1955), 285.

[31] M. Gell-Mann, Phys. Rev., 92 (1953), 833; M. Gell-Mann and E. P. Rosenbaum, 奇妙的基本粒子, 自然, 1958 年 2 月刊.

[32] 为了解日本的贡献, 可参考: 坂田昌一, 大贯义郎, 基本粒子的统一模型, 科学, 30 (1960), 122; 武谷三男, 基本粒子的新阶段, 科学, 30 (1960), 118.

[33] G. F. Chew, M. Gell-Mann, A. H. Rosenfeld, 强相互作用的新分类, 自然, 1964 年 5 月刊.

[34] 山本花靖, 布鲁克海文的研究生活, 自然, 1967 年 9 月刊; 南部阳一郎, 夸克: 基本粒子发展到了什么程度? [蓝背书 (讲谈社自 1963 年起出版的自然科学丛书)], 讲谈社 (1998, 第 2 版), p. 136 – 139, 146 – 148.

[35] H. S. Green, Phys. Rev., 90 (1953), 270. 详细请看: Y. Ohnuki and S. Kamefuchi, Quantum Field Theory and Parastatistics, Univ. of Tokyo Press (1982).

[36] 崎田文二, 量子 "色" 力学, 自然, 1980 年 1 月刊; 南部, [34].

[37] C. N. Yang and R. L. Mills, Phys. Rev., 96 (1954), 191.

[38] S. Weinberg, Phys. Rev. Lett., 19 (1967), 1264; A. Salam, Elementary Particle Physics, Nobel Symposium, No. 8, N. Svartholm ed., Almqvist Wiksell (1968), p. 367.

[39] G.'t Hooft ed., 50 Years of Yang-Mills Theory, World Scientific (2005).

附 录 C

C 电磁相关的旧版表达式 (CGS 高斯单位制)

新版采用了 SI 单位制的表达式, 所以有的公式与旧版采用 CGS 高斯单位制的形式不同, 特别是与电磁相关的公式. 下面列出旧版里的公式作为参考. (若没有公式号, 则给出页码.)

$$\text{玻尔磁子} = \frac{eh}{4\pi mc} \tag{1.20}$$

$$E_H = -\frac{eh}{4\pi mc}(\boldsymbol{H} \cdot \boldsymbol{\mu}) \tag{1.29}$$

$$
\begin{aligned}
W_H &= E_H \\
&= \frac{eh}{4\pi mc} H \cdot m
\end{aligned}
\tag{1.30}
$$

$$W_H = -\frac{eh}{4\pi mc}(\boldsymbol{H} \cdot \langle\boldsymbol{\mu}\rangle) \tag{1.29'}$$

$$(\boldsymbol{H} \cdot \langle\boldsymbol{\mu}\rangle) = -g(\boldsymbol{H} \cdot \boldsymbol{J}) \tag{1.31}$$

$$W_H = \frac{eh}{4\pi mc} Hgm \tag{1.32}$$

$$W_H = \frac{eh}{4\pi mc} H(m_K + g_0 m_R) \tag{1.36}$$

$$\Delta W_{\mathrm{rel}} = +2\left(\frac{eh}{4\pi mc}\right)^2 \frac{1}{a_{\mathrm{H}}^3} \frac{Z^4}{n^3 k(k-1)} \tag{2.1}$$

$$a_{\mathrm{H}} = \frac{h^2}{4\pi^2 m e^2} \tag{2.2}$$

$$\Delta W_{\mathrm{alkali}} = +2\left(\frac{eh}{4\pi mc}\right)^2 \frac{1}{a_{\mathrm{H}}^3} \frac{(Z-s)^4}{n^3 k(k-1)} \tag{2.3}$$

$$\mathring{\boldsymbol{H}} = -\frac{e}{c}\frac{(\boldsymbol{r} \times \boldsymbol{v})}{r^3} \tag{2.4}$$

$$\mathring{\boldsymbol{H}} = -\left(\frac{eh}{2\pi mc}\right)\frac{1}{r^3}\boldsymbol{K} \tag{2.4'}$$

$$E_{\text{mag}} = -\frac{eh}{4\pi mc}(\mathring{\boldsymbol{H}}\cdot\boldsymbol{\mu}_R) \tag{2.5}$$

$$E_{\text{mag}} = -2g_0\left(\frac{eh}{4\pi mc}\right)^2\left(\frac{1}{r^3}\right)(\boldsymbol{K}\cdot\boldsymbol{R}) \tag{2.6}$$

$$W_{\text{mag}} = -2g_0\left(\frac{eh}{4\pi mc}\right)^2\left\langle\frac{1}{r^3}\right\rangle(\boldsymbol{K}\cdot\boldsymbol{R}) \tag{2.6'}$$

$$\Delta W_{\text{mag}} = -2g_0\left(\frac{eh}{4\pi mc}\right)^2\left\langle\frac{1}{r^3}\right\rangle\left(J-\frac{1}{2}\right) \tag{2.6''}$$

$$V(r) = -\frac{Ze}{r} \tag{2.7}$$

$$\Delta W_{\text{mag}} = -2g_0\left(\frac{eh}{4\pi mc}\right)^2\frac{1}{a_{\text{H}}^3}\frac{Z^3}{n^3K^2} \tag{2.6}_{\text{L}}$$

$$\Delta W'_{\text{mag}} = -2g_0\left(\frac{eh}{4\pi mc}\right)^2\frac{1}{a_{\text{H}}^3}\frac{Z^3}{n^3k(k-1)} \tag{2.6'}_{\text{L}}$$

$$\Delta W''_{\text{mag}} = -2g_0\left(\frac{eh}{4\pi mc}\right)^2\frac{1}{a_{\text{H}}^3}\frac{(Z-s)^3}{n^3k(k-1)} \tag{2.6''}_{\text{L}}$$

$$\mathring{\boldsymbol{H}} = \frac{1}{c}\frac{(\boldsymbol{E}\times\boldsymbol{v})}{\sqrt{1-v^2/c^2}} \tag{2.11}$$

$$E_{\text{rel}} = -\frac{eh}{4\pi mc}(\mathring{\boldsymbol{H}}\cdot\boldsymbol{\mu}_{\text{e}})$$
$$= g_0\frac{eh}{4\pi mc}(\mathring{\boldsymbol{H}}\cdot\boldsymbol{s}) \tag{2.12}$$

$$\mathring{\boldsymbol{H}} = +\frac{Ze}{c}\frac{(\boldsymbol{r}\times\boldsymbol{v})}{r^3} \tag{2.11'}_{\text{L}}$$

$$\boldsymbol{E} = \frac{Ze}{r^3}\boldsymbol{r} \tag{p34}$$

$$\Delta W_{\text{rel}} = +2g_0\left(\frac{eh}{4\pi mc}\right)^2\frac{1}{a_{\text{H}}^3}\frac{Z^4}{n^3k(k-1)} \tag{2.13}$$

$$\Delta W'_{\text{rel}} = +2g_0\left(\frac{eh}{4\pi mc}\right)^2\frac{1}{a_{\text{H}}^3}\frac{(Z-s)^4}{n^3k(k-1)} \tag{2.13'}$$

$$\boldsymbol{\Omega}_{\mathring{H}} = g_0 \frac{e}{2mc} \mathring{\boldsymbol{H}} \tag{2.15}$$

$$h\nu_{\mathring{H}} = g_0 \frac{eh}{4\pi mc} \langle \mathring{H} \rangle \tag{2.15'}$$

$$\Delta W_{\mathrm{rel}} = g_0 \frac{eh}{4\pi mc} \langle \mathring{H} \rangle \tag{2.15''}$$

$$\boldsymbol{\Omega}_{\mathrm{lab}} = \boldsymbol{\Omega}_{\mathring{H}} + \boldsymbol{\Omega}$$
$$= g_0 \frac{e}{2mc} \mathring{\boldsymbol{H}} + \frac{1}{2c^2}(\boldsymbol{a} \times \boldsymbol{v}) \tag{2.16}$$

$$\boldsymbol{\Omega}_{\mathrm{lab}} = \boldsymbol{\Omega}_{\mathring{H}} + \boldsymbol{\Omega}$$
$$= (g_0 - 1)\frac{e}{2mc} \mathring{\boldsymbol{H}} \tag{2.18}$$

$$\Delta W_{\mathrm{rel}} = (g_0 - 1)\frac{eh}{4\pi mc} \langle \mathring{H} \rangle \tag{2.19}$$

$$E_{\mathrm{rel}} = (g_0 - 1)\frac{eh}{4\pi mc}(\mathring{\boldsymbol{H}} \cdot \boldsymbol{s}) \tag{2.19'}$$

$$\Delta W_{\mathrm{rel}} = +2(g_0 - 1)\left(\frac{eh}{4\pi mc}\right)^2 \frac{1}{a_{\mathrm{H}}^3} \frac{Z^4}{n^3 k(k-1)} \tag{2.20}$$

$$\Delta W'_{\mathrm{rel}} = +2(g_0 - 1)\left(\frac{eh}{4\pi mc}\right)^2 \frac{1}{a_{\mathrm{H}}^3} \frac{(Z-s)^4}{n^3 k(k-1)} \tag{2.20'}$$

$$\boldsymbol{\Omega}_{H+\mathring{H}} = g_0 \frac{e}{2mc}(\boldsymbol{H} + \mathring{\boldsymbol{H}}) \tag{2.15'''}$$

$$\boldsymbol{\Omega}_{\mathrm{lab}} = g_0 \frac{e}{2mc} \boldsymbol{H} + (g_0 - 1)\frac{e}{2mc} \mathring{\boldsymbol{H}} \tag{2.18'}$$

$$E_{H+\mathrm{rel}} = g_0 \frac{eh}{4\pi mc}(\boldsymbol{H} \cdot \boldsymbol{s}) + (g_0 - 1)\frac{eh}{4\pi mc}(\mathring{\boldsymbol{H}} \cdot \boldsymbol{s}) \tag{2.19''}$$

$$H_1 = \frac{eh}{4\pi mc} \boldsymbol{H} \cdot (l + g_0 \boldsymbol{s}) \tag{3.8}$$

$$H_2 = (g_0 - 1)\frac{eh}{4\pi mc}(\mathring{\boldsymbol{H}} \cdot \boldsymbol{s}) \tag{3.10}$$

$$\mathring{\boldsymbol{H}} = \frac{Zeh}{2\pi mc} \frac{1}{r^3} \boldsymbol{l} \tag{3.10'}$$

$$H_2 = 2(g_0 - 1)Z\left(\frac{eh}{4\pi mc}\right)^2 \frac{1}{r^3}(\boldsymbol{l} \cdot \boldsymbol{s}) \tag{3.10''}$$

$$\left\{ \left(-\frac{h}{2\pi i}\frac{\partial}{c\partial t} + \frac{e}{c}A_0 \right)^2 - \sum_{r=1}^{3} \left(\frac{h}{2\pi i}\frac{\partial}{\partial x_r} + \frac{e}{c}A_r \right)^2 - m^2 c^2 \right\} \psi(x,y,z,t) = 0$$

$$(3.19)$$

$$\left\{ \left(-\frac{h}{2\pi i}\frac{\partial}{c\partial t} + \frac{e}{c}A_0 \right) - \sum_{r=1}^{3} \alpha_r \left(\frac{h}{2\pi i}\frac{\partial}{\partial x_r} + \frac{e}{c}A_r \right) - \alpha_0 mc \right\} \psi = 0 \quad (3.20)$$

$$E_{s,s} = \left(\frac{eh}{4\pi mc} \right)^2 \left\langle \frac{1}{|\boldsymbol{x}_1 - \boldsymbol{x}_2|^3} \right\rangle \tag{5.13}$$

$$\left[\left\{ -\frac{h^2}{8\pi^2 m}\Delta_1 + V_{Z=2}(|\boldsymbol{x}_1|) \right\} + \right.$$
$$\left. \left\{ -\frac{h^2}{8\pi^2 m}\Delta_2 + V_{Z=2}(|\boldsymbol{x}_2|) \right\} + \frac{e^2}{|\boldsymbol{x}_1 - \boldsymbol{x}_2|} - E^{(1)} \right] \psi(\boldsymbol{x}_1, \boldsymbol{x}_2) = 0 \tag{5.14}$$

$$\left\langle \frac{e^2}{|\boldsymbol{x}_1 - \boldsymbol{x}_2|} \right\rangle^{\text{sym}}_{n_1,l_1;n_2,l_2} \tag{5.21$_s$}$$

$$\left\langle \frac{e^2}{|\boldsymbol{x}_1 - \boldsymbol{x}_2|} \right\rangle^{\text{ant}}_{n_1,l_1;n_2,l_2} \tag{5.21$_a$}$$

$$E_{s,s} = \left(\frac{eh}{4\pi mc} \right)^2 \left\langle \left(\frac{1}{|\boldsymbol{x}_1 - \boldsymbol{x}_2|^3} \right) \right\rangle_{n,l;s} \tag{5.25}$$

$$V_{\text{波}}(\boldsymbol{x}) = e \int \frac{e\Psi^\dagger(\boldsymbol{x}')\Psi(\boldsymbol{x}')}{|\boldsymbol{x} - \boldsymbol{x}'|}\mathrm{d}v' \tag{6.21}$$

$$\left\{ \frac{1}{2m}\boldsymbol{p}^2 + V(\boldsymbol{x}) + e \int \frac{e\Psi^\dagger(\boldsymbol{x}')\Psi(\boldsymbol{x}')}{|\boldsymbol{x} - \boldsymbol{x}'|}\mathrm{d}v' + \frac{h}{2\pi i}\frac{\partial}{\partial t} \right\} \Psi(\boldsymbol{x},t) = 0 \tag{6.22}$$

$$H = \sum_{\nu=1}^{N} \left\{ \frac{1}{2m}\boldsymbol{p}_\nu^2 + V(\boldsymbol{x}) \right\} + \sum_{\nu>\nu'}^{N} \frac{e^2}{|\boldsymbol{x}_\nu - \boldsymbol{x}_{\nu'}|} \tag{6.23}$$

$$H_0 = \frac{1}{2m}\sum_k p_k^2 - \frac{Ze^2}{r} + \frac{eh}{4\pi mc}\sum_k H_k l_k \tag{7.29$_0$}$$

$$H_s = \frac{eh}{4\pi mc}\sum_k H_k \sigma_k + \frac{1}{2}\frac{eh}{4\pi mc}\sum_k \overset{\circ}{H}_k \sigma_k \tag{7.29$_s$}$$

$$\overset{\circ}{\boldsymbol{H}} = \frac{1}{mc}\frac{Ze}{r^3}\frac{h}{2\pi}\boldsymbol{l} \tag{p126}$$

$$H_{0'} = \frac{1}{2m} \sum_k p_k'^2 - \frac{Ze^2}{r} + \frac{eh}{4\pi mc} \sum_k H_k' l_k' \tag{7.29'$_0$}$$

$$\left\{ \frac{1}{2m} \boldsymbol{p}^2 - \frac{e^2}{\left| \boldsymbol{x} + \dfrac{\boldsymbol{r}}{2} \right|} - \frac{e^2}{\left| \boldsymbol{x} - \dfrac{\boldsymbol{r}}{2} \right|} - E \right\} \phi(\boldsymbol{x}) = 0 \tag{10.2}$$

$$\begin{cases} J_{\mathrm{s}}(r) = E_{\mathrm{s}}(r) + \dfrac{e^2}{r} \\[2mm] J_{\mathrm{a}}(r) = E_{\mathrm{a}}(r) + \dfrac{e^2}{r} \end{cases} \tag{10.5}$$

$$+ \frac{1}{4} \sum_{K>L}^N (1-\rho_K^\zeta)(1-\rho_L^\zeta) \frac{e^2}{r_{KL}} \tag{10.15'}$$

$$H = \frac{1}{2m} \sum_K^N p_K^2 - \frac{1}{2} \sum_{K>L}^N (\rho_K^\xi \rho_L^\xi + \rho_K^\eta \rho_L^\eta) J(r_{KL}) + \frac{1}{4} \sum_{K>L}^N (1-\rho_K^\zeta)(1-\rho_L^\zeta) \frac{e^2}{r_{KL}}$$
$$\tag{10.16}$$

$$\frac{e^2}{r} \tag{p186}$$

$$\mathring{\boldsymbol{H}} = \frac{1}{c}(\boldsymbol{E} \times \boldsymbol{u}) \tag{11.47}$$

$$\boldsymbol{\Omega} = \frac{-e}{2mc} \mathring{\boldsymbol{H}} = \frac{1}{2S} M_{\mathrm{D}} \mathring{\boldsymbol{H}} \tag{11.46'}$$

$$S\boldsymbol{\Omega}_{\mathrm{lab}} = -M\boldsymbol{H} - \left(M - \frac{1}{2}M_{\mathrm{D}} \right) \mathring{\boldsymbol{H}} \tag{11.48}$$

$$S\boldsymbol{\Omega}_{\mathrm{lab}} = -M_{\mathrm{D}}\boldsymbol{H} - \frac{1}{2}M_{\mathrm{D}}\mathring{\boldsymbol{H}} \tag{11.48$_{电子}$}$$

$$S\boldsymbol{\Omega}_{\mathrm{lab}} = -(M_{\mathrm{D}} + M')\boldsymbol{H} - \left(\frac{1}{2}M_{\mathrm{D}} + M' \right) \mathring{\boldsymbol{H}} \tag{11.48$_{质子}$}$$

$$S\boldsymbol{\Omega}_{\mathrm{lab}} = S\boldsymbol{\Omega} = -M'\boldsymbol{H} - M'\mathring{\boldsymbol{H}} \tag{11.48$_{中子}$}$$

$$\boldsymbol{\Omega}_{\mathrm{lab}} = \frac{e}{2mc} g\boldsymbol{H} + \frac{e}{2mc}(g-1)\mathring{\boldsymbol{H}} \tag{p211}$$

$$\boldsymbol{\Omega}_{\mathrm{lab}} = g_0 \frac{e}{2mc} \boldsymbol{H} + (g_0-1)\frac{e}{2mc}\mathring{\boldsymbol{H}} \tag{p211}$$

$$\left\{\left(\frac{W}{c}+\frac{e}{c}A_0\right)-\sum_{r=1}^{3}\alpha_r\left(\frac{h}{2\pi i}\frac{\partial}{\partial x_r}+\frac{e}{c}A_r\right)-\alpha_0 mc\right\}\phi=0 \qquad (11.49)_{\mathrm{D}}$$

$$\{W+eA_0-mc^2\}\phi^+=c\sum_{r=1}^{3}\sigma_r\left(\frac{h}{2\pi i}\frac{\partial}{\partial x_r}+\frac{e}{c}A_r\right)\phi^- \qquad (11.53)_{\mathrm{D_1}}$$

$$\{W+eA_0+mc^2\}\phi^-=c\sum_{r=1}^{3}\sigma_r\left(\frac{h}{2\pi i}\frac{\partial}{\partial x_r}+\frac{e}{c}A_r\right)\phi^+ \qquad (11.53)_{\mathrm{D_2}}$$

$$-\frac{M'}{c}\left\{\frac{1}{i}\sum_{\mathrm{cyclic}}\alpha_0\alpha_2\alpha_3 H_1-i\sum_{r}\alpha_0\alpha_r E_r\right\} \qquad (11.49)_{\mathrm{P}}$$

$$\left(\frac{h}{2\pi i}\frac{\partial}{\partial x_r}+\frac{e}{c}A_r\right)\equiv \pi_r \qquad (11.55)$$

$$\phi^-=\frac{c}{W+eA_0+mc^2}\left(\sum_{r=1}^{3}\sigma_r\pi_r\right)\phi^+ \qquad (\mathrm{p214})$$

$$W+eA_0+mc^2=2mc^2+(W-mc^2)+eA_0 \qquad (\mathrm{p214})$$

$$W-mc^2\ll mc^2,\quad eA_0\ll mc^2 \qquad (\mathrm{p214})$$

$$\phi^-=\left\{\frac{1}{2mc}-\frac{W+eA_0-mc^2}{(2mc)^2c}\right\}\left(\sum_{r=1}^{3}\sigma_r\pi_r\right)\phi^+ \qquad (\mathrm{p214})$$

$$(11.53)_{\mathrm{D_1}}\text{ 的右边}=\left[\frac{1}{2m}\left\{1-\frac{W+eA_0-mc^2}{2mc^2}\right\}\sum_{r=1}^{3}\sigma_r\pi_r\sum_{r=1}^{3}\sigma_r\pi_r-\right.$$

$$\left.\frac{e}{(2mc)^2}\frac{h}{2\pi i}\sum_{r=1}^{3}\sigma_r\frac{\partial A_0}{\partial x_r}\sum_{r=1}^{3}\sigma_r\pi_r\right]\phi^+ \qquad (\mathrm{p215})$$

$$(11.53)_{\mathrm{D_1}}\text{ 的右边}=\left[\frac{1}{2m}\left\{1-\frac{W_0+eA_0-mc^2}{2mc^2}\right\}\sum_{r=1}^{3}\pi_r\pi_r+\right.$$

$$\frac{1}{2m}\left\{1-\frac{W_0+eA_0-mc^2}{2mc^2}\right\}i\sum_{\mathrm{cyclic}}\sigma_1(\pi_2\pi_3-\pi_3\pi_2)-$$

$$\frac{e}{(2mc)^2}\frac{h}{2\pi}\sum_{\mathrm{cyclic}}\sigma_1\left(\frac{\partial A_0}{\partial x_2}\pi_3-\frac{\partial A_0}{\partial x_3}\pi_2\right)-$$

$$\left.\frac{e}{(2mc)^2}\frac{h}{2\pi i}\sum_{r=1}^{3}\frac{\partial A_0}{\partial x_r}\pi_r\right]\phi^+ \qquad (\mathrm{p215})$$

$$\pi_2\pi_3 - \pi_3\pi_2 = \frac{eh}{2\pi ic}\left(\frac{\partial A_3}{\partial x_2} - \frac{\partial A_2}{\partial x_3}\right) = \frac{eh}{2\pi ic}H_1 \tag{p215}$$

$$-\frac{\partial A_0}{\partial x_r} = E_r, \quad r = 1,2,3 \tag{p216}$$

$$(11.53)_{\mathrm{D}_1}\text{的右边} = \left[\frac{1}{2}m\frac{u^2}{1-u^2/c^2} - \frac{W_0 + eA_0 - mc^2}{4c^2}u^2 + \frac{eh}{4\pi mc}\sum_{r=1}^{3}\sigma_r H_r + \right.$$

$$\left. \frac{1}{2}\frac{eh}{4\pi mc}\sum_{\mathrm{cyclic}}\sigma_1\left(E_2\frac{u_3}{c} - E_3\frac{u_2}{c}\right) + \frac{i}{2}\frac{eh}{4\pi mc}\sum_{r=1}^{3}E_r\frac{u_r}{c}\right]\phi^+ \tag{p216}$$

$$\left\{\frac{1}{2}m\left(1+\frac{u^2}{c^2}\right)u^2 - M_{\mathrm{D}}(\boldsymbol{\sigma}\cdot\boldsymbol{H}) - \frac{1}{2}M_{\mathrm{D}}\left[\boldsymbol{\sigma}\cdot\left(\boldsymbol{E}\times\frac{\boldsymbol{u}}{c}\right)\right] - \right.$$

$$\left. \frac{i}{2}M_{\mathrm{D}}\left(\boldsymbol{E}\cdot\frac{\boldsymbol{u}}{c}\right) - \left(1+\frac{1}{4}\frac{u^2}{c^2}\right)(W + eA_0 - mc^2)\right\}\phi^+ = 0 \tag{11.58}$$

$$M_{\mathrm{D}} = \frac{-eh}{4\pi mc} \tag{p216}$$

$$-(W_0 + eA_0 - mc^2) \tag{p216}$$

$$-M_{\mathrm{D}}(\boldsymbol{\sigma}\cdot\boldsymbol{H}) \tag{11.59}_1$$

$$-\frac{1}{2}M_{\mathrm{D}}\left[\boldsymbol{\sigma}\cdot\left(\boldsymbol{E}\times\frac{\boldsymbol{u}}{c}\right)\right] = -\frac{1}{2}M_{\mathrm{D}}(\boldsymbol{\sigma}\cdot\mathring{\boldsymbol{H}}) \tag{11.59}_2$$

$$\frac{m}{2}\boldsymbol{u}^2 = \frac{1}{2m}\boldsymbol{p}^2 + \frac{e}{2mc}\{(\boldsymbol{A}\cdot\boldsymbol{p}) + (\boldsymbol{p}\cdot\boldsymbol{A})\} \tag{p217}$$

$$\frac{1}{2}m\boldsymbol{u}^2 = \frac{\boldsymbol{p}^2}{2m} + \frac{eh}{4\pi mc}(\boldsymbol{H}\cdot\boldsymbol{l}) \tag{p217}$$

$$\left\{\begin{array}{l}\left(W + eA_0 - mc^2 + M'\sum_{r=1}^{3}\sigma_r H_r\right)\phi^+ = c\sum_{r=1}^{3}\left(\sigma_r\pi_r + \frac{iM'}{c}\sigma_r E_r\right)\phi^- \\[4mm] \left(W + eA_0 + mc^2 - M'\sum_{r=1}^{3}\sigma_r H_r\right)\phi^- = c\sum_{r=1}^{3}\left(\sigma_r\pi_r - \frac{iM'}{c}\sigma_r E_r\right)\phi^+\end{array}\right.$$

$$\tag{11.53}_{\mathrm{D+P}}$$

$$\phi^- = \left(\frac{1}{2mc} - \frac{W + eA_0 - mc^2}{(2mc)^2 c}\right)\times\sum_{r=1}^{3}\left(\sigma_r\pi_r - \frac{iM'}{c}\sigma_r E_r\right)\phi^+ \tag{p217}$$

$$-\frac{M'}{2mc}\sum_{\text{cyclic}}\sigma_1\left(E_2\pi_3-\pi_2E_3+\pi_3E_2-E_3\pi_2\right)+\frac{\mathrm{i}M'}{2mc}\sum_{r=1}^{3}\left(E_r\pi_r-\pi_rE_r\right)$$

$$(11.60)$$

$$(11.60)\text{ 的第一项} = -\frac{M'}{mc}\sum_{\text{cyclic}}\sigma_1\left(E_2\pi_3-E_3\pi_2\right)-\frac{M'h}{4\pi\mathrm{i}mc}\sum_{\text{cyclic}}\sigma_1\left(\frac{\partial E_2}{\partial x_3}-\frac{\partial E_3}{\partial x_2}\right)$$

$$(\text{p218})$$

$$(11.60)\text{ 的第二项} = -\frac{M'}{2mc}\frac{h}{2\pi}\operatorname{div}\boldsymbol{E} \qquad\qquad (\text{p218})$$

$$-\frac{M'}{mc}\sum_{\text{cyclic}}\sigma_1\left(E_2\pi_3-E_3\pi_2\right) \qquad\qquad (\text{p217})$$

$$-M'\left[\boldsymbol{\sigma}\cdot\left(\boldsymbol{E}\times\frac{\boldsymbol{u}}{c}\right)\right]=-M'(\boldsymbol{\sigma}\cdot\mathring{\boldsymbol{H}}) \qquad\qquad (11.61)$$

$$-M'(\boldsymbol{\sigma}\cdot\boldsymbol{H}) \qquad\qquad (11.62)$$

$$-(M_{\mathrm{D}}+M')(\boldsymbol{\sigma}\cdot\boldsymbol{H})-\left(\frac{1}{2}M_{\mathrm{D}}+M'\right)(\boldsymbol{\sigma}\cdot\mathring{\boldsymbol{H}}) \qquad\qquad (11.63)_{\text{质子}}$$

$$-M'(\boldsymbol{\sigma}\cdot\boldsymbol{H})-M'(\boldsymbol{\sigma}\cdot\mathring{\boldsymbol{H}}) \qquad\qquad (11.63)_{\text{中子}}$$

$$M'\rho_2[(\boldsymbol{\sigma}\cdot\boldsymbol{E})-\mathrm{i}(\boldsymbol{a}\cdot\boldsymbol{H})] \qquad\qquad (\text{p233})$$

新版后记

作者对物理学的历史有独特的想法. 在《物理学是什么》(上, 下)(岩波新书, 1979) 以及《量子力学 I》(东西出版社, 1948; 三铃书房, 1952) 和《量子力学 II》(三铃书房,1953) 等单行本以外, 还写了《物理学四分之一世纪的素描》[《量子电动力学的发展》(朝永振一郎著作集 10), 三铃书房, 1983;《量子力学与我》, 岩波文库, 1997] 等许多杂志文章.

如果说《量子力学》(特别是《量子力学 I》) 是基于量子力学发展初期的历史而编写的教科书, 本书 (《自旋的故事》) 则与《量子力学 II》多少有些重叠, 描绘了量子力学的成熟期.

所谓的重叠与作者多年来主张的对薛定谔方程的定位有关. 作者认为, 对德布罗意波的场作量子化 (即二次量子化) 后的 Ψ, 从高维空间的多体薛定谔方程重新回到实际存在的三维空间后, 才能算是量子力学完成了 (本书第 108 页, 第 225–227 页;《量子力学 II》, §50). 这是本书的、也是量子力学史上的 "难点" 之一, 作者说: "你们有些人也许毫无困难就接受了二次量子化. 这样的人要么是像狄拉克那样了不起的人物, 要么就是不求甚解的人 —— 虽然他并不认真钻研任何问题, 但是却觉得自己好像每件事都懂似的." (本书第 105 页). 本书详细解释的内容在《量子力学 II》中是没有的, 反之亦然, 所以希望读者能将两者都读一下. 对于原子光谱的多重态或矩阵力学, 本书与《量子力学 I》也有类似的关系.

作者在《量子力学 I》的序言中写道:

> 理论物理学家的工作大致可以分为两类. 一类是将现有的理论应用于还没有从理论上解释的问题, 找出现象的原因; 另一类是建立新的理论. 第二类工作与第一类同等重要, 这时候, 过去是如何开展类似工作的例子可能会对研究者起到非常重要的引导作用.

这些话写于 1948 年, 当时作者正在创建后来在量子电动力学领域引起革命的 "重正化理论". 在此前的一年, 作者以 "理论物理学在今天遇到了一个困难, 如果不从根本上改变想法, 我们就无法继续前进" 为开头, 写了《量子力学的世界像》(《量子力学的世界像》(著作集 8), 1982;《量子力学与我》), 对困难作了历史性的分析.

正如上文所写的那样, 能 "引导" 研究者是作者期待的事情之一. 但是, 期待不止于此. 作者曾经在《什么叫作懂数学?》[《鸟兽戏画》(著作集 1), 1981;《科学家的自由乐园》, 岩波文库, 2000] 中写道:

> 学习数学后觉得基本上都懂了的感觉, 恐怕只有在了解当时创立这个数学时的数学家的心理后, 才能真正地感觉到吧. 明白了一个一个的证明, 就如同看了电影的一帧一帧的画面, 还完全不能了解电影的情节.

在本书里, 到处都可以看到, 作者将论文读到了能看透研究者心理的程度. 研究者受到历史的影响, 所以必须在历史的脉络中阅读论文. 这需要很多的努力, 但也是不可免的. 其中还伴有很多的插曲, 历史因而变得丰富多彩.

此外, "为了不偏离事情的本质" 或者 "为了抓住事情的核心" 而将问题简单化, 这是本书中经常表现出来的作者令人印象深刻的方法. 将问题简单化实际上就是找出核心. 从简单的问题出发, 作者亲自将事情重新组建, 这非常重要. 经过这个过程, 我们再次看到了事情的核心. 非常希望读者能够学会这种方法. 作者说过 "没有纸笔就不能读书", 希望读者在阅读过程中, 也能够用纸笔确认本书的理论, 专注于公式的细节.

作者感兴趣的另一件事情是历史上科学和支撑它的社会之间的关系, 在原子核物理兴起的时期, 围绕着与日本落后的工业水平作斗争的理化学研究所, 有一些相关的论述, 如《原子核物理的回忆》[《开放的研究所和指导者们》(著作集 6), 1982] 等多个讨论. 作为日本学术会议的原子核研究联络委员会的委员长、会长, 作者为使科学深入社会而奋斗, 提出过创立后来成为公立研究所鼻祖的京都大学基础物理学研究所 (《普林斯顿的高级研究所》《新型研究所》《开放的研究所和指导者们》), 并致力于建立原子核研究所和高能物理研究所. 这也可以说是为了使科学在日本社会扎根而付出的努力.

在本书的第一版中央公论社版 (1974) 之后,《物理学是什么》成为绝笔, 作者因食道癌于 1979 年 7 月 8 日逝世. 关于作者, 可阅读松井卷之助编的《回忆朝永振一郎》(三铃书房, 1980).

我读了《量子力学 I》和《量子力学的世界像》等, 很早就成为了热情的朝永崇拜者, 读了作为本书的初稿在《自然》杂志上的连载 (1973 年 1 — 10 月), 以及后来增加了大量篇幅的单行本《自旋的故事》(中央公论社, 1974) 后, 再次被深深地感动. 我还有很多关于作者对我亲切教导的回忆. 现在, 在《自旋的故事》再版之际, 非常高兴能受托对本书进行注释和解说. 本书写成以来已经过了 30 多年, 量子力学的引领者们的回忆、传记和书信集等史料也增加了, 注释的目的就是补充这些内容, 以及帮助读者从数学上理解原文. 过长的注释放在了附录 A. 后来关于自旋的几个话题放在了附录 B, 受篇幅所限只能粗略描述一下, 读者只能等待进一步学习了.《自然》杂志被参考引用了多次. 作为历史的记录, 杂志是有价值的.《自然》是一本老杂志, 在图书馆应该能够找到. 该杂志是第二次世界大战后不久创刊的, 从那以后我一直是其读者, 从 1960 年开始还时常成为作者, 与其保持了很长时间的联系, 1984 年后停刊并一直到今天. 这是一本好杂志.

在写注释的时候, 我参考了冈武史先生将本书翻译成英文时所附的注释. 另外, 本书登载的很多照片都来自他的帮助. 感谢冈先生. 在写注释和附录的时候, 石川昂先生也给了我很大帮助. 就是作者在本书 "后记" 中提到的那位石川先生. 他和我的关系从他让我给《自然》写文章开始已经有很长时间了. 对于应该添加哪些注释、附录及其顺序和内容, 他给出了很多意见, 还借给我参考书. 最后他还帮助我校对了全书. 实在太感谢了. 当然, 我对最终版负有责任. 希望读者看到注释和附录后没有感到不快. 从始至终, 三铃书房的市原加奈子女士也给了我很多建议和帮助. 衷心感谢.

2008 年 4 月

江泽洋

第 7 次印刷的注解

我们注意到本书第 $77-81$ 页的描述有需要补充说明的地方, 就像附录 A 中的注解一样, 下面对其补充一些注解.

关于丁尼生 (D. M. Dennison) 的想法

(4.18) 也可以表示如下

$$\langle E_{\text{rot}} \rangle = \frac{\rho}{\rho+1} \frac{1}{Z_{\text{even}}} \sum_{J=\text{even}} X_J + \frac{1}{\rho+1} \frac{1}{Z_{\text{odd}}} \sum_{J=\text{odd}} X_J \tag{a}$$

这里 $X_J = g(J)E(J)\mathrm{e}^{-\frac{1}{kT}E(J)}$, $Y_J = g(J)\mathrm{e}^{-\frac{1}{kT}E(J)}$

$$Z_{\text{even}} = \sum_{J=\text{even}} Y_J, \quad Z_{\text{odd}} = \sum_{J=\text{odd}} Y_J$$

把 (a) 与 (4.12) 比较, 可得到

$$\frac{\beta}{Z} = \frac{\rho}{\rho+1} \frac{1}{Z_{\text{even}}}, \quad \frac{1}{Z} = \frac{1}{\rho+1} \frac{1}{Z_{\text{odd}}}$$

因此,

$$Z = (\rho+1)Z_{\text{odd}}, \quad \beta = \frac{\rho}{\rho+1} \frac{1}{Z_{\text{even}}} \cdot Z = \rho \frac{Z_{\text{odd}}}{Z_{\text{even}}} \tag{b}$$

在由 (b) 第 1 式得到的 $Z = \rho Z_{\text{odd}} + Z_{\text{odd}}$ 中使用第 2 式有 $Z = \beta Z_{\text{even}} + Z_{\text{odd}}$. 这表明 (4.12) 之后 Z 的定义只能是这样的形式. 由此我们可以知道, (4.12) 和 (4.18) 几乎是相同内容的公式. β 和 ρ 分别是互相可以转变/不可以转变的两种气体的混合比, 其区别体现在 (b) 的关系 $\beta = \rho \dfrac{Z_{\text{odd}}}{Z_{\text{even}}}$ 中. 对这个公式, 作者从第 $80-81$ 页的 "众所周知……" 重新作了推导, 但其实是没有必要的.

进一步说, 作者在第 79 页中写道, "丁尼生计算了不同 ρ 和 I 值的 C_{rot} …… 发现 $\rho = \dfrac{1}{3}$", 但由于该计算中还需要温度 T, 因此这个解释并不充分. 丁尼生从 C_{rot} 的理论值是 ρ 和 $\sigma = \hbar^2/(2IkT)$ 的函数出发, 对各种 ρ 的值, 利用 σ 的函数 C_{rot} 的理论值和作为温度 T 的函数的实验值要相等的条件, 确定了 σ 和 T 的关系, 找出了能使 $\sigma T = $ 常数的 ρ 的值. 由此他发现 $\rho = \dfrac{1}{3}$ 是最好的, 从 σT 的常数值可求出 I.

作者和新版注释者简介

朝永振一郎 (TOMONAGA Sin-itiro, 1906 — 1979)

1906 年, 出生于东京. 京都大学理学部毕业后, 曾任理化学研究所实习研究员, 后历任东京文理科大学教授、东京教育大学教授及校长. 他留下了超多时间理论、重正化理论等世界性成就. 1965 年获诺贝尔物理学奖. 他作为很多书和文章的作者而广为人知, 其中包括从《量子力学 I, II》(1953, 三铃书房) 开始的论述清晰且有独创性的教科书或评论, 以及《镜中的物理学》(1976, 讲谈社学术文库),《物理学是什么》(上, 下)(1979, 岩波新书) 等优秀的科普书. 其他的著作还有《科学与科学家》(1968),《物理学读本》(编著, 1969),《Scientific Papers of TOMONAGA (朝永的科学论文)》(全 2 卷, 1971 — 1976),《来到庭院的鸟》(1975),《角动量和自旋》(1989)(以上三铃书房) 等很多. 译著有狄拉克《量子力学》(原书第 4 版)(合译, 1968, 岩波书店) 等. 还出版了除学术论文以外的作品合集《朝永振一郎著作集》(三铃书房).

江泽洋 (EZAWA Hiroshi)

1932 年, 出生于东京. 1960 年完成东京大学研究生院数学系研究生课程后, 任东京大学理学部助理教授. 1963 年赴美国、德国工作. 1967 年回日本. 担任学习院大学副教授. 1970 年, 教授. 2003 年, 名誉教授. 理学博士. 专攻理论物理、概率过程论. 著《谁看见原子了》(1976, 岩波书店),《波动力学形成史》(1982, 三铃书房),《现代物理学》(1996, 朝仓书店),《量子力学 I, II》(2002, 裳华房). 合著《量子力学 I, II》(汤川秀树, 丰田利幸, 编, 1978, 岩波讲座·现代物理学的基础). 编著《仁科芳雄》(与玉木英彦合编, 1991, 三铃书房),《量子力学与我》(朝永振一郎著, 1997, 岩波文库),《仁科芳雄往返书信集 I, II, III》(与中根良平等人合编, 2007, 三铃书房), 等等.

名词索引

人名索引

《汉译物理学世界名著 (暨诺贝尔物理学奖获得者著作选译系列)》
已 出 书 目

朗道–理论物理学教程–第一卷–力学 (第五版) Л. Д. 朗道, E. M. 栗弗席兹 著, 李俊峰, 鞠国兴 译校	2007.4	ISBN 978-7-04-020849-8
朗道–理论物理学教程–第二卷–场论 (第八版) Л. Д. 朗道, E. M. 栗弗席兹 著, 鲁欣, 任朗, 袁炳南 译, 邹振隆 校	2012.8	ISBN 978-7-04-035173-6
朗道–理论物理学教程–第三卷–量子力学 (非相对论理论) (第六版) Л. Д. 朗道, E. M. 栗弗席兹 著, 严肃 译, 喀兴林 校	2008.10	ISBN 978-7-04-024306-2
朗道–理论物理学教程–第四卷–量子电动力学 (第四版) В. Б. 别列斯捷茨基, E. M. 栗弗席兹, Л. П. 皮塔耶夫斯基 著, 朱允伦 译, 庆承瑞 校	2015.3	ISBN 978-7-04-041597-1
朗道–理论物理学教程–第五卷–统计物理学 I (第五版) Л. Д. 朗道, E. M. 栗弗席兹 著, 束仁贵, 束莼 译, 郑伟谋 校	2011.4	ISBN 978-7-04-030572-2
朗道–理论物理学教程–第六卷–流体动力学 (第五版) Л. Д. 朗道, E. M. 栗弗席兹 著, 李植 译, 陈国谦 审	2013.1	ISBN 978-7-04-034659-6
朗道–理论物理学教程–第七卷–弹性理论 (第五版) Л. Д. 朗道, E. M. 栗弗席兹 著, 武际可, 刘寄星 译	2011.5	ISBN 978-7-04-031953-8
朗道–理论物理学教程–第八卷–连续介质电动力学 (第四版) Л. Д. 朗道, E. M. 栗弗席兹 著, 刘寄星, 周奇 译	2020.2	ISBN 978-7-04-052701-8
朗道–理论物理学教程–第九卷–统计物理学 II (凝聚态理论) (第四版) E. M. 栗弗席兹, Л. П. 皮塔耶夫斯基 著, 王锡绂 译	2008.7	ISBN 978-7-04-024160-0
朗道–理论物理学教程–第十卷–物理动理学 (第二版) E. M. 栗弗席兹, Л. П. 皮塔耶夫斯基 著, 徐锡申, 徐春华, 黄京民 译	2008.1	ISBN 978-7-04-023069-7
量子电动力学讲义 R. P. 费曼 著, 张邦固 译, 朱重远 校	2013.5	ISBN 978-7-04-036960-1
量子力学与路径积分 R. P. 费曼 著, 张邦固 译	2015.5	ISBN 978-7-04-042411-9

费曼统计力学讲义 R. P. 费曼 著, 戴越 译	2021.7	ISBN 978-7-04-055873-9
金属与合金的超导电性 P. G. 德热纳 著, 邵惠民 译	2013.3	ISBN 978-7-04-036886-4
高分子物理学中的标度概念 P. G. 德热纳 著, 吴大诚, 刘杰, 朱谱新 等译	2013.11	ISBN 978-7-04-038291-4
高分子动力学导引 P. G. 德热纳 著, 吴大诚, 文婉元 译	2014.1	ISBN 978-7-04-038562-5
软界面——1994 年狄拉克纪念讲演录 P. G. 德热纳 著, 吴大诚, 陈谊 译	2014.1	ISBN 978-7-04-038693-6
液晶物理学 (第二版) P. G. de Gennes, J. Prost 著, 孙政民 译	2017.6	ISBN 978-7-04-047622-4
统计热力学 E. 薛定谔 著, 徐锡申 译, 陈成琳 校	2014.2	ISBN 978-7-04-039141-1
量子力学 (第一卷) C. Cohen-Tannoudji, B. Diu, F. Laloë 著, 刘家谟, 陈星奎 译	2014.7	ISBN 978-7-04-039670-6
量子力学 (第二卷) C. Cohen-Tannoudji, B. Diu, F. Laloë 著, 陈星奎, 刘家谟 译	2016.1	ISBN 978-7-04-043991-5
泡利物理学讲义 (第一、二、三卷) W. 泡利 著, 洪铭熙, 苑之方 译	2014.8	ISBN 978-7-04-040409-8
泡利物理学讲义 (第四、五、六卷) W. 泡利 著, 洪铭熙, 苑之方 等译	2020.8	ISBN 978-7-04-054105-2
相对论 W. 泡利 著, 凌德洪, 周万生 译	2020.7	ISBN 978-7-04-053909-7
量子论的物理原理 W. 海森伯 著, 王正行, 李绍光, 张虞 译	2017.9	ISBN 978-7-04-048107-5
引力和宇宙学: 广义相对论的原理和应用 S. 温伯格 著, 邹振隆, 张历宁 等译	2018.2	ISBN 978-7-04-048718-3
量子场论: 第一卷 基础 S. 温伯格 著, 张驰 译, 戴伍圣 校	2021.6	ISBN 978-7-04-054601-9

黑洞的数学理论 S. 钱德拉塞卡 著, 卢炬甫 译	2018.4	ISBN 978-7-04-049097-8
理论物理学和理论天体物理学 (第三版) B. Л. 金兹堡 著, 刘寄星, 秦克诚 译	2021.6	ISBN 978-7-04-055491-5
物理世界 列昂·库珀 著, 杨基方, 汲长松 译	2023.1	ISBN 978-7-04-058456-1
费米量子力学 E. 费米 著, 罗吉庭 译, 赵富鑫 校	2023.7	ISBN 978-7-04-060025-4
朗道普通物理学: 力学和分子物理学 Л. Д. 朗道, Л. Д. 阿希泽尔, E. M. 栗弗席兹 著, 秦克诚 译	2023.6	ISBN 978-7-04-060023-0
自旋的故事 —— 成熟期的量子力学 朝永振一郎 著, 姬扬, 孙刚 译	2024.7	ISBN 978-7-04-061793-1
弹性理论 (第三版) S. P. 铁摩辛柯, J. N. 古地尔 著, 徐芝纶 译	2013.5	ISBN 978-7-04-037077-5
统计力学 (第三版) R. K. Pathria, Paul D. Beale 著, 方锦清, 戴越 译	2017.9	ISBN 978-7-04-047913-3

郑重声明

高等教育出版社依法对本书享有专有出版权。任何未经许可的复制、销售行为均违反《中华人民共和国著作权法》，其行为人将承担相应的民事责任和行政责任；构成犯罪的，将被依法追究刑事责任。为了维护市场秩序，保护读者的合法权益，避免读者误用盗版书造成不良后果，我社将配合行政执法部门和司法机关对违法犯罪的单位和个人进行严厉打击。社会各界人士如发现上述侵权行为，希望及时举报，我社将奖励举报有功人员。

反盗版举报电话 （010）58581999　58582371

反盗版举报邮箱　dd@hep.com.cn

通信地址　北京市西城区德外大街4号　高等教育出版社知识产权与法律事务部

邮政编码　100120